「十三五」国家重点图书出版规划项目

中国建筑工业出版社
学术著作出版基金项目

杨廷宝全集

一

【建筑卷】上

中国建筑工业出版社

图书在版编目（CIP）数据

杨廷宝全集.一，建筑卷.上／杨廷宝著；黎志涛主编.鲍莉，吴锦绣编.—北京：中国建筑工业出版社，2020.1
ISBN 978-7-112-24661-8

Ⅰ.①杨… Ⅱ.①杨… ②黎… ③鲍… ④吴… Ⅲ.①杨廷宝（1901-1982）-全集 Ⅳ.①TU-52

中国版本图书馆CIP数据核字（2020）第022171号

责任编辑：毋婷娴　李　鸽　陈小娟
书籍设计：付金红
责任校对：王　烨

杨廷宝全集·一·建筑卷（上）
*
中国建筑工业出版社出版、发行（北京海淀三里河路9号）
各地新华书店、建筑书店经销
北京方舟正佳图文设计有限公司制版
北京雅昌艺术印刷有限公司印刷
*
开本：880毫米×1230毫米　1/16　印张：30　字数：575千字
2021年1月第一版　2021年1月第一次印刷
定价：298.00元
ISBN 978-7-112-24661-8
(35260)

《杨廷宝全集》编委会

策划人名单

东南大学建筑学院　　　　王建国
中国建筑工业出版社　　　沈元勤　王莉慧

编纂人名单

名誉主编　　　　齐　康　钟训正
主　　编　　　　黎志涛
编　　者
　一、建筑卷（上）　鲍　莉　吴锦绣
　二、建筑卷（下）　吴锦绣　鲍　莉
　三、水彩卷　　　　沈　颖　张　蕾
　四、素描卷　　　　张　蕾　沈　颖
　五、文言卷　　　　汪晓茜
　六、手迹卷　　　　张　倩　权亚玲
　七、影志卷　　　　权亚玲　张　倩

出版说明

杨廷宝先生（1901—1982）是20世纪中国最杰出和最有影响力的第一代建筑师和建筑学教育家之一。时值杨廷宝先生诞辰120周年，我社出版并在全国发行《杨廷宝全集》（共7卷），是为我国建筑学界解读和诠释这位中国近代建筑巨匠的非凡成就和崇高品格，也为广大读者全面呈现我国第一代建筑师不懈求索的优秀范本。作为全集的出版单位，我们深知意义非凡，更感使命光荣，责任重大。

《杨廷宝全集》收录了杨廷宝先生主持、参与、指导的工程项目介绍、图纸和照片，水彩、素描作品，大量的文章和讲话与报告等，文言、手稿、书信、墨宝、笔记、日记、作业等手迹，以及一生各时期的历史影像并编撰年谱。全集反映了杨廷宝先生在专业学习、建筑创作、建筑教育领域均取得令人瞩目的成就，在行政管理、国际交流等诸多方面作出的突出贡献。

《杨廷宝全集》是以杨廷宝先生为代表展示关于中国第一代建筑师成长的全景史料，是关于中国近代建筑学科发展和第一代建筑师重要成果的珍贵档案，具有很高的历史文献价值。

《杨廷宝全集》又是一部关于中国建筑教育史在关键阶段的实录，它以杨廷宝先生为代表，呈现出中国建筑教育自1927年开创以来，几代建筑教育前辈们在推动建筑教育发展，为国家培养优秀专业人才中的艰辛历程，具有极高的史料价值。全集的出版将对我国近代建筑史、第一代建筑师、中国建筑现代化转型，以及中国建筑教育转型等相关课题的研究起到非常重要的推动作用，是对我国近现代建筑史和建筑学科发展极大的补充和拓展。

全集按照内容类型分为7卷，各卷按时间顺序编排：

第一卷　建筑卷（上）：本卷编入1927—1949年杨廷宝先生主持、参与、指导设计的89项建筑作品的介绍、图纸和照片。

第二卷　建筑卷（下）：本卷编入1950—1982年杨廷宝先生主持、参与、指导设计的31项建筑作品、4项早期在美设计工程和10项北平古建筑修缮工程的介绍、图纸和照片。

第三卷　水彩卷：本卷收录杨廷宝先生的大量水彩画作。

第四卷　素描卷：本卷收录杨廷宝先生的大量素描画作。

第五卷　文言卷：本卷收录了目前所及杨廷宝先生在报刊及各种会议场合中论述建筑、规划的文章和讲话、报告，及交谈等理论与见解。

第六卷　手迹卷：本卷辑录杨廷宝先生的各类真迹（手稿、书信、书法、题字、笔记、日记、签名、印章等）。

第七卷　影志卷：本卷编入反映杨廷宝先生一生各个历史时期个人纪念照，以及参与各种活动的数百张照片史料，并附杨廷宝先生年谱。

为了帮助读者深入了解杨廷宝先生的一生，我社另行同步出版《杨廷宝全集》的续读——《杨廷宝故事》，书中讲述了全集史料背后，杨廷宝先生在人生各历史阶段鲜为人知的、生动而感人的故事。

2012年仲夏，我社联合东南大学建筑学院共同发起出版立项《杨廷宝全集》。2016年，该项目被列入“十三五”国家重点图书出版规划项目和中国建筑工业出版社学术著作出版基金资助项目。东南大学建筑学院委任长期专注于杨廷宝先生生平研究的黎志涛教授担任主编，携众学者，在多方帮助和支持下，耗时近9年，将从多家档案馆、资料室、杨廷宝先生亲人、家人以及学院老教授和各单位友人等处收集到杨廷宝先生的手稿、发表文章、发言稿和国内外的学习资料、建筑作品图纸资料以及大量照片进行分类整理、编排校审和绘制修勘，终成《杨廷宝全集》（7卷）。全集内容浩繁，编辑过程多有增补调整，若有疏忽不当之处，敬请广大读者指正。

中国建筑工业出版社
2021年1月

序言

杨廷宝先生是我国20世纪的建筑巨匠、杰出的建筑学家、中国科学院首批学部委员、中国建筑教育的一代宗师。今年适逢杨廷宝先生诞辰120周年，承中国建筑工业出版社鼎力支持，历时八年有余，由东南大学建筑学院组织编纂的《杨廷宝全集》终于成稿付梓。《杨廷宝全集》第一次最为全面地回顾了杨廷宝先生的人生经历，对其毕生事业与成就作出了整体和系统的总结。在杨廷宝先生从事建筑事业的55年中，设计诞生有120项作品。如果说两个120有什么巧合的话，乃集大成者为宗师，惟杨廷宝先生是也。此套丛书是对杨廷宝先生和他毕生致力的中国建筑事业的纪念和回顾，也是在新的时代探索中国建筑砥砺前进的重要基石。

一、杨廷宝先生是中国近现代建筑的世纪巨匠

（一）中国现代建筑设计的集大成者

自1927年学成归来，杨廷宝先生就以毕生的专业追求和精湛的技艺水平，为国家建设和人民福祉不倦地进行建筑设计。先生的开山之作——沈阳京奉铁路辽宁总站，以完善的交通功能布局和中西合璧的建筑艺术呈现而一鸣惊人；先生的第一个国际投标胜选项目——沈阳红楼建筑群，力压众多洋建筑师的方案脱颖而出；先生为清华校园献上的传世杰作——清华大学图书馆扩建工程与老图书馆融为一体，堪称新老建筑结合的典范；更是在他工作生活时间最长的南京，设计有众多优秀作品，南京市民称其“打造半个南京城”，经典之作南京中山陵园音乐台，妙用地形环境，融汇东西经典，世人推崇之至；以清代宫殿样式为范型的今中国第二历史档案馆，以现代的材料简洁表达出中国传统建筑的恢宏气势和庄重华美；原南京中央医院是形式、功能与技术高度统一且富有中国建筑细节的现代建筑；而先生设计的延晖馆，从外观造型到室内功能，完全体现了现代主义建筑设计之精髓。

张镈和张开济先生都曾回忆道，1930年代前中国大部分重要建筑大都是外国人设计的，但基泰工程司创立之后，这个情况就改变了，其中杨廷宝先生的贡献最大。这从一个侧面反映出先生对探索中国现代建筑设计之路的开创性贡献。

1930—1940年代，杨廷宝先生投身到战时建筑和平民住所的设计中。无论是抗战期间因地制宜、就地取材、精心设计的重庆青年会电影院、国际联欢社，还是抗战胜利复原南京后设计的公教新村等，均以布局紧凑、功能合理、经济节俭、建造快速并与环境和谐的原则，采用适宜得体的现代建筑设计，应对战时和战后的社会需求。

杨廷宝先生一生设计项目众多，涉及建筑类型广泛，优秀作品频现，难有人与其比肩。先生为新中国献上的第一个设计作品——北京和平宾馆，在国家百废待兴、建设条件苛刻、施工工期紧迫、复古之风盛行之时，先生力主“经济、适用、在可能条件下注意美观”的设计理念，精心设计出教科书般的经典之作。先生主持设计的北京火车站，将中国传统建筑艺术与现代建造技术高度结合，成为建筑创新设计的典范。在人民英雄纪念碑、人民大会堂、毛主席纪念堂、国家图书馆等重大项目设计中给予了重要指导和建议。先生创新思想不断，独到手法纷呈，尤其突出的是秉承现实主义精神，融合中西方建筑文化，竭力探索中国建筑的发展道路。其态度之严肃，思想之睿智，功力之深厚，手法之灵活，让世人见识了中国第一代建筑师的职业水准和专业智慧。

（二）中国古建筑修缮与遗产保护的开创建筑师

杨廷宝先生是中国第一位从事古建筑修缮的职业建筑师。1935 年 3 月，基泰工程司承接了北平重要古建筑的修缮保护工程，由杨廷宝先生亲任总建筑师，主持修缮天坛圜丘、皇穹宇、祈年殿、北平城东南角楼、西直门箭楼、国子监辟雍、中南海紫光阁、正觉寺金刚宝座塔、玉泉山玉峰塔、香山碧云寺罗汉堂计 8 地 10 处古建筑重要工程。

先生在修缮北平古建筑为期近两年的过程中，多方查考文献资料，编制工程查勘情形图说，拟具修缮计划及预算册，确定修缮工程做法说明，再经文物整理委员会审核，进行工程招标，其手续、合同、往来文件、工料报价等程序清晰，手续完备，体现出极高的工程管理水准和专业把控能力。

在修缮北平古建筑过程中，先生每每现场指导，事必躬亲，监理工程质量与进度的同时，处处留心向古典建筑学习，向匠师讨教求知。为了深究中国古建筑的设计精髓，他实地攀房梁，爬杆架，上屋面，钻金顶，从而对中国古建筑的架构法式、建造秘诀廓然于胸，了如指掌。奠定了他贯穿古今、融汇中西而成为一代宗师的重要基础。

先生还从建筑师的角度，对与古建筑保护相关的问题有高屋建瓴的认知判断、方法创新和理论建树。在对待晋祠这种自然环境中的文物建筑集群时，他提出要做全面规划和整体保护，要考虑防止水源污染的问题；在佛光寺的前序部分，他认为可以适当增加小品以弥补道路过长带来的空乏感；他强调云冈石窟的环境保护，树不宜修得太整齐，要减少车行振动。即使在今天看来，许多真知灼见仍有重要指导意义。

（三）洞悉建筑本质、深解设计真知的哲人

对于他一生从事的建筑事业，杨廷宝先生有很多深邃而通达的见解。举例其一，关于建筑风格，他强调首先要明确建筑和风格的定义，他不认可建筑就是房子、风格只限于形式或艺术效果，而认为两者都应有更广义的理解，建筑不唯是指个体建筑物，而且也指群体，包括城市规划和居民点的设计；风格是综合了物质和精神因素而产生的人的感受。这种对于建筑风格的理解，在1961年风行讨论时体现出非常深刻的见地。他认为风格还包含了广大使用者的感受——那似乎是很难操作的事情，但是先生在多种场合强调的“适用、经济、美观”原则，又是可以操作的。举例其二，他认为根据不同的建筑类型和需求，设计只是在“适用、经济、美观”三方面间权衡的比重不同而已，如此便将建筑是三者辩证统一的原理和方法讲清楚了。举例其三，先生长期代表中国建筑学会和中国建筑师参加国际学术会议和国际建筑师协会的活动，考察各国建筑。一方面他积极求索中国建筑的方向，另一方面从来不孤立于世界之外，认为应不问其政治、经济和审美的界限，把不同国家的建筑师团结起来，以使彼此自由交换意见，相互学习，有所裨益。这样可以更好地改造旧城市，建设新城市，提高住房标准，改善人们的居住环境。可以见得，先生的建筑理想是为人民谋福利，为人类创福祉。

杨廷宝先生的120项建筑作品是中国现代建筑发展的历史记录和里程碑，也将他对祖国的热爱和对专业的挚诚，真情实感地写在了祖国大地上。他独到的设计思想、超凡的方法经验、通达的认知理念，成为后辈们研习、追索、挖掘的宝藏。先生在各类建筑设计、城市规划、景区建设、古建筑保护、乡村建设等方面高屋建瓴的学术观点和理论论述，为我国近现代建筑学科的创立与完善起到重要的奠定作用，乃至对当下仍有切实的指导意义。

二、杨廷宝先生是中国建筑教育的一代宗师

杨廷宝先生自1940年兼职内迁重庆的中央大学建筑工程系教授以来，从事建筑教育40多年。在抗日烽火中他与同仁们共克时艰，挽中国建筑教育于危难，为中国建筑事业和建筑教育培育出众多杰出人才，为日后在全国各地兴办建筑教育奠定了人才基础。

在中华人民共和国成立的最初十年，先生主持南京工学院建筑系的教学成果辉煌。他坚持正确办学方向，主张理论联系实际，强调基本功训练，注重学、研、产相结合，主持了全国建筑设计专业的教材编写。先生为人师表，立德树人，亲自带领师生参与国家重点项目的设计实践，结合教学开展“综合医院建筑设计”等重大课题研究，并亲力亲为营造严谨有序、生动活泼的教学氛围，使学生在耳濡目染、潜移默化中提升专业素质，追求高雅情操和人生大爱境界。

改革开放伊始，先生力主开展国际交流，大力推荐优秀人才出国深造。为培养青年教师尽快成长，对他们委以重任，担当毕业设计导师，出席全国性学术会议，参与学术团体工作……先生为提高教学质量、提升办学水平、加快人才培养、增强师资力量倾注了大量精力和心血。

在人生最后三年里，先生促成了南京工学院建筑系“建筑设计及其理论”“建筑历史与理论”两个专业通过了全国第一批博士点审批，为学科建设与发展作出了重要贡献。先生在创办和主持建筑研究所的过程中，将建筑教育推向大建筑观的高度，带领师生对城市规划、景区建设、古建保护进行跨专业融合的理论研究和设计实践。在研究生教学中倾心竭力培养高端人才，成果丰硕。

在先生引领下形成的“南工风格”，继承和发扬了“中大体系”的优良传统，办学水平始终处于全国领先地位。他与同仁们共同培育的一代代优秀人才，在我国各地的建设部门、设计单位、建筑院系岗位上都发挥着重要作用，产生广泛的影响。

杨廷宝先生为国家教育事业奉献40余年，可谓倾尽心力，鞠躬尽瘁。他对中国建筑教育的推动，以及近现代中国建筑教育体系的完善贡献卓著，其影响绵延至今，并世代相传。先生也当之无愧地成为中国建筑教育的一代宗师而享有崇高声望。

三、杨廷宝先生是中国建筑发展与国际交流的学界领袖

（一）组织开展国内学术活动

自中国建筑学会成立伊始，杨廷宝先生历任第一至四届副理事长、第五届理事长，领导和组织学会各项专业工作和学术活动近三十年。他主持和出席了“变化中的乡村居住建设”“北京科学讨论会”等多项大型学术会议；参加了诸如上海“住宅建筑标准化及建筑艺术座谈会”、景德镇“中国建筑学会历史学术委员会年会”等多个学术团体的会议；组织了“香港建筑图片展览”“国内住宅建筑图片展览”等专业交流活动。他担任了“南京长江大桥桥头堡”“南京雨花台烈士纪念碑”“古巴吉隆滩纪念碑”等建筑设计竞赛评委会主任；受学会委派和地方邀请，赴桂林参加城市规划会议，指导桂林风景区规划与建设；到泰安出席泰山旅游规划会议，对泰山游览索道建设进行现场勘察讨论；到福建参加“武夷山风景区评议会”，对武夷山风景区规划与建设提出八条建议；到北京参加“长安街规划方案审核讨论会”，为规划中华第一街出谋划策；赴山西与全国古建保护专家一同考察，为国宝级建筑的保护与修缮进言献策。以上学术活动不胜枚举。

在中国科协的领导下，先生多次代表中国建筑学会，同茅以升先生共同主持建筑学会与土木工程学会的学术会议，经常出席两学会召开的常务理事联席会议，共商中国建筑行业发展大计；共同组织科技人员出国考察，学习和借鉴各国现代设计理念、先进建造技术、新型建筑材料、科学管理方法等，运用于推动国内建筑行业的改革与发展。

先生在中国建筑学会任职期间，多次代表学会接待国外和境外建筑师代表团或个人的来访参观。

杨廷宝先生在建筑学术和建筑行业领域开展卓有成效的工作，充分发挥建筑学会的桥梁与纽带作用，团结广大建筑科技工作者，共同促进建筑学术繁荣。在中华人民共和国成立后的几十年间，杨廷宝先生为中国的建筑学术繁荣和建筑行业发展作出了不可磨灭的贡献。

（二）推动国际交流与学术外交

在国内学术活动之外，杨廷宝先生长期代表中国建筑师在国际建筑界发声，并担任国际建协的领导工作。

1955 年 7 月，杨廷宝先生率中国建筑师代表团出席在荷兰海牙召开的国际建筑师协会第 4 次代表会议。中国建筑学会成为新中国第一个加入国际性组织的学术团体，而那时距中华人民共和国重返联合国、加入联合国教科文组织等还尚待时日。从此，新中国的学术界冲破围堵，昂首登上国际舞台。杨廷宝先生也成为代表新中国走出国门的建筑界第一人。

在国际建协这一各国建筑师开展学术交流的平台上，先生尽显东方大国蓬勃向上的精神风貌，不辱使命地在各国建筑师之间促进团结友好。他个人更以勤奋工作、谦恭人品、儒雅风度、外交才干赢得国际友人的尊敬。

在荷兰海牙的这次会议上，会场内外曾两次悬挂国民党旗帜，杨廷宝先生以外交家的胸襟和气度沉着应对，搞清事实真相，把握政治原则，做出了妥善处理。不但维护了国家尊严，还增进了各国建筑师对新中国的了解和友谊。杨廷宝先生作为一位建筑师和建筑学者，不仅博得国际建筑界的好评，还受到外交官们的高度认可。

1957年9月，在巴黎国际建协第5次代表会议上，先生本无意参选国际建协领导席位，却被当时东西方两大阵营的各国建筑师代表投票选为国际建协副主席。正是先生的个人魅力与博大胸怀，以及他所展示出的新中国的崭新形象，赢得了各国建筑师的信任和拥戴。

1958年7月，在莫斯科召开的第5届世界建筑师大会上，由于东道主在闭幕式上不按会议程序擅自宣读号召书，在执委会中引发激烈的争吵。又是先生为了促进各国建筑师之间的团结，以一席平和话语平息争端，令双方心悦诚服，互为谅解。先生这一化干戈为玉帛的外交智慧，真正达成了国际建协的团结宗旨。

杨廷宝先生在国际建协中作出的积极贡献，为中国在世界人民心目中赢得了声誉，他本人也人心所向地两次连任国际建协副主席。在任期间，先生几乎每年都要奔波在国际航线上，穿梭于各国之间，多次率团访问美国、苏联、英国、加拿大、日本、墨西哥、巴西、古巴、朝鲜等国，并参加各类国际学术论坛、国际建协执委会会议，以及进行国外城市与建筑考察。这些国际间、境内外建筑师间的相互交流，不但让中国建筑师打开眼界看世界，而且让世界了解了中国，见证了新中国的进步与发展。

四、杨廷宝先生是闪耀高尚人格光辉的时代典范

杨廷宝先生是一位引领中国建筑学科与行业发展的领袖和楷模，在他不平凡的职业生涯中，始终闪耀着高尚的人格光辉。

杨廷宝先生历任南京工学院副院长、建筑系系主任、建筑研究所所长、中国科学院技术科学部学部委员、中国建筑学会第一至第四届理事会副理事长、第五届理事长、江苏省科协名誉主席，连任两届国际建筑师协会副主席，第一至第五届全国人大代表，并曾任江苏省政协副主席，江苏省副省长等重要职务。杨廷宝先生身兼多职，声名显赫，然而这些都未曾改变他为人处世的诚朴本色。

（一）胸怀家国，赤子之心

杨廷宝先生幼年经历了风起云涌的辛亥革命，目睹晚清政府腐败无能；青年时期在开封留学欧美预备学校受到爱国主义教育，激发出奋发读书的远大志向；在清华学校读书的六年中更坚定了读书救国的人生目标；直至远渡重洋在美国宾夕法尼亚大学留学，依然时刻关注祖国发生的事情。

1949 年在决定中国命运之际，先生目睹了当时的社会腐败，尤其是南京“四·一惨案”让先生看清了国民党的本质，相信只有共产党才能救中国。他断然拒绝迁居台湾的劝说，说道：“我要准备为共产党干事，为新中国效力了。”先生以饱满的热情、不倦的工作，实践着自己的初心——为救国而读书，为建设新中国而努力工作。

（二）淡泊名利，平易近人

杨廷宝先生有着外人看来的熠熠光环，但生活中却丝毫没有盛气凌人的做派、夸夸其谈的腔调，更没有那种颐指气使的傲慢。相反，先生给人们的印象总是和蔼可亲、平易近人的善良和谦逊。

1979 年底先生被任命为江苏省副省长，他从不青睐高级干部待遇，并嘱咐家人不要搞特殊化。在各种场合他始终保持着人民公仆的本色。出席会议时，先生从不抢先发言，而是倾听完别人发言之后，以平等身份参与讨论；应邀赴外地作报告时，先生总是力拒豪华套房和宴请；就近参会时，只要可能，先生总是自己步行来回，谢绝派车迎送。

杨廷宝先生与童寯先生是一生肝胆相照的畏友，但在一次联名为刘敦桢先生所著《苏州古典园林》日文版作序时，两人却为谁署名在前而推让良久，致使出版社总编既深受感动又倍感棘手。

在政务工作中，先生甘当配角，为人亲和。参加各类活动时对待宾客、群众一律以礼相待。更令人感动的是，先生从不在他人甚至家人面前提及自己曾经的嘉奖和荣誉。以至于在这次编纂《杨廷宝全集》旷日持久的寻“宝”过程中，发现许多先生身前绝口不提、尘封至今的故事，更让我们感叹先生人格之崇高，令后辈高山仰止。

（三）勤俭乐观，克己奉公

杨廷宝先生在生活上一向自奉节俭、不尚奢侈。他自幼目睹国难当头，家境窘迫，幼小就懂得生活不易，由此养成艰苦朴素的美德。考入清华学校时，生活虽捉襟见肘，但丝毫没有动摇为救国而读书的信念，乐观面对生活拮据，展露出众的才学和积极向上的精神面貌。留学美国时，凭借过人才华数次获得全美建筑系学生设计竞赛奖金，但他从不挥霍，衣食简朴，反而慷慨助人救急。

解放后，先生定居南京“成贤小筑”，始终保持勤俭本色。他说：“国家还很穷，我们的生活不应超过国内的一般水平。”家居如同做人一样朴实无华，饮食粗茶淡饭，衣着简朴平素，一块普通的钟山牌手表竟至终未换。

同样，在专业工作中，先生始终忠实贯彻党在各个历史时期“勤俭建国”“勤俭办一切事业”“适用、经济、在可能条件下注意美观”等一系列方针政策。在先生一生设计的120项工程中，不但强调建造的经济性，还总是为降低运营成本而周全推敲。1951年设计北京和平宾馆时，时值新中国刚成立百废待兴之际，先生为节约工程预算精推细敲，为提高每一平方米的建筑使用效能、为节省投资而绞尽脑汁。当时“大屋顶”之风盛行，和平宾馆却采用了简便易行的平屋顶造型，先生顶住舆论，成就了中国现代建筑的经典之作。这一切看似设计观念与手法使然，实则是杨廷宝先生的人生态度在专业工作中的体现。

流年似水、光阴如梭。屈指两个甲子早已换了人间，杨廷宝先生拳拳赤诚的家国情怀、自强不息的进取精神、勤奋敬业的奔波身影、三尺讲台的学者气质、国际交往的儒雅风度、和蔼可亲的音容笑貌、克己奉公的高尚人格、淡泊名利的思想境界，依然历历在目，念念于心，成为吾辈后人永远的楷模和榜样。

谨以此丛书的出版纪念杨廷宝先生诞辰120周年，并向杨廷宝先生致以永久和崇高的敬意！

东南大学建筑学院

东南大学建筑研究所

东南大学建筑设计研究院有限公司

东南大学城市规划设计研究院有限公司

2021年1月

前言

1927 年，杨廷宝先生自美国费城宾夕法尼亚大学艺术学院建筑系学成归来，应关颂声邀请，到天津基泰工程司开始建筑设计执业，至 1982 年逝世，在其五十多年的职业生涯中，将全部的智慧和才华奉献给祖国和人民，以及他所热爱的建筑事业。先生一生先后主持、参与、指导了百余座工程项目和建筑方案的设计，从他执业的社会背景以及创作经历来看，可以大致分为三个阶段。

1927—1937 年，这十年既是中国第一代建筑师探索中国建筑民族形式的第一个高潮期，也是杨廷宝先生执业生涯建筑才华初显、创作精力旺盛、优秀作品频现的第一阶段。此时正值留洋学习建筑设计的中国学生陆续学成回国，尽管他们人数不多，而且与西洋、东洋建筑师在权力、势力、财力诸方面相比均显得势单力薄，但是，中国建筑师毕竟作为“正规军”已开始登上历史舞台，并敢于与外国建筑师在设计竞赛中竞争并胜出。这一时期初出茅庐的中国建筑师们，不但创办了自己的建筑师事务所，为历史留下了众多珍贵的近代建筑遗产，而且组织成立了自己的社会团体——中国建筑师学会。杨廷宝先生正是在这样一个难得的执业环境中开始了他在天津基泰工程司的执业生涯，大老板关颂声凭借个人的社会关系，承揽不少重要官署项目，为杨廷宝先生提供了大显身手的创作舞台。

此外，在第一阶段的后期（1935—1937 年），杨廷宝先生在北平主持修缮了多处古建筑，为他在探索具有中国传统建筑风格的建筑创作，奠定了知识与能力的基础，并使其设计手法日臻成熟。这也是杨廷宝先生区别于许多同辈留洋建筑师的重要之处。

1937—1949 年，是杨廷宝先生执业的第二阶段。这一时期中国社会的政治、经济因战火纷飞而急转直下，日本侵华战争大大抑制了中国建筑事业的发展，杨廷宝先生先后随国民政府内迁入川，在陪都重庆从事中小型项目设计，同时受聘迁至重庆沙坪坝的中央大学建筑工程系兼任教授，开始了集建筑师与教授于一身的职业生涯。1949 年 4 月南京解放，此前杨廷宝先生回绝了关颂声动员其全家去台湾的鼓舌，终止了在基泰工程司 22 年主持建筑设计的工作，留在祖国大陆转而走上了以建筑教育为主，兼顾建筑设计的新的职业生涯。

1949—1982 年，是杨廷宝先生从事建筑设计的第三阶段。此时期杨廷宝先生作为专职教师，他所从事的建筑设计项目多半是结合教学，或因其学术地位与社会声誉而受邀、受托主持或指导完成的。随着年龄的增长和社会活动的频繁，杨廷宝先生的建筑项目基本是由他人或合作设计单位在工程项目的施工图设计中实现他的设计构想。加之此时中国在政治、经济、文化等方面发生了一系列重大变化，所有这些都影响着杨廷宝先生对建筑设计创作的探索和成就。

本卷上册的内容集中展现了杨廷宝先生在基泰工程司执业第一、二阶段的22年中，所能收集到的89个工程设计项目，其中有56项现今已分别被列入国家级重点文物保护单位（33项）、省级重点文物保护单位（11项）和市级重点文物保护单位（12项）。可见，杨廷宝先生在这一时期的建筑设计作品成果之丰硕，精品数量之众多，在中国几代建筑师中实属绝无仅有。

本卷下册的内容集中展现了杨廷宝先生在南京工学院任教期间，从事建筑设计的第三阶段主持、参与、指导的31项工程项目设计或国家重大工程项目方案设计初期工作的成果。

从上述本卷上、下两册所展现出来的经考证确认为杨廷宝先生一生精心主持、参与、指导设计的百余座建筑作品中，我们可以领略到杨廷宝先生的创作态度之严谨、创作思想之睿智、创作功力之深厚、创作手法之灵活，不愧为中国建筑界的一代宗师，能够被众多同辈大师和晚辈后学称赞与景仰。

本卷大量资料主要来源于《杨廷宝建筑设计作品集》《杨廷宝建筑论述与作品选》《杨廷宝建筑设计作品选》三部经典专著。除此之外，本卷主编费时八年有余，经历了捕获信息、寻觅原作、现场调研、查阅文献、考证史料、修正误传、收集照片、手绘图纸等大量烦琐细致、持之以恒的工作，对上述三部经典专著作了进一步核实、增补、修正、完善工作，以求较全面、准确地再现杨廷宝先生建筑设计作品的原真性。尽管如此，只因杨廷宝先生一生做人行事向来低调，加之相关部门对资料和建筑保护开展较晚，以至于本书付梓之时竟还难以确切知晓杨廷宝先生究竟主持设计了多少工程项目和方案设计。这几年虽经多方寻“宝”、尽力整理，仍感有若干实例只耳闻，或见报，或据说是杨廷宝先生设计之云，但一时无史料佐证，不免心存遗憾不敢收入本卷中，无奈也只能尽力到此了。

在本卷编纂过程中，得到清华大学档案馆、东南大学档案馆、南京大学档案馆、南京林业大学档案馆、四川大学档案馆、西北农林科技大学档案馆、江苏省档案馆、南京城建档案馆、天津档案馆、北京文化遗产研究院资料室、南京影剧公司档案室等单位的大力支持、鼎力相助，提供了杨廷宝先生设计的珍贵施工图纸或历史照片，在此表示衷心的感谢。感谢北京建筑设计研究院马国馨院士和陈晓民建筑师、清华大学邓雪娴教授、沈阳建筑大学陈伯超教授、吕海平教授、王严力老师、东南大学周琦教授、南京大学赵辰教授、美国路易·维尔大学赖德霖教授、四川大学刘琨教授、重庆四川美术学院舒莺教授等，尽力为本卷收集到杨廷宝先生主持工程设计的若干珍贵资料。还要感谢王从司、刘怡、张帆、凌海、李进、郝钢、周铁钢、胡滨、吴艺兵、张含旭等学生通过各种渠道，获取并提供了有关杨廷宝先生工程项目设计的信息、图纸、照片。感谢权亚玲、陈秋红、周凯、缪昌盛、孙露等好友分别专程驱车赶赴陕西杨凌、河南新乡、江苏泰兴获取有关图纸资料并现场拍摄照片，为本卷内容填补了实录空白。特别感谢杨廷宝先生的得意门生巫敬桓建筑师之次女、新华通讯社记者、高级编辑巫加都女士提供了和平宾馆、王府井百货大楼、中华工商业联合会办公楼的珍贵施工图纸。特别感谢天津市建筑设计研究院张家臣建筑设计大师提供了天津中原公司两套不同年份的罕见施工图纸。特别感谢中央电视台《百年巨匠·建筑篇》剧组提供了沈阳少帅府、中央体育场等杨廷宝先生设计的多项工程航拍照片。此外，本卷还引用了网络上个别相关图片，在此一并感谢。感谢东南大学建筑学院王祖伟、赖自力、林禾为本卷所有照片、图纸资料进行的大量复印、扫描和修版工作。感谢东南大学建筑学院研究生孙艺畅、胡蝶、李元、翁惟繁、成皓瑜、陈宇祯为本卷后期的文字打印、图片编排等做了大量认真、细致的整理工作。最后感谢中国建筑工业出版社王莉慧副总编和李鸽副编审对本卷工作给予的悉心指导和热忱帮助，感谢责任编辑陈小娟、毋婷娴严谨、细致、耐心的编辑工作。

鉴于主编学识浅薄、能力所限，深感编纂本卷疑有遗宝未能寻觅，且书中难免有不当之处，恳请读者不吝斧正。

东南大学建筑学院
黎志涛
2019 年 9 月

目录

※ 括号内所标年份为设计开始年份。

建筑卷（上）

1. 沈阳京奉铁路辽宁总站（1927 年）

辽宁总站（1945 年抗日战争胜利之后，改名为沈阳北站），位于沈阳和平区总站路 100 号，始建于 1927 年，1930 年竣工，是杨廷宝回国后主持设计的第一项工程。

杨廷宝本欲将辽宁总站设计成“西欧现代建筑”式样，但当时的京奉铁路当局和事务所同仁更垂青于北平前门火车站的外形，令杨廷宝不得不放弃初始构想，而采用对称布局。

总站建筑面积 8 485 平方米，一层平面中央候车大厅长 30 米、宽 20 米，高 25 米的半圆拱顶和前后大面积玻璃侧窗及顶窗使大厅高敞明亮。除中央大厅外，东翼为候车室，西翼为站务用房和行政用房。二、三层为站务和行政用房。平面布置紧凑，功能合理，流线短捷，具有交通建筑的特征。

建筑造型与平面功能结合紧密，中央保留了类似北平前门站的半圆拱顶，大厅门廊使主入口实用醒目，两侧平屋顶檐部采取西方古典建筑细部处理，使中西方建筑文化相交融。

辽宁总站建成后，成为继北平前门车站、济南车站后，由我国建筑师自己设计建造的当时国内最大的火车站。1988 年 6 月 25 日辽宁总站（沈阳北站）因沈阳铁路枢纽改造而停办一切客运业务，1990 年 12 月新沈阳北站建成后，才完成作为火车站的历史使命。现为沈阳铁路分局机关办公楼。2013 年被国务院列入第七批“全国重点文物保护单位”名录。

1. 国文保碑

2. 立面渲染图

3. 南立面外观旧照

4. 候车大厅旧照

5. 修缮后的主入口外景

6. 修缮后的鸟瞰全景

7. 窗下墙装饰细部一

8. 窗下墙装饰细部二

9. 修缮后的入口前厅

10. 修缮后的候车大厅一侧

11. 修缮后的候车大厅

12. 办公区楼梯

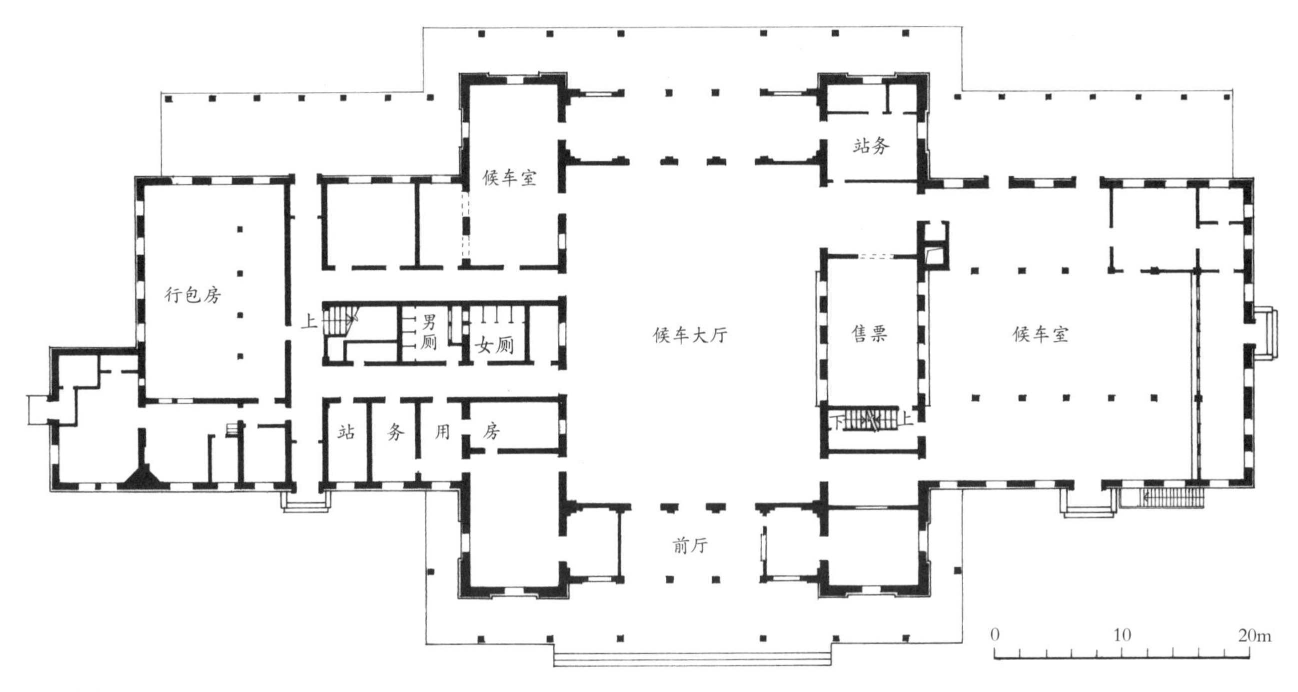

一层平面图

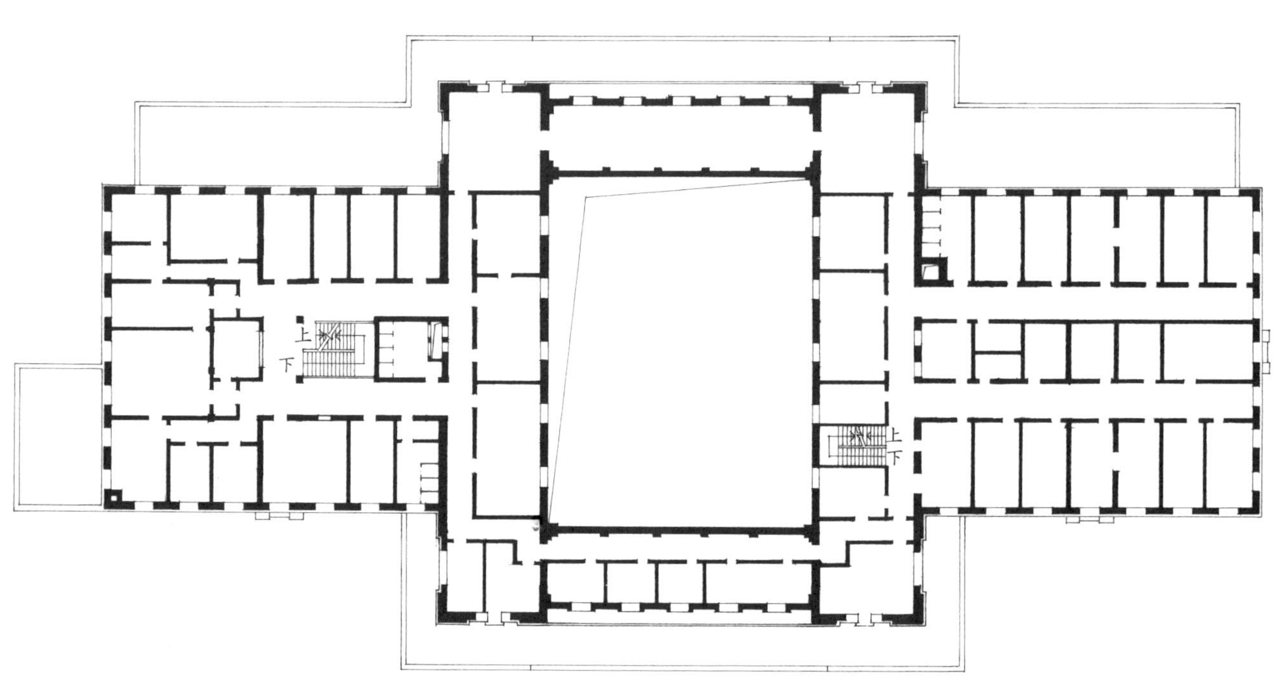

二层平面图

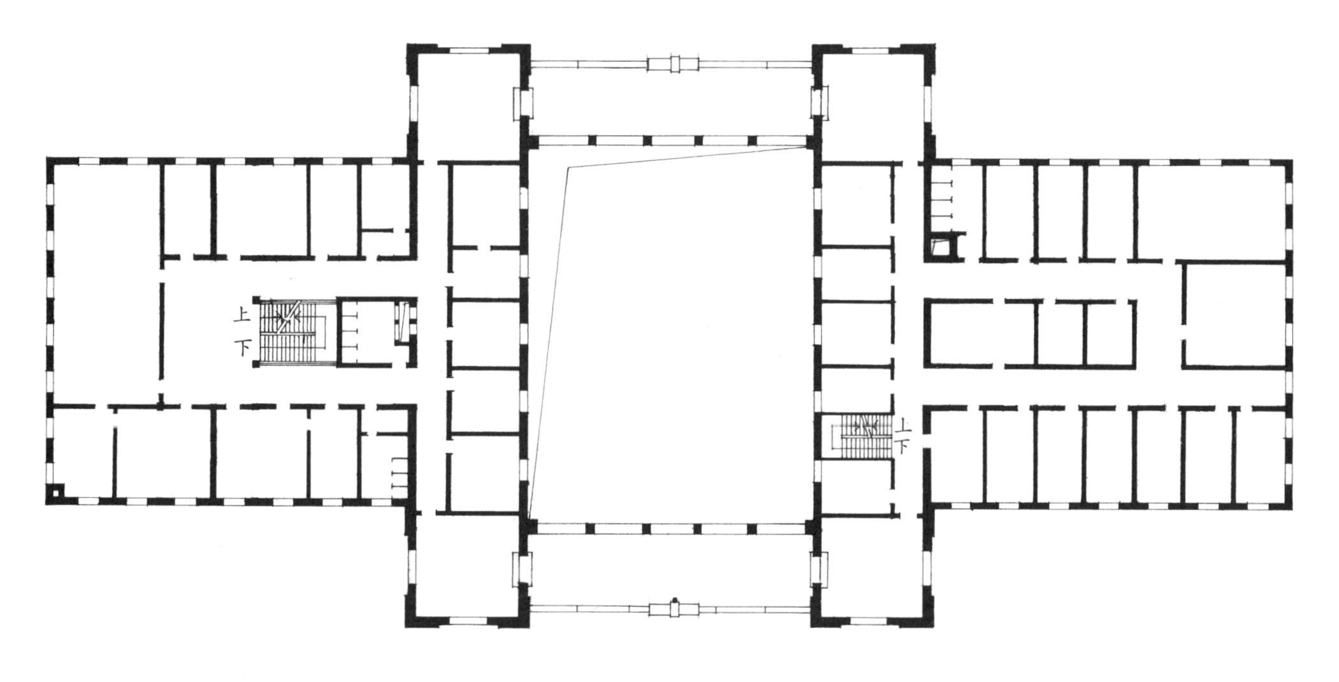

三层平面图

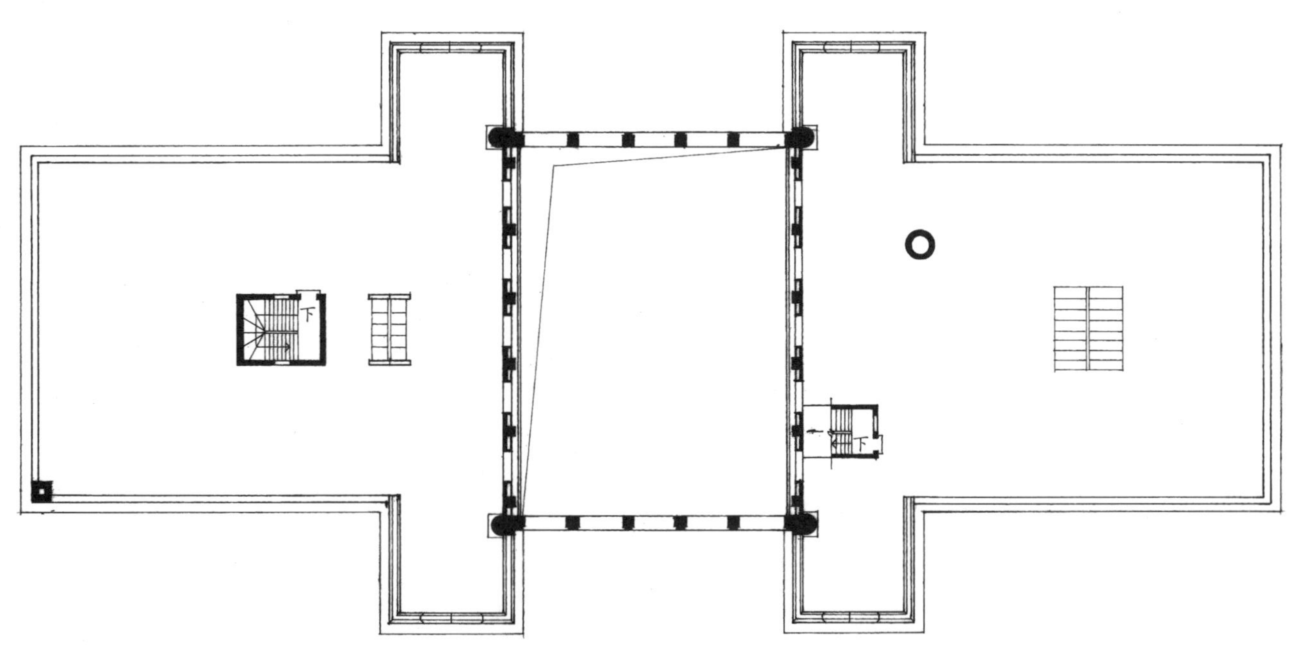

屋顶平面图

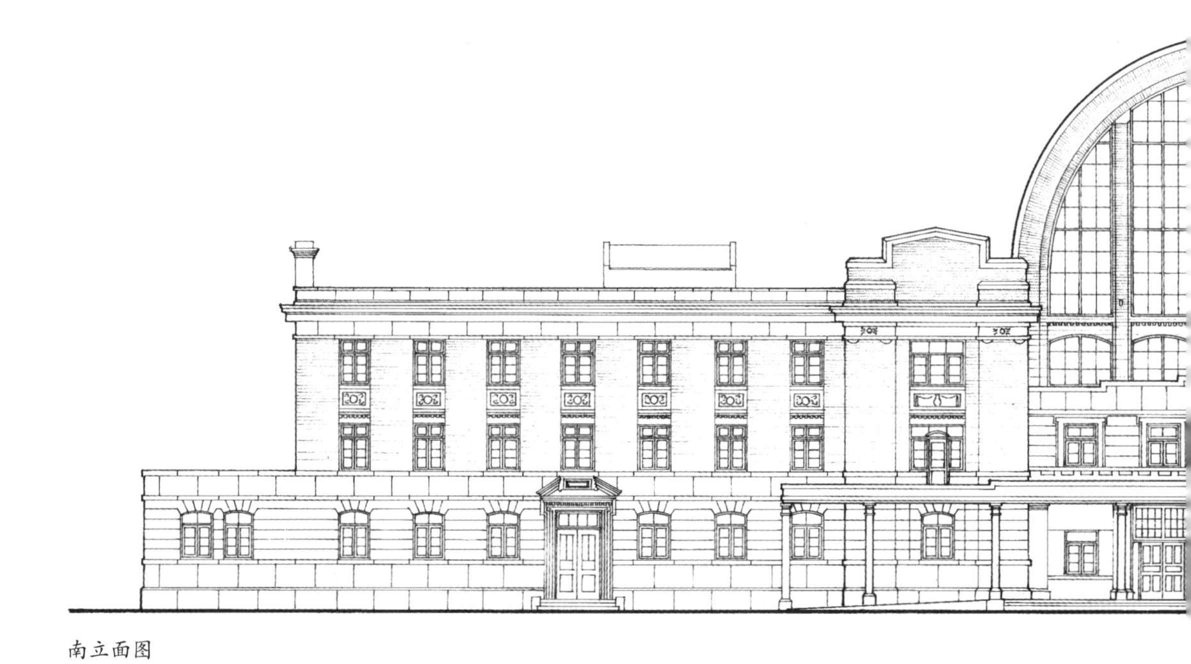

南立面图

东立面图

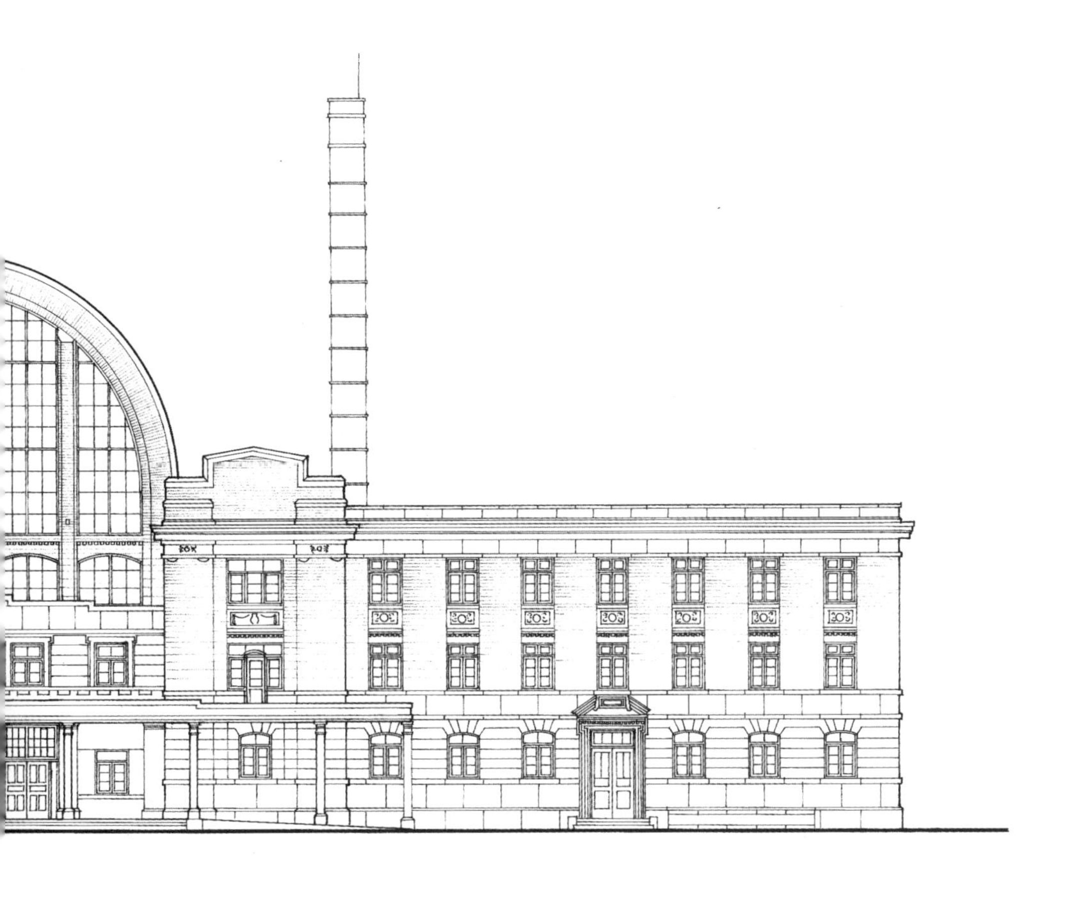

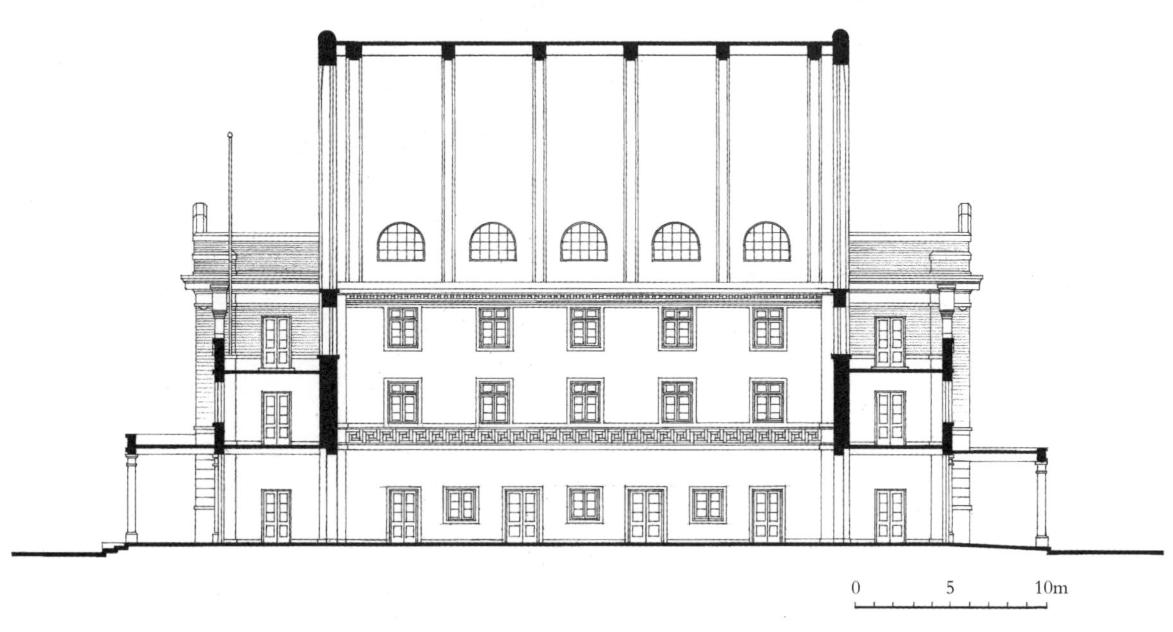

剖面图

2. 天津中原公司（1926 年）

天津中原公司大楼坐落在原天津日租界旭街（今和平路）与福岛街（今多伦道）交口处，占地 1 200 平方米，建筑面积 9 164 平方米。该楼原由朱彬于 1926 年设计，后经杨廷宝（1927 年 4 月加入基泰工程司）参与设计修改、施工监造，于 1927 年 12 月竣工，1928 年元旦开业。

大楼主体为六层，局部七层。临街中部七层以上设有高耸的塔楼，高度与楼高相等，总高达 61.6 米。可俯视海河，鸟瞰津卫，气势雄伟壮观，也被天津市区内绝大多数区域的市民目击，一度成为天津城市的地标。

该大楼一至三层为百货商场，四层开设游艺场，五层为大戏院，六层为大酒楼，七层为舞场和“七重天”屋顶花园，成为那个年代天津的“百乐门”。首层营业大厅后部设有三部电梯，这在 20 世纪 20 年代为新奇时髦之物，吸引市民蜂拥而至。电梯周围环设楼梯通向各层，交通便利顺畅。

大楼造型为西方新古典主义建筑风格。立面采用亚光米黄色面砖，清新典雅。竖向三段式划分，线条纵横交织，尽显大楼稳重精美。塔楼则以四层逐级上收，并以古典装饰包装内部框架。

1940 年 8 月 28 日，此楼遭受火灾，后经建筑师张镈主持大修，将原塔楼烧毁的外皮改为具有现代建筑风格的造型。又经 1970 年将东侧的华竹绸布庄拆除扩建新楼及 1976 年唐山大地震后的加固改建，其建筑形式已不能与当年老楼同日而语。1997 年，新厦建成，并与中原公司老楼连成一体。2000 年，老楼重新整修改造，基本恢复 1940 年的建筑原貌，但塔楼造型与原貌已大相径庭。

2. 旧影之二

1. 旧影之一

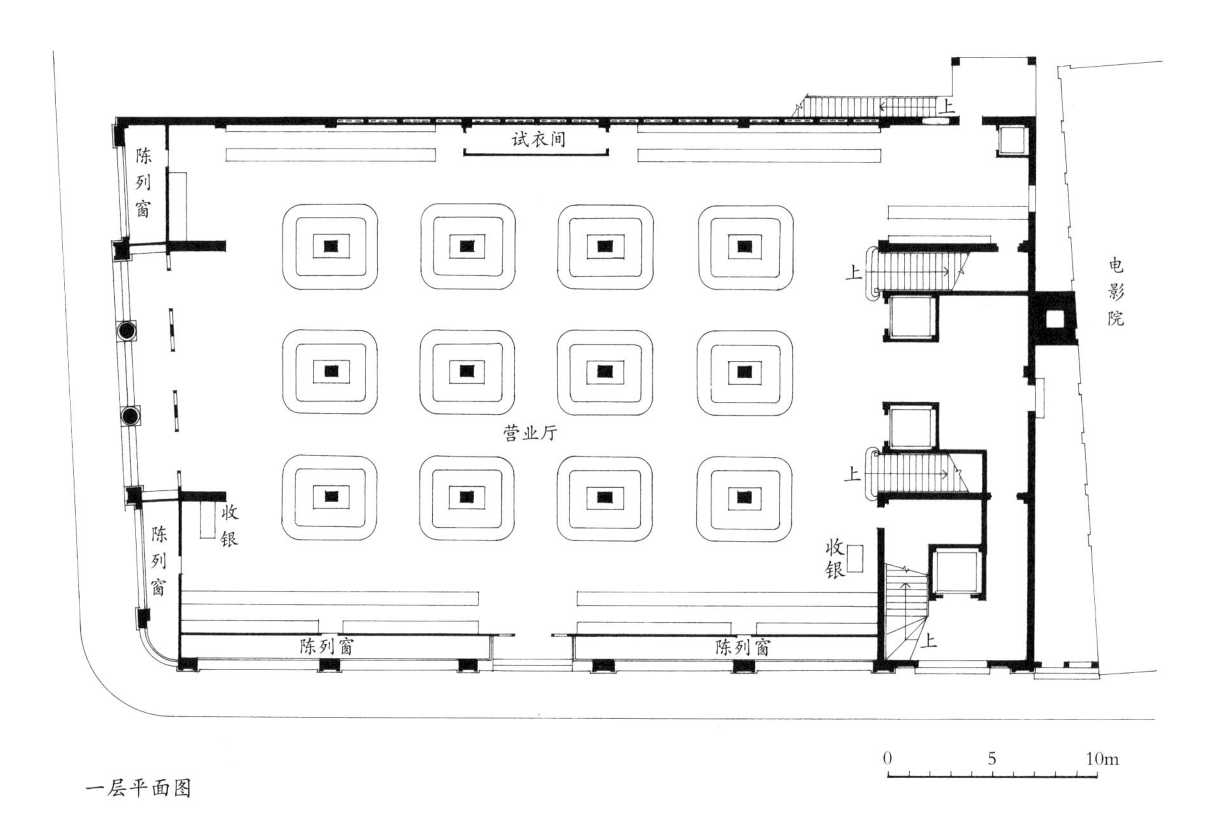

一层平面图

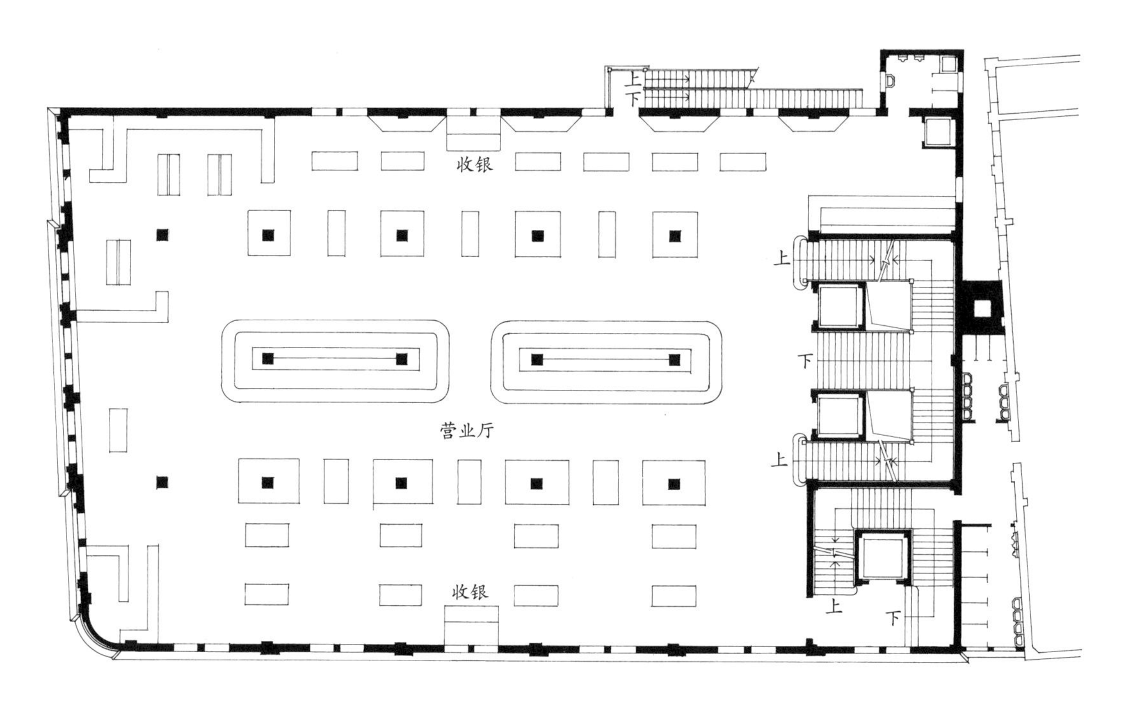

二层平面图

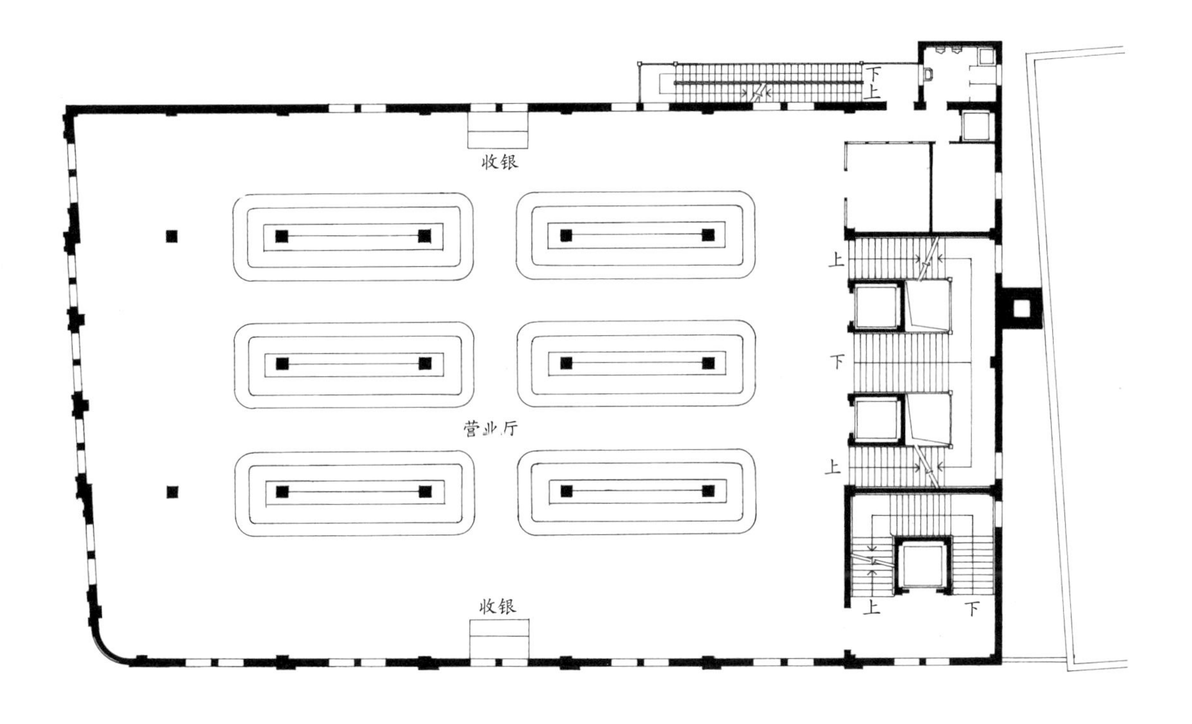
下
上
收银
上
下
营业厅
上
收银
上
下

三层平面图

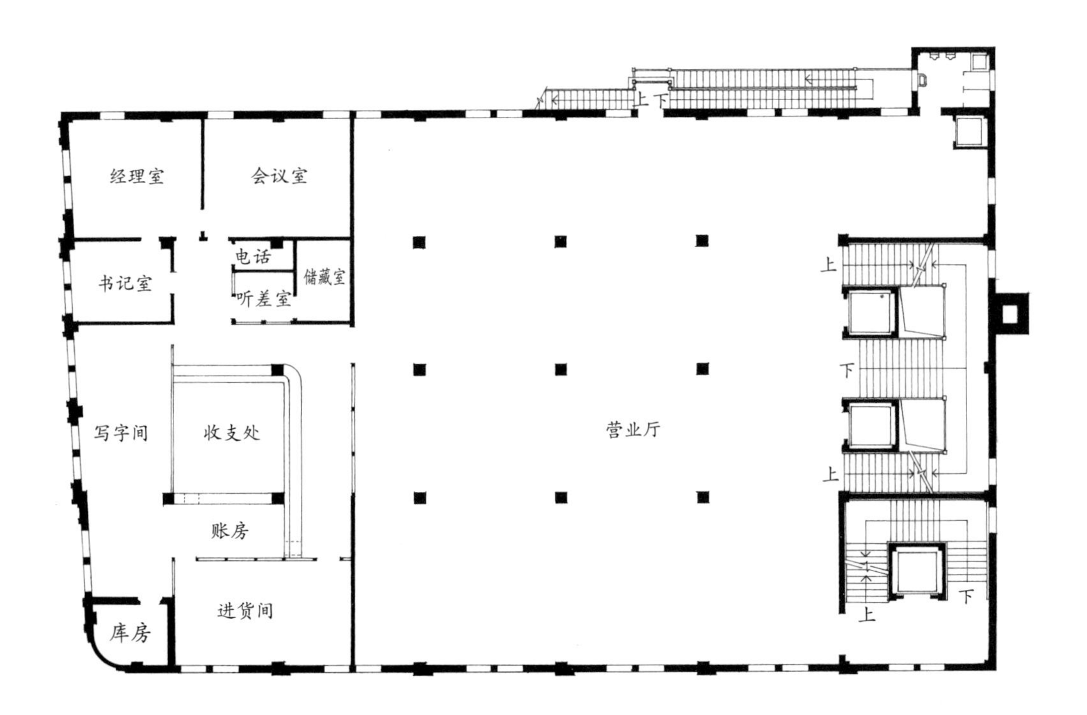
上
下
经理室
会议室
电话
储藏室
书记室
听差室
上
写字间
收支处
下
营业厅
上
账房
进货间
库房
上
下

四层平面图

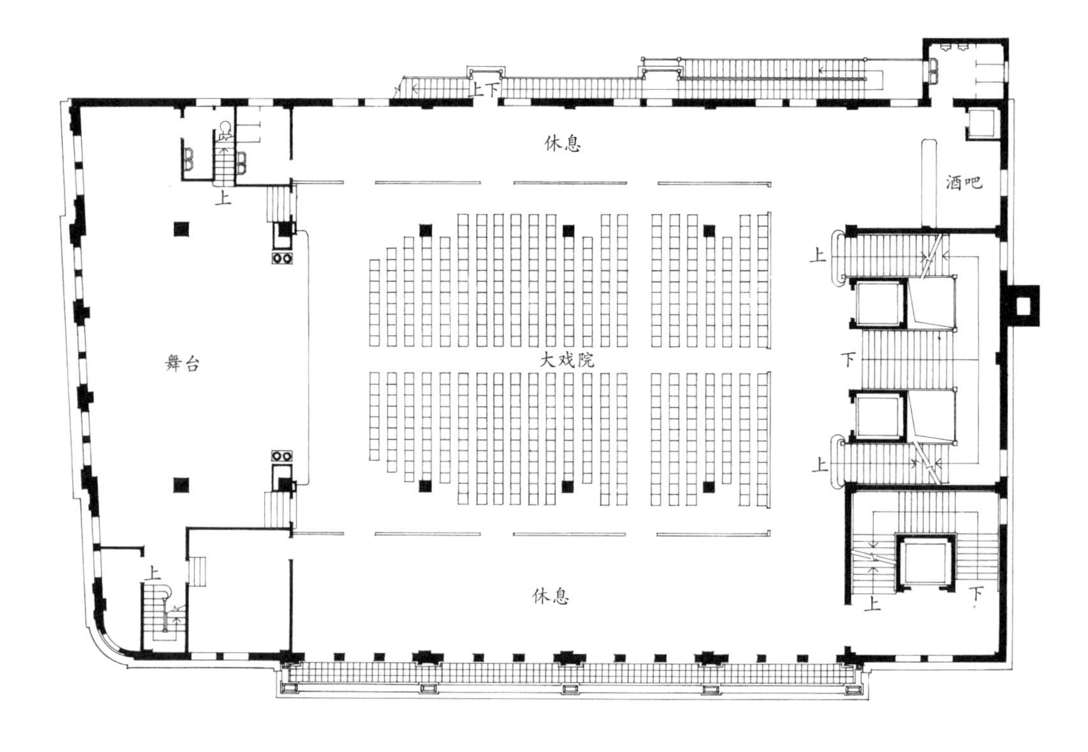
上下
休息
酒吧
上
上
舞台
大戏院
下
上
上
休息
上
下

五层平面图

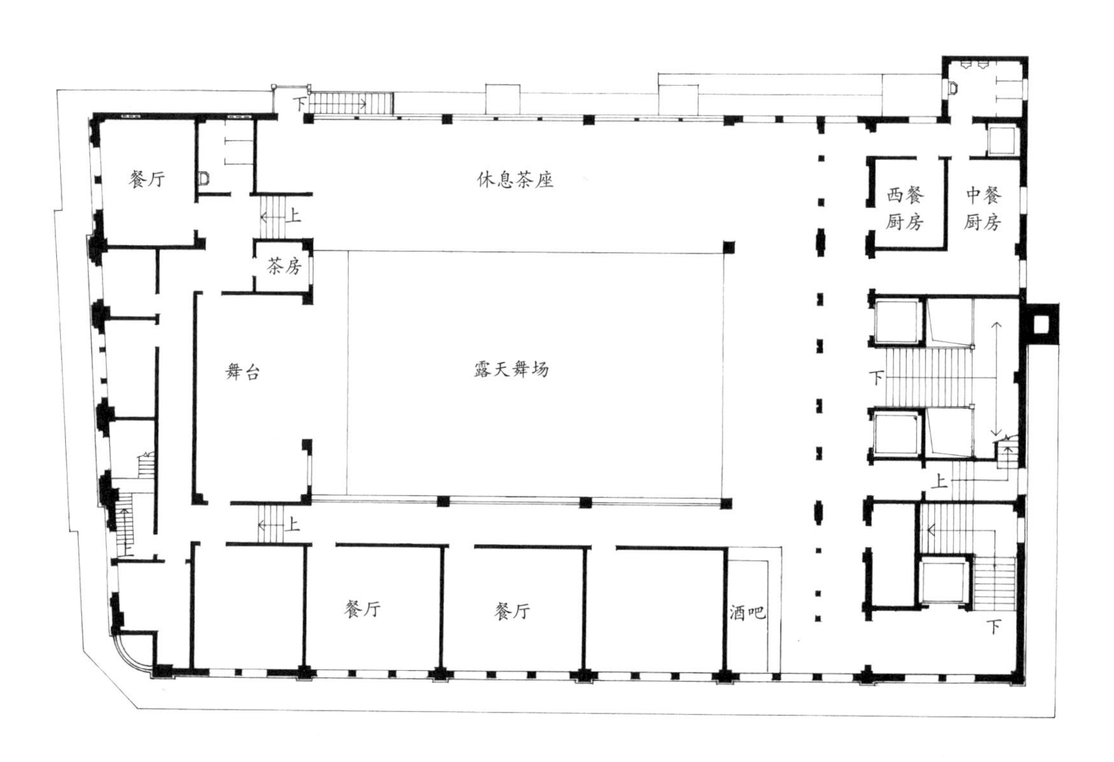
下
餐厅
休息茶座
西餐
厨房
中餐
厨房
上
茶房
舞台
露天舞场
下
上
上
餐厅
餐厅
酒吧
下

六层平面图

主立面图

侧立面图

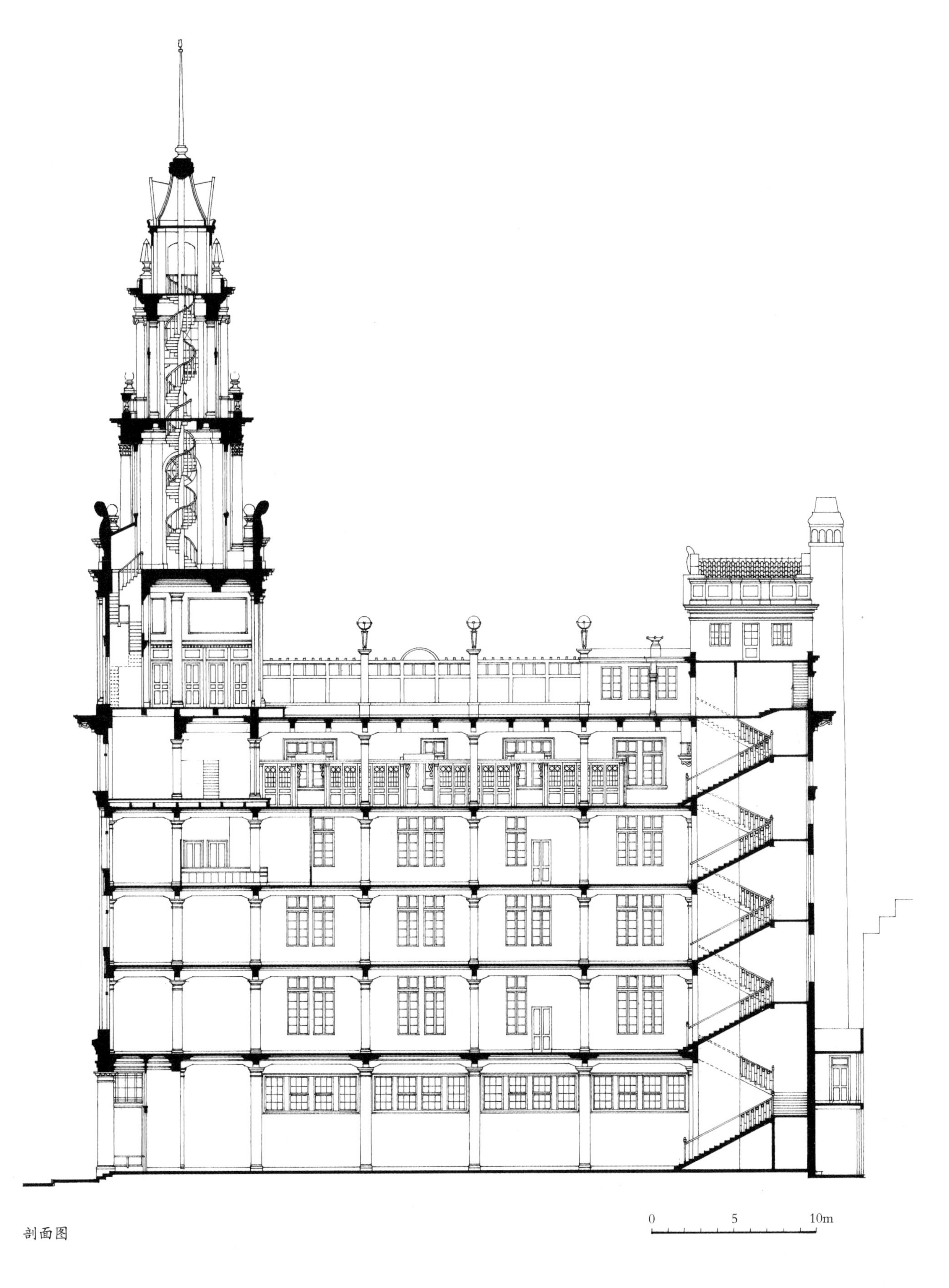

剖面图

3. 天津基泰大楼（1927 年）

天津基泰大楼是基泰工程司自建的办公楼，1927 至 1928 年设计建造。位于滨江道 109-123 号，占地 1 424 平方米，建筑面积 4 606 平方米。大楼主入口在中部，坐东朝西，其上为过街楼计五层，两翼为四层。首层为商业店铺（内设中二层），二、三层为出租办公用房，四层为基泰工程司办公用房和绘图房。大楼后部有少量公寓客房。中二层设主楼梯和电梯直通顶层。

大楼为砖混结构，平屋顶。立面左右对称，疏密相间的砖砌壁柱与大面积清水墙面形成凹凸变化。柱身刻槽线，柱头雕花纹，檐口饰狮头，外观丰富而明快。

大楼现为快捷酒店，及出租商铺、旅舍等之用。

1. 市文保碑

2. 透视图

3. 沿街外景旧照

4. 中部外景旧照

5. 中部主入口立面旧照

6. 主入口外景旧照

7. 主入口柱廊细部旧照

8. 楼梯栏杆细部旧照

9. 大楼中部仰视外观

10. 沿街现状全景

11. 仰视入口拱门细部

12. 入口楼梯石栏遗存

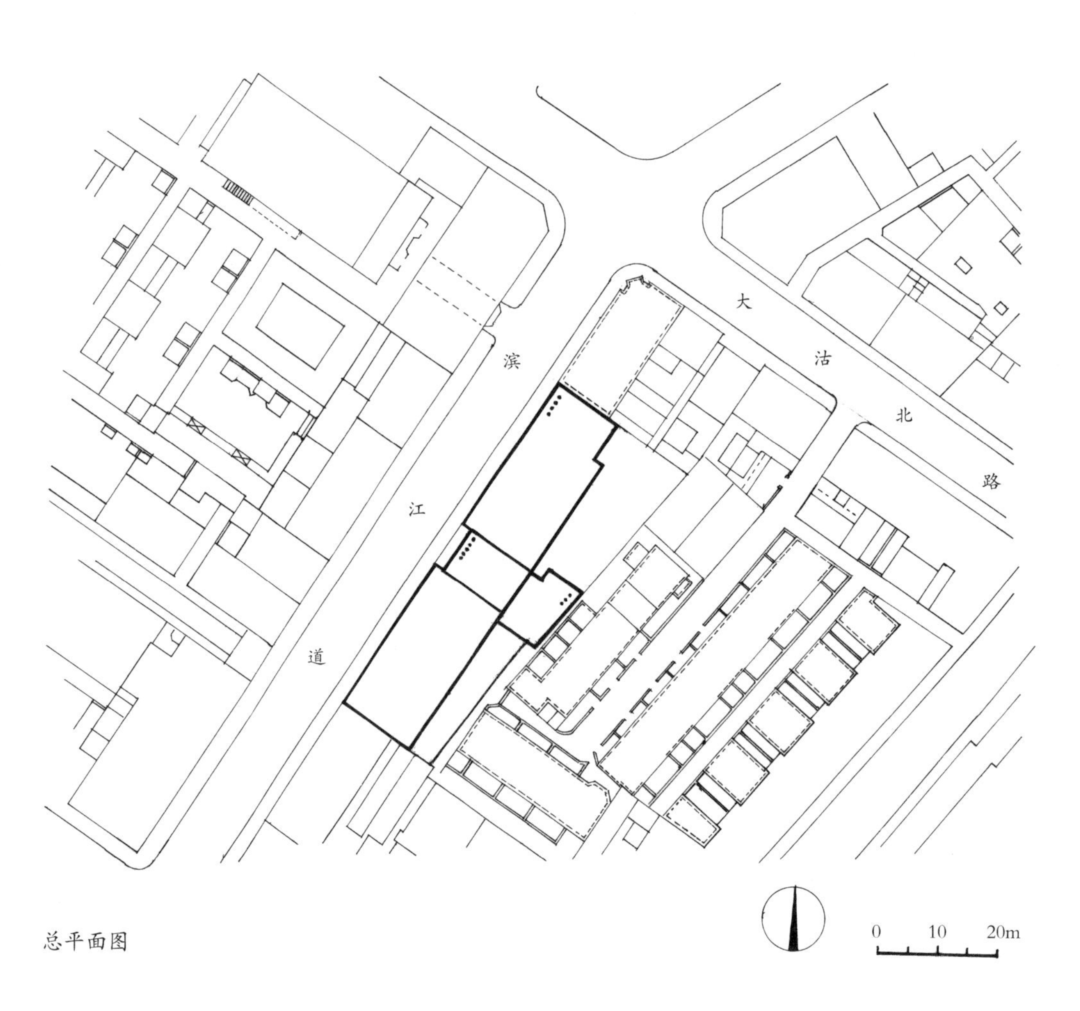

总平面图

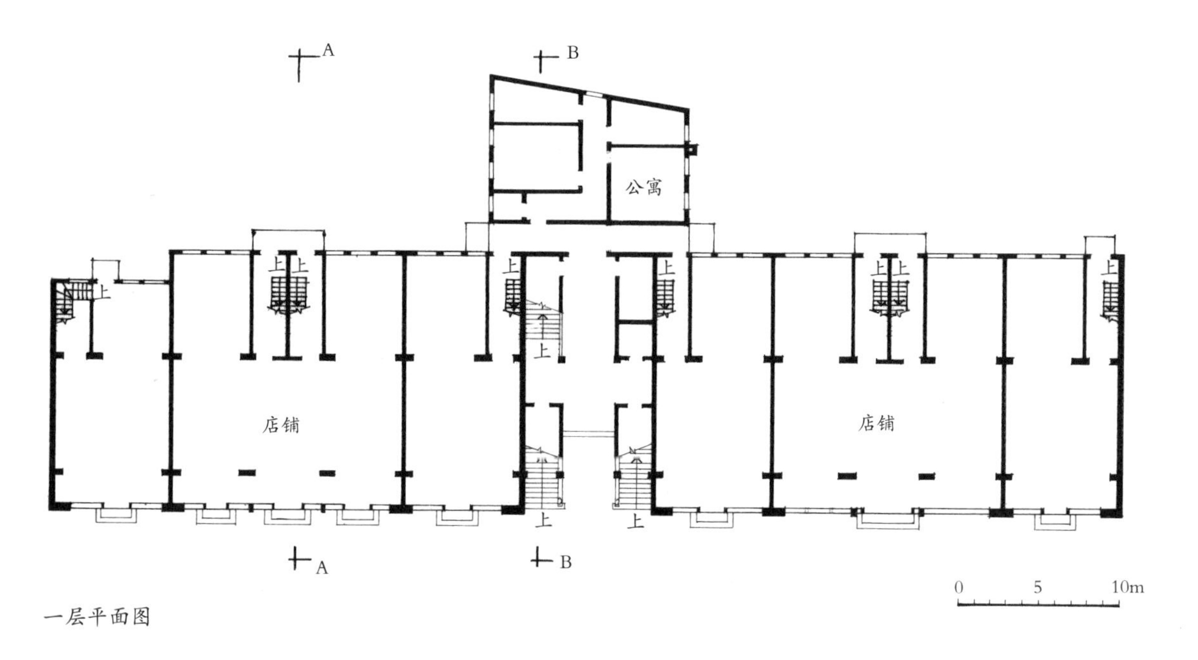

一层平面图

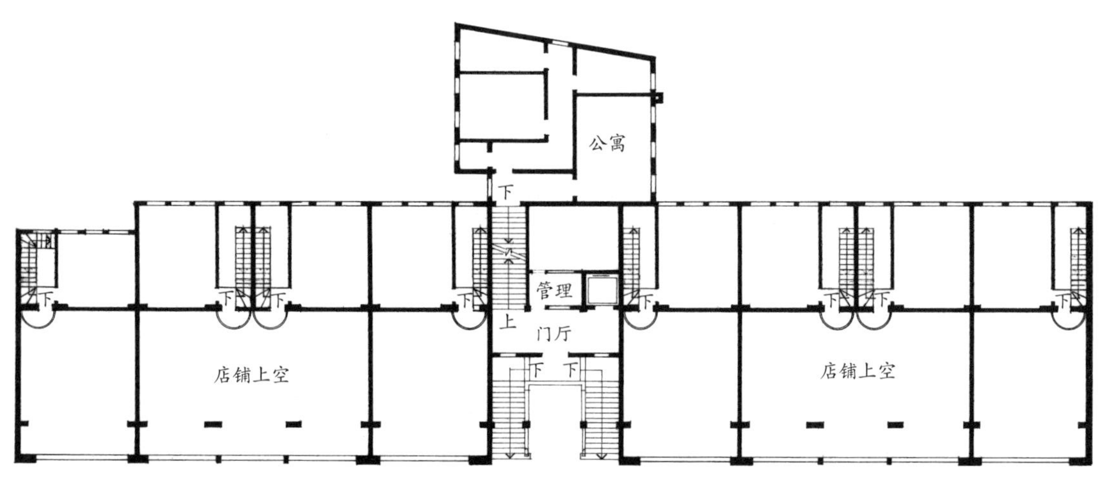

中二层平面图

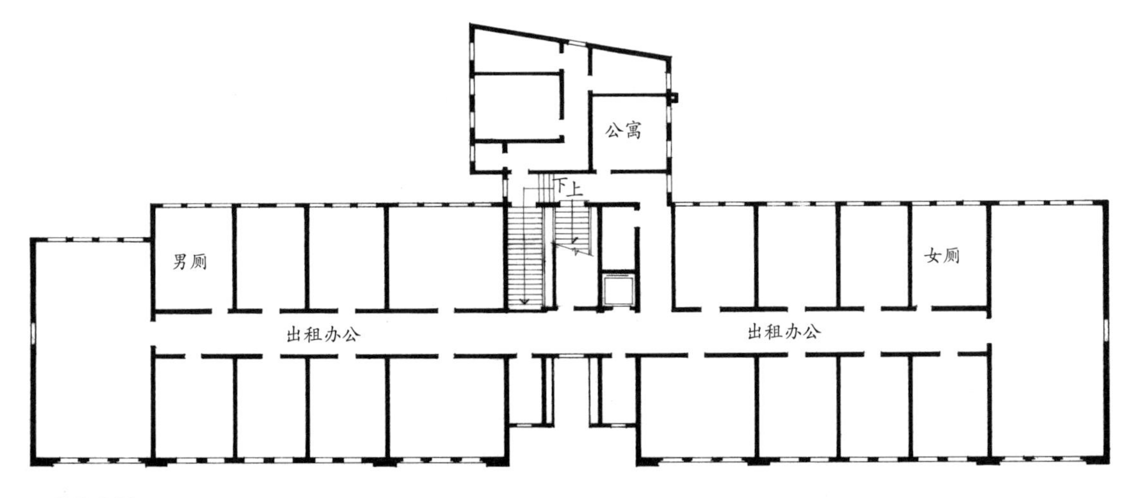

二层平面图

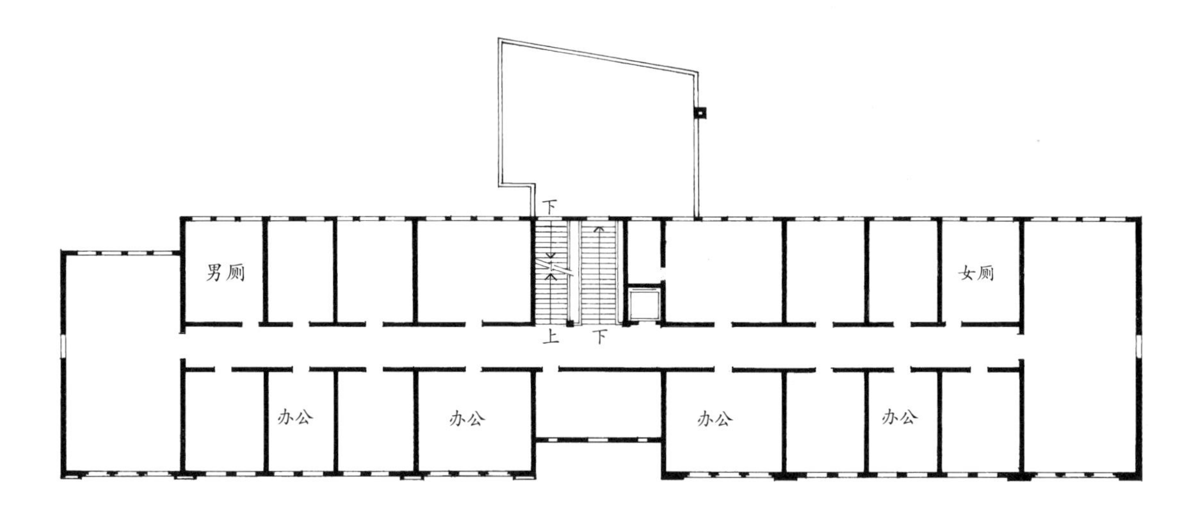

三层平面图

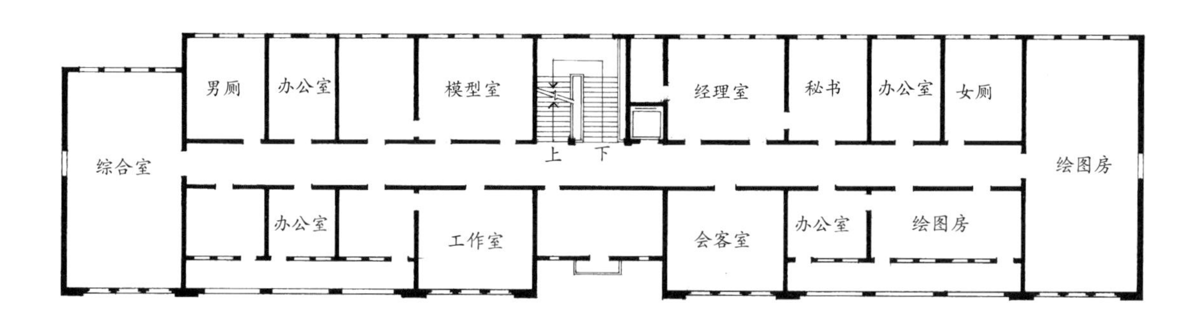

四层平面图

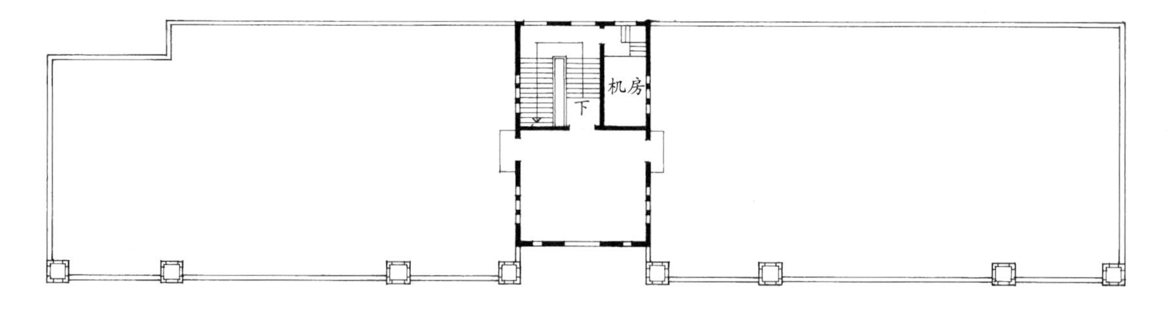

五层平面图

西北立面图

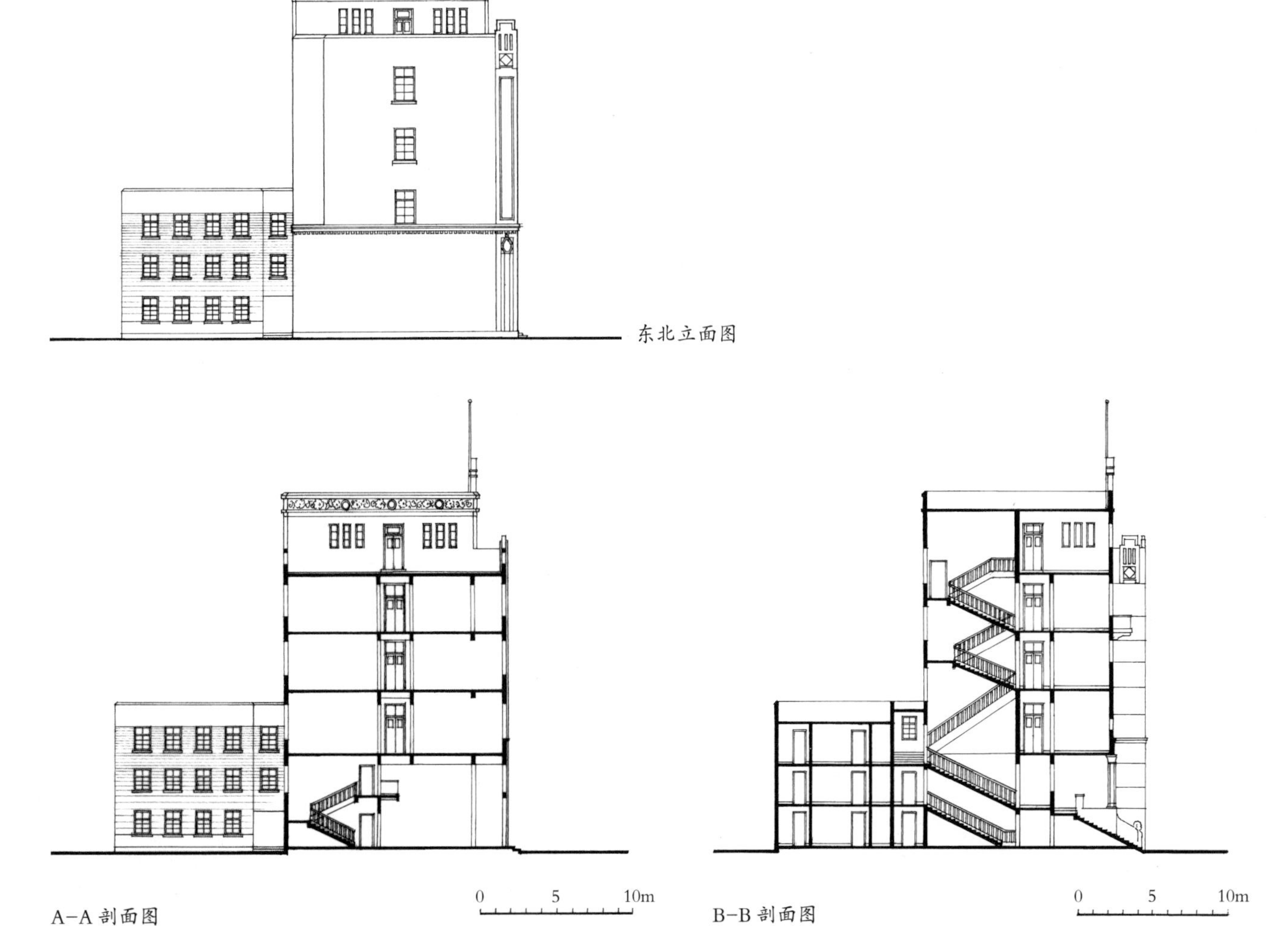

东北立面图

A–A 剖面图

B–B 剖面图

4. 天津中原里（1928 年）

1928 年元旦，中原公司开业后，因项目使用效果令业主十分满意，由此对基泰工程司产生信任感，便又随即委托其设计中原里。中原里是中原公司附属的职工宿舍及其他配套用房。

杨廷宝在中原里用地十分局促的条件下，规划了三幢条式建筑，总建筑面积为 6 753 平方米。其中，一幢面朝西临街的建筑，底层为店铺（正中开间为过街楼），二层为各店铺的自家用房，各有自用楼梯上下联系。三、四层和局部五层为职工宿舍，另设独用公共大楼梯上下联系。该幢建筑面积为 3 600 平方米。

职工宿舍楼之后为甲种住宅楼（居北）和乙种住宅楼（位南），两者皆为 3 层建筑。甲种住宅楼除东单元占两开间计 3 层为大户型外，其余 4 户各占一开间计 3 层为中户型。各户皆为朝南入口，入户前有一小院，并在内部楼梯间处设内天井，满足其周边房间的采光和通风要求。乙种住宅楼每层 6 户，各占一开间，为小户型，共 18 户。各户皆为北入口，入户前有一小院和公共楼梯间，并在卫生间处设内天井，以满足其周边房间的采光和通风要求。甲种和乙种住宅建筑面积分别为 1 117 平方米和 1 241 平方米。另外，在甲种住宅东端毗邻货仓楼，计 3 层，建筑面积为 731 平方米。在乙种住宅东端毗邻车房一间，建筑面积为 64 平方米。

由于中原里是在中原公司竣工之后，与基泰工程司大楼同步进行设计的两个项目，因此，中原里的职工宿舍楼建筑造型和墙面装饰细部与基泰工程司大楼的建筑风格极其相似，只是基于两者功能内容不同，体量大小有别，中原里的设计手法更为简练、简洁。

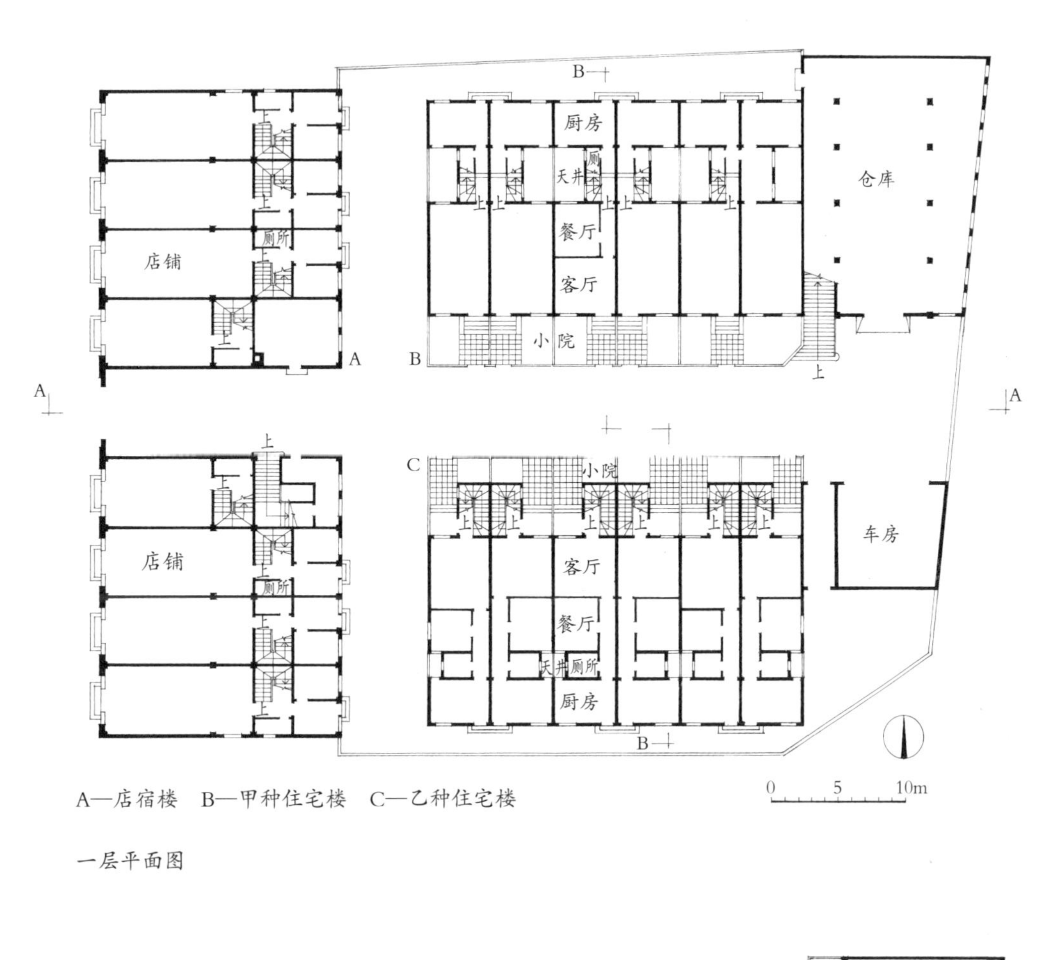

A—店宿楼 B—甲种住宅楼 C—乙种住宅楼

一层平面图

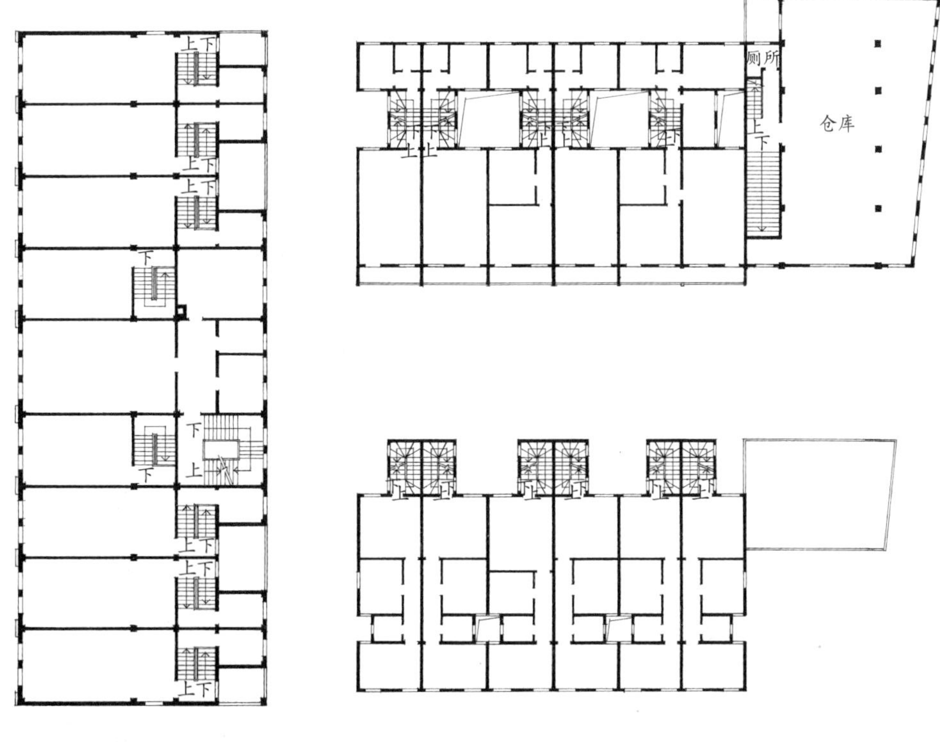

二层平面图

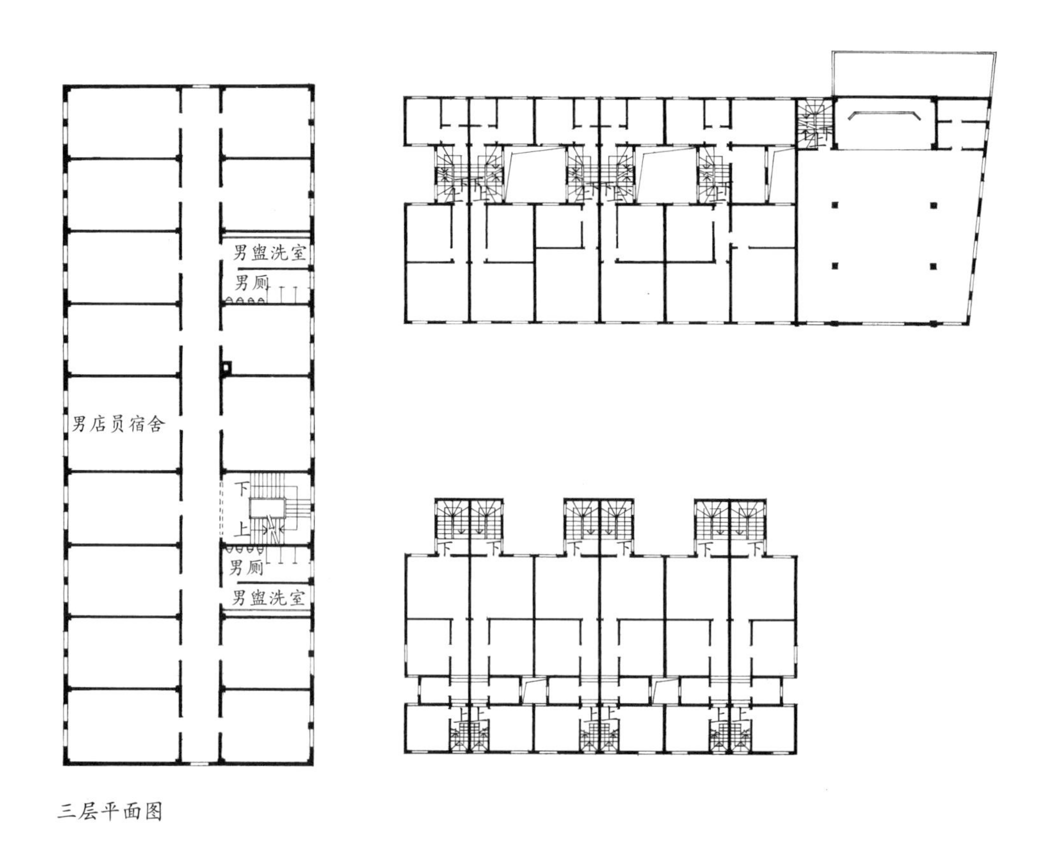

三层平面图

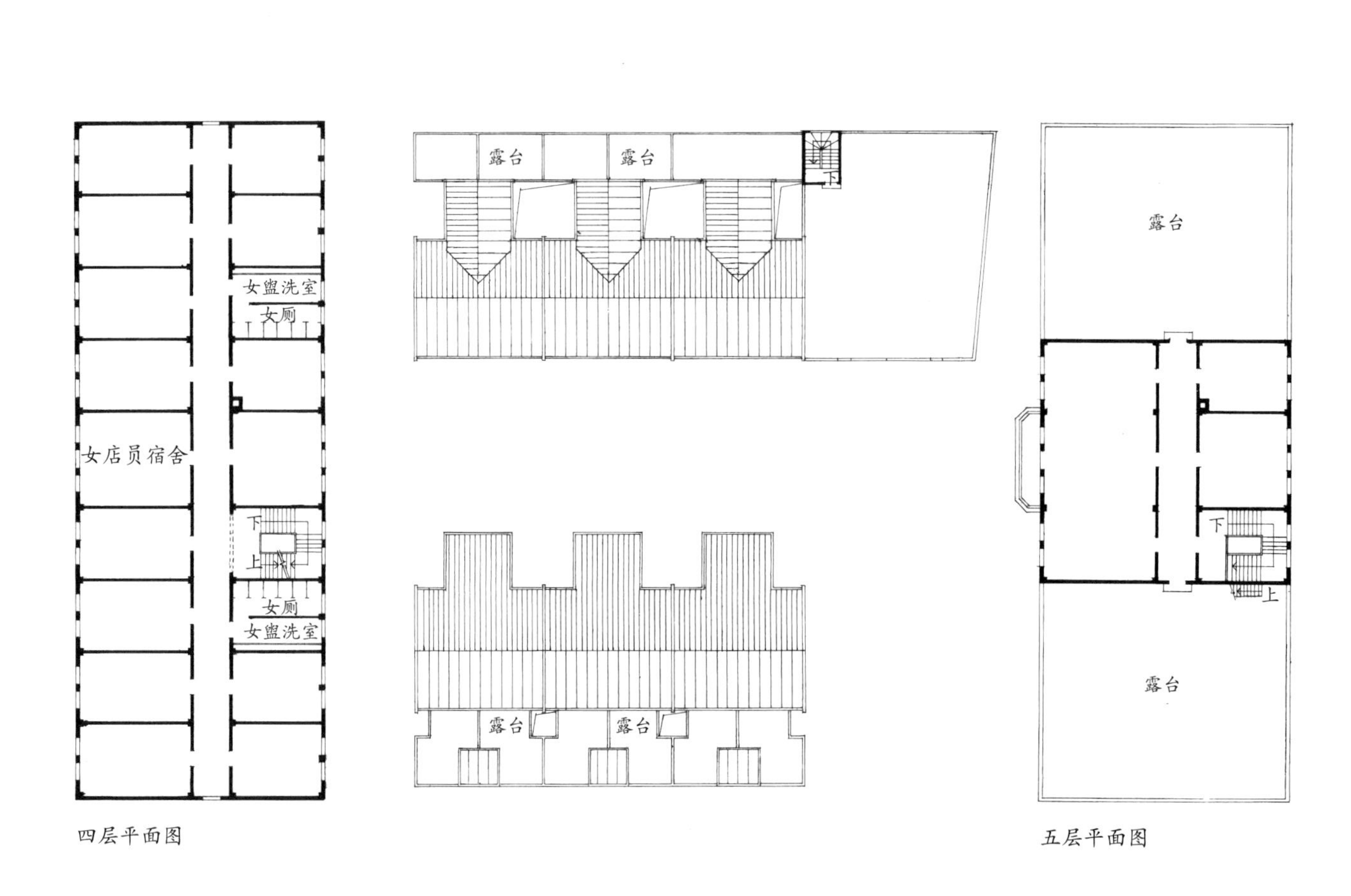

四层平面图

五层平面图

西立面图

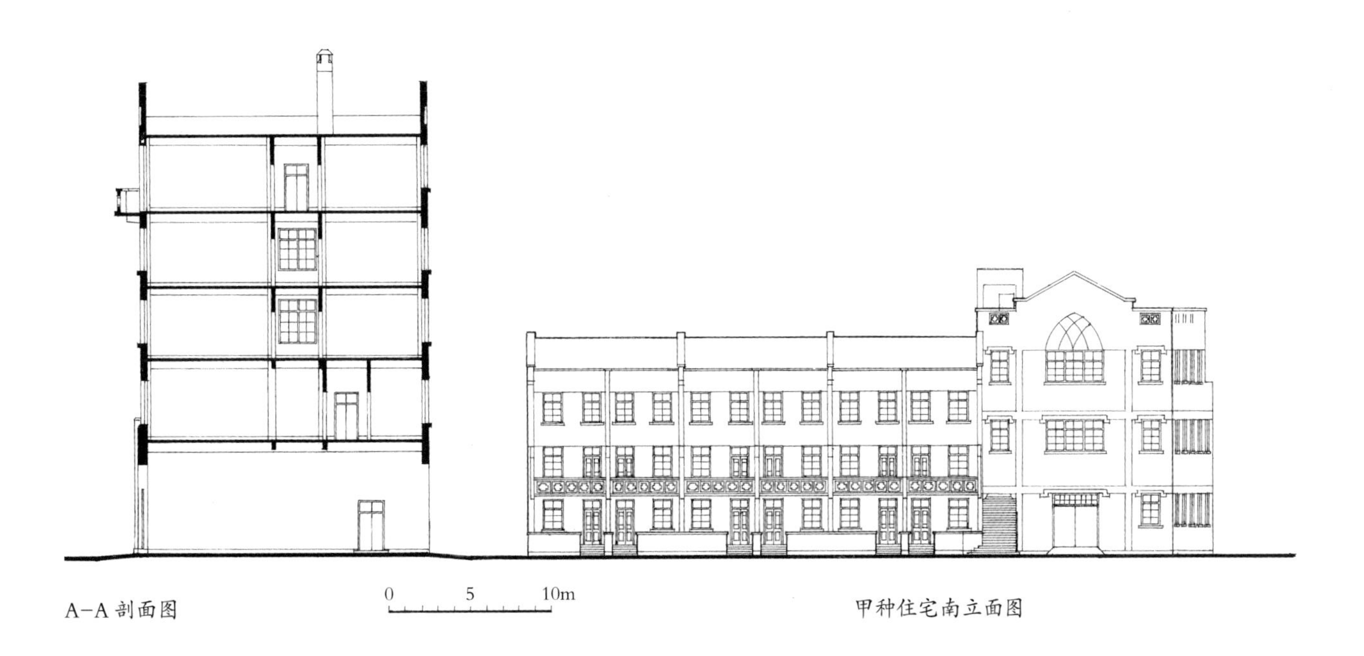

A-A 剖面图

甲种住宅南立面图

B-B 剖面图

5. 天津中国银行货栈（1928 年）

天津中国银行货栈于 1928 年设计建造，位于张自忠路与大同道交口，邻近海河。当年岸边设有码头，海轮可以在这里直接装卸货物。

该货栈地处冲积层，且多流沙，结构工程师杨宽麟采用密集短木桩基，桩顶浇筑钢筋混凝土，上立 5.8 米 ×5.8 米钢筋混凝土框架计四层。

货栈平面因受用地限制而呈菱形，四周布置仓库，中部设内院，有两个对外车辆出入口，既利于通风采光，又方便货物搬运。

建筑外形方面，在国内首次采用了圆弧转角和带状扁窗等设计手法，对中国现代建筑的设计有一定启示和影响。

该建筑在中华人民共和国成立后曾长期由天津百货采购供应站使用，后经部分拆除及不断改造，外观与当年已大相径庭。

1. 透视渲染图

2. 转角局部外景旧照

3. 入口铁门旧照

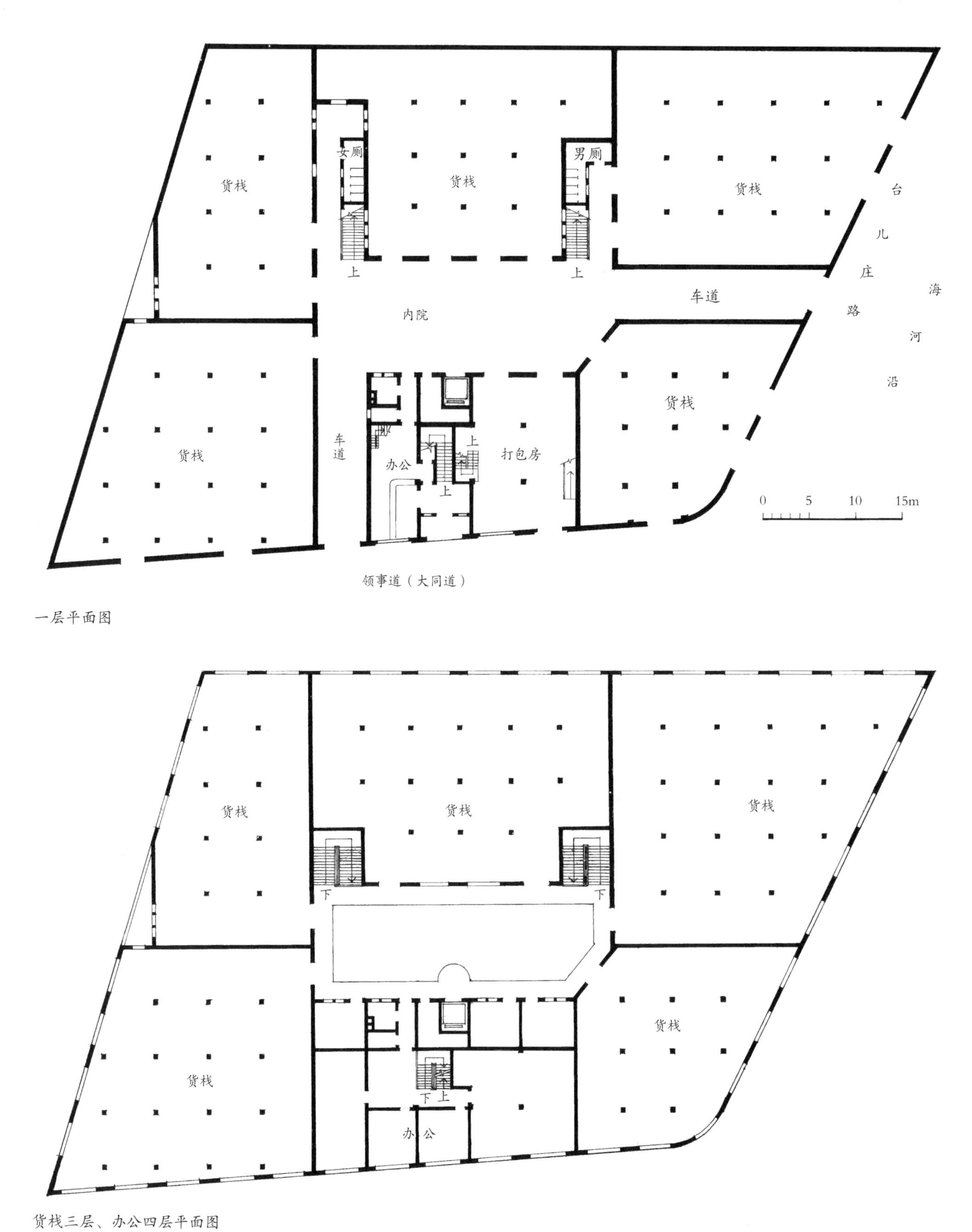

一层平面图

货栈三层、办公四层平面图

立面图

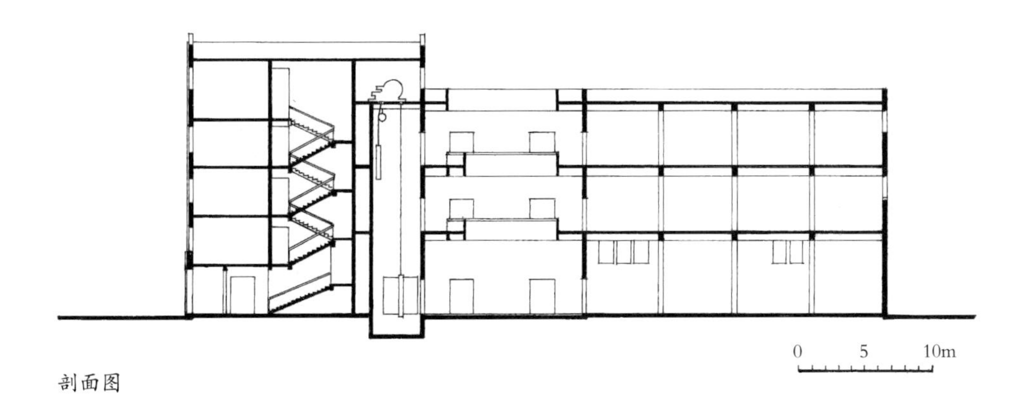

剖面图

6. 沈阳同泽女子中学教学楼（1928年）

同泽女子中学位于沈阳故宫西侧，由爱国将领张学良于1928年创办。1928年11月，鉴于学校场地狭窄，校舍陈旧，张学良又拨银圆50万，在学校原址上筹建教学楼，于1930年竣工。

教学楼平面为“T”字形，建筑面积4 178平方米。主入口向东，由入口大门上半层可达二层各教室和部分办公室。再由中部左右两部楼梯上至三层各教室和图书室，或下至底层教室、试验室和办公室。中间后部底层为室内健身房，跨度约18米，梁底高度4.5米左右，木板地面。健身房上面为礼堂，可容千人。门外有七步台阶可下至二层楼面，礼堂上方有三面围合楼座。

外立面一层外墙面和女儿墙为水刷石粉刷，二、三层外墙面为红砖清水墙，具有哥特式风格。

1. 20 世纪 30 年代的教学楼旧照

2. 入口门厅大楼梯旧照

3. 礼堂旧照

4. 礼堂夹层旧照

5. 健身房旧照

6. 主入口立面外观

7. 南立面端部外观

8. 北立面外观

9. 修缮后的门厅大楼梯

10. 修缮后的礼堂内景

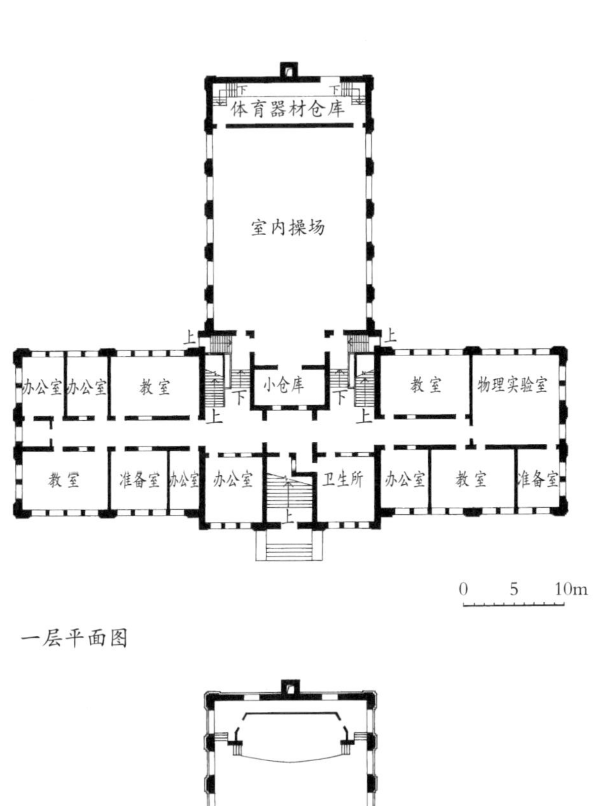

一层平面图

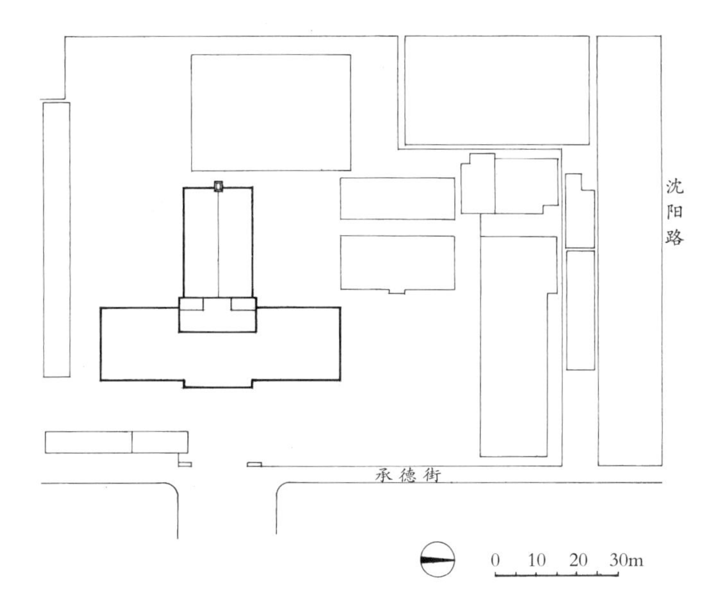

总平面图

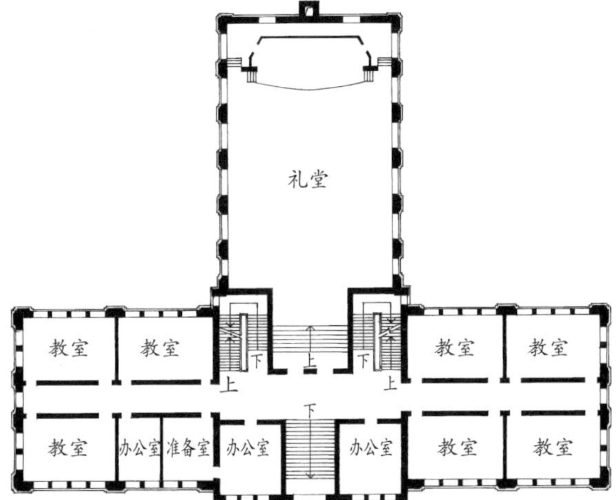

二层平面图

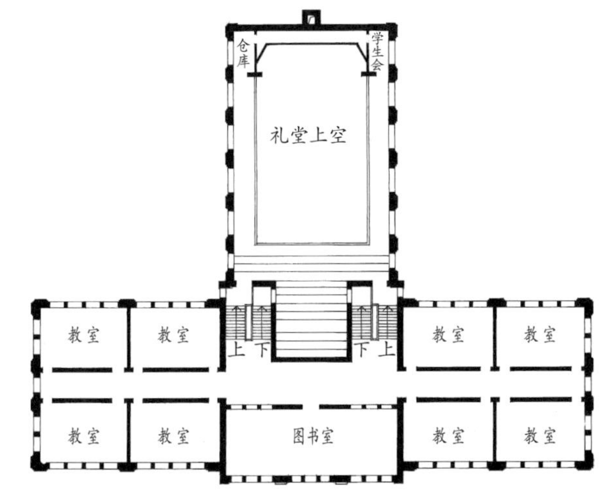

三层平面图

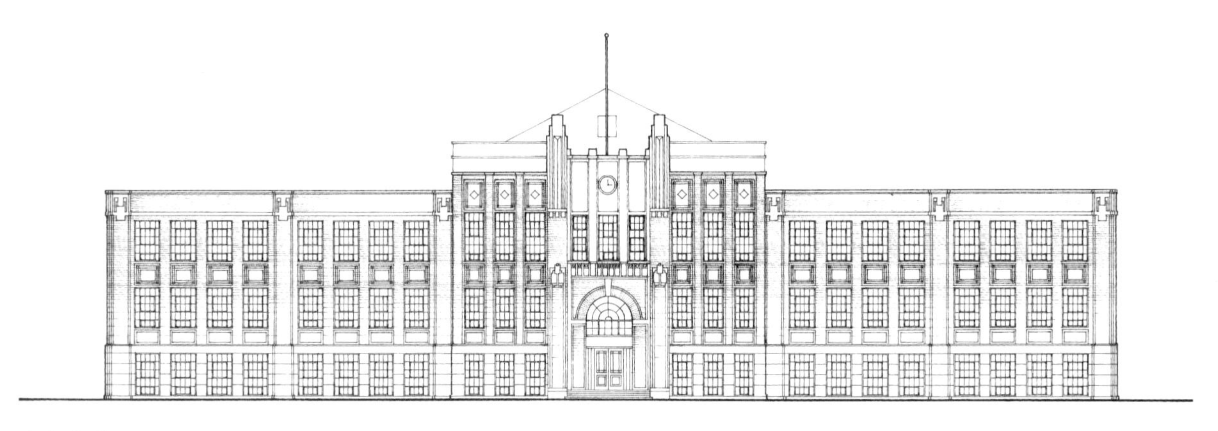

东立面图

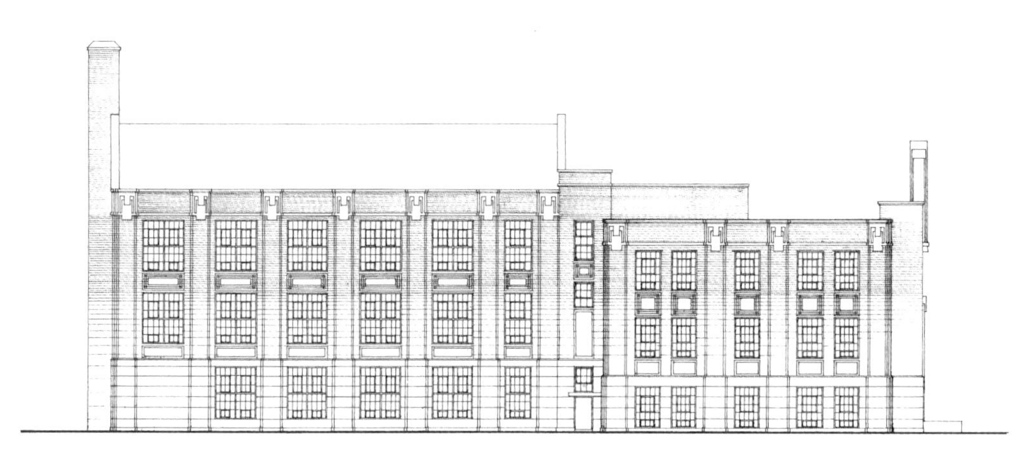

南立面图

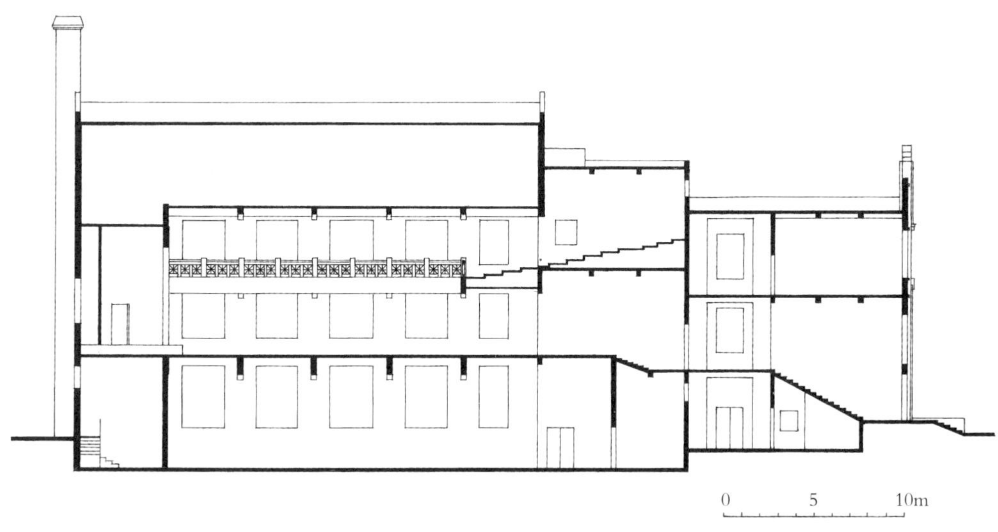

剖面图

7. 东北大学汉卿体育场（1928年）

这座体育场建于1929年，在当时是全国第一座现代化体育场，由张学良捐资30万银圆，为举办第14届“华北运动会”而兴建。

体育场包括400米跑道和两条100米跑道的田径场、两个篮球场、两个排球场和两个网球场。体育场占地面积40 579平方米，建筑面积3 189平方米。东、西、北为钢筋混凝土看台，南面敞开，呈马蹄形，可容纳3万人。东西看台中部各设主席台一处，外观为砖砌城楼箭雉式造型，是主入口的标志。看台外侧周边13个入口各门以《千字文》头两句“天、地、玄、黄、宇、宙、洪、荒”等的排列分别镶嵌在各门的上方，作为标记和序号，以誉体育场气势宏大。看台下设运动员浴室、休息室及仓库等。

1929年5月31日至6月2日，在第14届“华北运动会”上，东北大学健儿刘长春一举打破100米、200米和400米3个短跑项目的全国纪录。张学良将军在这里观看了他的比赛，夫人于凤至给他发了奖。

为纪念张学良将军为东北体育事业所作的贡献，这座体育场更名为汉卿体育场。中华人民共和国成立后，该体育场成为沈阳体育学院的训练场，2007年，随着沈阳体育学院搬迁至新校园，便遭数年废弃与不测。

1. 国文保碑

2. 鸟瞰渲染图

3. 外观旧照

4. 东大门旧照

5. 西司令台全景旧照

6. 西司令台全景

7. 西司令台内景

8. 东司令台全景

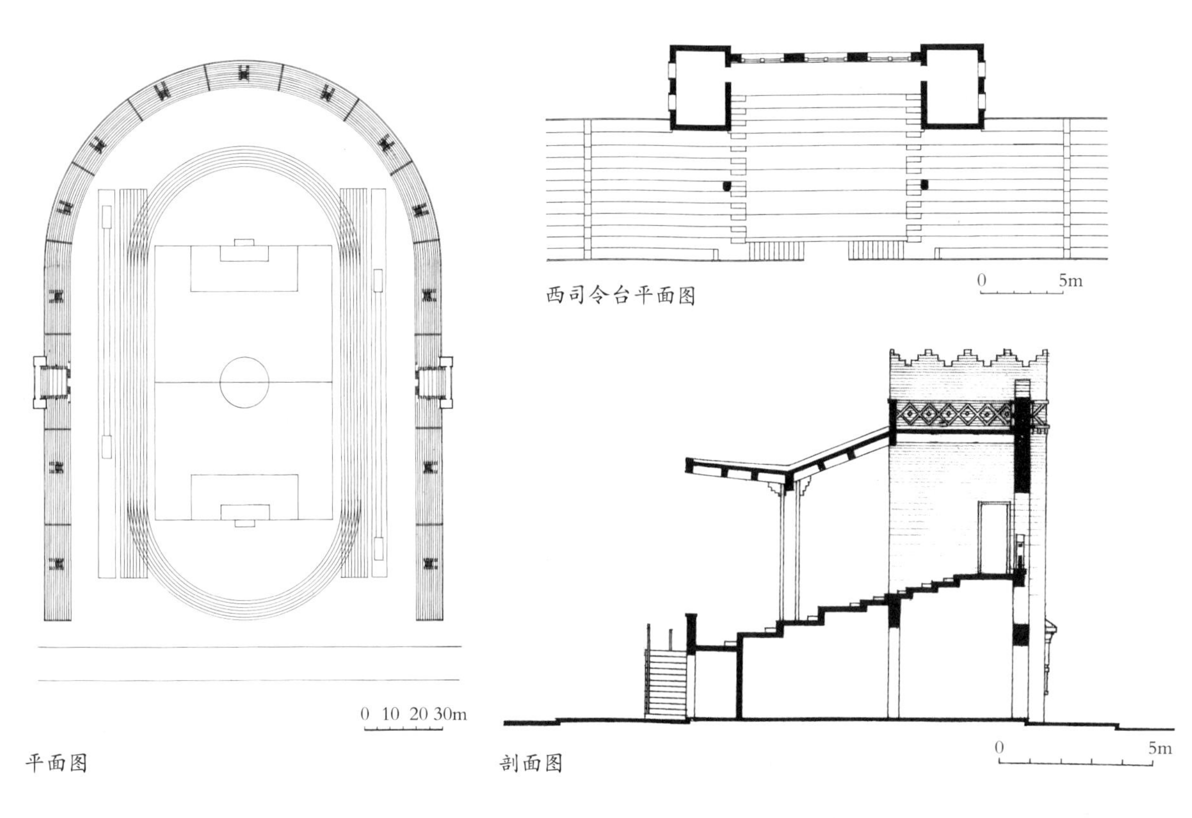

西司令台平面图

平面图

剖面图

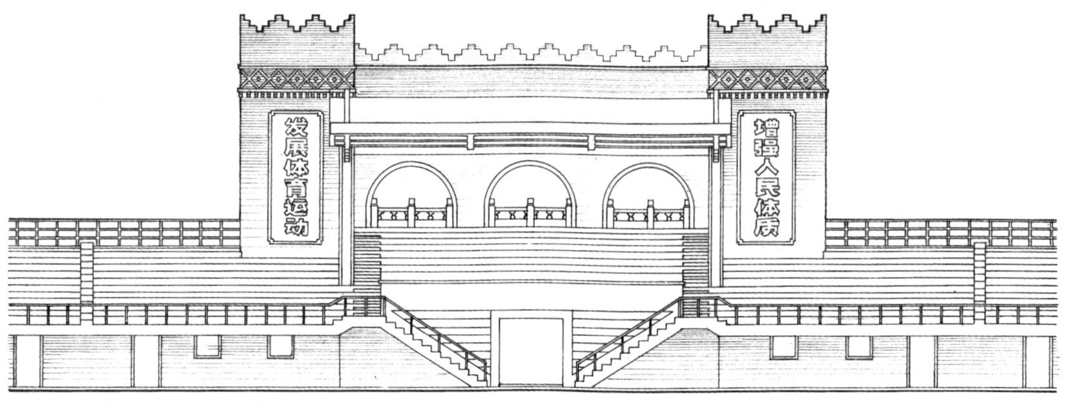

西司令台东立面图

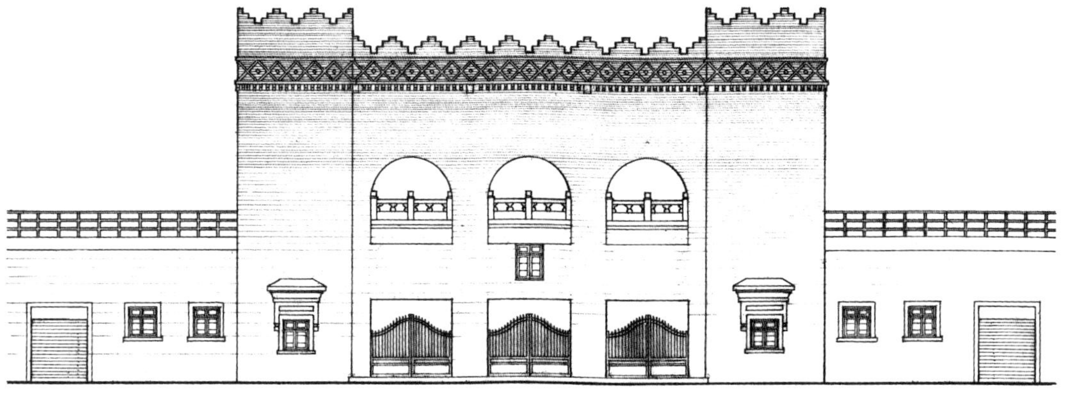

西司令台西立面图

8. 东北大学校园规划（1929 年）

东北大学初办于 1923 年 4 月。由于原址沈阳高等师范学校校舍不符合大学理工科教学要求，1925 年在北陵东南陵堡子村附近筹地约 500 亩，作为东北大学理工农三科新校址（北校），而文法科仍留在高师旧校舍（南校）。

1929 年 2 月，主政东北的张学良为改变东北大学南北两校办事诸多不便的情况，拟两校合一。基泰工程司关颂声通过张学良拿到东北大学北校的规划和新建筑的设计任务，具体工作由杨廷宝主持设计，建成了汉卿南楼（文学院教学楼）、汉卿北楼（法学院教学楼）、图书馆、化学馆、运动场、体育馆及学生宿舍等。

该校园规划在不规则用地范围内划分教学区、体育运动区和生活区三个部分，共有大小建筑 76 栋，总建筑面积 75 208 平方米。

教学区居中，其布局基本上采用西方设计手法，以图书馆为中心，与向南布局的理工实验室、理工学院楼（初期已建成）、校园主入口和向北布局的体育馆形成南北纵轴上的建筑群体。其间以方形草坪间隔，再以方形草坪为空间节点引出东西横轴，导向大礼堂（西）和女生体育馆（东），这种学院建筑自成一体，并以院落沟通校园环境的规划方法与美国大学校园是相近的，体现了强烈的古典美学思想。

学生生活区建筑分散布局在校园教学区外侧，与各自学院接近，联系方便。

体育场布局在中轴线北端，与体育馆形成运动区，其布局与不规则用地边界相协调。

原东北大学的校园规划，是我国近代大学校园规划的一个范例，也是中国建筑师早期建筑创作的重要成果之一。2001 年被列入“全国重点文物保护单位”名录。现为辽宁省政府和省军区所在地。

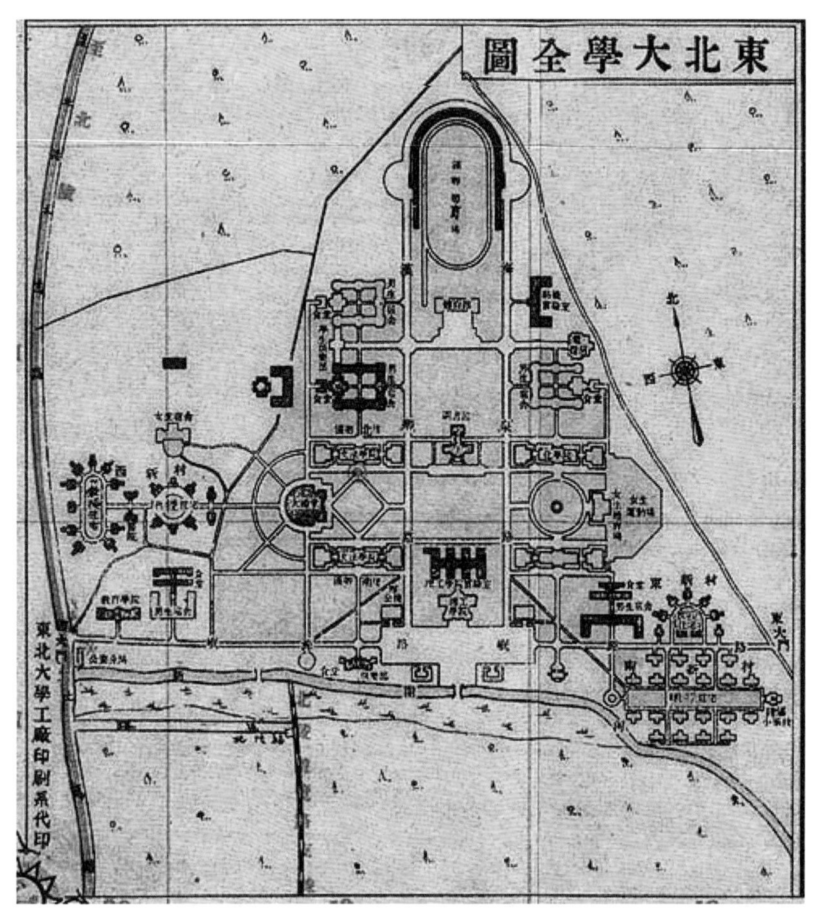

1. 1931 年东北大学校园图

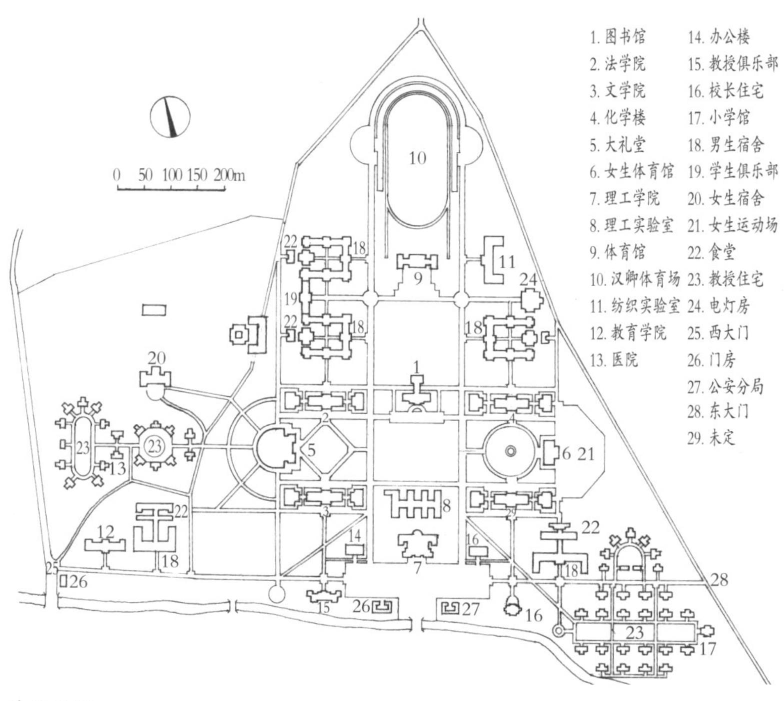

总平面图

9. 东北大学法学院教学楼（1928 年）

法学院教学楼（汉卿北楼）于 1928 年 8 月设计，1929 年 9 月竣工使用。居大礼堂北侧，与文学院教学楼南北遥相呼应。建筑面积为 4 864 平方米。

平面为“一”字形，中部前后稍有突出，高 4 层，为办公室、研究室。两翼高 3 层，除一层为办公，二、三层皆为教室。法学院教学楼南向主入口正中有室外大楼梯直达二层门厅，其上三、四层挑出半个六边形凸窗，不但增强入口作为构图中心的作用，而且可形成入口雨棚。门厅之北设主楼梯，中廊东西两端各设交通楼梯，使各层联系方便。

外墙面为清水红砖，水泥窗套和墙角为西式做法。坡屋顶设女儿墙，正中山花加强了主入口的中心地位。

1. 国文保碑

2. 立面渲染图

3. 女儿墙已改动的全景旧照

4. 入口外景旧照

5. 全景

6. 修缮后的南立面外观

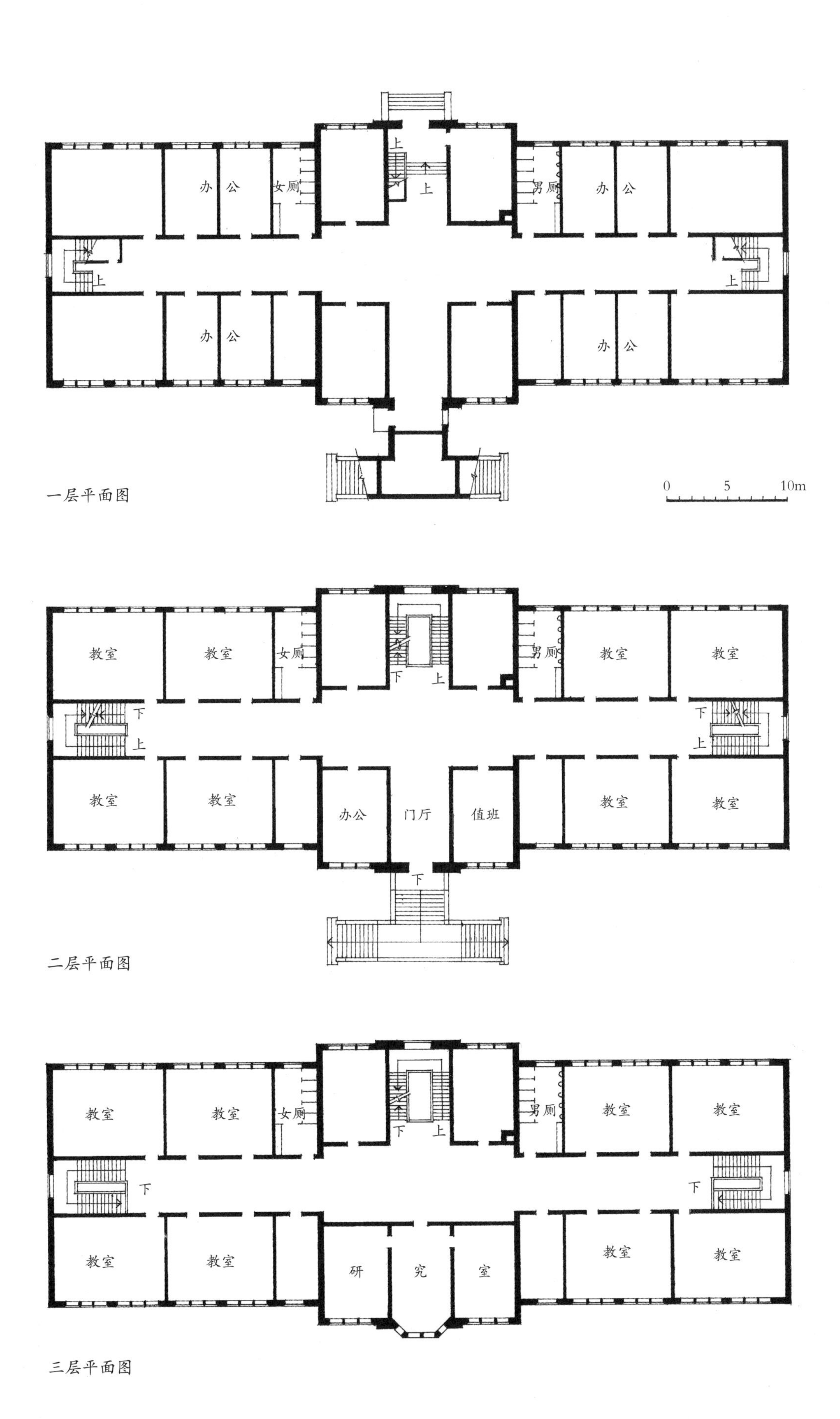

一层平面图

二层平面图

三层平面图

南立面图

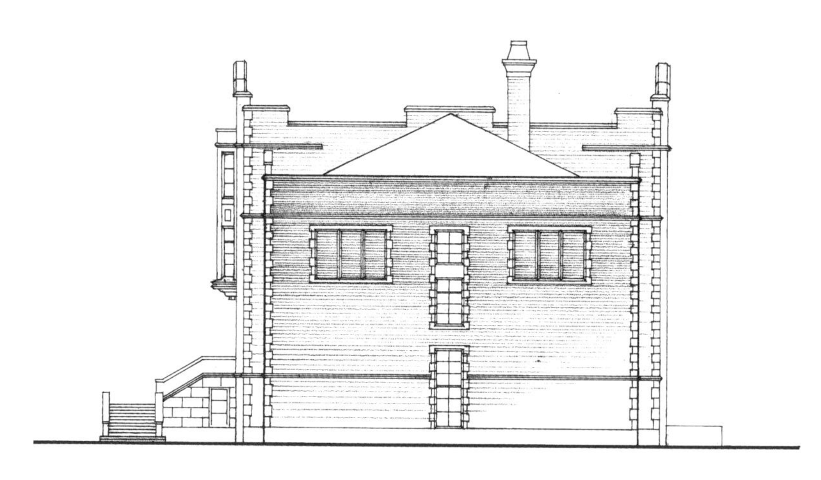

东立面图

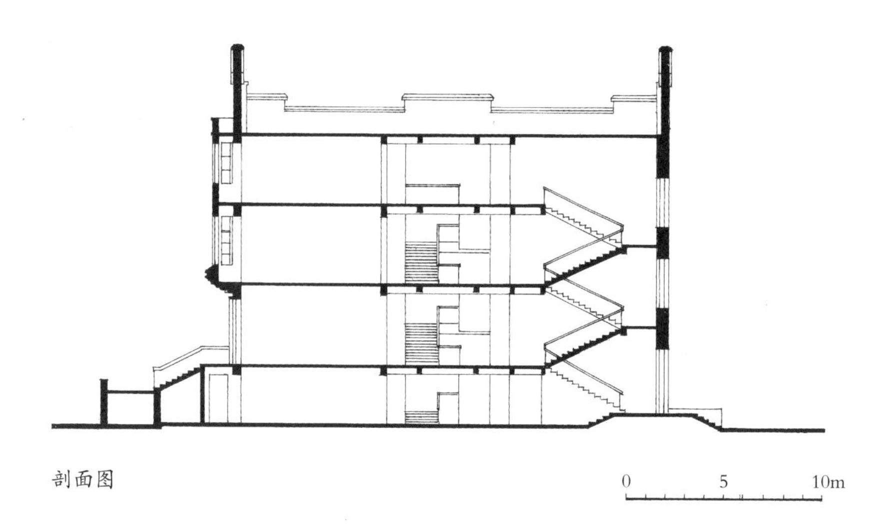

剖面图

10. 东北大学文学院教学楼（1928 年）

文学院教学楼（汉卿南楼）与其之北遥相呼应的法学院教学楼为同时期建造，建筑面积为 4 922 平方米。

其平面布局和立面处理与法学院教学楼极其相似。只是在中轴线处，南北均由室外踏步直接进入主入口一层门厅南北两端主楼梯的休息平台处，由此错层分别上下各达一、二层。

造型上，中轴线处北入口以低缓的室外台阶形式与法学院教学楼室外大楼梯取得呼应，并略去门厅之上的凸窗处理。而南入口则以凸出的平屋和较宽阔的月台及大门上弧形线条强调其主入口的地位。

1. 国文保碑

2. 南立面旧照

3. 修缮后的北入口外观

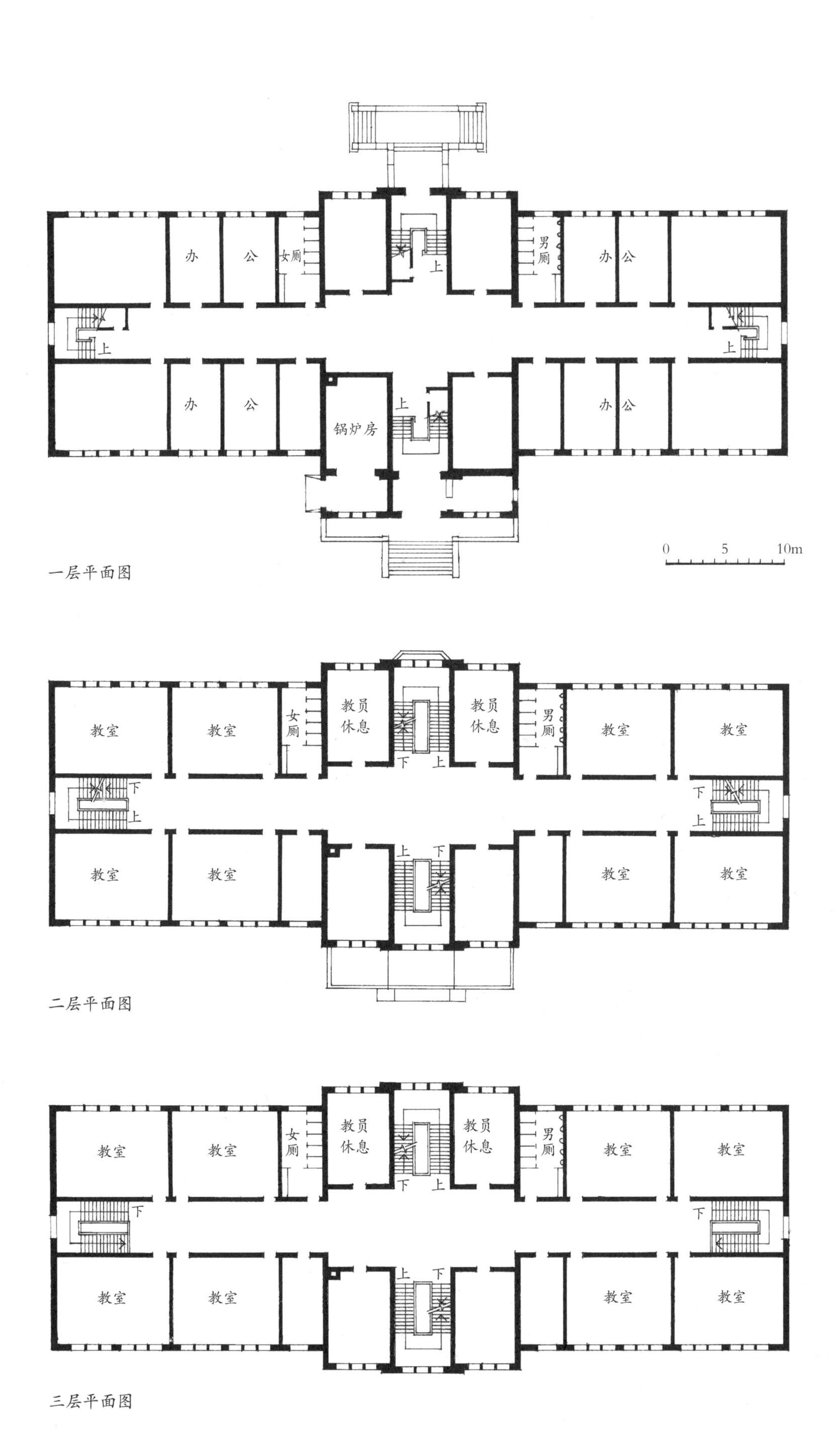

一层平面图

二层平面图

三层平面图

北立面图

南立面图

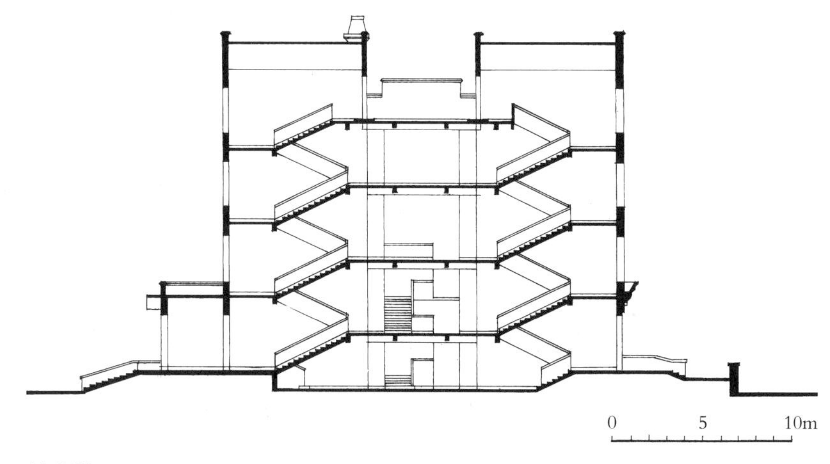

剖面图

11. 东北大学图书馆（1929 年）

图书馆于 1929 年 10 月设计，1930 年动工兴建，1931 年建成，建筑面积 6 400 平方米。

图书馆平面呈倒“士”字形。前部半地下室一层，地上两翼为两层，中部为三层。正中入口由室外大台阶直达二层门厅，其两侧各为报纸、期刊阅览室和研究室，三层为开敞式大阅览室；后部为书库，共五层，每层高 2.5 米；中间部分各层以业务和行政用房将前后两部分联系起来。使用功能合理，读者与书籍流线互不干扰，是我国早期图书馆典型的平面模式。

建筑外观将正中部分向前突出，且升高一层，并通过立面上拱券、壁柱、尖券窗洞、窗下凹凸纹饰和女儿墙折线变化的细部推敲，以及两翼较为简化处理，使建筑整体形象主从分明，构图手法丰富统一。

该图书馆在中华人民共和国成立初期曾为东北人民政府文委、资料研究室和文化干校所用，1954 年 8 月至 2013 年作为辽宁省档案馆，今为辽宁省文化厅办公之地。2002 年，曾历时 100 天对该全国重点文物保护单位进行了最大规模的一次保护性维修，恢复了图书馆原貌，并消除了火灾隐患。

1. 立面渲染图

2. 2015 年修缮后的全景

3. 主入口外景

4. 出纳台采光天棚

5. 书库外观

6. 二层门厅内景

7. 主入口近景

8. 东、西两端次入口细部

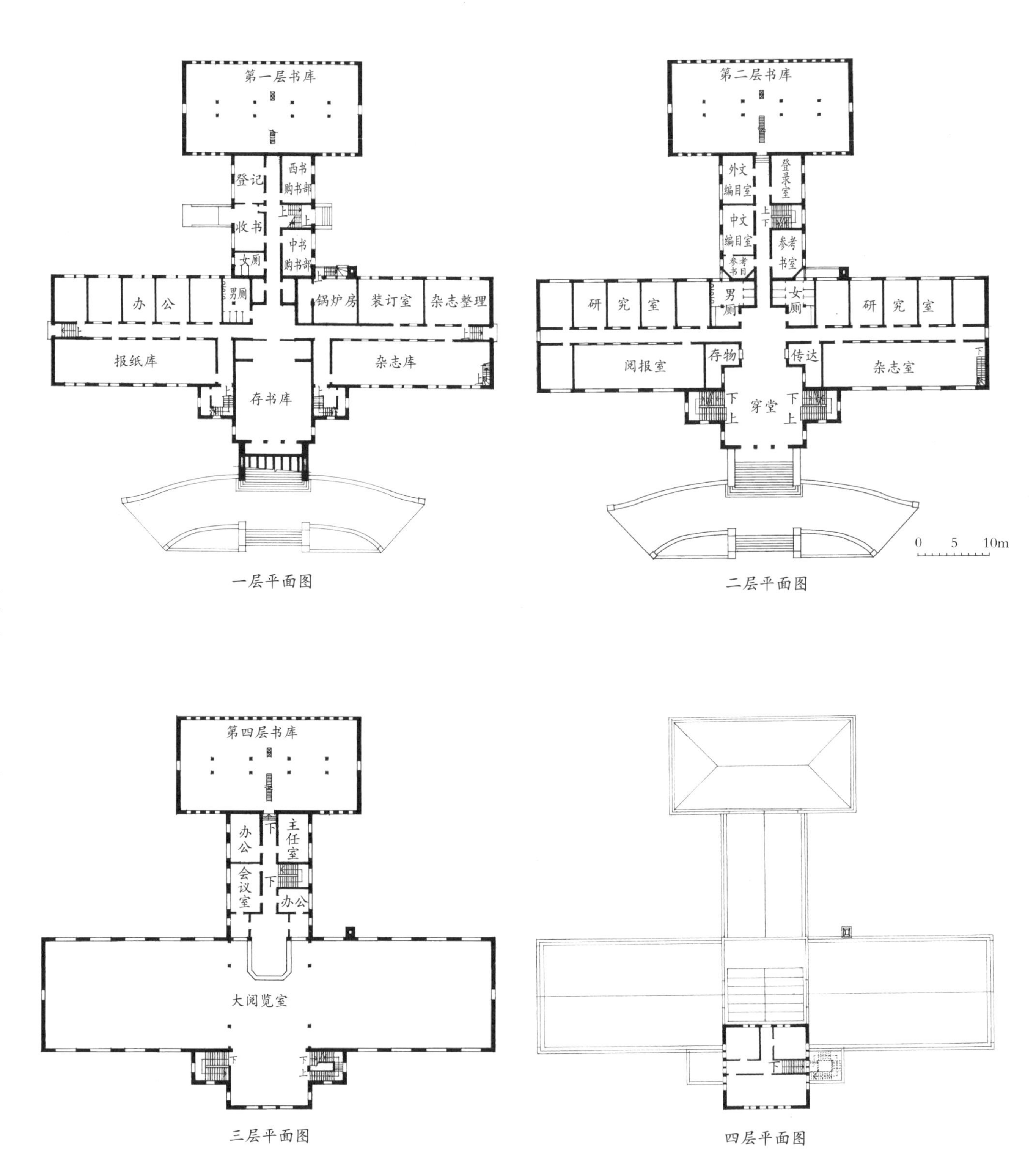

一层平面图

二层平面图

三层平面图

四层平面图

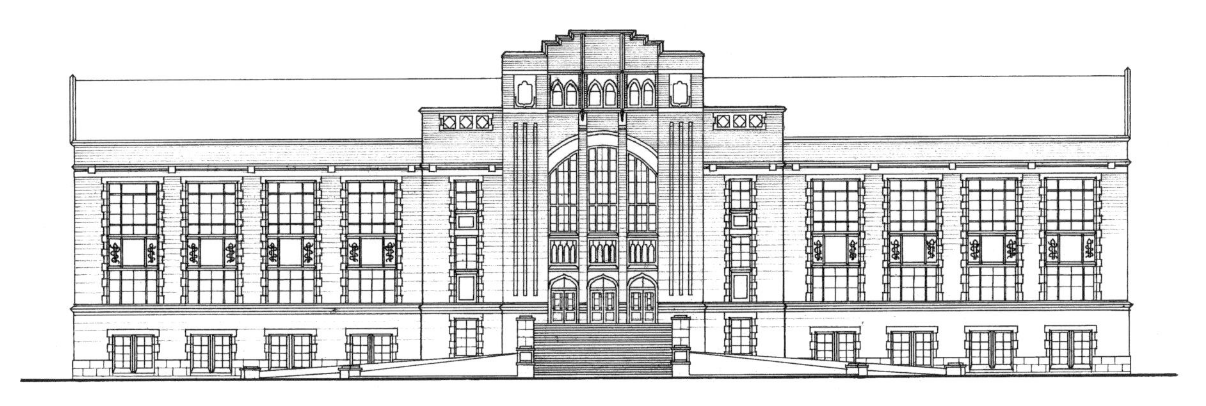

南立面图

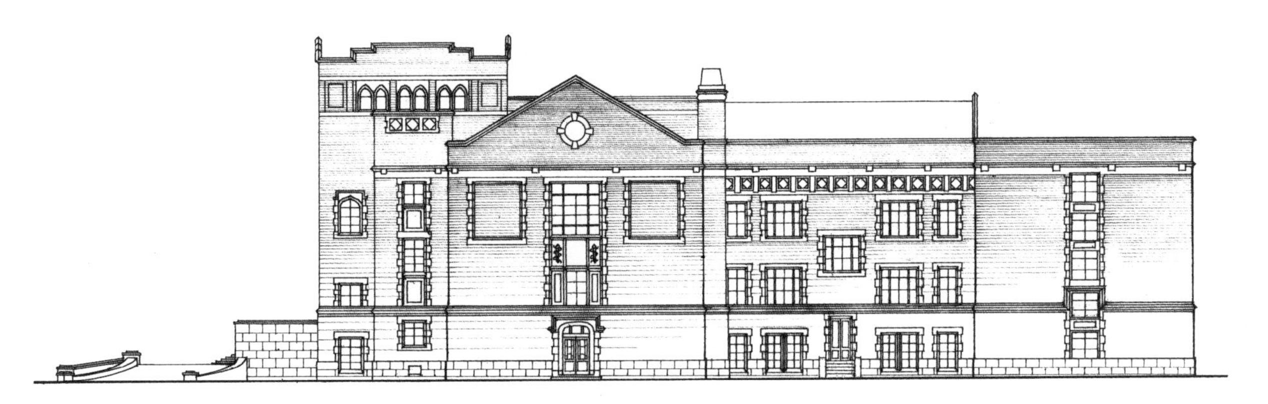

东立面图

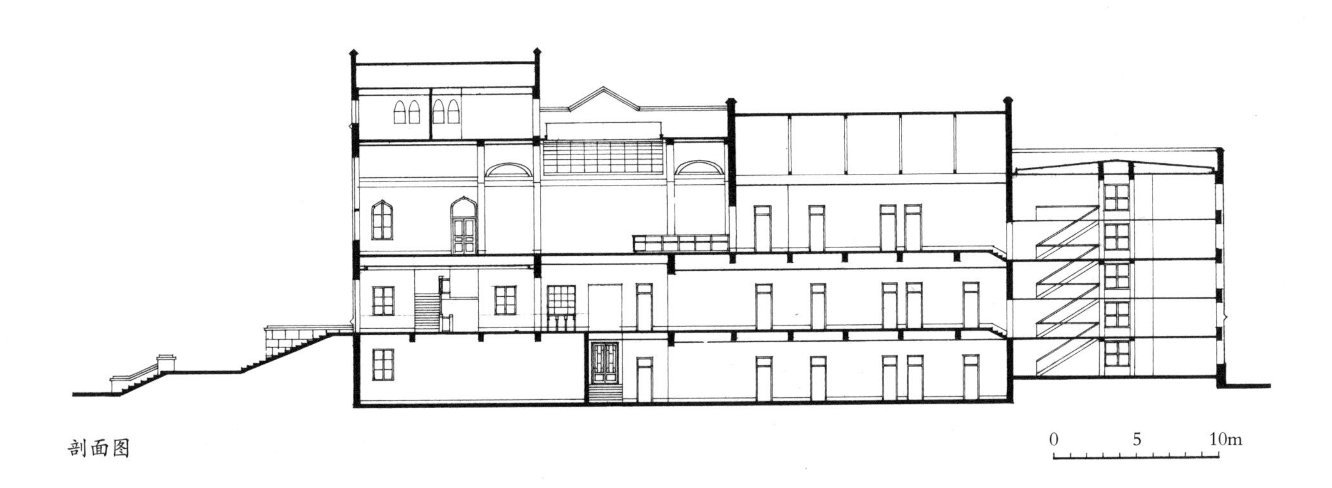

剖面图

12. 东北大学化学馆（1930 年）

化学馆设计于 1930 年 1 月。平面呈“山”字形，高 4 层。各层中廊两侧主要为教室和实验室，中部后面设大教室，可供合班教学、学术演讲之用。建筑外观和细部处理与法学院和文学院教学楼相似，以取得建筑群体风格的统一与协调。

该楼已遭火灾焚毁，未予复原。

1. 立面渲染图

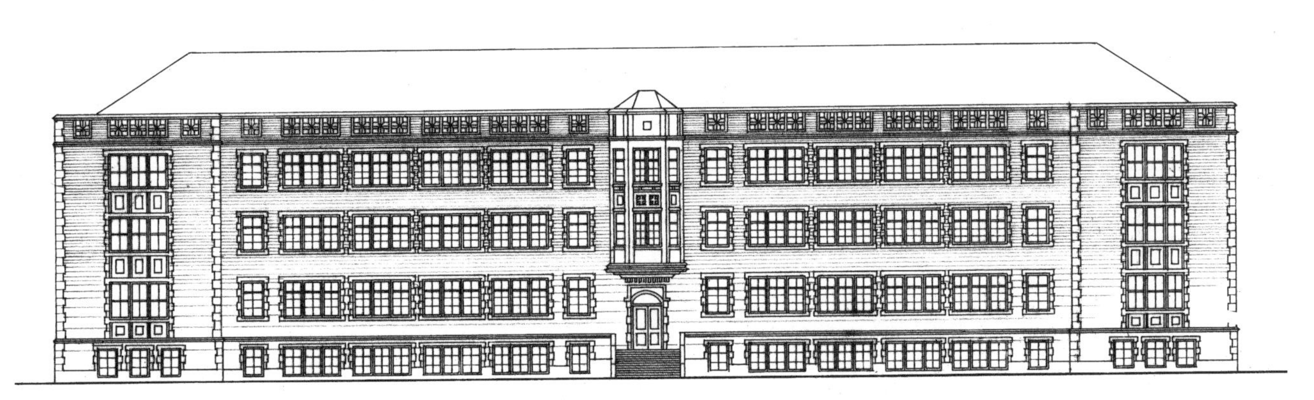

南立面图

13. 东北大学体育馆（1930 年）

体育馆于 1930 年 3 月设计，后因经济条件和“九·一八”事变而未建。

1. 立面渲染图

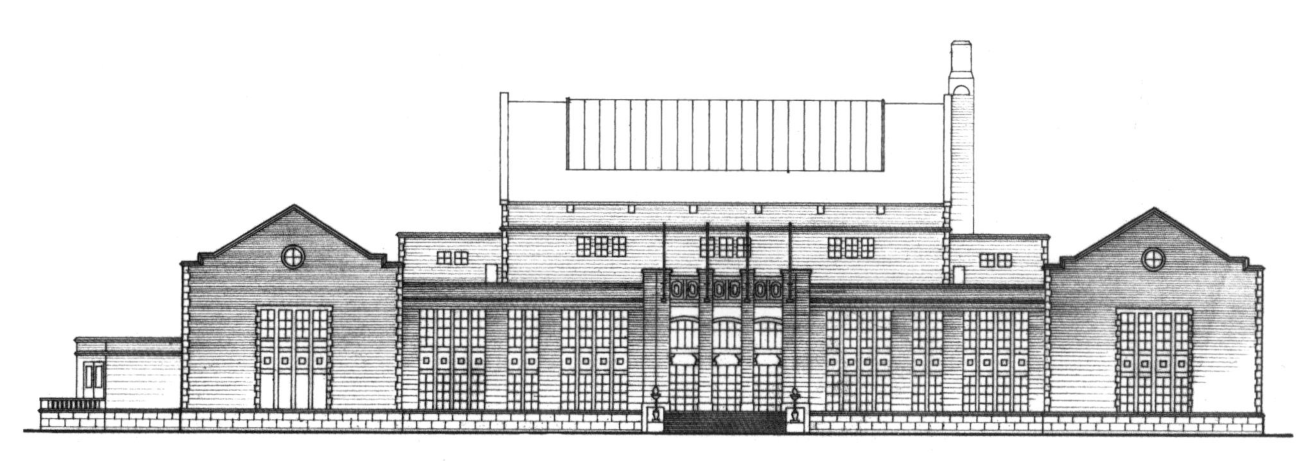

南立面图

14. 东北大学学生宿舍（1929 年）

该宿舍为男生宿舍，于 1929 年 5 月设计，1930 年 2 月建成使用。平面为“凹”字形，开口处设食堂、厨房，组成 3 个男生生活单元区。每单元男生宿舍面积为 3 153 平方米。

男生宿舍“凹”字形平面布局为中廊式，高 2 层。每层 2 人间计 70 间，3 人间计 12 间。3 个方向均在中部设出入口、门厅、楼梯及 2 套盥洗厕所。门厅可通向内院，学生可方便共进食堂用餐。

立面造型与校内各教学楼风格一致：清水墙、水泥粉勒脚、墙角青石西式做法、四坡顶。各方向入口处，平面凸出，且以 3 层体量及山花立面形式封其两坡顶端部以突出造型强调主入口地位，再配以同一立面两端相似造型以取得整体的均衡感。

1. 立面渲染图

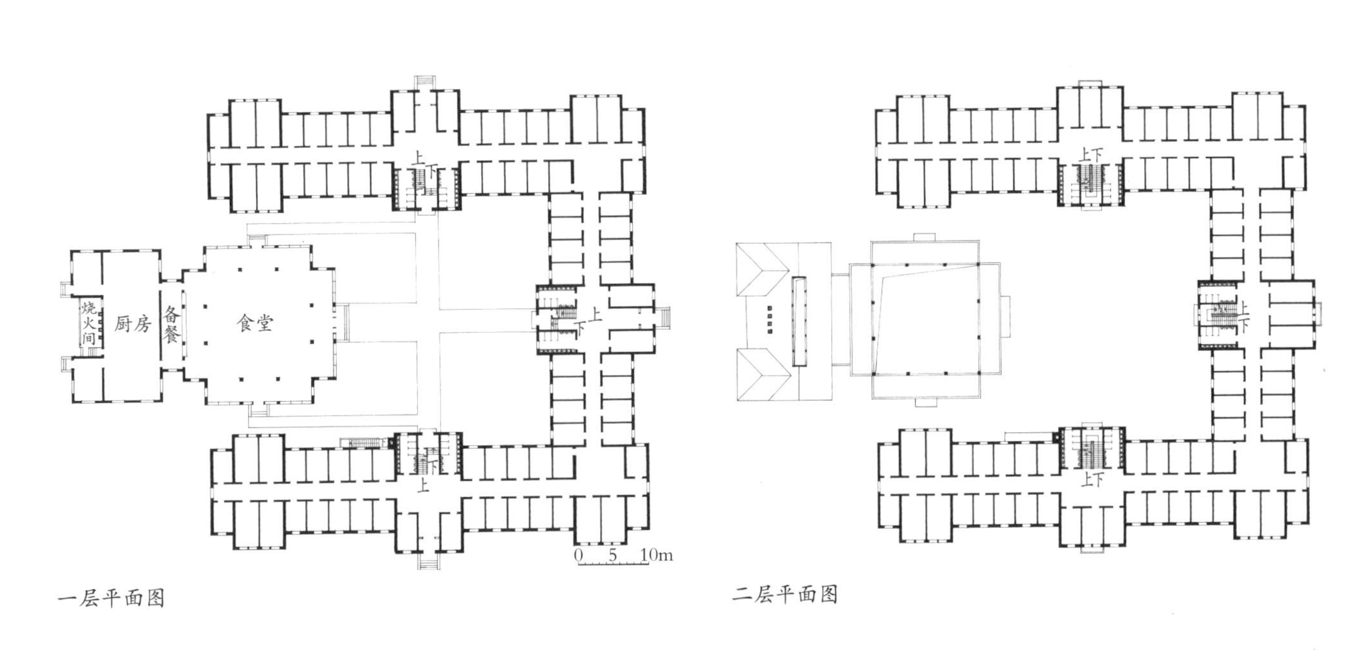

一层平面图

二层平面图

三层平面图

南立面图

东立面图

剖面图

15. 沈阳少帅府（1930年）

少帅府俗称西院红楼群，西院原为江浙会馆，后被张作霖强势买下，建有7间瓦房做帅府卫队营营部和两组并行四合院。张学良主政东北后，决定拆除西院四合院和卫队营房，于1930年秋进行国际设计方案竞赛和施工招标。最终由方案选中单位天津基泰工程司杨廷宝主持设计，美国一家建筑公司承建。由于次年发生“九·一八”事变，致使工程施工被迫暂停，并引发一场经济赔偿国际官司而拖延至1933年才建成。

少帅府占地1.1万平方米，总建筑面积13 250平方米。少帅府共6幢楼房，均为3层及半地下1层。其布局为“前政后宅”。前三幢一正两厢形成大门入口的前院，为办公区；后面三幢皆为南北排列，并在西侧以连廊相通，为张学良及家室居住。每一幢楼的平面、立面造型各具特色，但风格大致相同，均为采用红砖墙坡屋顶（设有老虎窗），壁柱、门窗框、阳台、线角、山花纹饰等均采用白色石材装饰，色彩明快，做工精良。

2018年始，少帅府与毗邻的大帅府合二为一，成为民国历史文化专题展区。

1. 国文保碑

15-1 群楼

2. 群楼西侧鸟瞰

3. 群楼南向鸟瞰

4. 3、4号楼屋顶鸟瞰

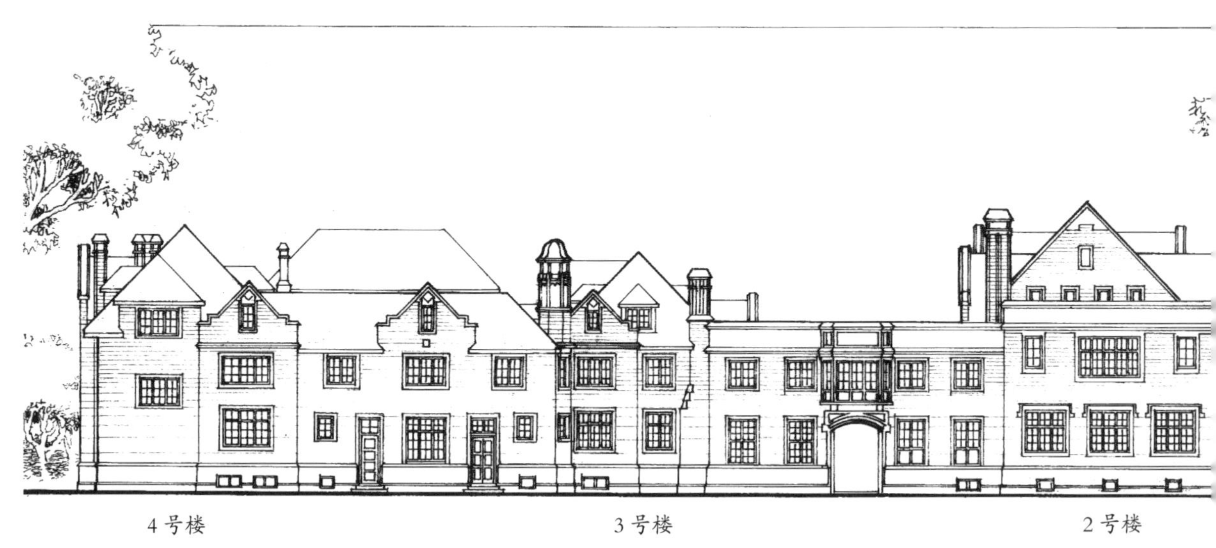

4号楼　　3号楼　　2号楼

西立面全图

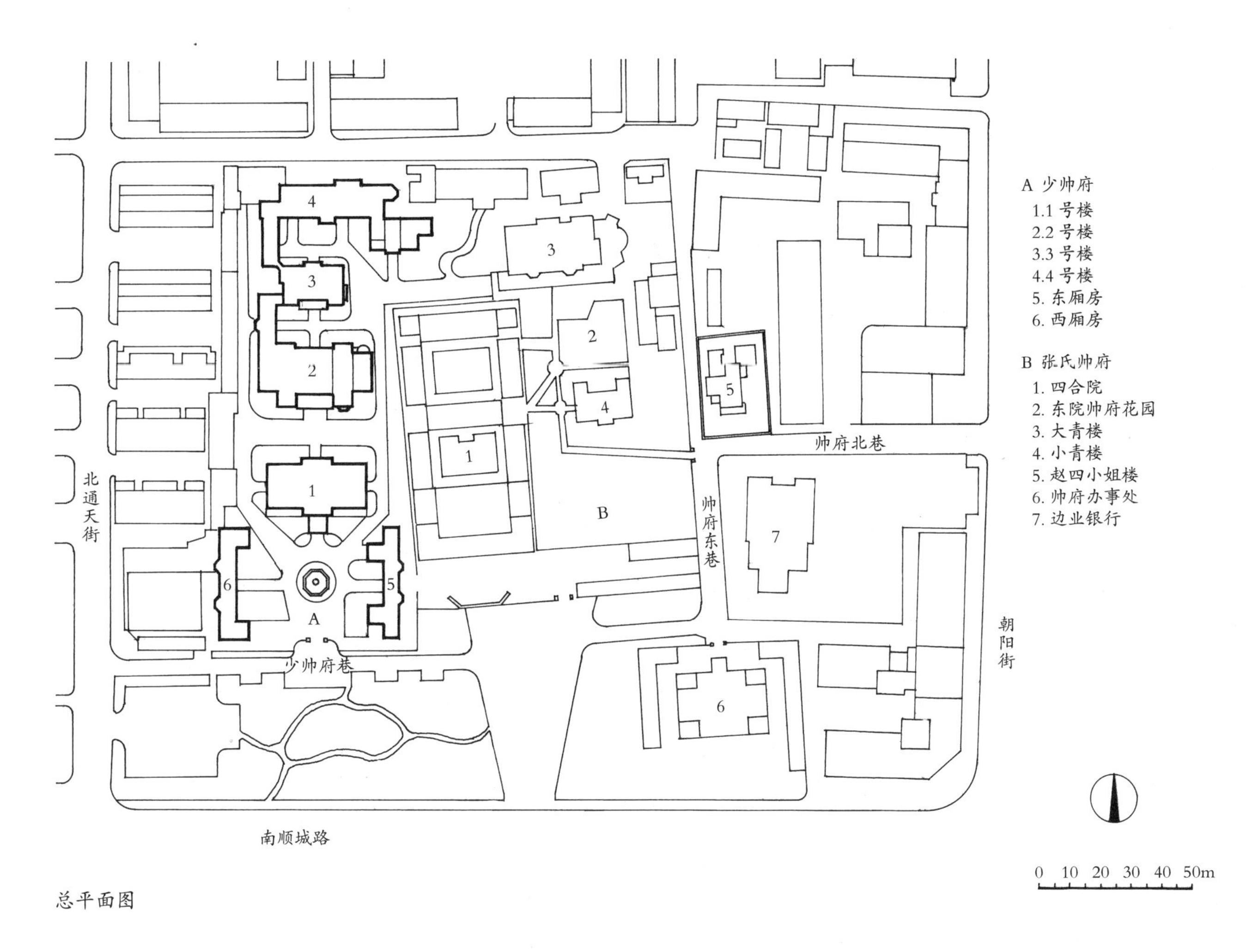
A 少帅府
1.1 号楼
2.2 号楼
3.3 号楼
4.4 号楼
5. 东厢房
6. 西厢房
B 张氏帅府
1. 四合院
2. 东院帅府花园
3. 大青楼
4. 小青楼
5. 赵四小姐楼
6. 帅府办事处
7. 边业银行
帅府北巷
帅府东巷
北通天街
朝阳街
少帅府巷
南顺城路
0 10 20 30 40 50m

总平面图

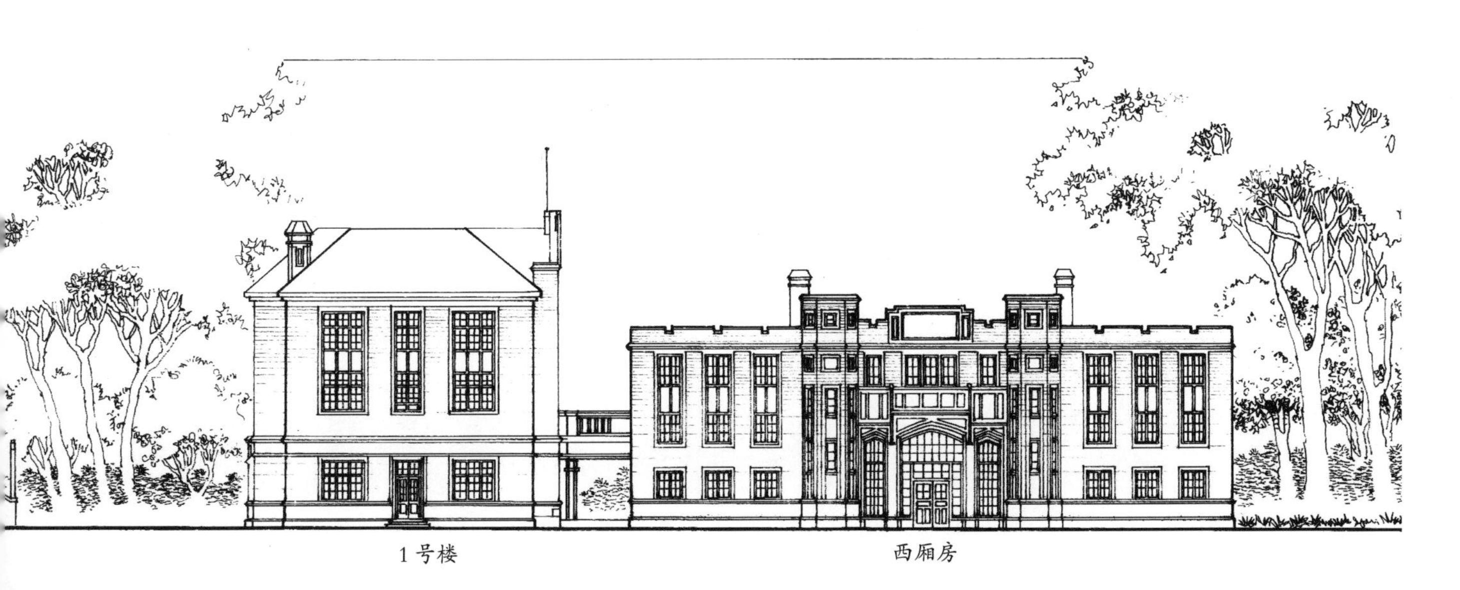

1号楼　　西厢房

15-2 1号楼

1. 南立面全景

2. 东北面外观

3. 南立面主入口外观

4. 入口门廊

5. 主入口门廊车道

6. 门厅主楼梯正视

7. 主楼梯全貌

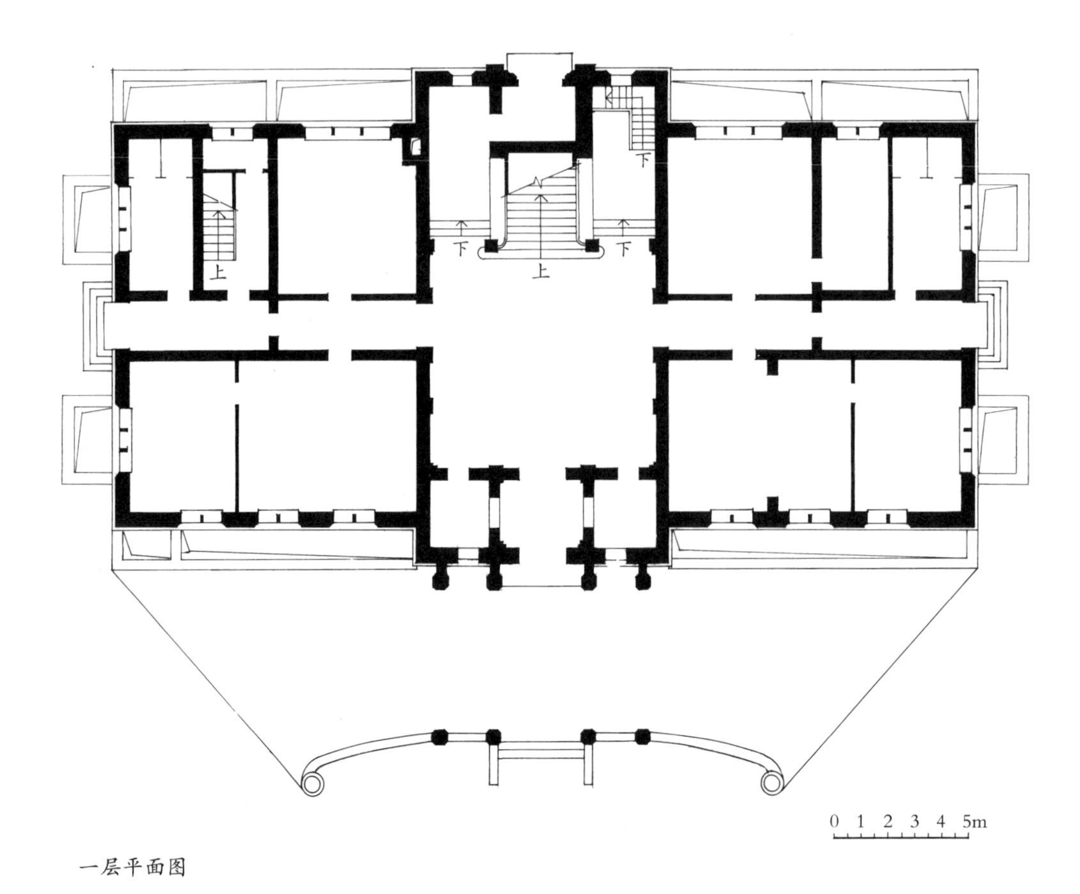

一层平面图

二层平面图

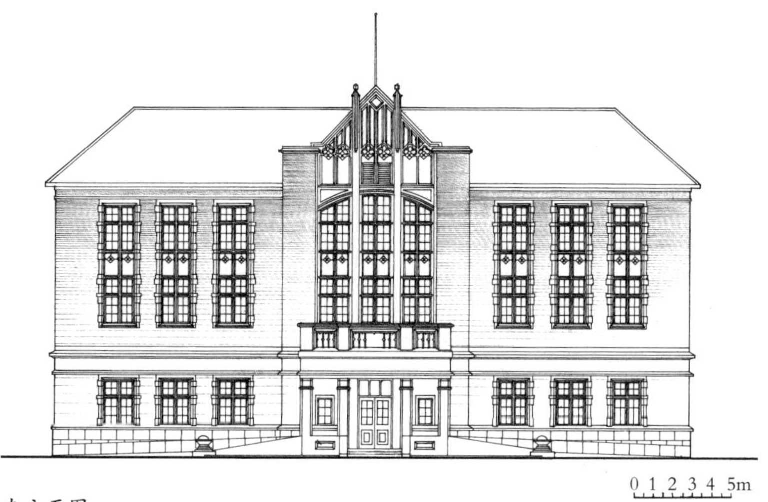

南立面图

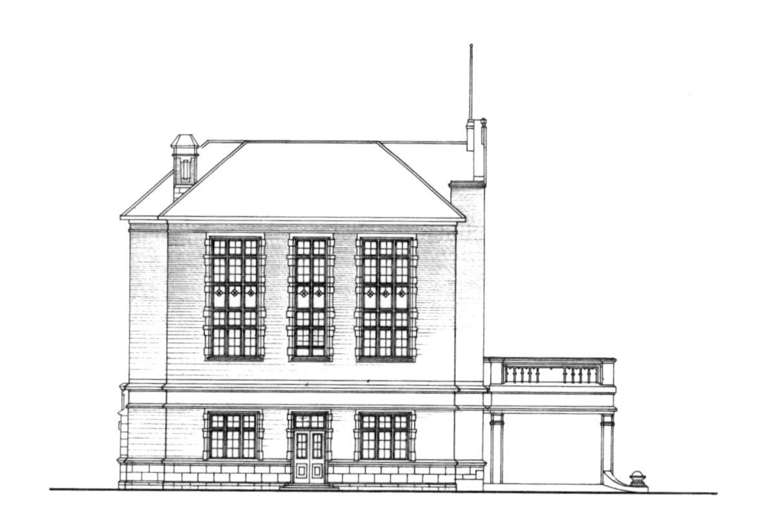
西立面图

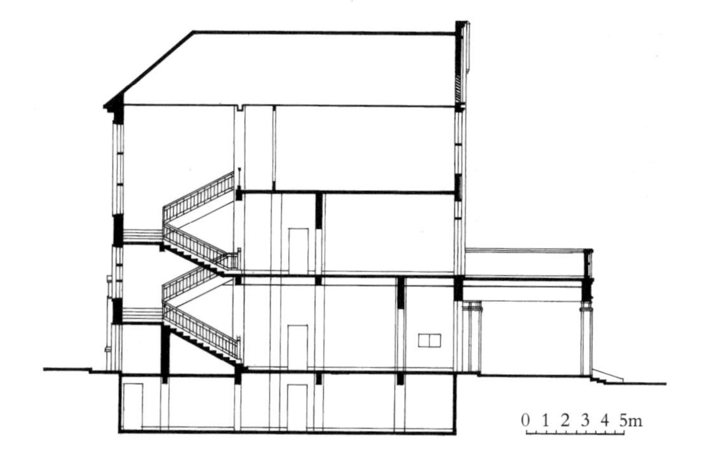

剖面图

15-3　2号楼

1. 南立面外观

2. 南立面入口西侧外观

3. 南立面主入口外观

4. 南立面入口东侧外观

5. 北立面外观

6. 东北角外观

7. 与 3 号楼衔接的过街楼西立面外景

8. 门厅内景

9. 主楼梯全景

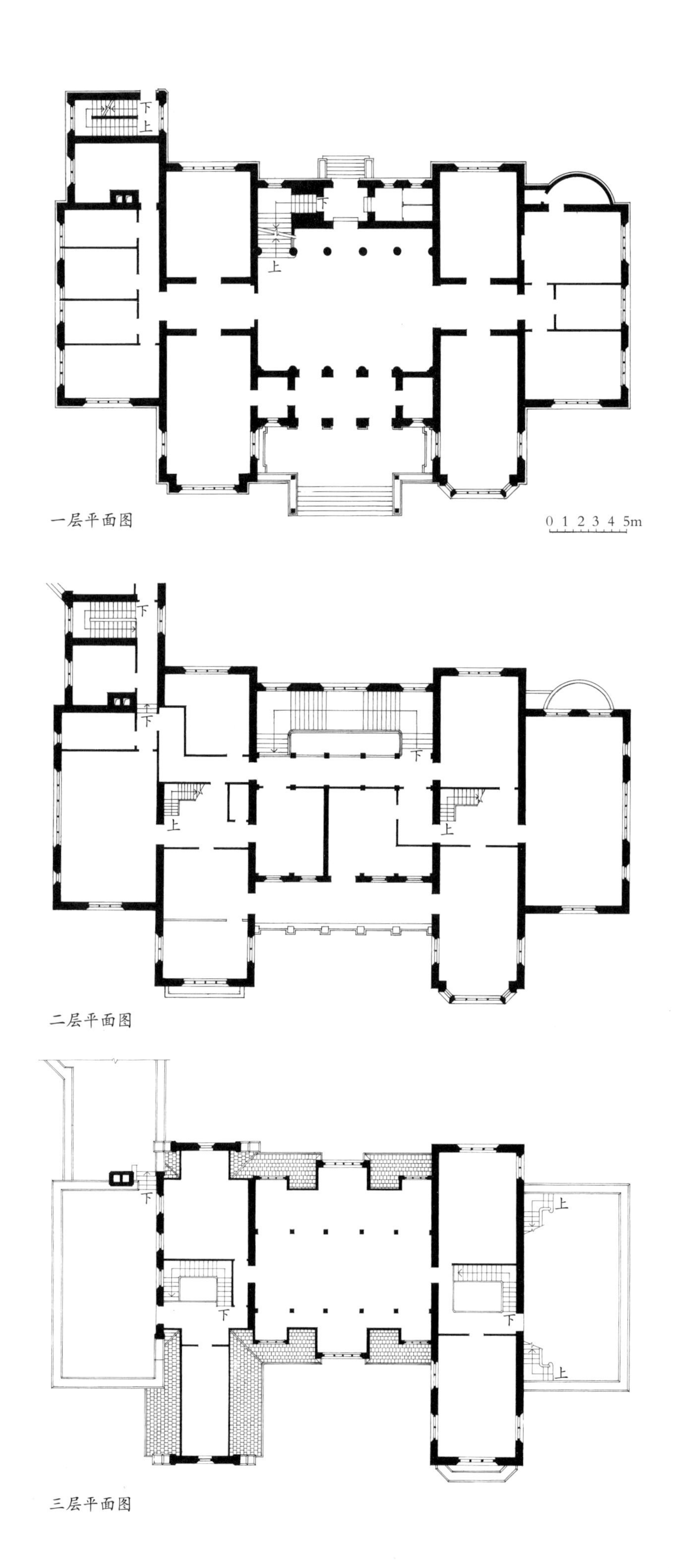

一层平面图

二层平面图

三层平面图

南立面图

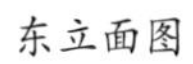

东立面图

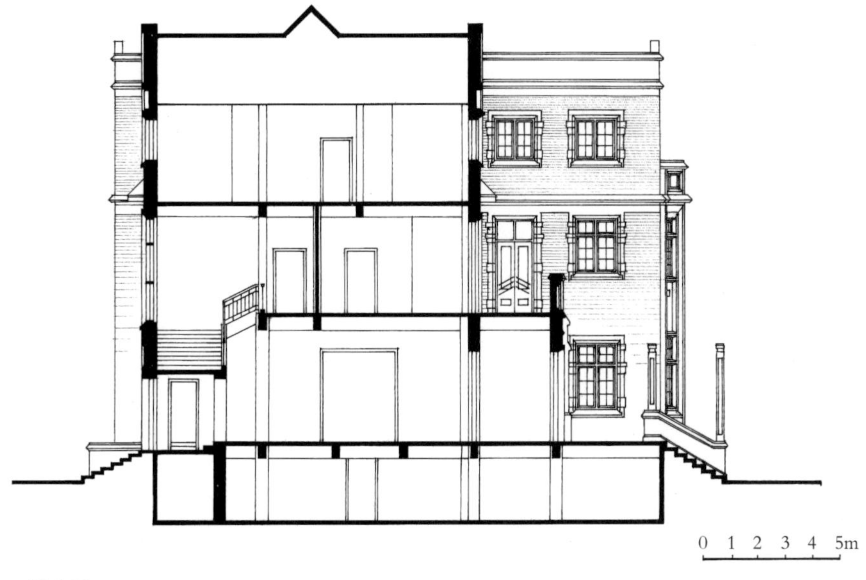

剖面图

15-4　3 号楼

1. 东南面景观

2. 入口近景

3. 与 2 号楼衔接的过街楼东面景观

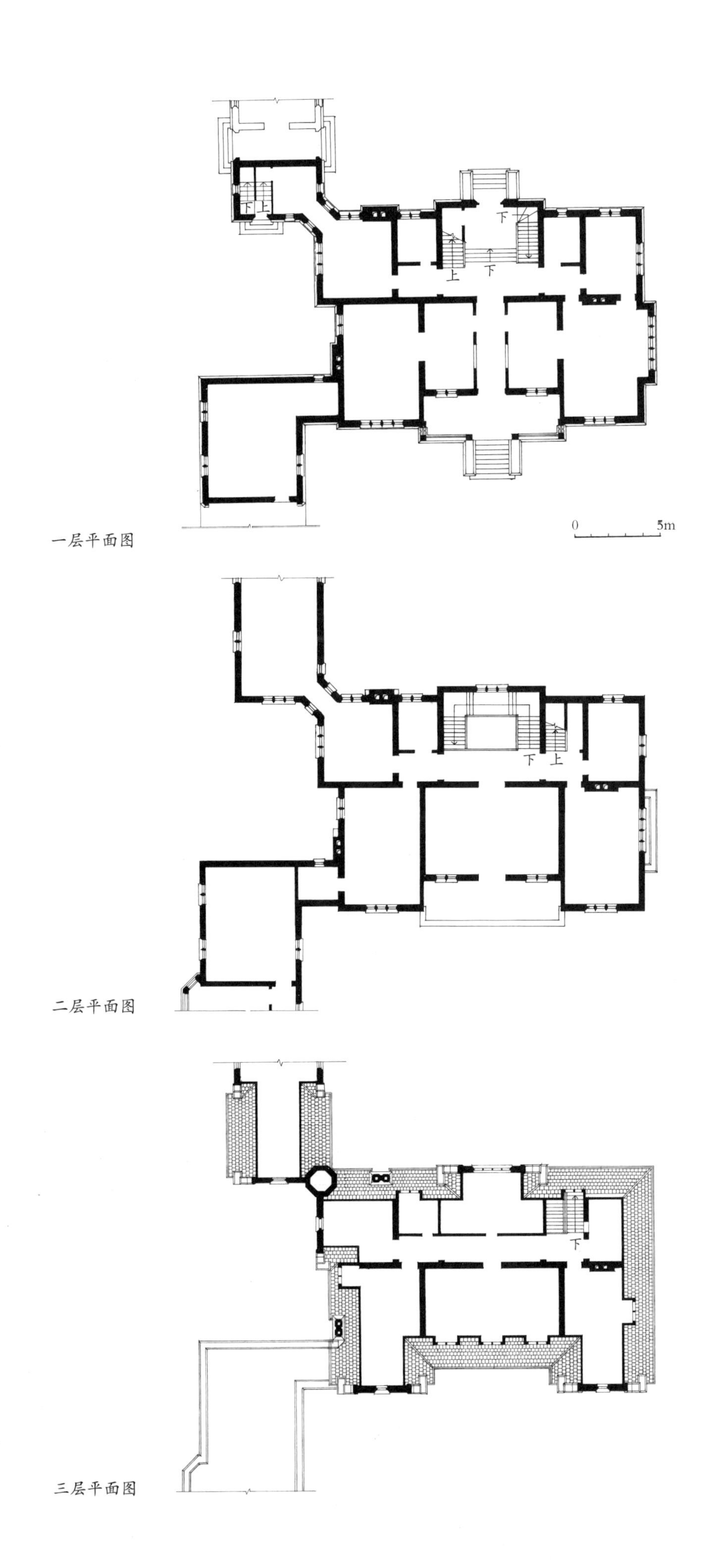

一层平面图

二层平面图

三层平面图

南立面图

东立面图

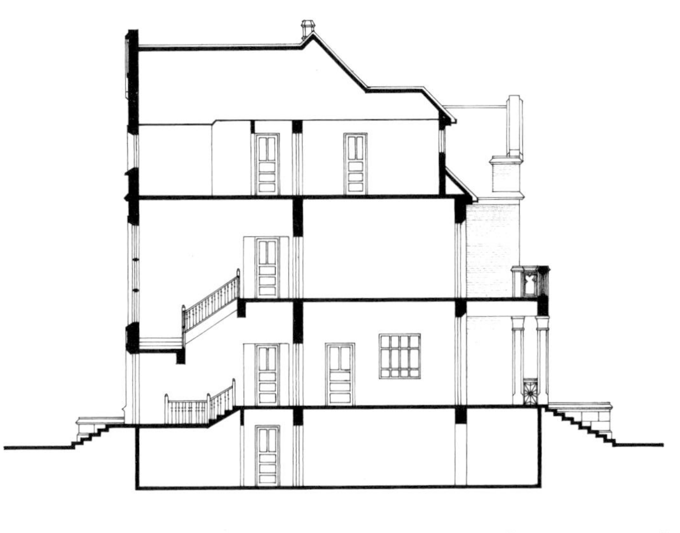

剖面图

15-5 4号楼

1. 东单元南立面外观

2. 东单元南入口外景

3. 东单元西南面外景

4. 东单元东立面外景

5. 中单元外景

6. 西单元入口外景

7. 西单元西立面外景

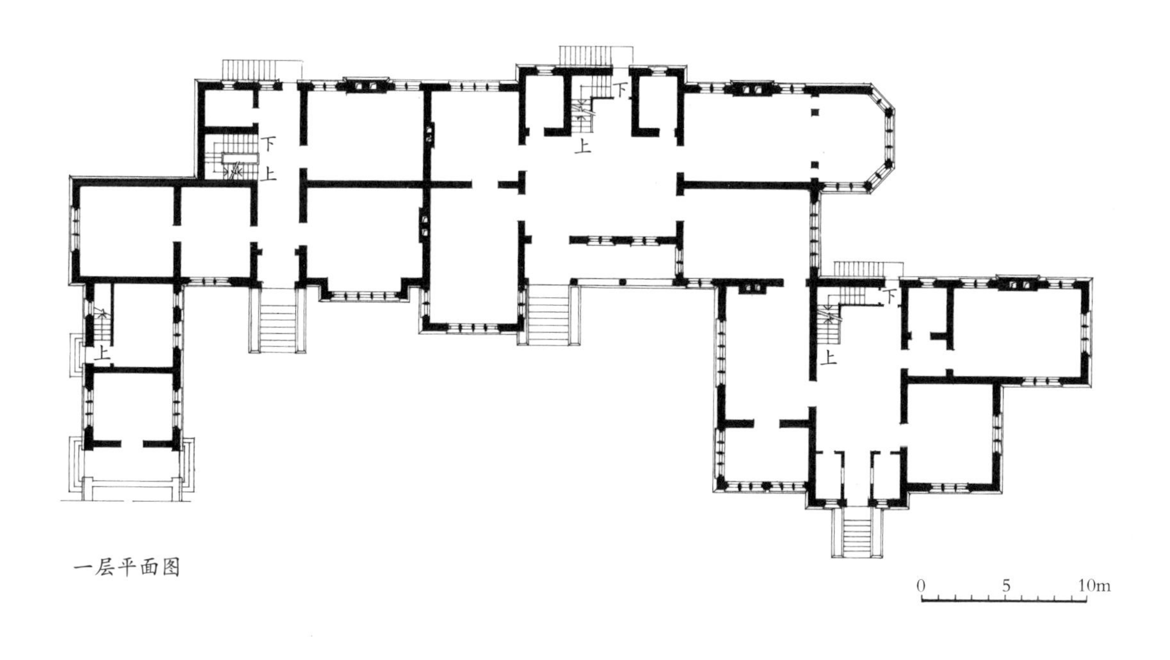

一层平面图

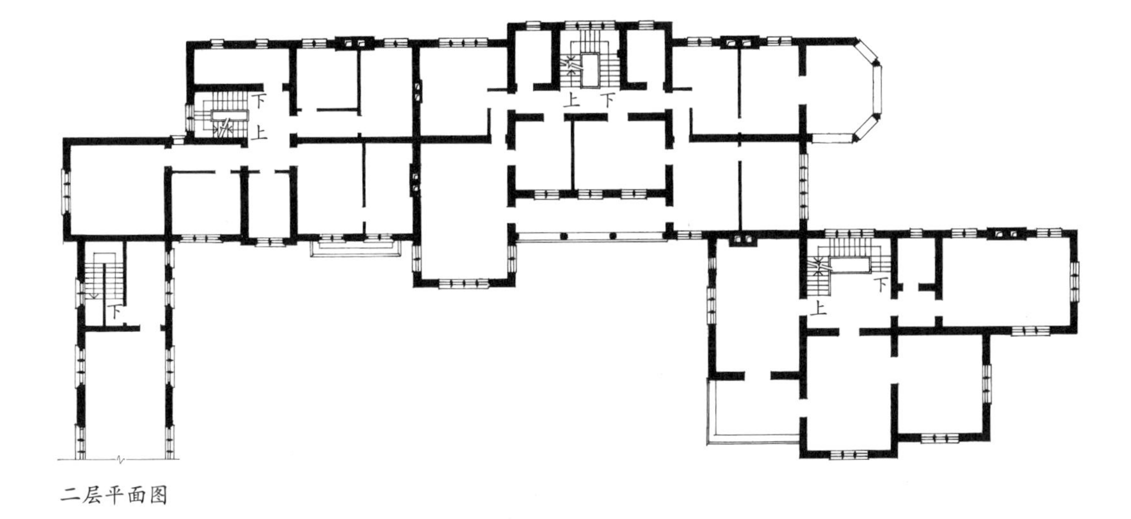

二层平面图

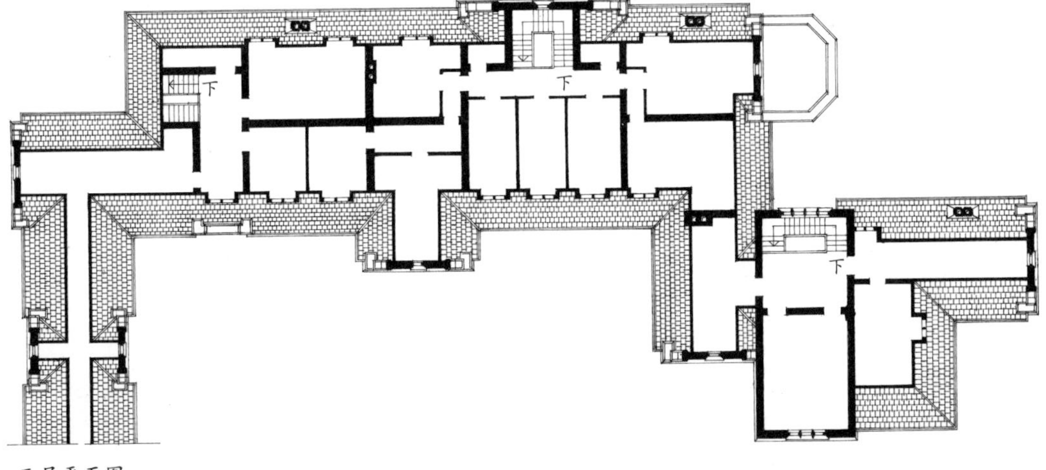

三层平面图

南立面图

东立面图

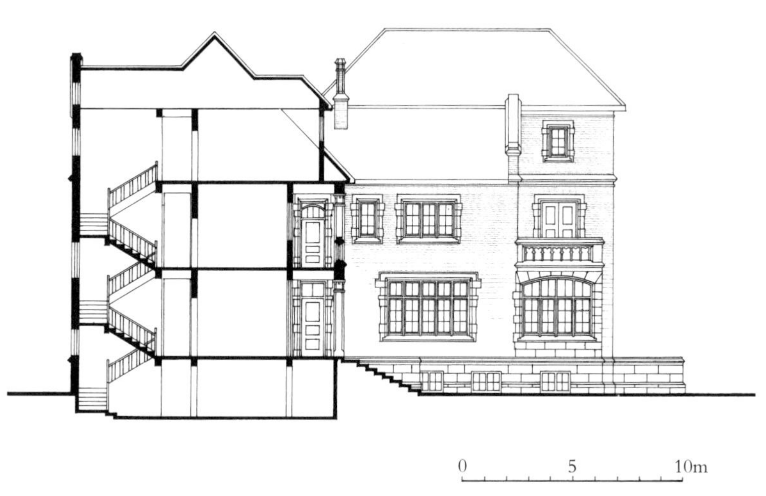

剖面图

15-6 东厢房

1. 西立面全景

2. 主入口近景

3. 西北面外观

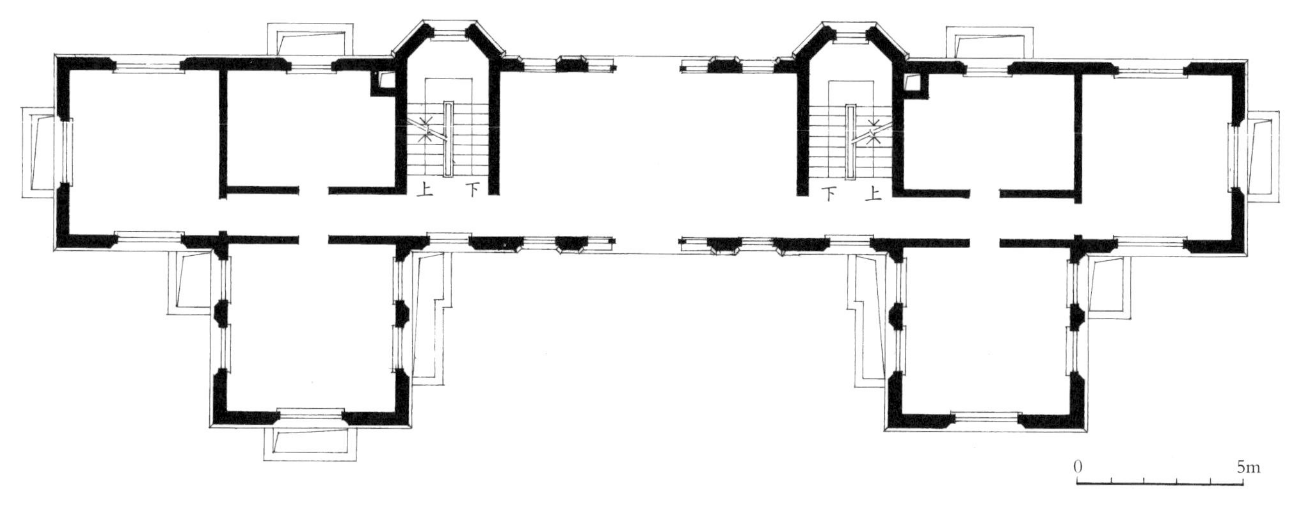

一层平面图

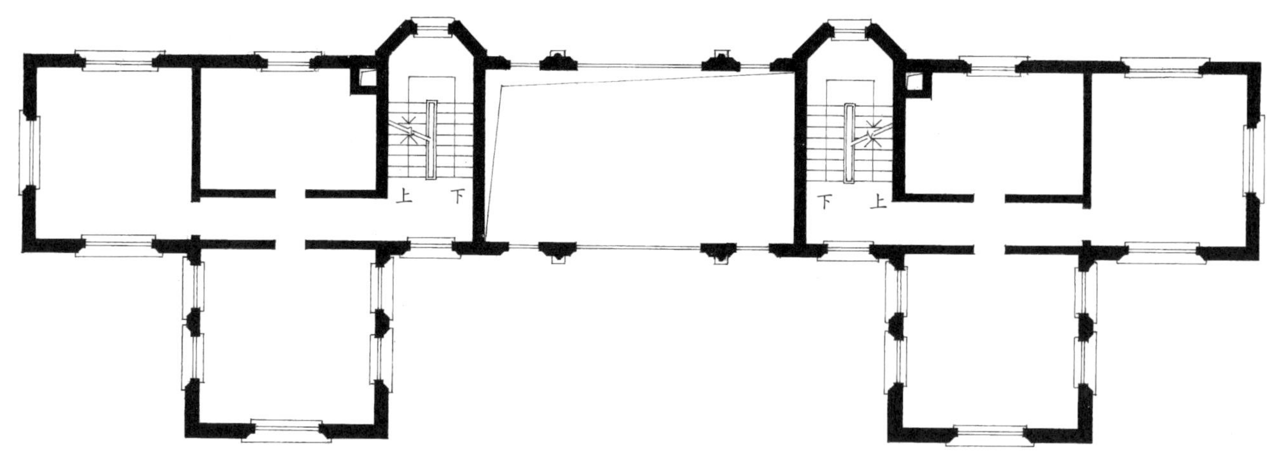

二层平面图

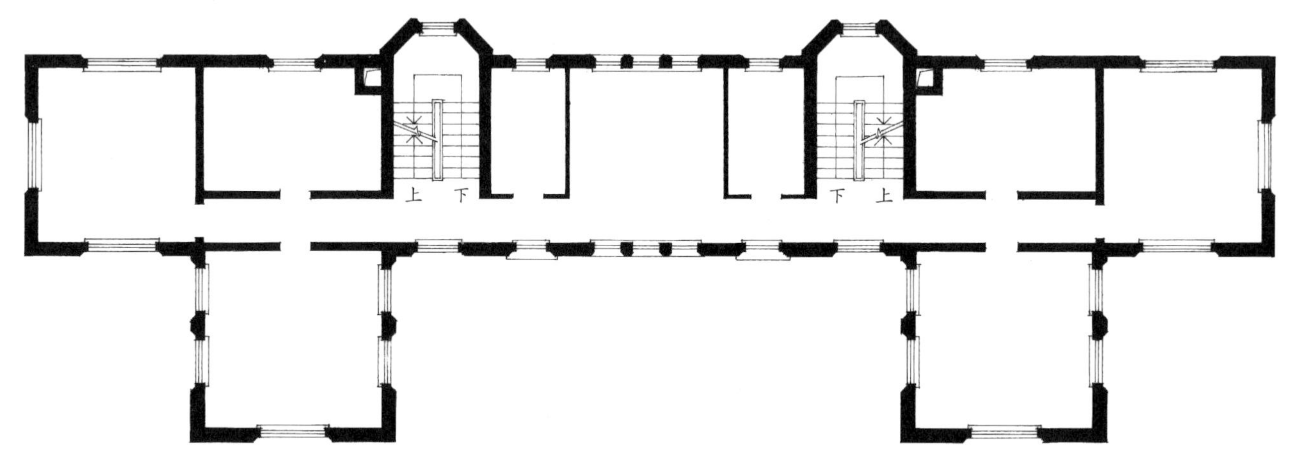

三层平面图

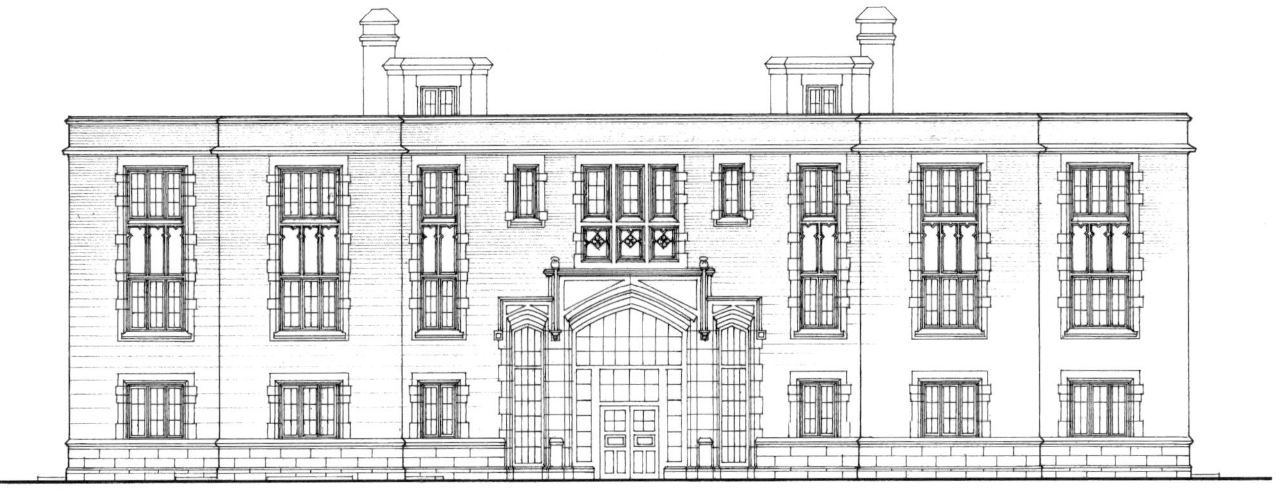

西立面图

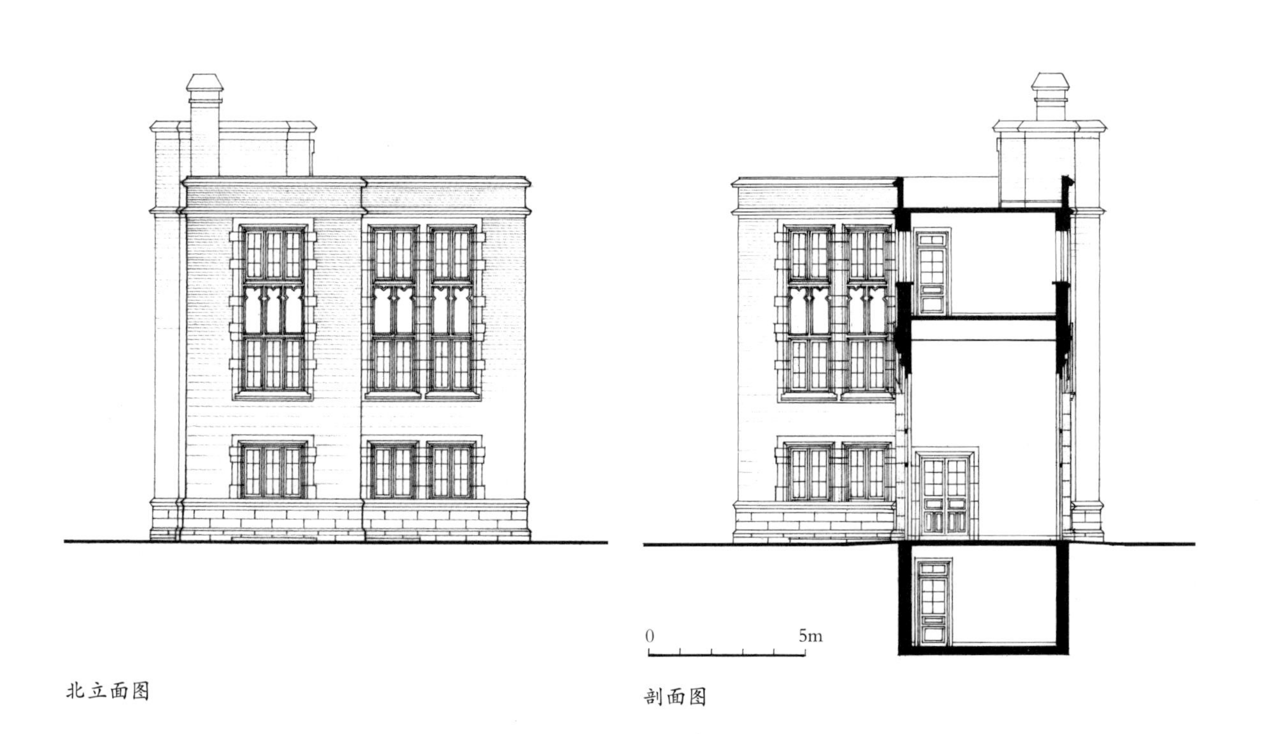

北立面图

剖面图

15-7　西厢房

1. 东立面外观

2. 东立面主入口外观

3. 西立面全景

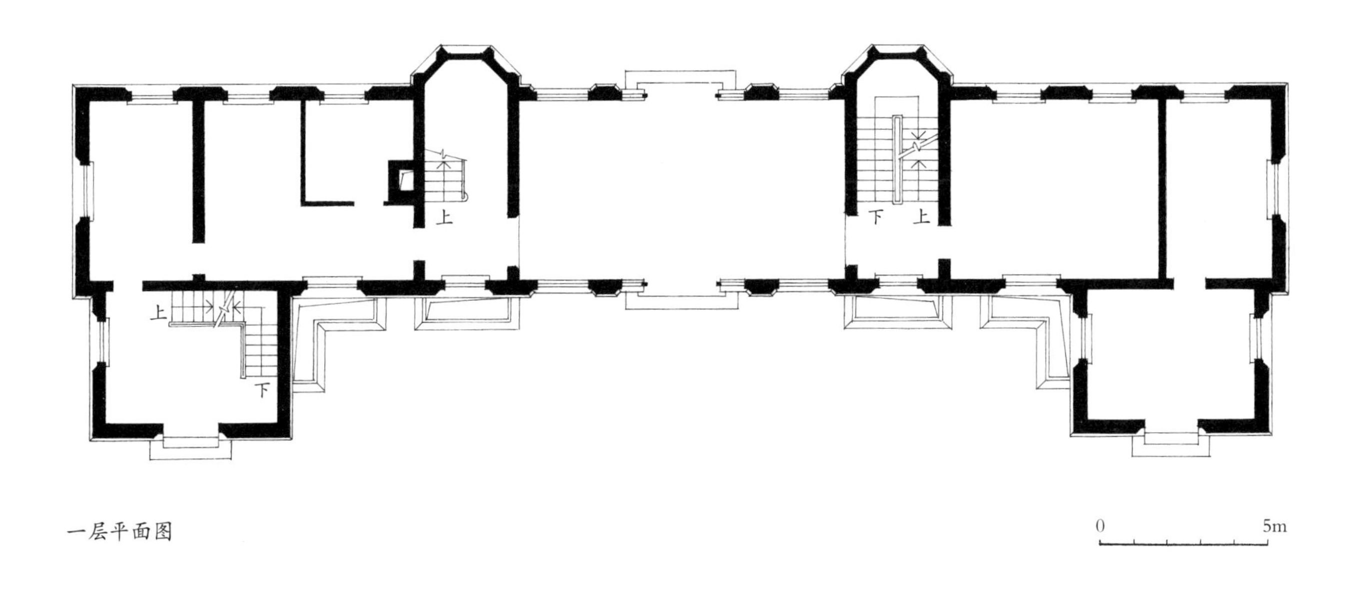

一层平面图

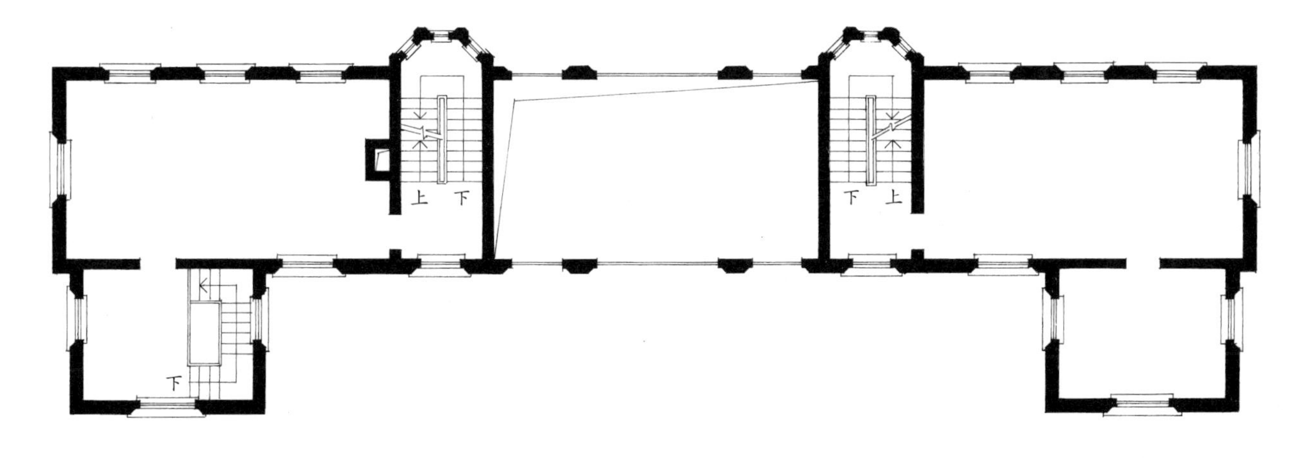

二层平面图

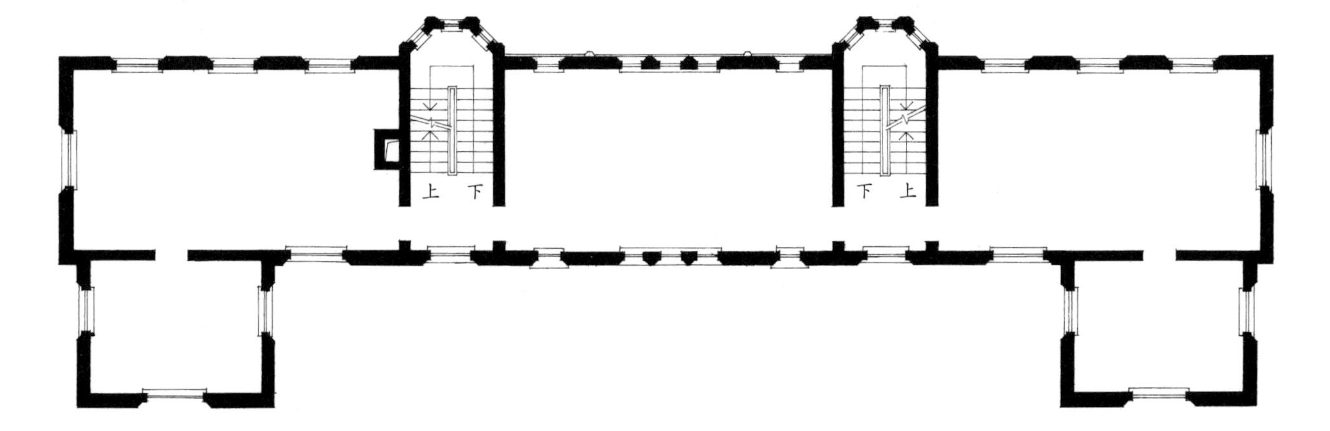

三层平面图

东立面图

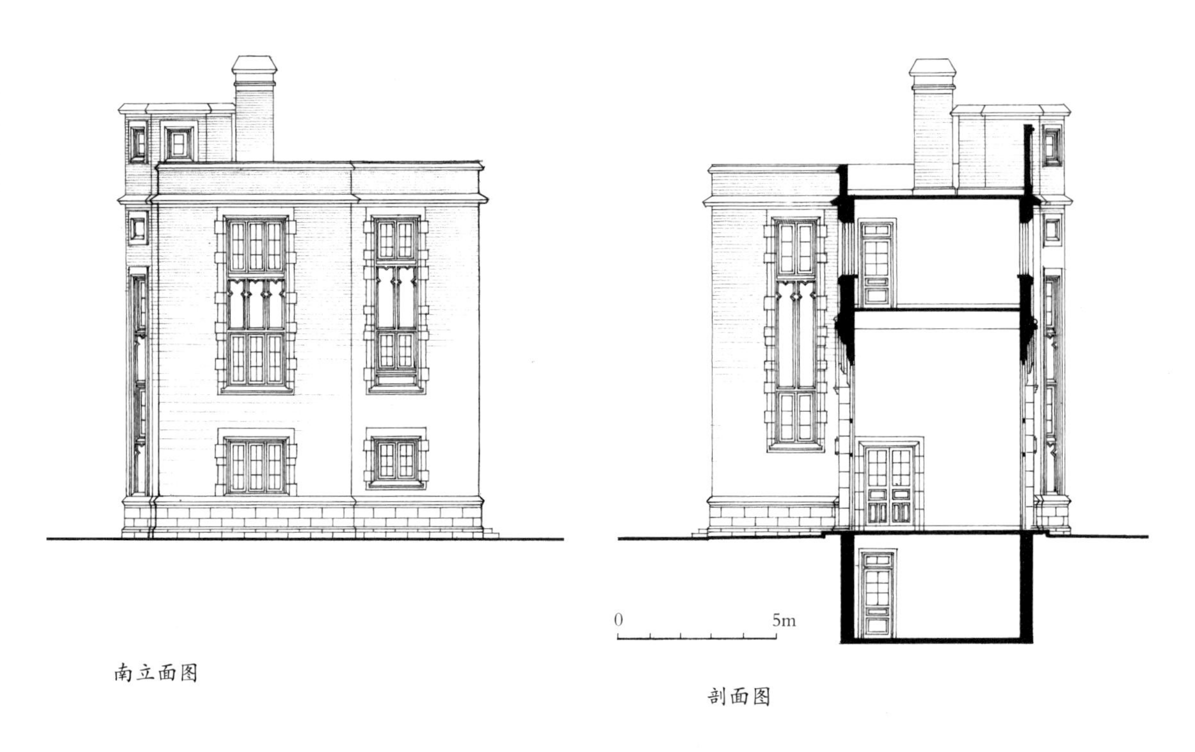

南立面图

剖面图

16. 国立清华大学生物馆（1929 年）

生物馆为生物系教学大楼，1929 年 2 月 23 日奠基，1930 年夏落成。

生物馆平面呈倒“T”字形，主体三层，局部四层，建筑面积 4 221 平方米。主入口朝北，室外大台阶直上二层门厅，中部为向南突出的陈列室、研究室。两翼均为各实验室、动植物标本贮藏室以及教室等。陈列室、研究室对应的一层是大讲堂，而三层设计为玻璃顶温室。

生物馆外形采用西洋古典建筑比例与构图，四坡顶，清水窗间墙，斩假石勒脚、檐口及窗下墙，与 20 世纪 20 年代清华园老建筑保持统一风格。

1. 国文保碑

2. 立面渲染图

3. 1933 年旧照

4. 北立面外景

5. 南向植物园

6. 环境整治后景观

7. 北立面全景

8. 南立面外景

9. 东立面外景

10. 东侧门细部

11. 门厅内景

12. 室内楼梯细部

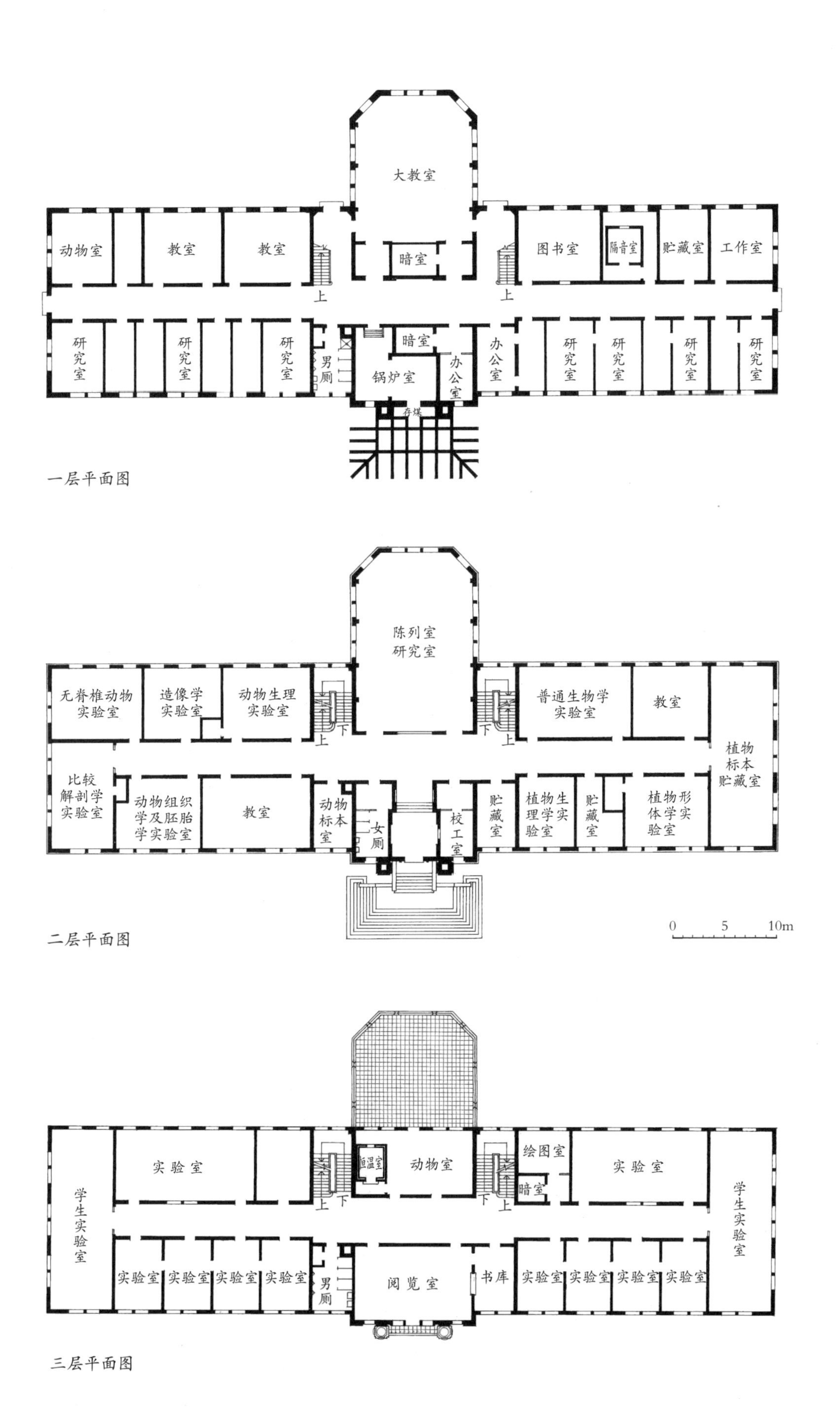
大教室
动物室
教室
教室
暗室
图书室
隔音室
贮藏室
工作室
上
上
研究室
研究室
研究室
男厕
暗室
锅炉室
办公室
办公室
研究室
研究室
研究室
研究室
存煤
一层平面图
陈列室
研究室
无脊椎动物实验室
造像学实验室
动物生理实验室
普通生物学实验室
教室
植物标本贮藏室
下
上
下
上
比较解剖学实验室
动物组织学及胚胎学实验室
教室
动物标本室
女厕
校工室
贮藏室
植物生理学实验室
贮藏室
植物形体学实验室
0 5 10m
二层平面图
实验室
恒温室
动物室
绘图室
实验室
暗室
学生实验室
学生实验室
上
下
下
上
实验室
实验室
实验室
实验室
男厕
阅览室
书库
实验室
实验室
实验室
实验室
三层平面图

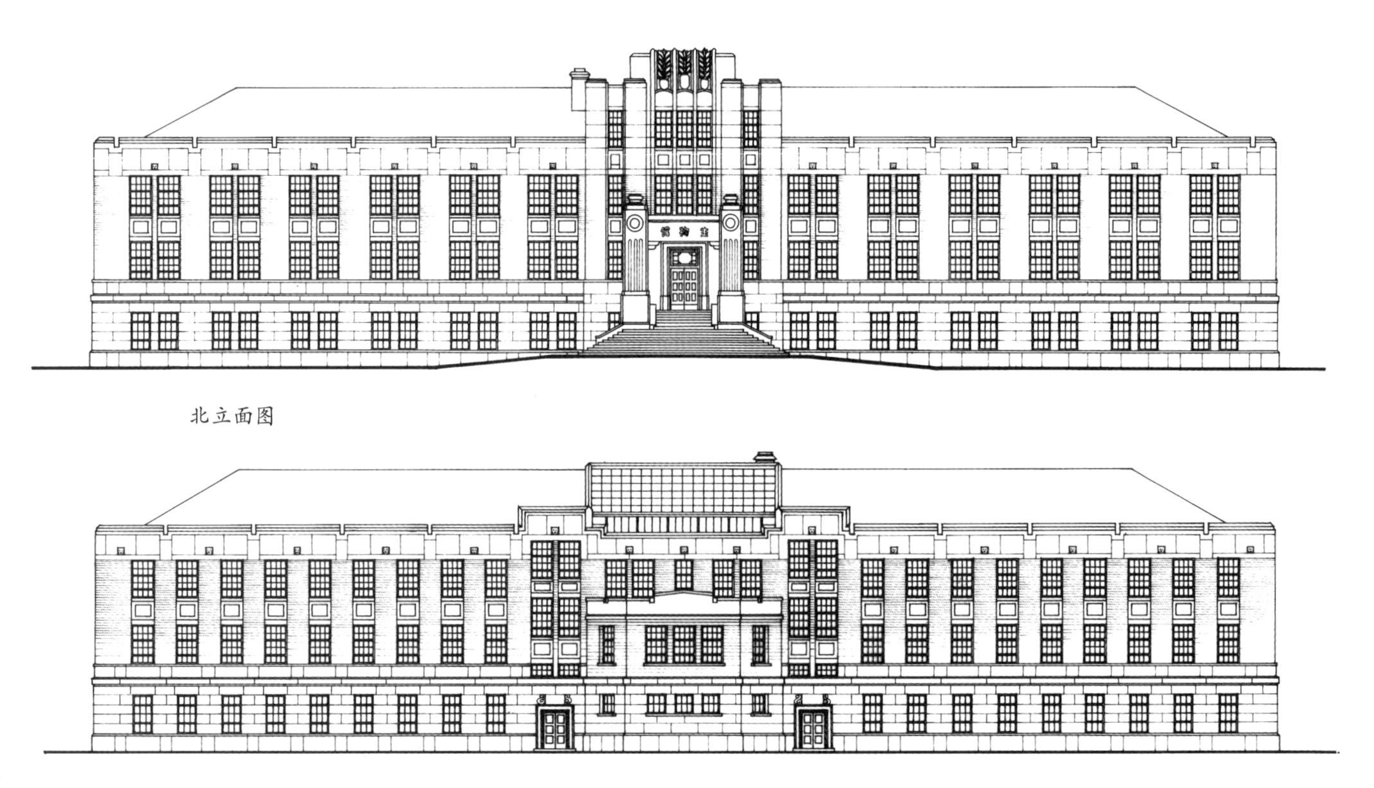

北立面图

南立面图

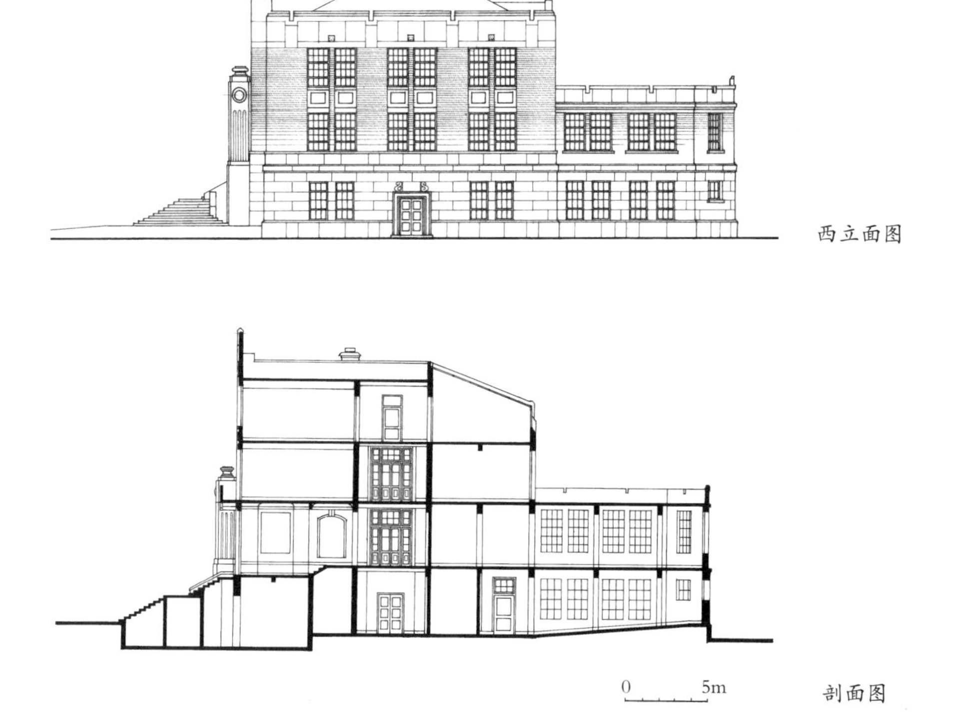

西立面图

剖面图

17. 国立清华大学学生宿舍（明斋）（1930 年）

“大学之道，在明明德”，故这座建成于 1930 年清华改办大学之后“清华八斋”——明、新、善、静、平、强、诚、立的第一幢学生宿舍被称之“明斋”。

明斋平面呈“凹”字形，南北向长 85.4 米，东西向长 41 米，建筑面积 4 908 平方米。三层建筑，层高 3.5 米。主要入口设在东南和西南两个转角处，中部设过街楼，便于南北穿行和作为辅助出入口。每层 66 间，每间住 2 位学生。厕所和盥洗室设在楼梯两侧，位置适中。

明斋曾为清华男生宿舍，清华大学中国文学会包括俞平伯、朱自清等在内的诸位大师曾在此开展活动。1948 年秋，中华人民共和国成立前夕朱镕基等曾在明斋一层 117 房间组织革命活动。2009 年，清华大学人文社会科学学院斥资对明斋内部进行了改造装修，作为专用办公楼。

1. 国文保碑

2. 立面渲染图

3. 中部过街楼墙饰旧照

4. 北立面外景

5. 东南角入口外景

6. 西南角入口外景

7. 一层门厅内景

8. 二层楼梯内景

9. 三层楼梯内景

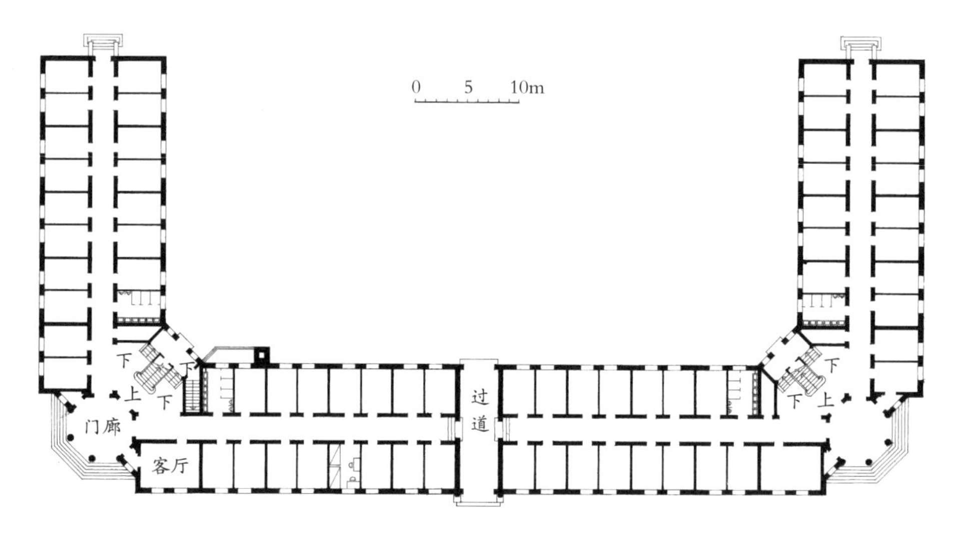

一层平面图

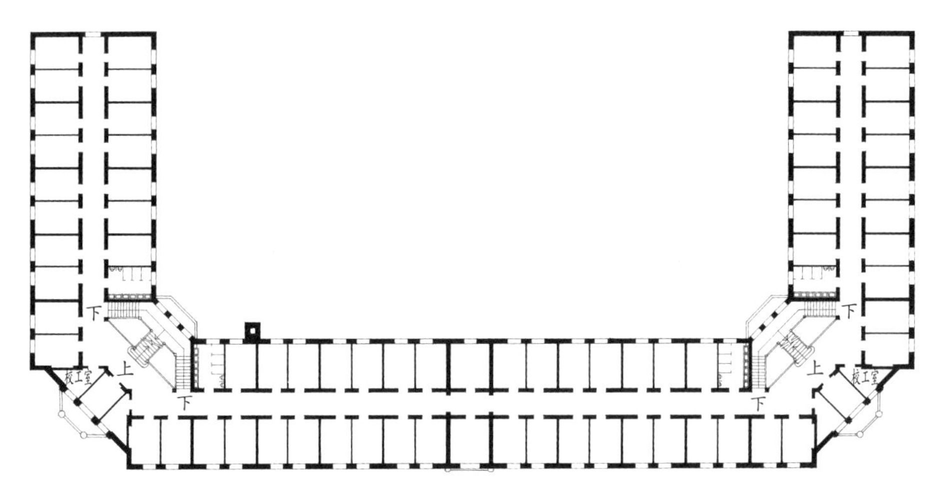

二层平面图

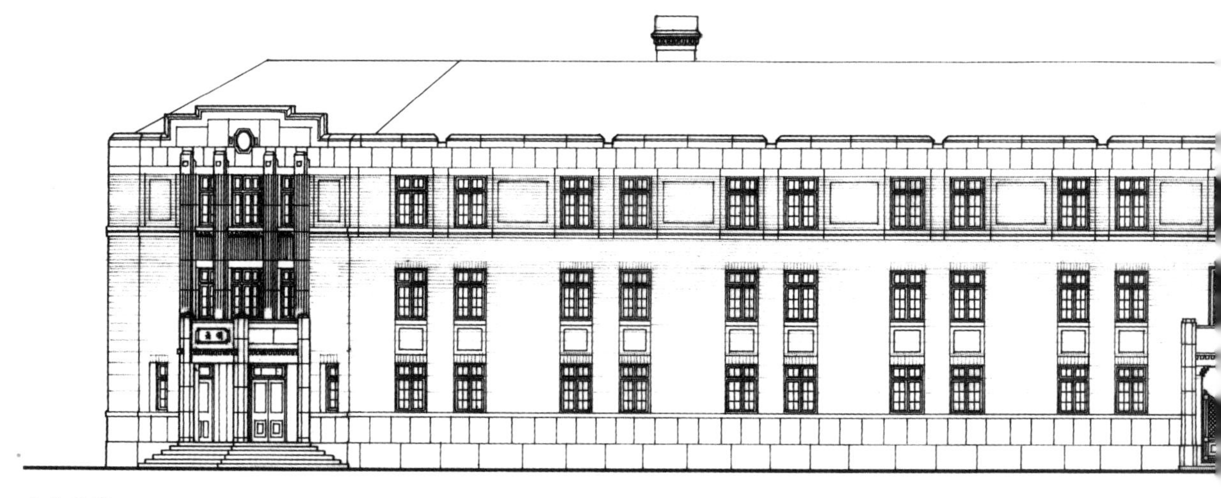

南立面图

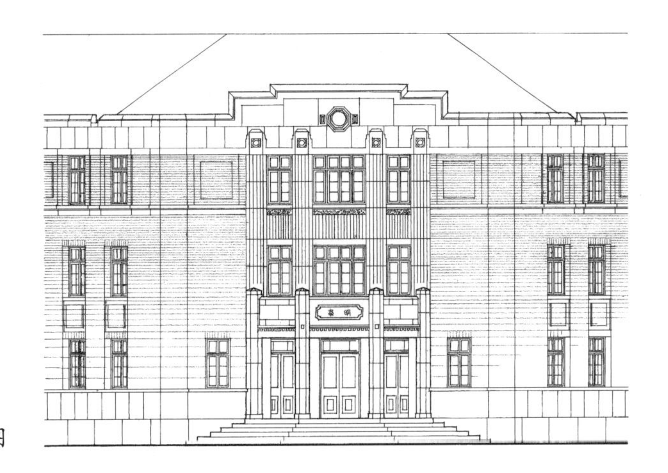
角入口立面图

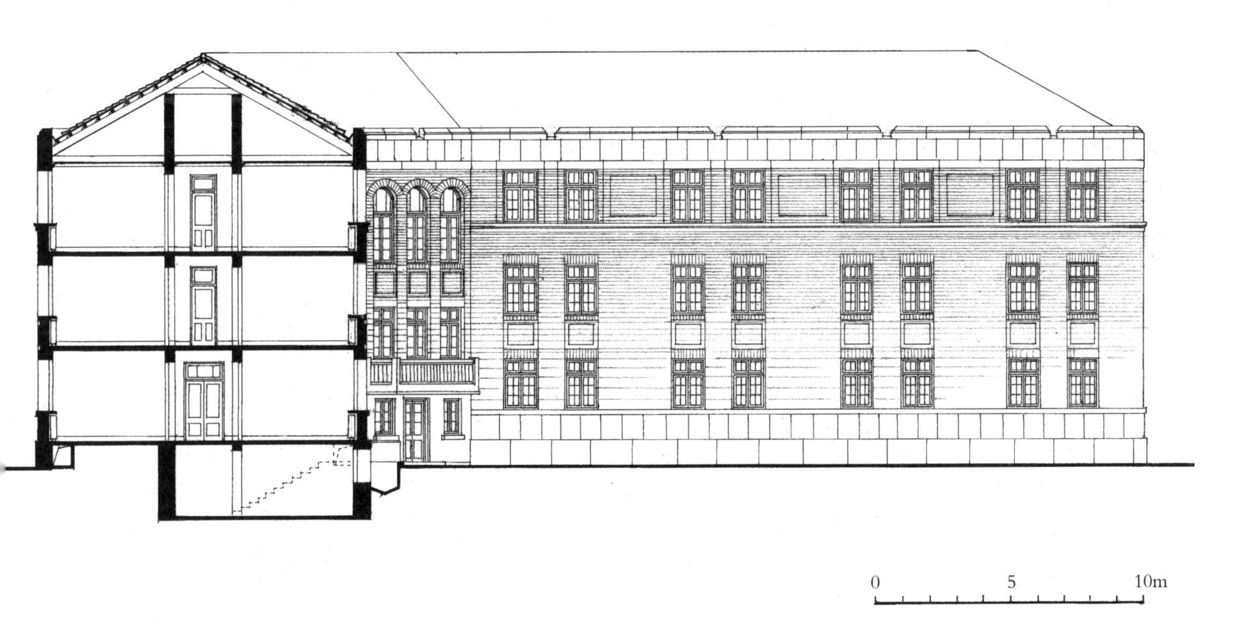

剖面图

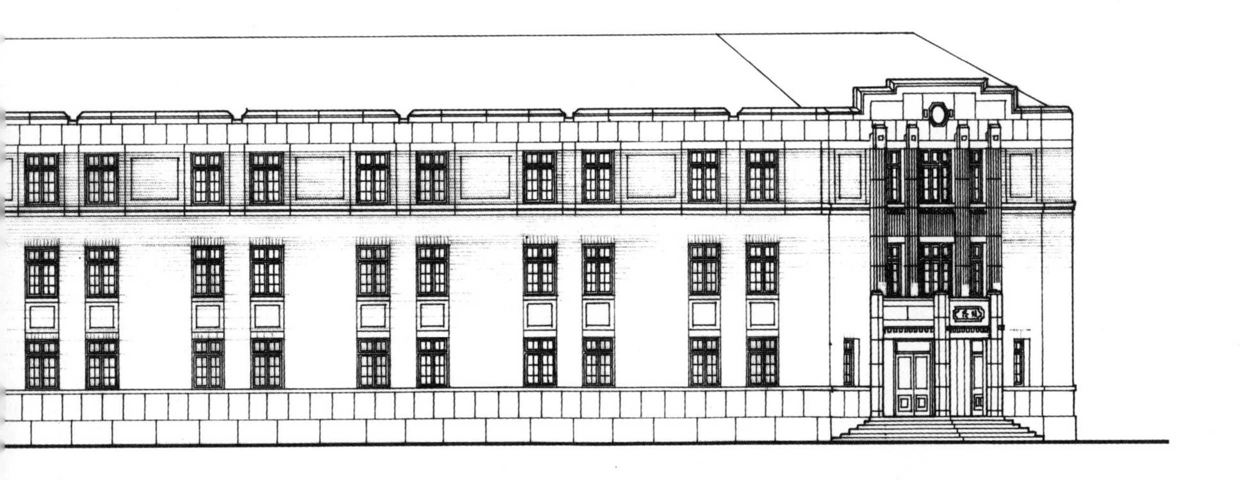

18. 国立清华大学气象台（1930 年）

气象台位于清华园西部一土丘上，1930 年设计，1931 年 5 月落成。

气象台平面呈正八边形，宽约 10.4 米，共五层，各层以铁转梯连通，总高约 24 米。底层为天文钟室，顶层为办公室，其上设置风标等气象设备，为气象系教学科研场所。

气象台结构为砖墙承重，立于钢筋混凝土平板基础上，下设 80 根各 9 米长洋松桩支承。墙体下厚上薄，外墙皮向上收分，仰视气象台更显挺拔高耸。在五层四个窗口点缀西式阳台，以及在檐口、墙面、基座处以凹凸线饰使简洁的体形增添了新古典建筑的韵味。

1952 年，随着清华大学的院系调整，气象系被并入北京大学。气象台便荒废无人照看，建筑越来越破旧。直到 1997 年，清华大学随着天体物理学科的逐步建成，气象台经修缮，在原气象台顶上增建了一层球形顶的天文观察室，并更名为天文台。

1. 国文保碑

2. 20 世纪 30 年代的气象台旧照

3. 20 世纪 90 年代气象台改建为天文台后的外景

4. 南入口外景

5. 南入口近景

6. 攀山台阶

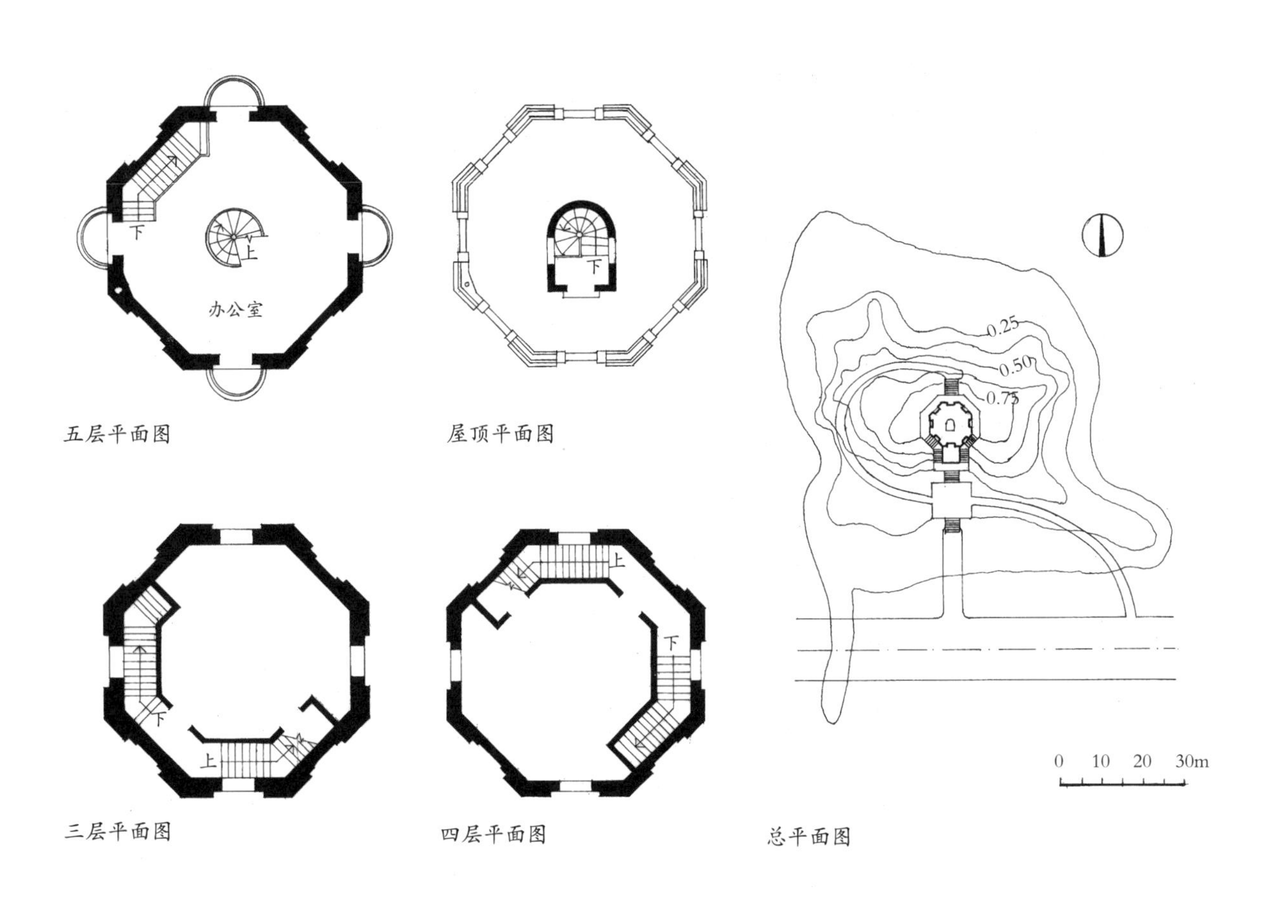
办公室
下
上
五层平面图
下
屋顶平面图
0.25
0.50
0.75
三层平面图
四层平面图
0 10 20 30m
总平面图

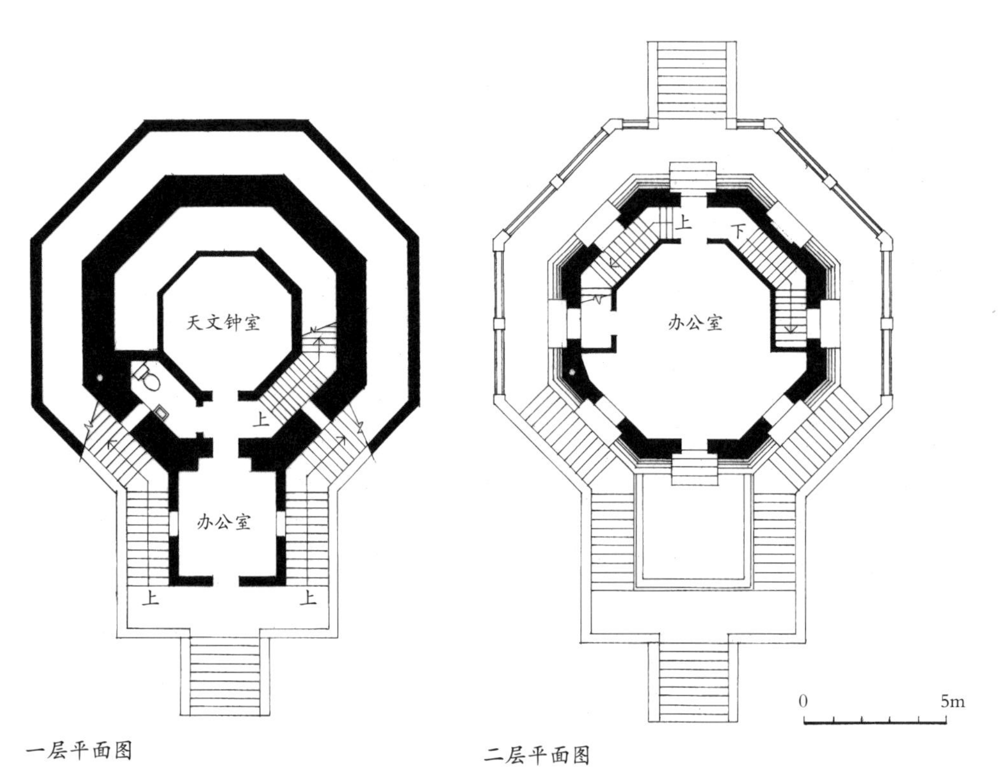
天文钟室
办公室
上
一层平面图
办公室
二层平面图
0 5m

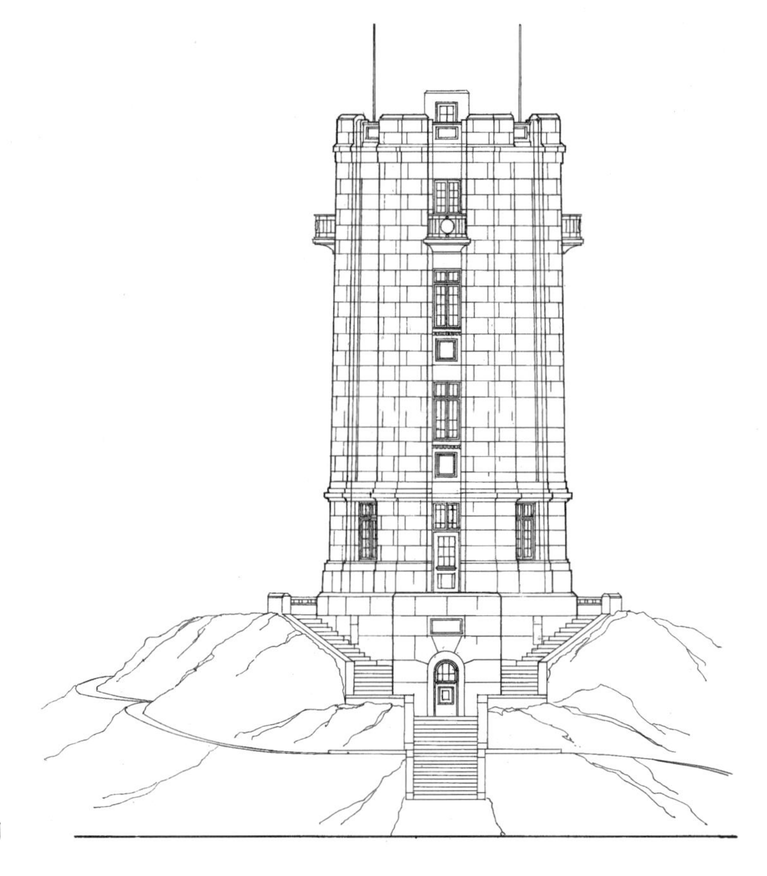
南立面图

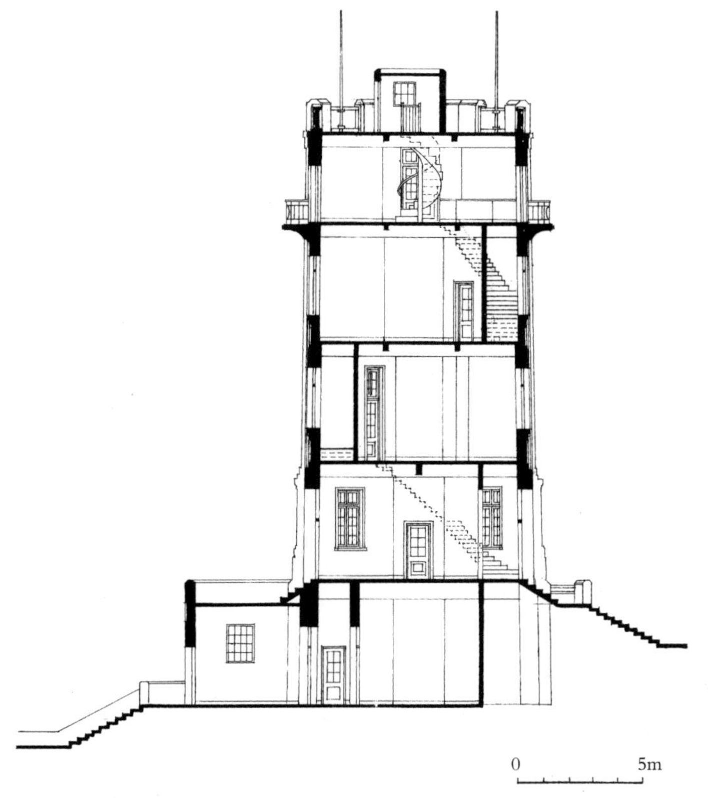

剖面图

19. 国立清华大学图书馆扩建工程（1930 年）

原北平清华学校图书馆建于 1919 年 3 月，由美国建筑师墨菲设计。平面呈“⊥”形，建筑面积 2 114 平方米。

1928 年学校改为国立清华大学后，图书经费骤增，馆舍已不敷使用，时任校长罗家伦特请清华大学校友、基泰工程司建筑师杨廷宝设计扩建馆舍，于 1930 年 3 月开工，1931 年 11 月竣工。馆舍面积增至 7 700 平方米，可容书 30 万册，阅览座位 700 余席。

由于老馆南侧临河，扩建用地不足，无法在老馆两侧扩建阅览室和书库，遂设计成与老馆呈垂直布局，且建筑形式相同的西翼，其间以建筑风格一致的四层体量作为连接与过渡，这种经济适用的平面布局，使新老建筑平面融为一体。

扩建的西翼一层为研究室，二层为宽敞的大阅览室。中楼呈 45 度方向，室外大楼梯直通二层主入口门厅。各层主要设置办公用房和交通厅廊。扩建书库置于老馆背后，通过业务办公用房与西翼相连。

在外观设计上，沿用了老馆的红砖外墙、西式四坡屋顶以及窗拱元素等设计手法，加强了新老馆整体风格的一致，可谓天衣无缝，并对其前方的校园中心建筑——大礼堂起到很好的拱卫、衬托作用。

该图书馆在抗日战争期间曾被日军占为外科病房，书库为手术室及药房，致使图书馆面目全非。抗日战争胜利及至中华人民共和国成立后，随着清华大学教育事业与学科的发展，特别是进入 90 年代之后，清华大学图书馆迎来了历史上最好的发展机遇。1991 年 9 月，由清华大学关肇邺院士设计的图书馆扩建新馆落成。新老馆再次浑然一体。

1. 国文保碑

2. 立面渲染图

3. 20 世纪 30 年代扩建中部旧照

4. 阅览室内景旧照

5. 20 世纪 30 年代扩建西翼旧照

6. 门厅内景旧照

7. 中部入口外景

8. 主入口外墙细部

9. 上至门厅的一层楼梯内景

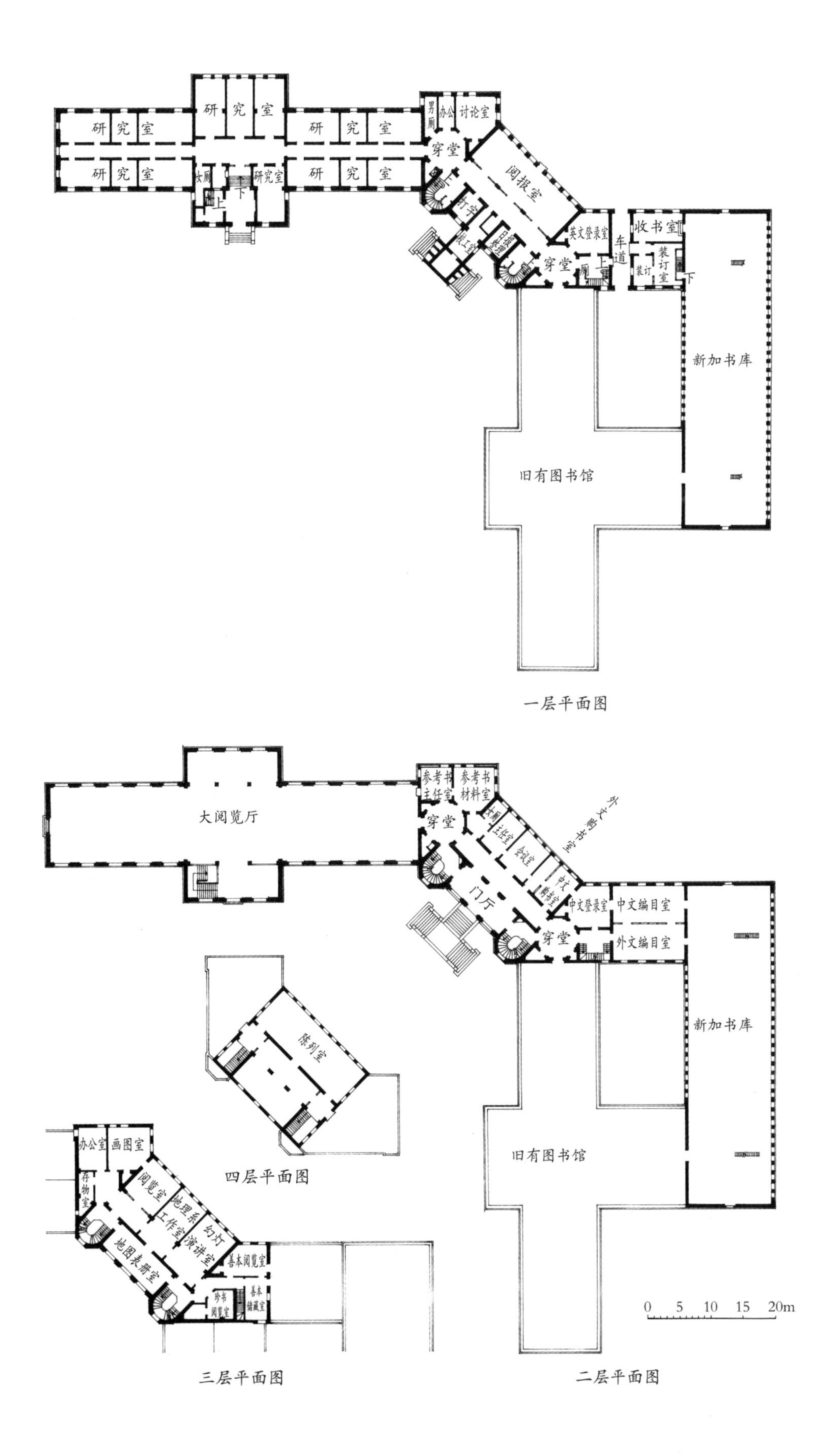

一层平面图

三层平面图

二层平面图

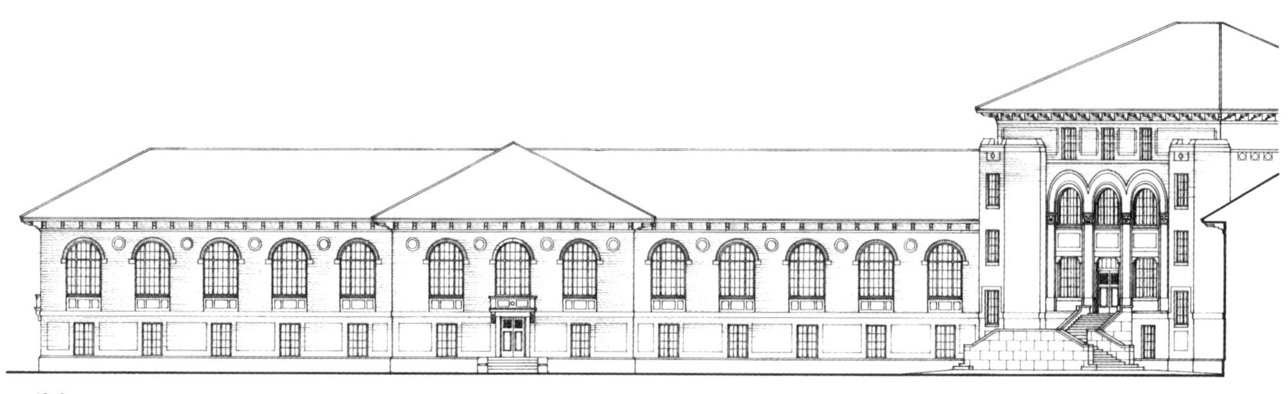

西翼南立面图

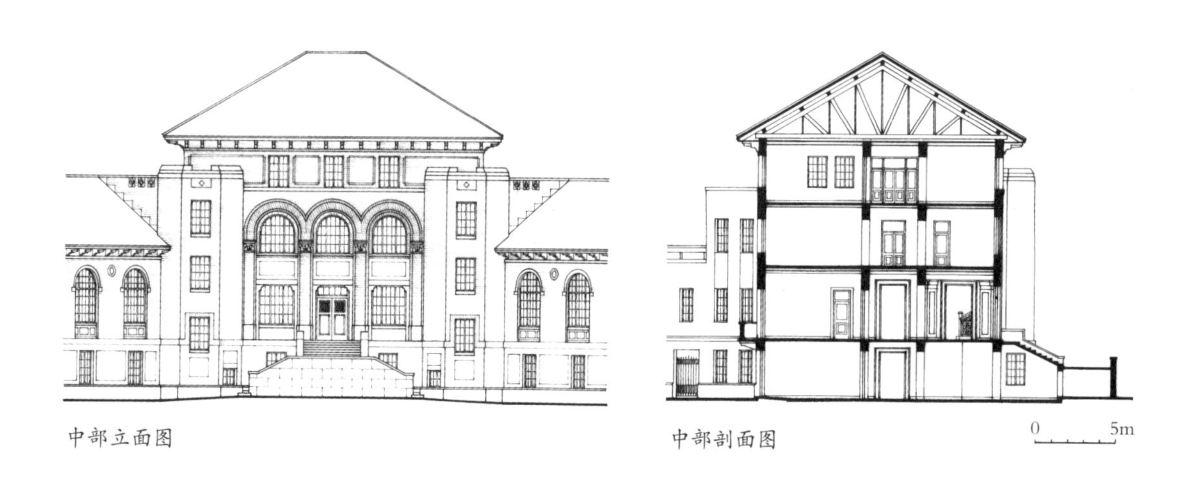

中部立面图

中部剖面图

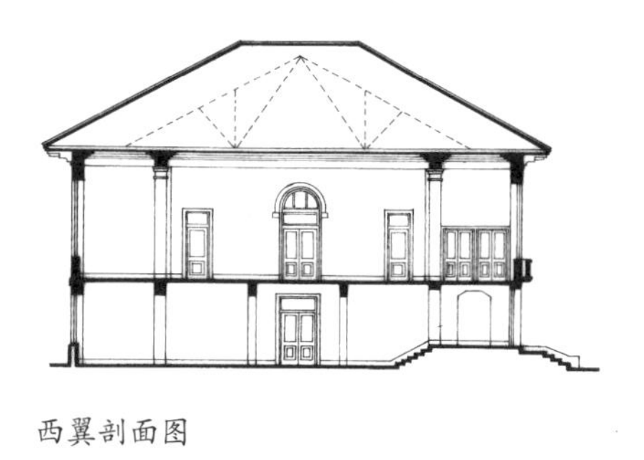

西翼剖面图

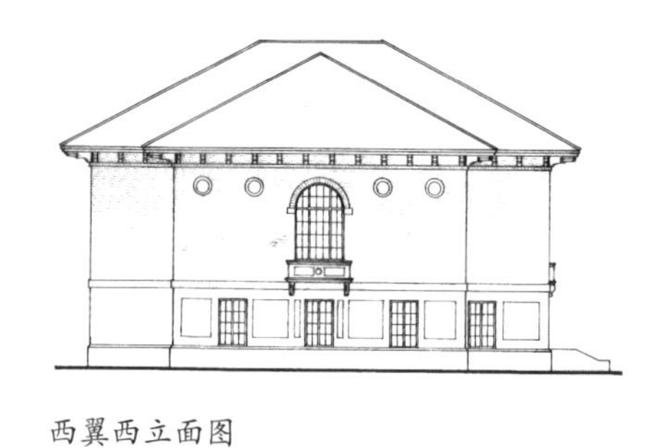

西翼西立面图

20. 国立清华大学校园规划（1930 年）

国立清华大学原名清华学堂，是清政府利用美国被迫退还超索不实“庚子赔款”建立的留美预备学校，并将清华园（原名熙春园）“赐园”办学。园内仅有工字殿（今工字厅）、怡春园和古月堂三座建筑。

1911 年 4 月 29 日，清华学堂开学，1912 年 5 月 1 日改名清华学校。1914 年 10 月由美国建筑师墨菲做了第一个校园规划，并建造了大礼堂、图书馆、体育馆、科学馆及若干教职工宿舍等。1928 年，更名“国立清华大学”，设文、法、理三个学院十四个学系。

由于学校改制，1928 年大学评议会决定对校园建设另作规划，1930 年罗家伦任校长时期，成立了清华大学建筑委员会，委托清华校友杨廷宝先生于同年 12 月制定出清华第二个校园规划，并主持设计建造了生物馆、气象台、图书馆扩建和明斋等建筑。

规划中，杨廷宝先生对清华园内的大礼堂、清华学堂、体育馆、图书馆和科学馆等历史建筑与现状甚为尊重，考虑到它们的建筑风格和细部特征，强调规划新建筑群与保留老建筑的整体和谐关系。使以大礼堂作为校园中心，其周围主要建筑均在原有基础上进行扩建，男女生宿舍分别布置在运动场南北两端。而在校园中心西侧的荒岛中央布置博物馆，并环湖扇形布置五栋特种学术建筑（包括生物馆），围合成半圆形草坪、广场作为学生室外交往的活动空间。在北部小河北岸，另布置三栋特种学术建筑（包括化学馆）。此外除荒岛南端和校门入口处保留部分自然地形地貌外，还整治道路系统、河道和土丘，并辟荷花池，为工字厅周围创造幽静的环境。然而，自 1931 年至 1937 年的校园建设阶段，除沈理源建筑师按杨廷宝先生的规划设计建造了化学馆外，由于多个设计单位参与其中，各自在校方旨意下进行单体设计，结果“清华的规划常常是因主持人而异，不同时期，不同主张，结果建乱了，那是很糟糕的”（杨廷宝语）。因而，新的校园规划最终未能全部实现。

1. 规划中保护的历史建筑——校门

2. 规划中保护的历史建筑——工字厅

3. 规划中保护的历史建筑——清华学堂

4. 墨菲设计第一个校园规划中的图书馆

5. 墨菲设计第一个校园规划中的体育馆

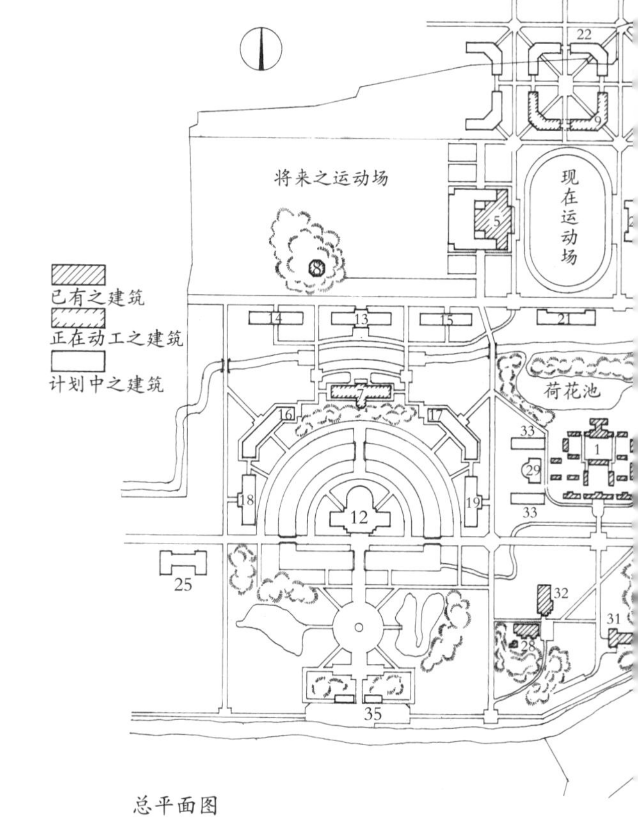

总平面图

6. 墨菲设计第一个校园规划中的大礼堂

7. 墨菲设计第一个校园规划中的科学馆

8. 杨廷宝设计第二个校园规划中的生物馆

9. 杨廷宝设计第二个校园规划中的图书馆扩建

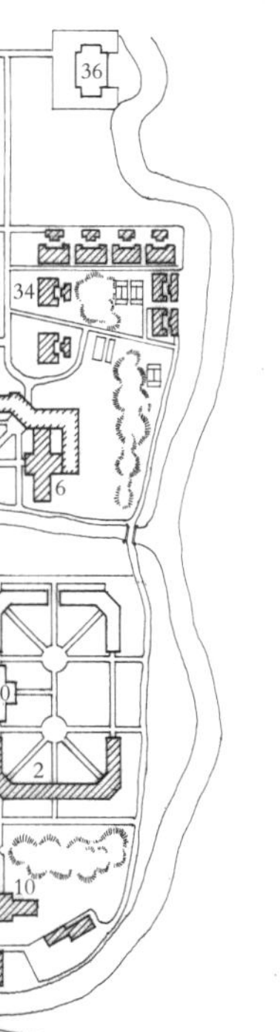

1. 工字厅
2. 清华学堂
3. 大礼堂
4. 科学馆
5. 体育馆
6. 图书馆
7. 生物馆
8. 气象台
9. 明斋
10. 工艺馆
11. 行政厅
12. 博物馆
13. 化学馆
14.19 特种学术建筑
20. 教室
21. 女生宿舍
22. 男生宿舍
23. 学生学术会所
24. 聚餐厅
25. 医院
26. 警卫处
27. 邮局
28. 校长住宅
29. 教职员俱乐部
30-34. 教职员住宅
35. 号房
36. 动力厂

0　50　100　150m

10. 杨廷宝设计第二个校园规划中的气象台

11. 杨廷宝设计第二个校园规划中的明斋

12. 杨廷宝设计第二个校园规划中的荷花池

21. 北平交通银行（1930 年）

交通银行于 1930 年设计，1932 年建成，位于前门外西河沿街 9 号，地处繁华商业区。建筑用地 2 000 平方米。银行主体建筑前沿街后临河，生活用房（宿舍、食堂、车库）在其后部院内。

平面地上三层，半地下一层，建筑面积 7 265 平方米。一层中央为营业大厅，高度占两层空间，其周围为接待、办公用房。二、三层为内部业务和行政办公用房。半地下层核心部分设金库、文书库，周边设饭厅、存物室、总务室、锅炉房等辅助用房，两部分用房分区明确，独立使用。

银行为钢筋混凝土结构，20 厚空心砖密肋楼板。外墙简洁，基座用花岗石贴面。主入口拾级而上设金属大门，上有垂花门罩。女儿墙以斗栱琉璃檐口装饰，其两端铺以云纹浮雕收尾。在三层窗上沿加雀替装饰，各层窗台处点缀云纹饰带。

营业大厅室内以天花藻井、隔扇栏杆、额枋彩绘、中式宫灯等设计手法，诠释了中国传统建筑装饰艺术的高深造诣。

该银行基本运用西方古典建筑构图，采用当时的先进技术和材料，而不用大屋顶，只在若干处施以中国古典建筑构件，以取得建筑的民族格调，在当时称为“现代式中国建筑”。这种设计手法使该建筑与所处的大栅栏传统商业区相适应，对后来的建筑设计产生较大的影响。

1. 市文保碑

2. 立面渲染图

3. 1932年6月6日落成旧照

4. 南立面外景旧照

5. 南立面全景

6. 西立面外景

7. 东立面外景

8. 北立面外景

9. 南立面外墙细部装饰纹样

10. 入口近景

11. 东立面楼梯间外墙装饰纹样

12. 围墙东大门旧照

13. 围墙东门外景

14. 营业厅上空内景

15. 围墙西大门旧照

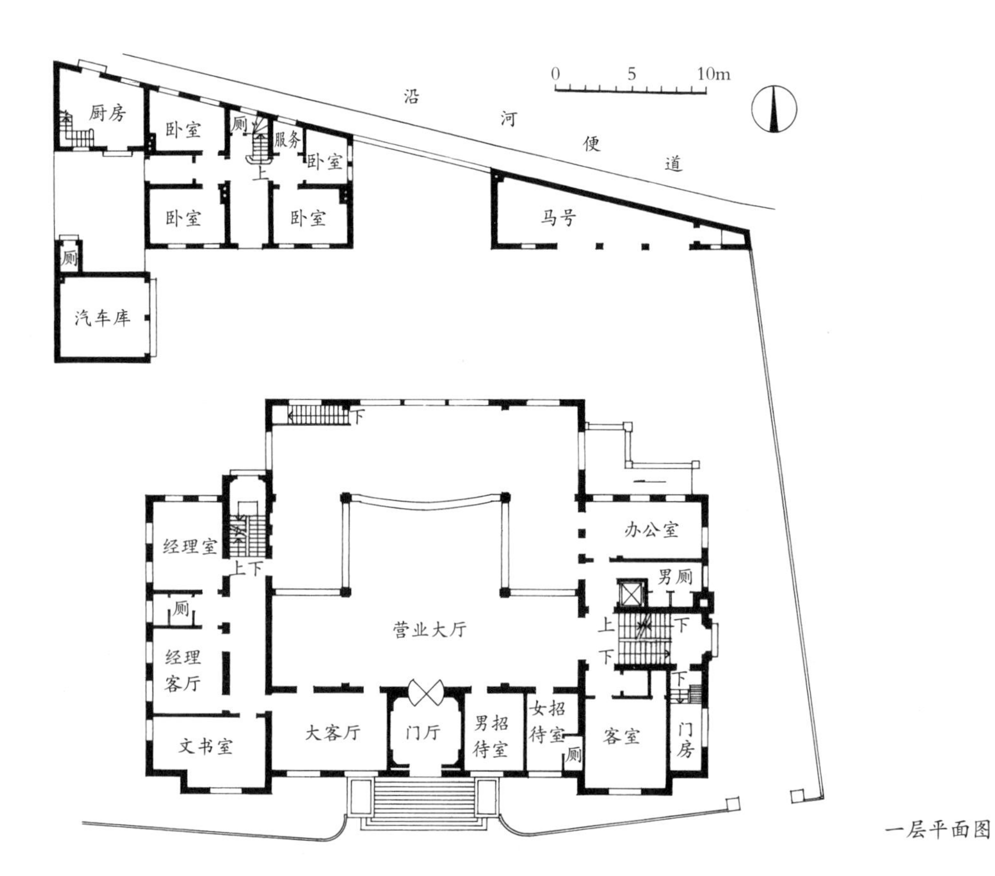

0 5 10m
沿 河 便 道
厨房
卧室
厕
服务
卧室
上
卧室
卧室
马号
厕
汽车库
下
经理室
上下
办公室
男厕
厕
营业大厅
上
下
下
下
经理
客厅
文书室
大客厅
门厅
男招
待室
女招
待室
厕
客室
门
房

一层平面图

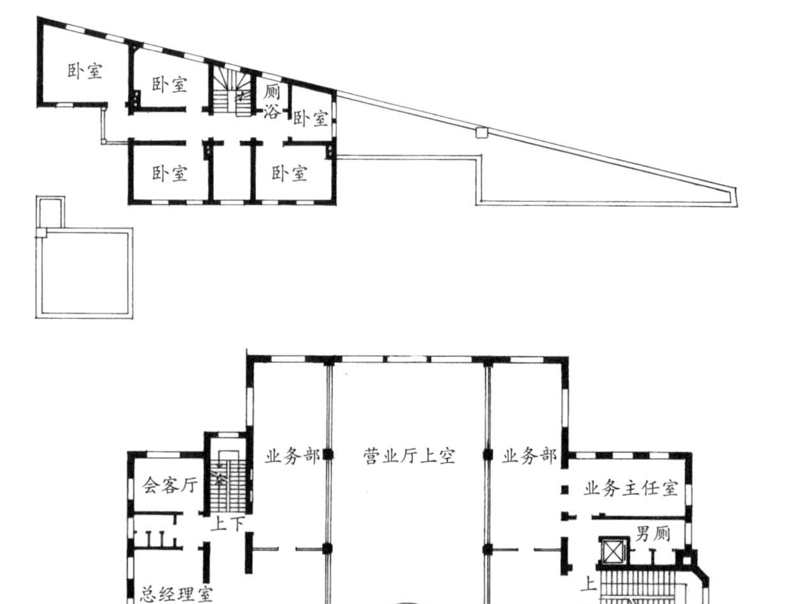

卧室
卧室
厕
浴
卧室
卧室
卧室
会客厅
上下
业务部
营业厅上空
业务部
业务主任室
男厕
总经理室
上
下
董事长及
常务董事室
业务部
饭厅

二层平面图

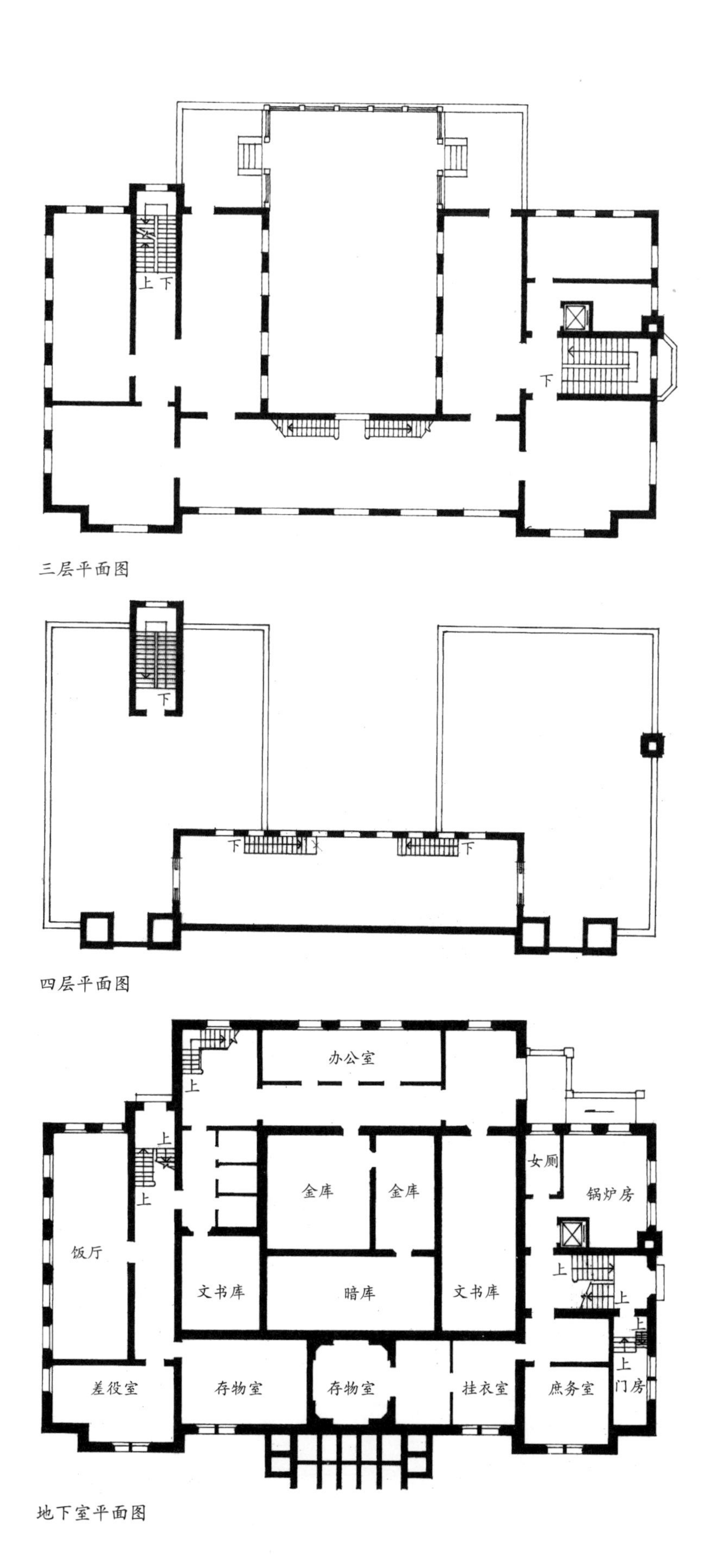

三层平面图

四层平面图

地下室平面图

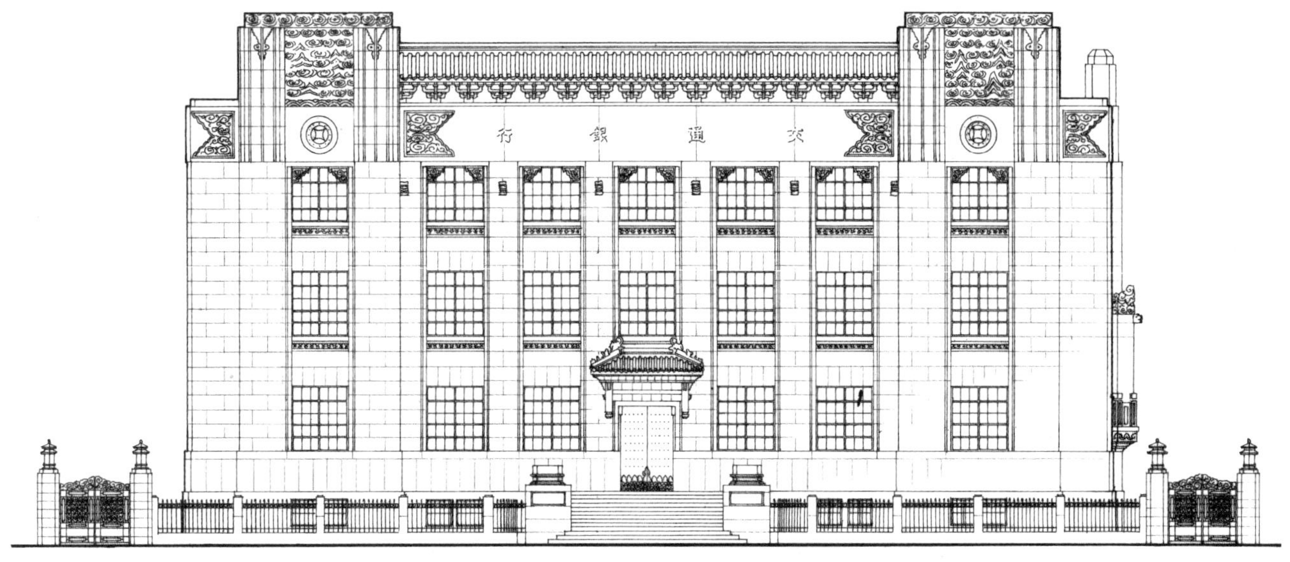

南立面图

东立面图

剖面图

22. 南京中山陵园邵家坡新村合作社（1930 年）

邵家坡新村合作社系中山陵园管理处的办公室，1930 年设计，是杨廷宝在南京主持设计完成的第一座建筑。平面呈“工”字形，前后两幢为单层建筑，中间以连廊相接，建筑面积约 450 平方米。前楼进深约 14 米，以大会议室为中心，前后设外廊，左右两侧为阅览室、办公室、小卖部等服务用房。后楼进深约 6 米，南向外廊，设办公室、宿舍、厨房等内部用房。后曾改作茶室等公共游览活动场所。

建筑外形为单檐歇山琉璃瓦顶，但取消了斜脊上的仙人走兽，而正脊两端的鸱吻和三角博风板，也被竖向烟道代替，使传统屋顶更为简化。立面为五开间，立于毛石基座上。

抗战时期，该建筑被侵华日机炸毁。

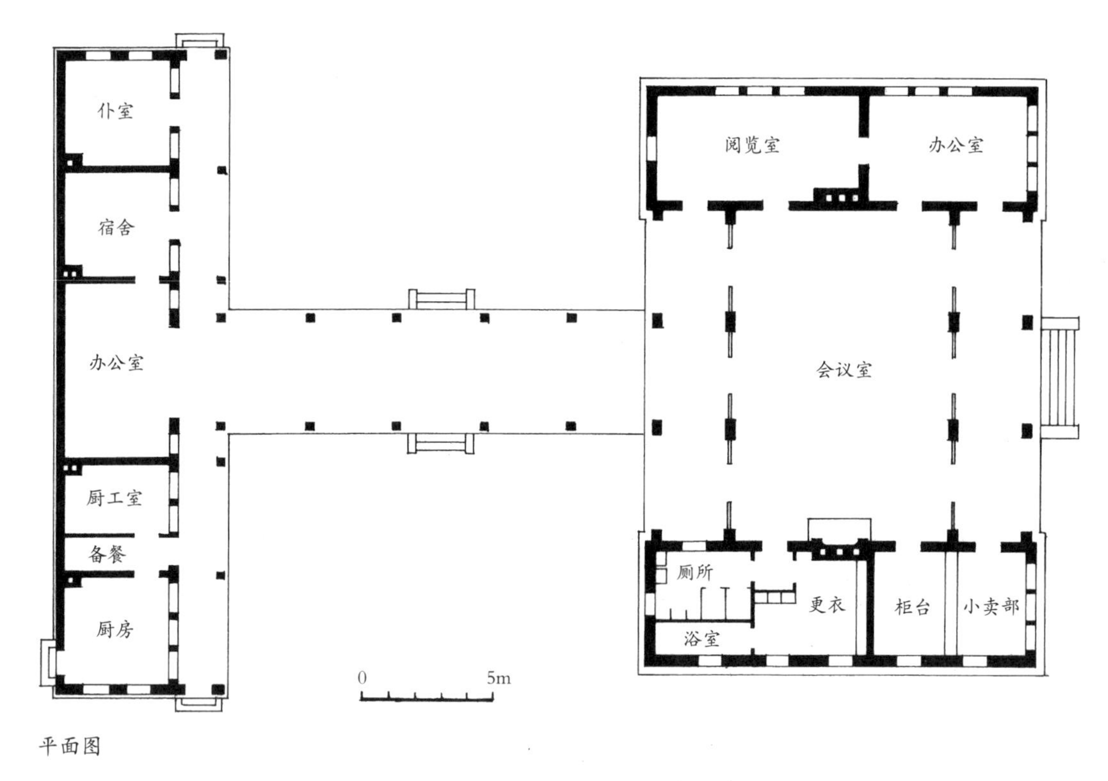

平面图

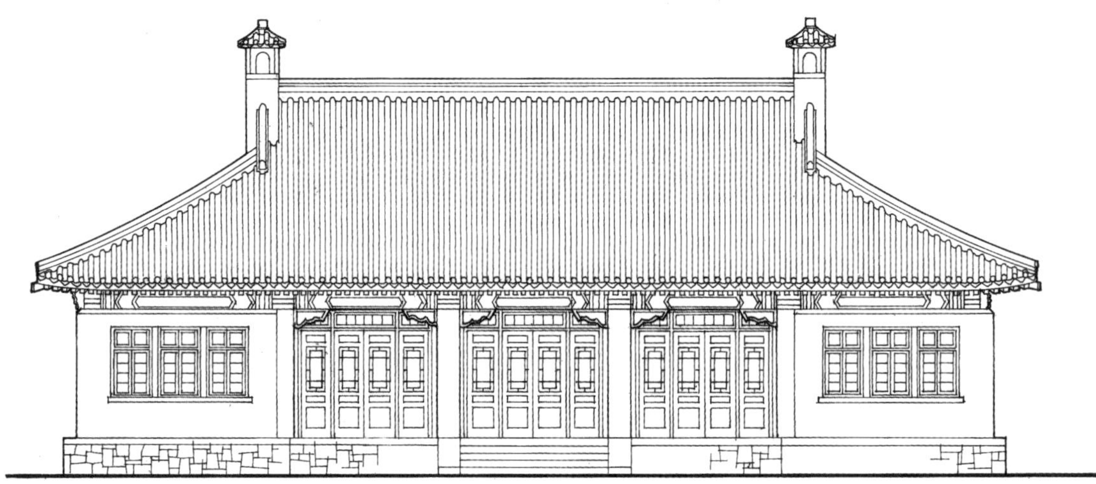
南立面图

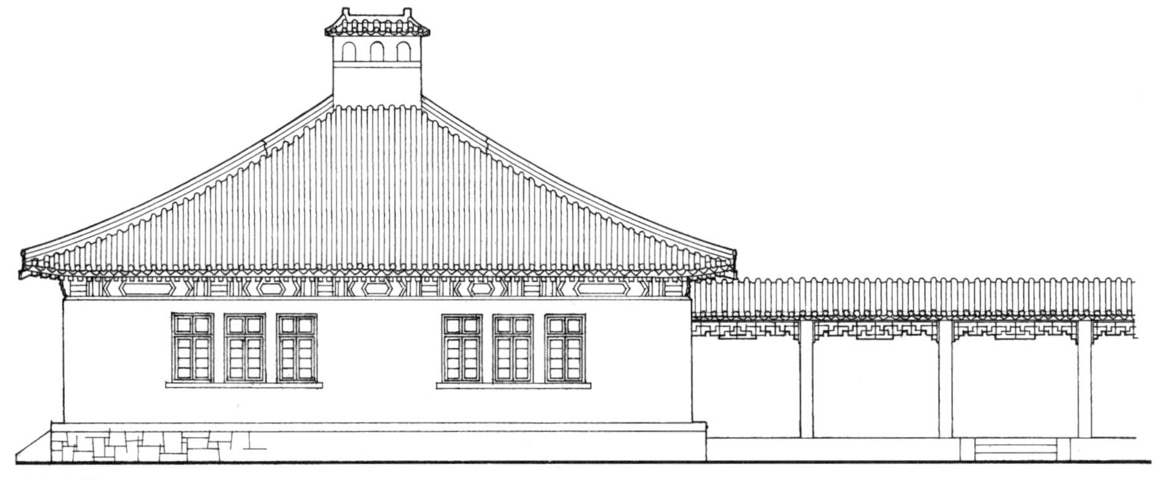
东立面图

23. 中央体育场总体规划（1930 年）

1930 年，国民政府提出在南京郊外，中山陵园以东，灵谷寺之南兴建一座大规模的中央体育场，作为以后召开全国运动大会的永久地。同年 5 月，确定选址、测绘、清理场址，并约聘基泰工程司设计，由利源建筑公司得标承建。9 月，建筑图样绘制完毕。1931 年 5 月 10 日奠基，8 月底各项主体工程基本竣工，工程造价 140 余万元。原定 1931 年 10 月 10 日召开的第五届全国运动大会，由于受到十七省水灾和“九・一八”事变的影响，未能如期举行，推迟至 1933 年 10 月 10 日成功举办。

中央体育场占地 1 200 亩，充分利用四周高，中间平旷的地势，因地制宜，进行规划设计和建设。以田径赛场为主体建筑居于场址东端，与场址西端主入口相对。在田径赛场西侧南北轴线上，自北向南依次布局棒球场、游泳池、篮球场、国术场、网球场。场址的西北区为足球场和跑马场。主入口东南角建有临时市场，田径赛场南端为饭厅。总共可容纳观众 6 万余人，当时堪称“远东第一建筑”。

该体育场位于中山陵园之内，故各运动场外观均为中国传统建筑样式，而运动场内则尽各体育赛事之近代需要而周全设计。

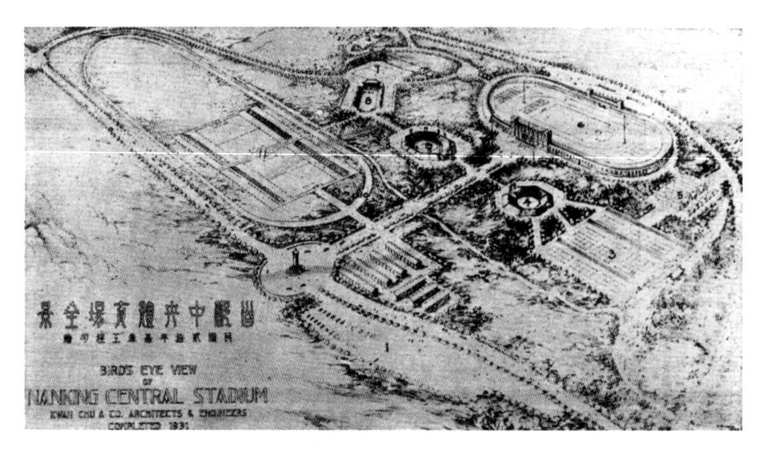

1. 鸟瞰渲染图

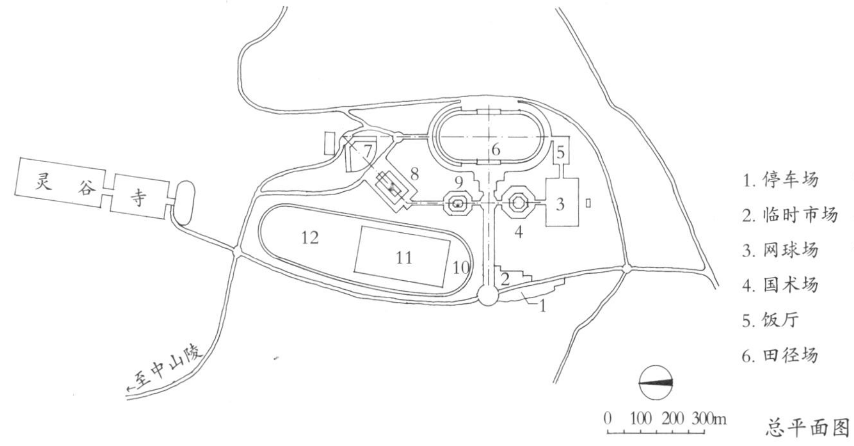

1. 停车场　7. 棒球场
2. 临时市场　8. 游泳池
3. 网球场　9. 篮球场
4. 国术场　10. 跑道
5. 饭厅　11. 足球场
6. 田径场　12. 跑马场

总平面图

2. 20 世纪 30 年代初的鸟瞰全景

24. 中央体育场田径赛场（1931 年）

田径赛场平面利用马蹄形天然地势呈椭圆形，占地面积约 77 亩。中心田径赛场南北长 300 米，东西宽 130 米，设 10 米宽的 500 米跑道一圈，利于以 500 米递加的长跑路程计算，并为举行远东或世界运动会创造条件，另设 13 米宽的 200 米直跑道两条，可以 12 人同时并跑，利于预赛淘汰时，分配最易。田径赛场南北两端分别设有篮球场和网球场。田径赛场内侧设有标准足球场，以及跳高、跳远、投掷等田赛场，以备各项运动决赛可以同时在运动场内举行。田径赛场内有完备的排水系统。

田径赛场场地四周为看台，除北面半圆形看台依天然坡地而建外，其余三面看台均为钢筋混凝土结构，整个看台可容 3.5 万余名观众。大门位于赛场东西两侧，各筑门楼一座。西门楼上为司令台，东门楼上为特别看台，均为中国传统牌楼式建筑，面阔九间，高三层，上部装饰有八个云纹望柱头和七个小牌坊屋顶。门楼上朝向赛场一侧盖有悬挑大雨棚，两侧设有男女休息室和男女卫生间。门楼外部下有三个拱形花格铁门，门高 5.5 米，与内门之间有一长 15.2 米、宽 12.2 米的大穿堂，其左右两侧设有办公室、裁判员和记者等休息室。在东、南、西三面看台下，设有运动员宿舍及厕所、浴室等，可容 2 700 人居住。

场内布置严整，观众只能从各区入口进出，而无路通向赛场，故观众虽多但进出场秩序井然。

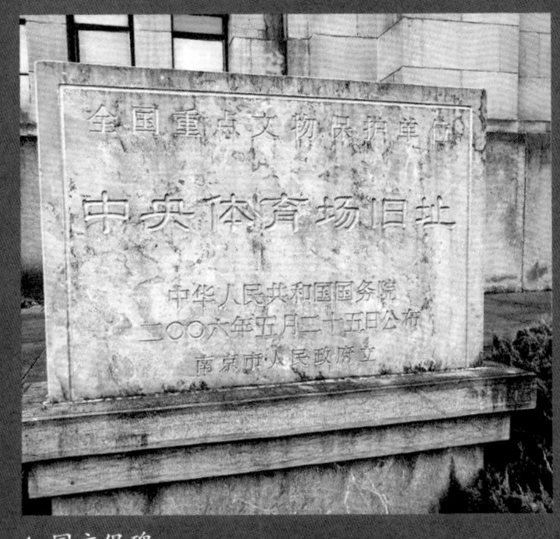

1. 国文保碑

2. 透视渲染图

3. 20 世纪 30 年代的全景

4.20 世纪 30 年代场景

5. 鸟瞰现状全景

6. 西入口全景

7. 东入口全景

8. 主入口顶部牌坊式门楼外观

9. 主入口大门局部外观

10. 主入口立面端部外观

11. 主入口大门细部外观

12. 入口两侧古铜鼎灯

13. 西司令台近景

14. 西司令台全景

15. 西司令台挑雨棚内景

16. 西司令台后墙内景

17. 从西司令台看田径赛场

18. 门厅面向入口内景

19. 门厅面向赛场内景

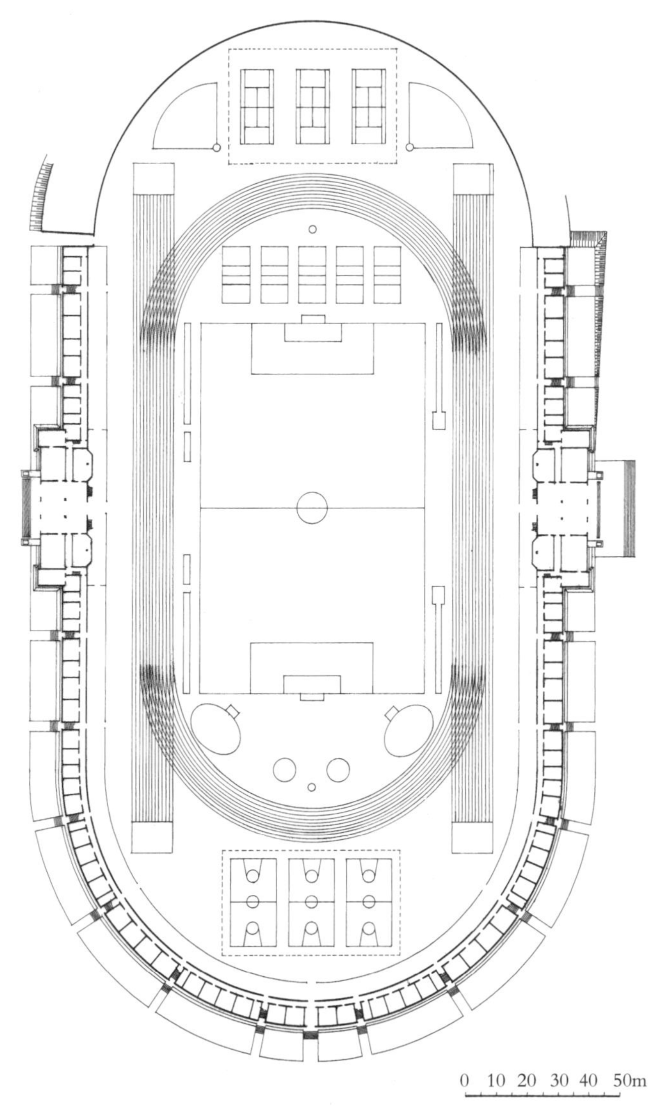

一层平面图

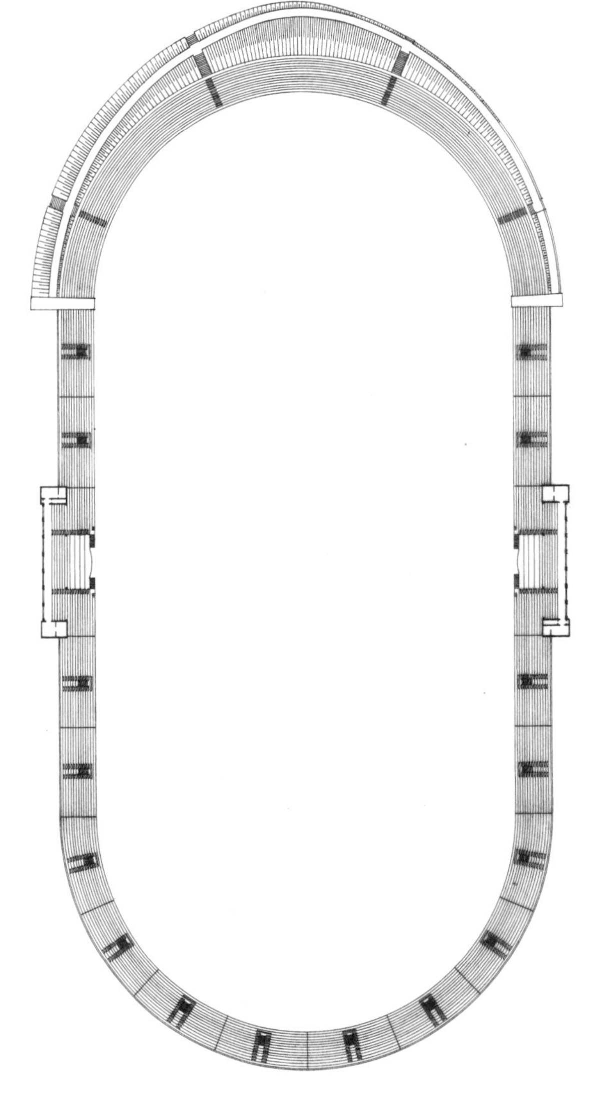

看台平面图

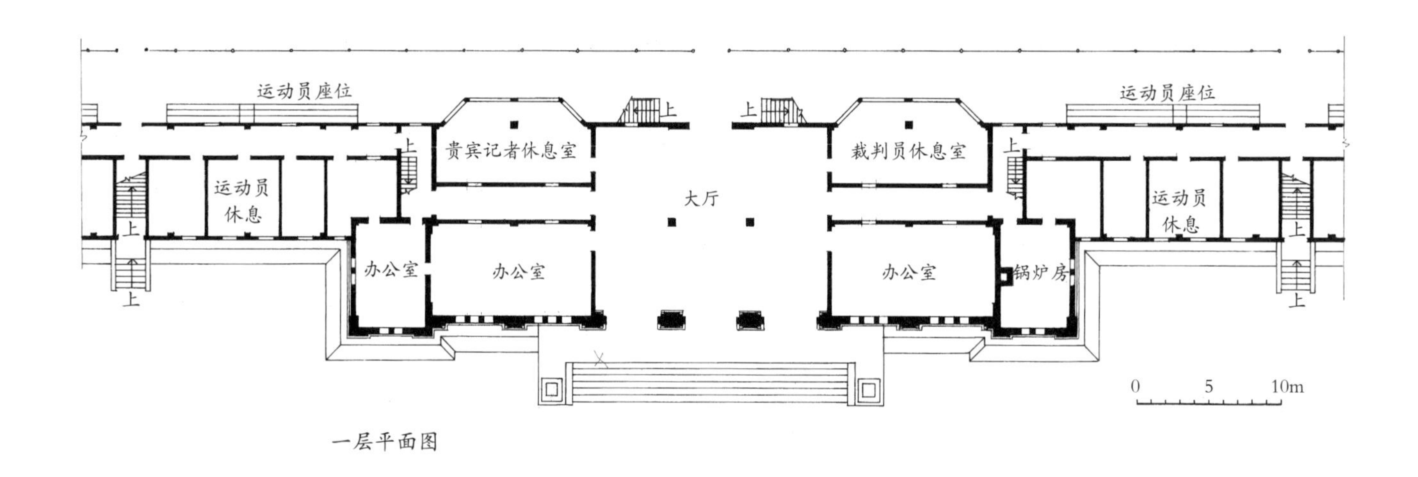

一层平面图

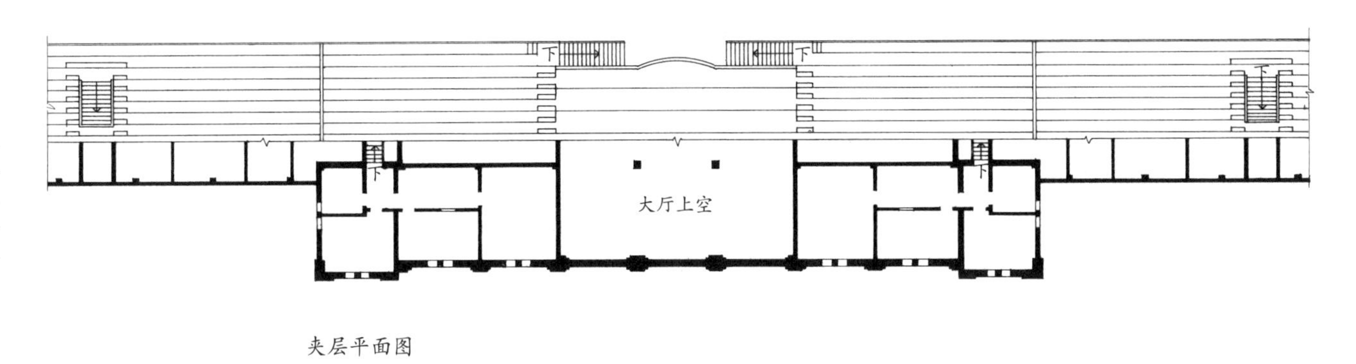

夹层平面图

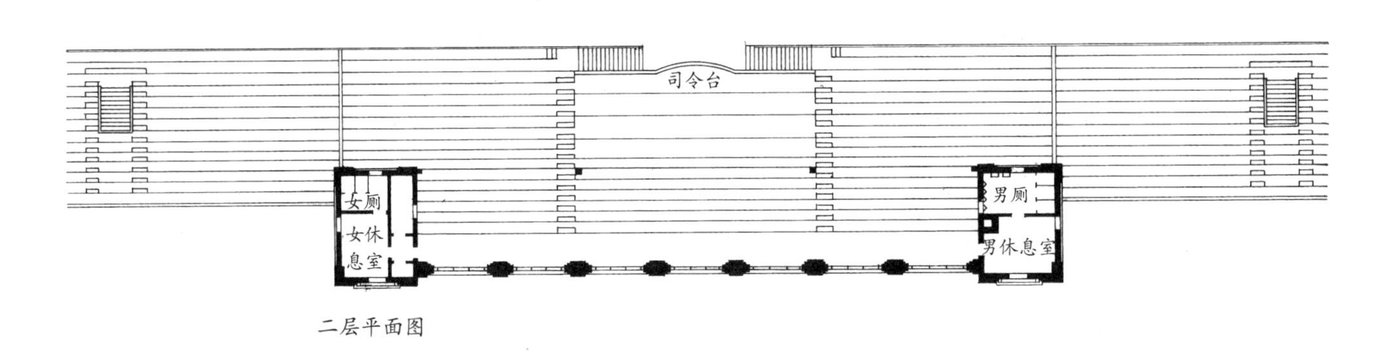

二层平面图

西入口立面图

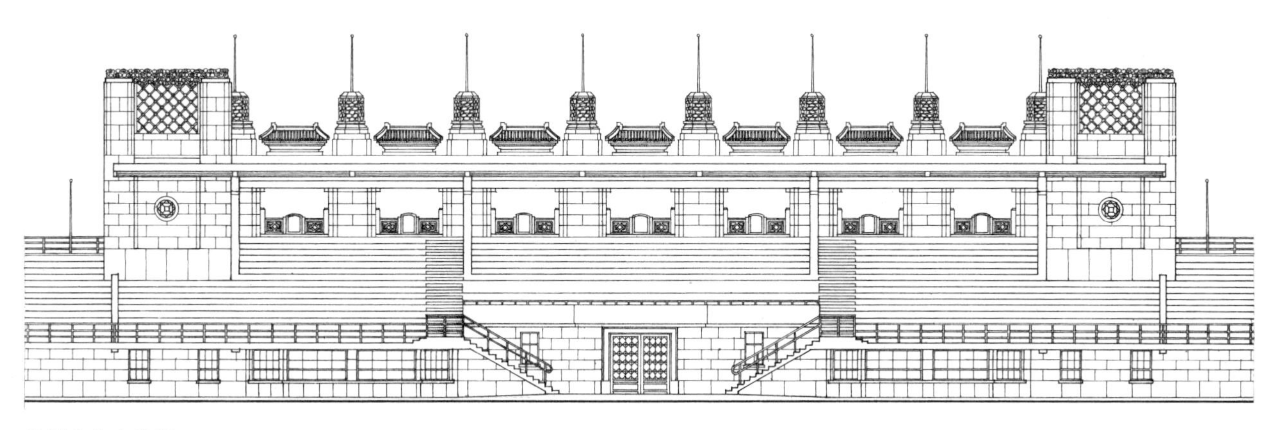

西司令台立面图

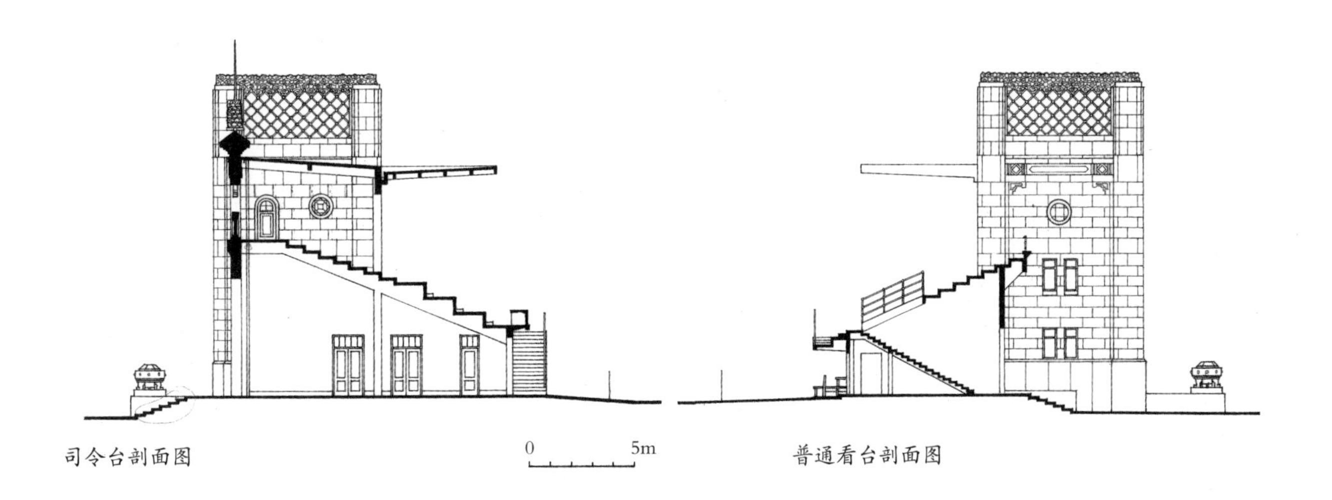

司令台剖面图

普通看台剖面图

25. 中央体育场游泳池（1931 年）

游泳池入口面朝西南，为中国传统古典建筑，五脊五兽庑殿琉璃瓦顶，檐椽额枋施以彩画贴金，平台踏步均用宫殿式栏杆。平面为26.8米×13.4米长方形，建筑面积718平方米。地上一层中为办公室，两侧各为男女更衣、淋浴室；地下一层为滤水器房和锅炉房。

入口建筑正前方为游泳池。池长 50 米，宽 20 米，设有 9 条泳道。池底浅处 1.2 米，最深处为 3.3 米，可供跳台跳水之用。

池身为钢筋混凝土结构，底层为 100 毫米厚钢筋混凝土板，上贴三毡四油，再做 150 毫米厚掺有避水浆的钢筋混凝土层，上面盖 76 毫米厚钢筋混凝土板，表面贴集锦砖。为防止热胀冷缩而池身破裂，设有横向伸缩缝，缝宽25毫米，缝间嵌以紫铜皮，上填防水油膏、避水粉。

池壁装有水下灯光，池壁之外筑有夹层挡墙形成维修通道。池之一端，另设特别看台。

池周边为运动员休息平台，两侧利用土坡作水泥看台，可容纳观众 4 000 人。

池水原引用蓄聚之山水和井水，另设自动循环换水装置，保证池水清澈，合乎卫生标准。游泳池设备在当时均堪称一流。

2002 年，游泳池在原有基础上改建成一座现代化的室内游泳馆，并保留了当年的建筑及各观众入口单开间牌坊和泳池。

1. 国文保碑

2. 20 世纪 30 年代的游泳池正面全景

3. 20 世纪 30 年代游泳池正面内景

4. 全景

5. 正面内景

6. 西北面外景

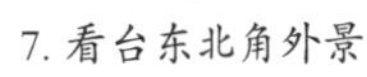

7. 看台东北角外景

8. 观众席入口牌坊外侧景观

9. 2002 年改造成室内游泳馆

10. 入口外景

11. 2002 年改造后的游泳馆外观

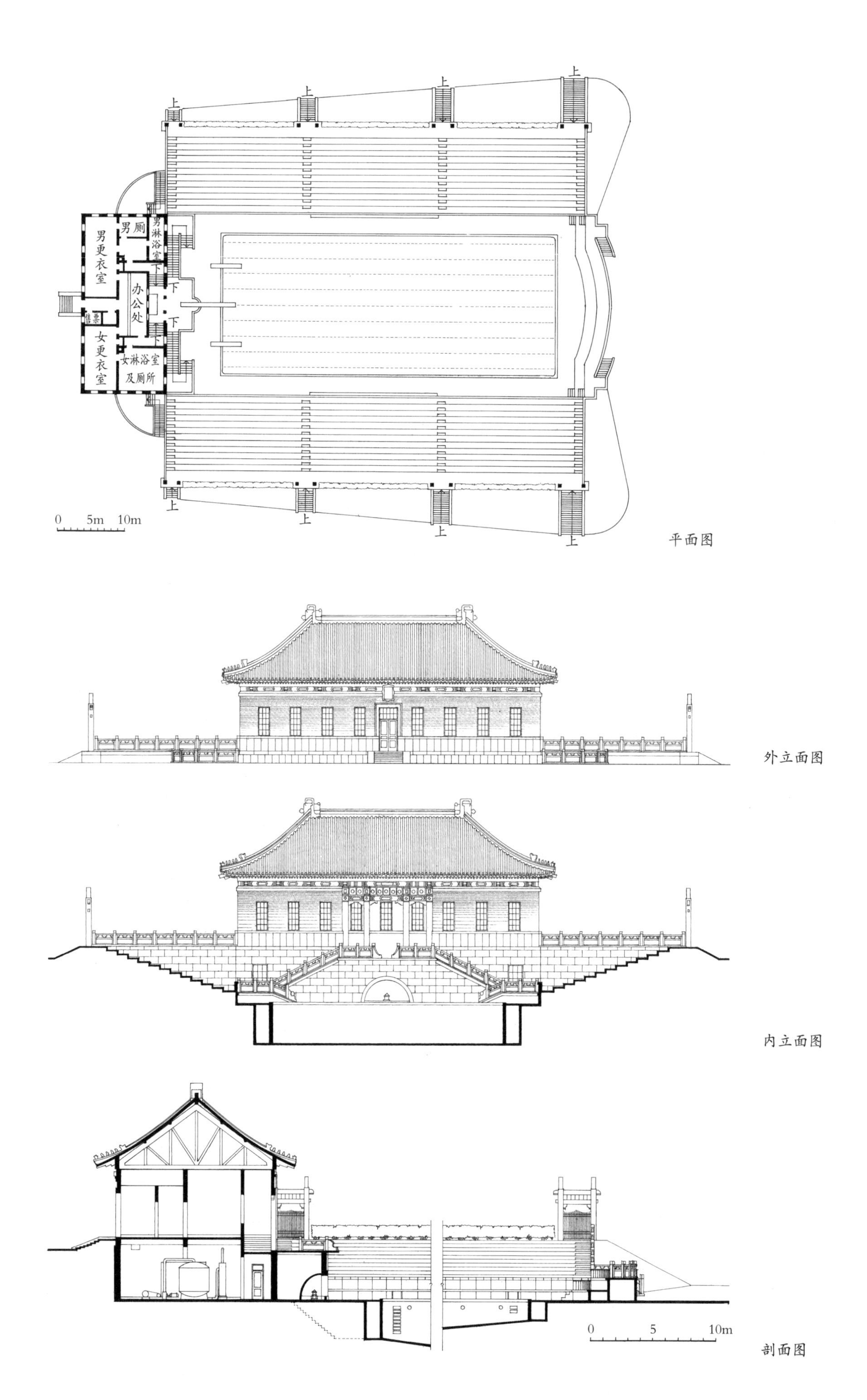

平面图

外立面图

内立面图

剖面图

26. 中央体育场篮球场（1931 年）

篮球场平面呈长八边形，利用原有地势掘成盆形，盆底作为球场，上铺木地板。四周顺坡筑水泥看台，可容纳 5 000 名观众。

正门朝南，入口处为一平台，其上建有一座三开间的牌坊，平台四周以及正门入口大台阶两侧围以斩假石雕纹栏杆。平台之下为运动员入场通道，两侧为运动员更衣室及厕所等。入场口上挂有记分牌。在看台之上，设有环形通道，每边设有次要出入口，各立单开间牌坊作为标志。在篮球场外还均布 6 座方形售票亭。

2003 年，篮球场改建成一座现代化的室内网球馆。

1. 国文保碑

2. 20 世纪 30 年代内景

3. 20 世纪 30 年代主入口牌坊外景

4. 20 世纪 30 年代观众席入口牌坊外景

5. 2003 年篮球场改建为室内网球馆的外景

6. 被保留的观众席入口牌坊

7. 被保留的石栏杆

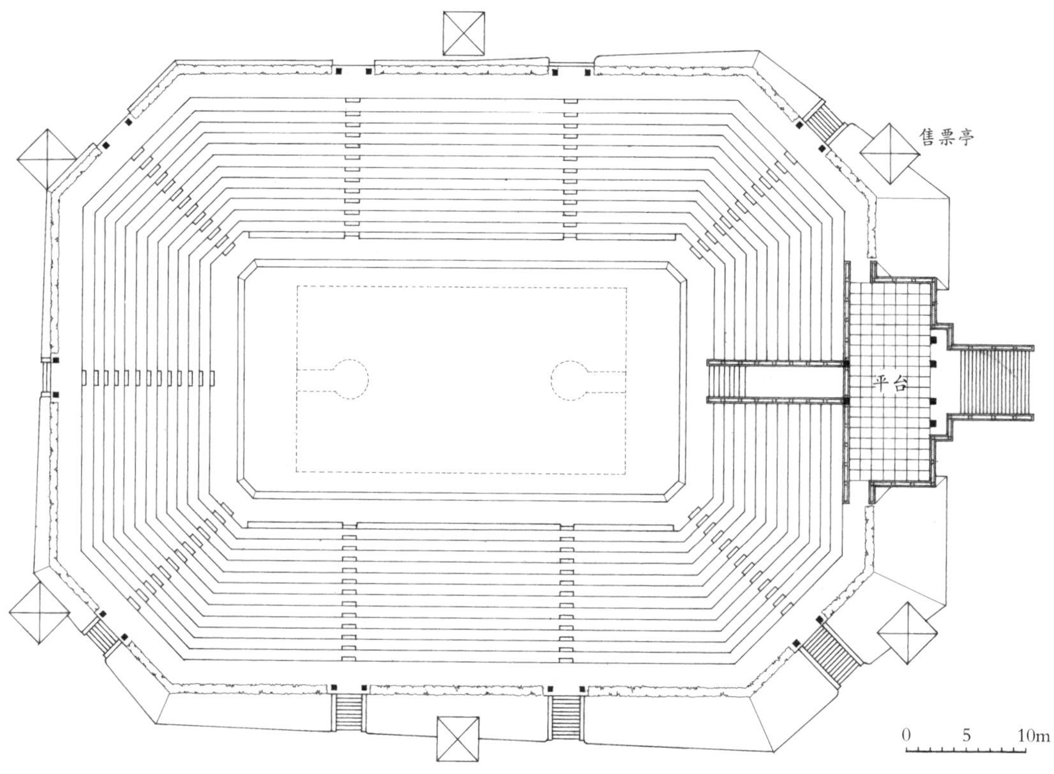

平面图

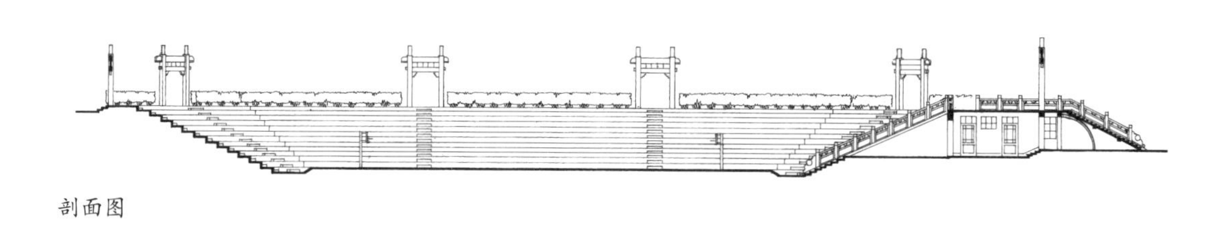

剖面图

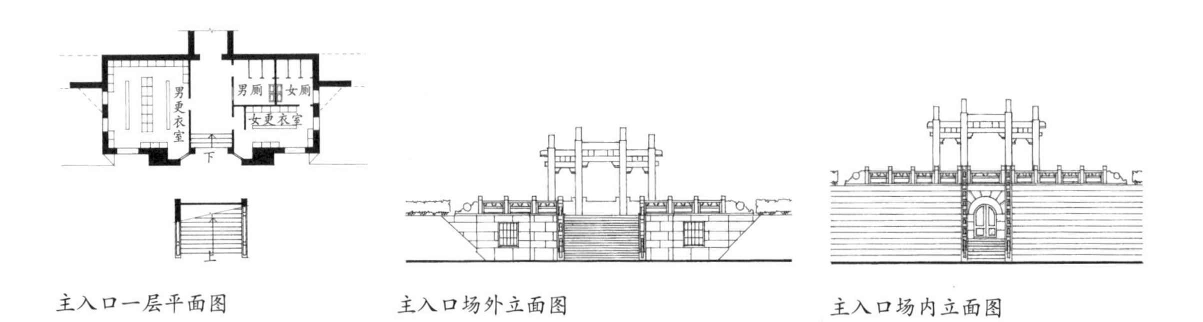

主入口一层平面图　　主入口场外立面图　　主入口场内立面图

27. 中央体育场国术场（1931 年）

国术场平面呈正八边形，以象征太极八卦，且使四周视距相等，最远视距为 18.2 米，满足国术比赛适宜近距离观看的要求。

国术场地形似一个盆地，场上铺满黄土。正门朝北，迎着正门拾级而上，有一座三开间牌坊与篮球场遥相呼应。经牌坊到达大平台，上有各种武术器械陈列。平台下设有办公室、运动员休息更衣室和厕所等。

除正门一面为陈列平台外，其余七面均为看台，可容纳观众 5 400 余人。看台之上设有环形通道。八边夹角处均设有观众进出通道。场外四周设有 4 座正方形售票亭。

1. 国文保碑

2. 全景俯视旧照

3. 20 世纪 30 年代内景

4. 主入口外景

5. 入口牌坊对望篮球场主入口牌坊

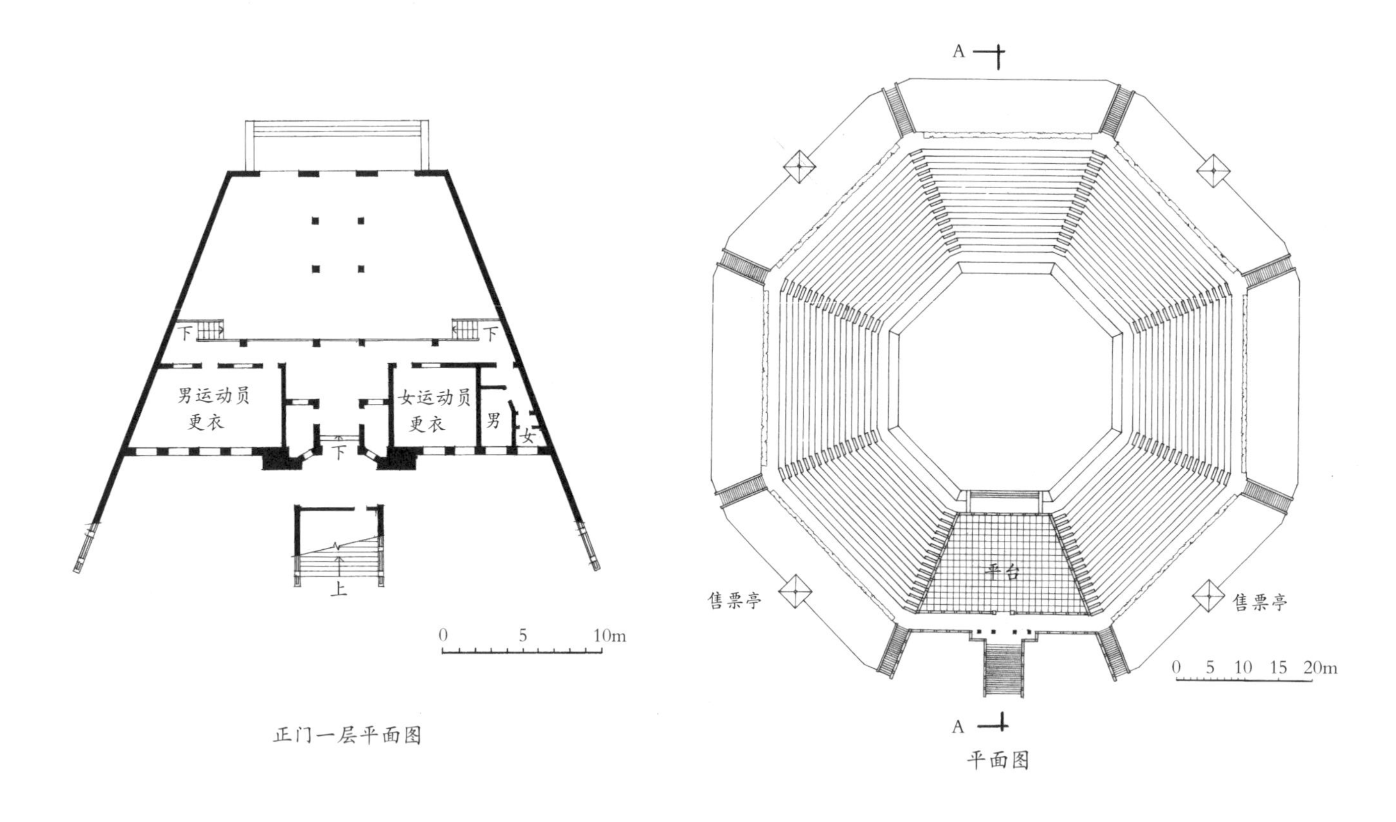

正门一层平面图

平面图

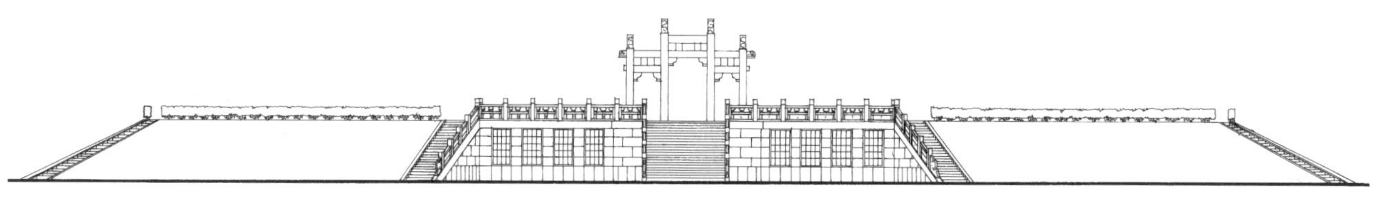
正门外立面图

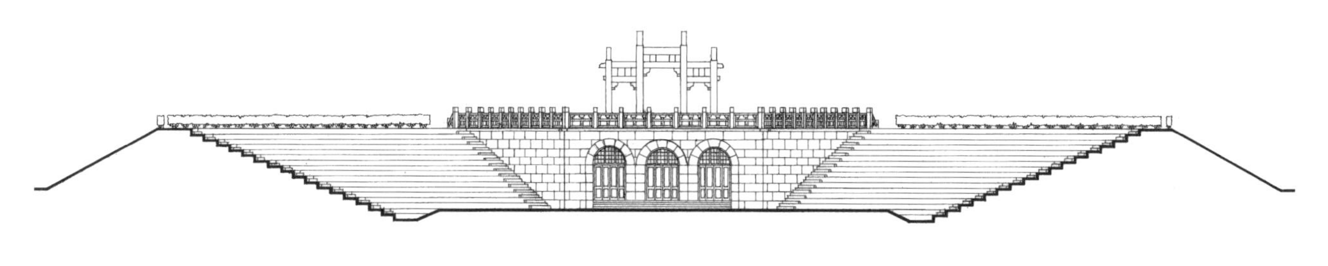
正门内立面图

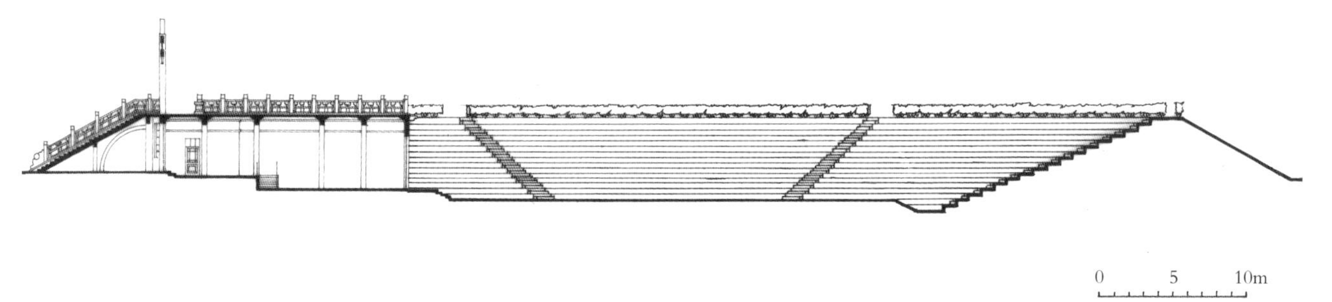

A-A 剖面图

28. 中央体育场棒球场（1931 年）

棒球场平面呈小于 90 度夹角的折扇形，场地半径为 85 米，东、西两折扇边依坡地而设看台，可容纳观众 4 000 余人。为避免妨碍观众视线，场内运动员休息室地坪低于室外地面，场地四周设有铁丝网栏。场外设有两座正方形售票亭，其旁设牌坊门道通向场内。

1. 国文保碑

2. 棒球场遗址内侧

3. 棒球场牌坊遗存

4. 牌坊上于右任手书

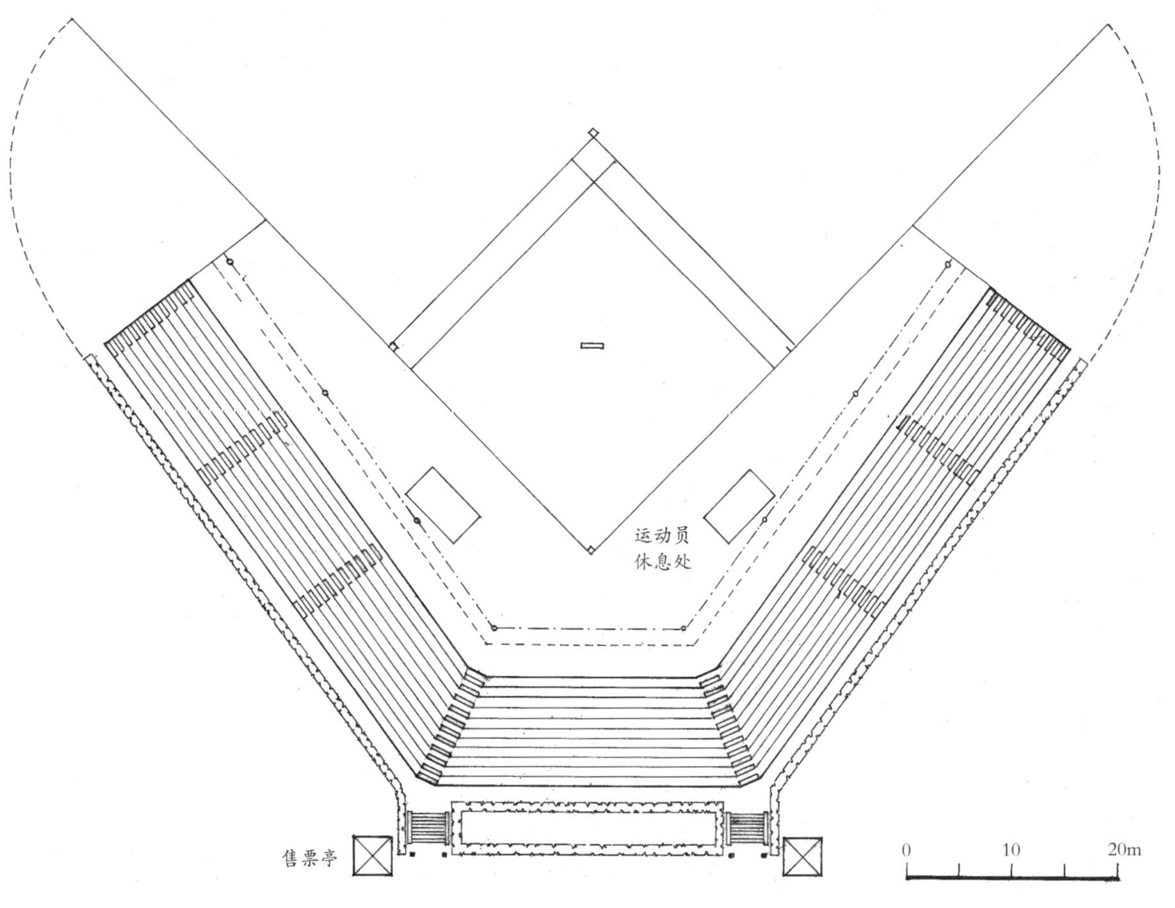

平面图

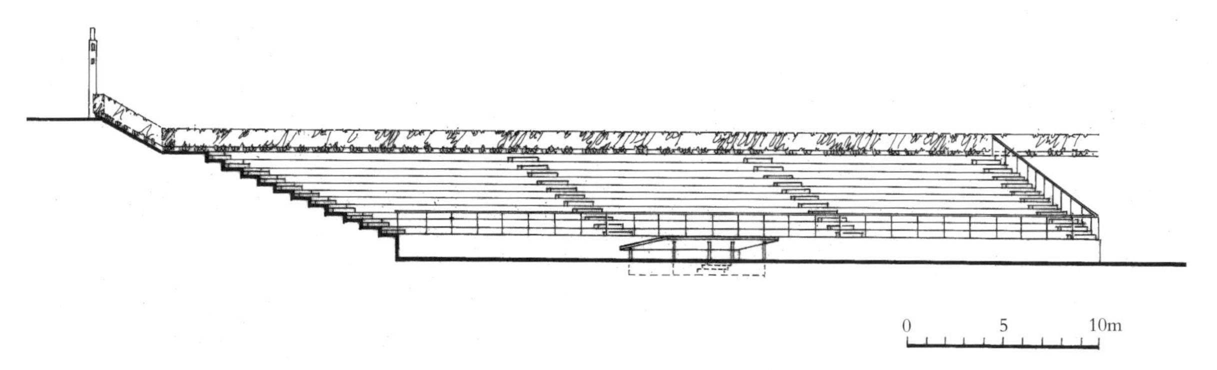

剖面图

29. 中央体育场网球场（1931 年）

网球场位于田径赛场西南角，与篮球场、国术场在同一条南北轴线上，占地 23 亩。整个场地分为三个部分，共有 12 个分赛场，每一分赛场均设有铅丝网相互间隔。各赛场之侧均有看台，可容纳观众 10 550 人。在场地南面高岗之上建有一座中国古典式样的建筑，内设男女更衣、淋浴、厕所各室。并有茶点室一处，以备平时作为锻炼者休息之地。在该建筑前的坡地上做水泥座位数排。

1. 国文保碑

2. 全景俯视旧照

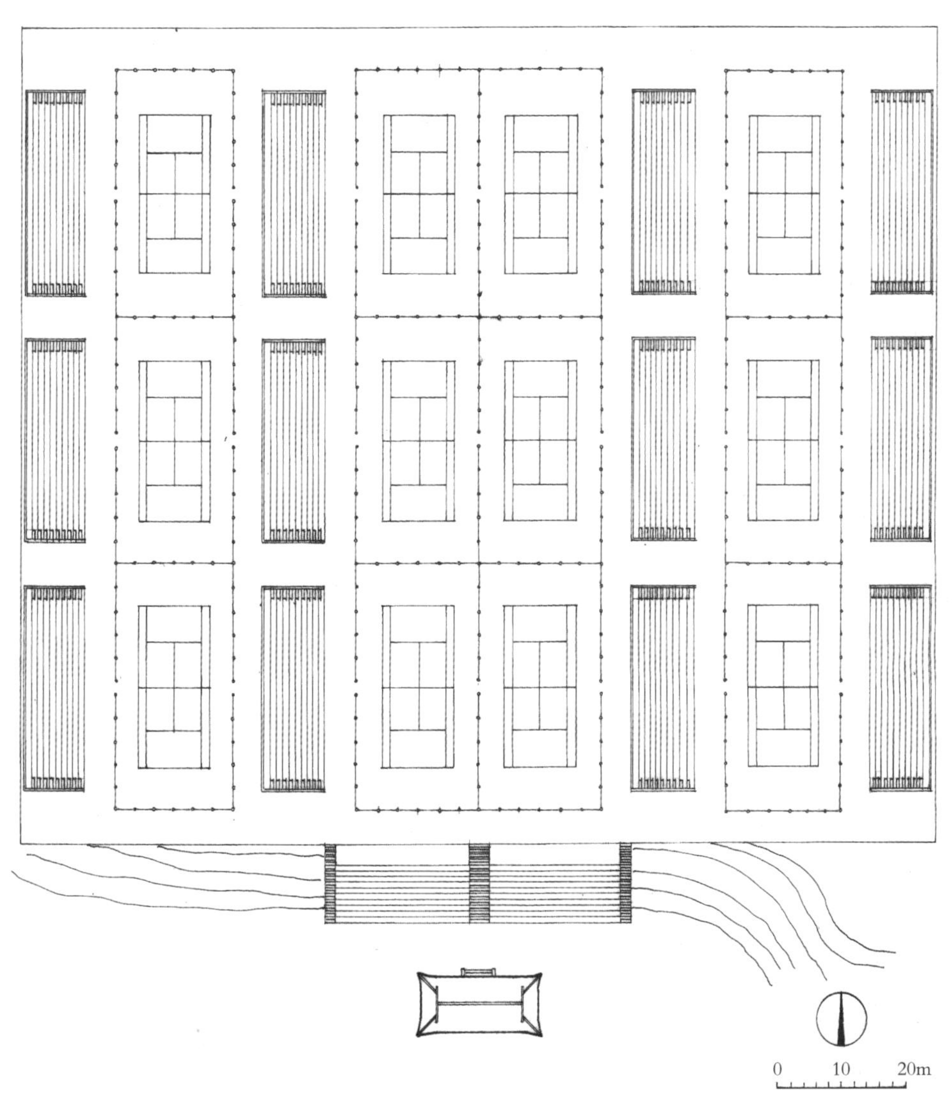

平面图

30. 中央医院（1931 年）

中央医院位于南京市中山东路与黄浦路（今解放路）转角处，原为陆军模范医院旧址。1930 年 1 月改名为中央医院。1931 年国民政府拨款扩建中央医院，由基泰工程司杨廷宝主持设计，同年 6 月开工，1933 年 6 月竣工。当初规划总体布置是：中央医院在南侧，由中山东路出入；中部属卫生署（部），由黄浦路出入；北部为卫生实验院，近珠江路；另附有护士学校、助产学校等。

中央医院主楼距中山东路 10 余米，辟为绿化带以隔离城市噪声。主楼面南，楼高 4 层（原设计为 3 层，施工中增至 4 层），设医梯垂直运输，最大容量约 300 床位，建筑面积 7 000 多平方米。北面预留扩建用地，原拟平面为“井”字形。

主楼基本为一集中式病房楼。一层中区为急诊室、口腔科及医生用房；西区为门诊部；东区为传染病区，各区都有独立出入口。二层中区为五官科和医生用房；西区为头等、二等病房区；东区为手术部。三层中区为产科和婴儿室；西区为头等、二等妇产科；东区为三等妇产科。四层为三等病房区（大统间），各病房区入口处设护士台。

建筑造型为平屋顶，浅黄色面砖外墙，屋顶施以镂空“十”字花女儿墙，中段屋顶的花架及其两侧高耸的楼梯间塔楼使大楼天际轮廓线富于变化。入口门廊三开间形式、檐部伸出霸王拳枋头以及围墙入口大门的望柱等细部处理，体现出中央医院结合现代医院功能要求，在西方古典建筑严谨构图的基础上，糅合中国传统建筑装饰元素，使整幢建筑既达到技术、内容和形式的高度统一，又不失中国传统建筑的特色。

1. 省文保碑

2. 鸟瞰渲染图

3. 20 世纪 30 年代鸟瞰近景

4. 20 世纪 30 年代南立面全景

5. 20 世纪 30 年代中部入口外景

6. 20世纪30年代
北立面外景

7. 20世纪30年代
院门内侧景观

8. 20世纪30年代
入口前广场

9. 主入口立面近景

10. 主入口东侧南立面外景

11. 大门外景

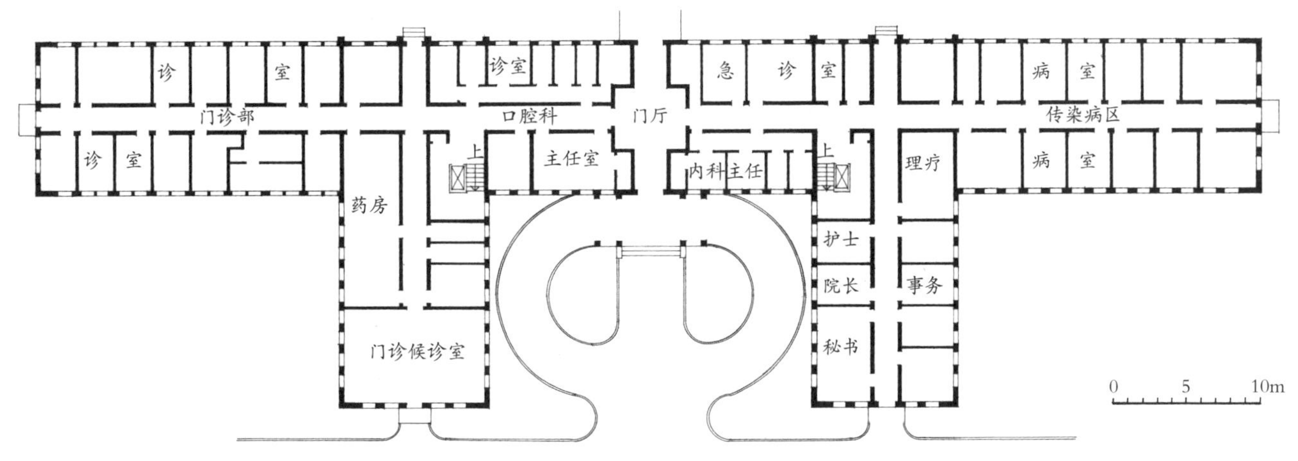

一层平面图

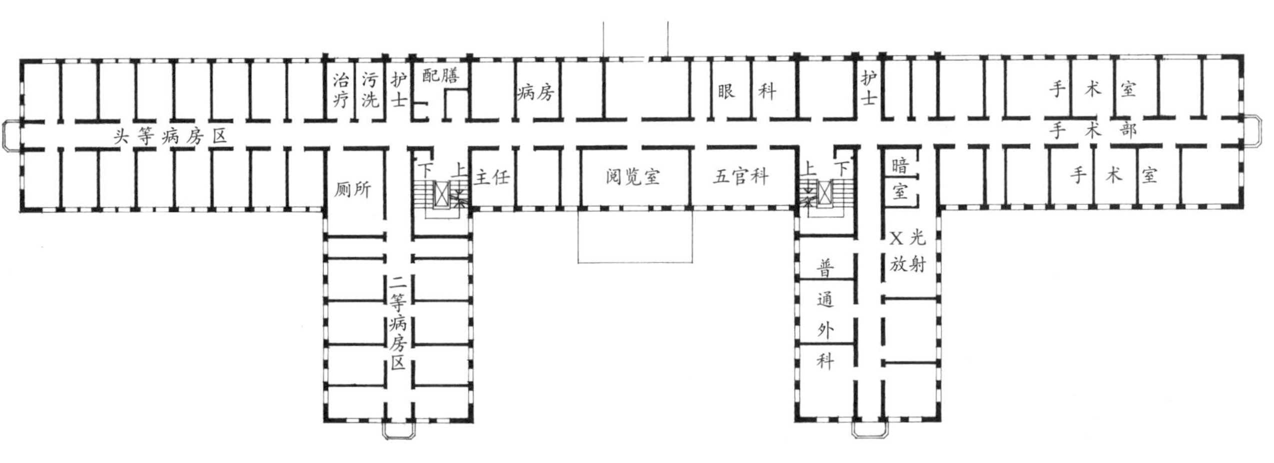

二层平面图

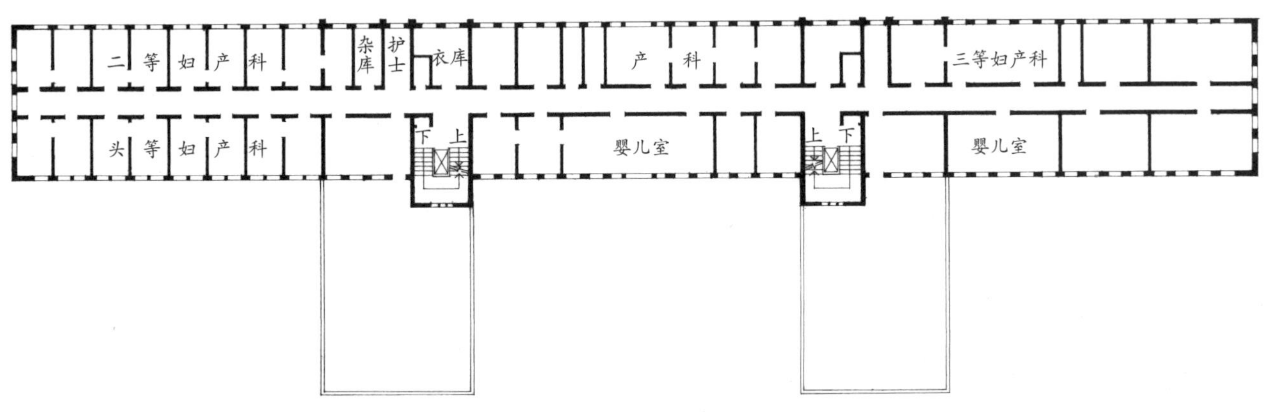

三层平面图

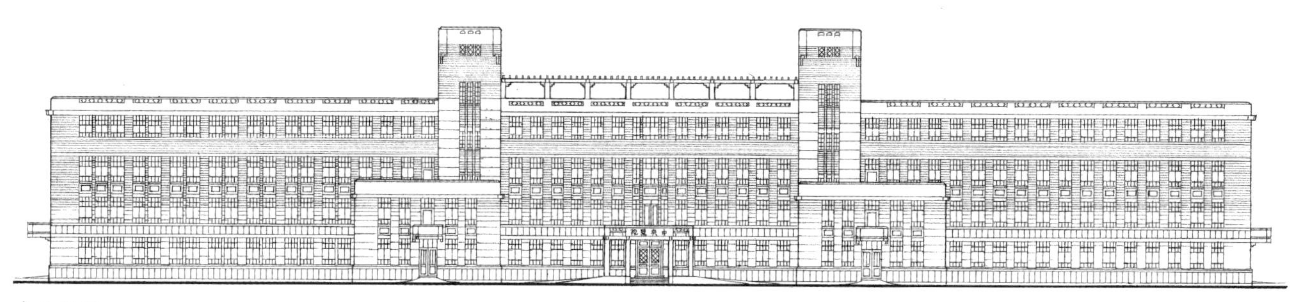

南立面图

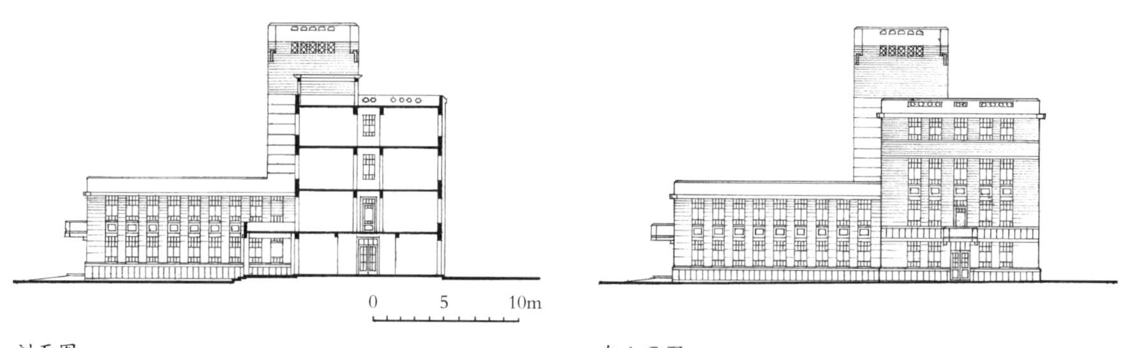

剖面图

东立面图

31. 国立紫金山天文台台本部（1931 年）

紫金山天文台台本部是紫金山天文台最早的建筑，屹立于紫金山第三峰上，1931年由杨廷宝设计，1934年建成。天文台台界内其他建筑（子午仪室、赤道仪室、变星仪室，以及东、西宿舍）均由 深谙建筑学的著名天文学家、天文研究所所长余青松自行设计并领属下建造。

台本部建筑面积 503.80 平方米，包括行政办公用房和观象台两部分，基本上按轴线对称布置。设计时利用地形高差，在底层两侧和二层中部北侧均有出入口与室外相通，底层与二层在平面中部另有直跑楼梯相连。底层为一般办公用房，二层为馆长室、会议室、档案室等。北面为观象台，内置一架当时远东地区最大的直径为 60 厘米的现代折反射式天文望远镜。

台本部建筑造型将条形平屋顶办公建筑与圆形穹顶观象台十分有机地结合为整体，中轴线上配以具有中国传统形式石栏杆的大石阶，穿过中段立于二层屋面的三开间石牌坊直达银色穹顶观象台，蔚为壮观。建筑外墙采用就地取材的毛石砌筑，不但与环境浑然一体、庄重朴实，而且成为抗风防火的坚固建筑。在台本部外围陈列着几架中国古代的天文仪器，同处一座山峰，交相辉映。

综观紫金山天文台包括台本部在内的群体建筑，不仅气势雄伟，造型精美，给人一种学术研究机构的庄重氛围，而且又颇具中国传统建筑的特色和韵味。

1. 国文保碑

2. 紫金山天文台全貌，左为台本部俯视

3. 天文台台本部外观

4. 正面入口牌坊

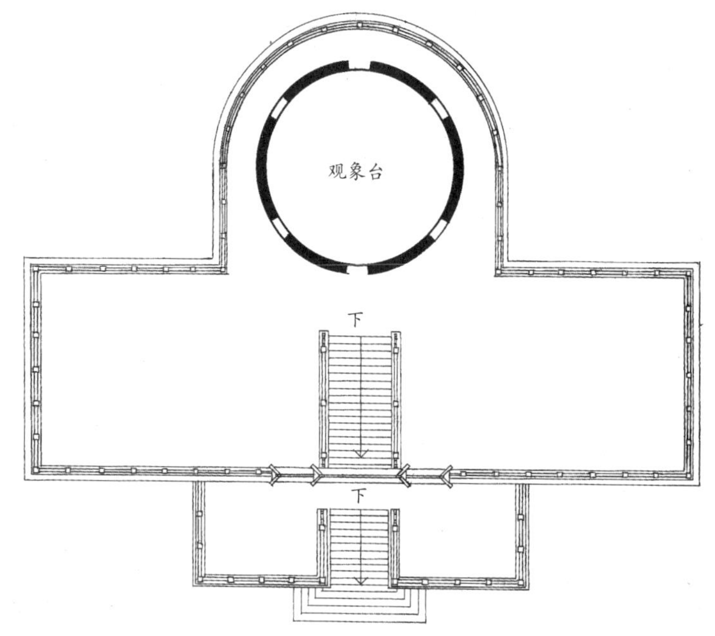

顶层平面图

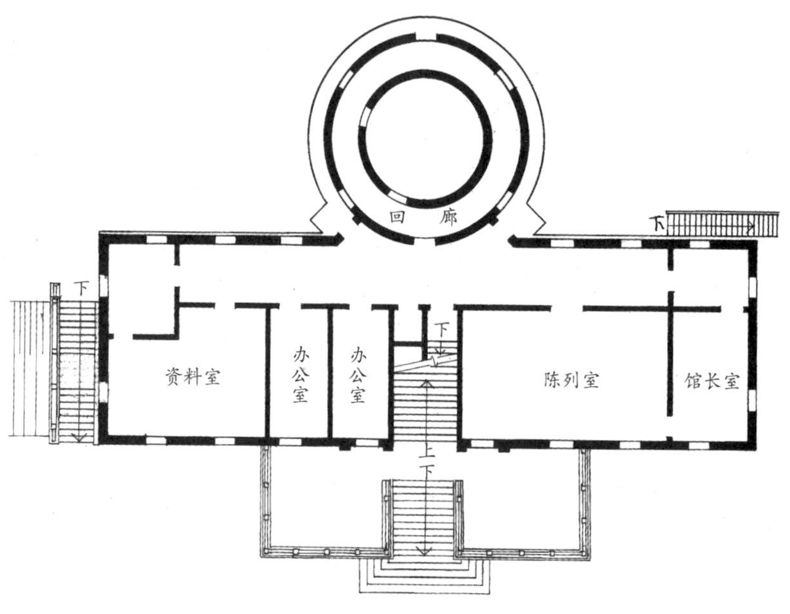

二层平面图

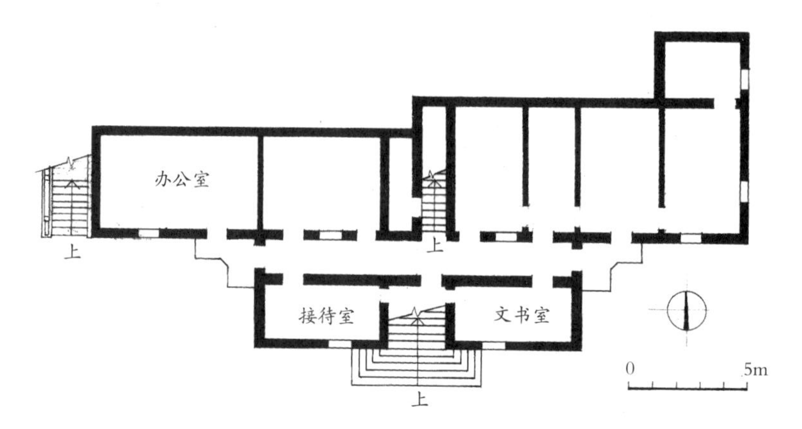

一层平面图

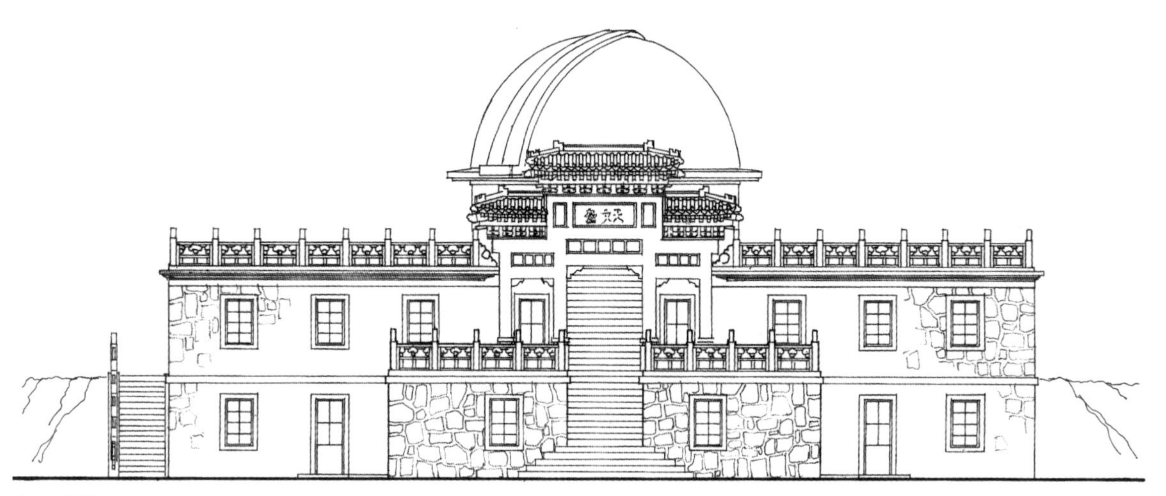
南立面图

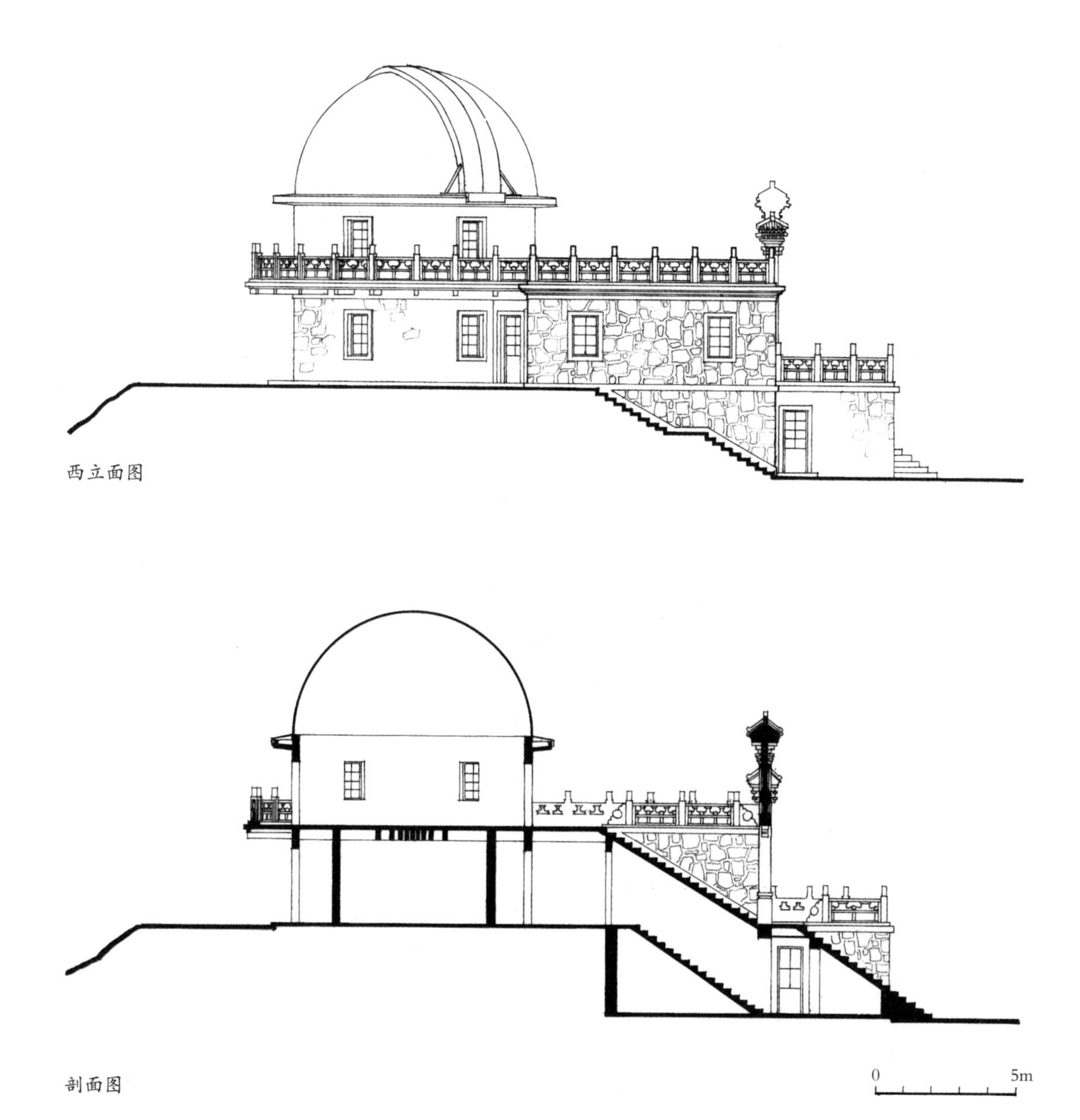

西立面图

剖面图

32. 国民政府外交部宾馆（1930 年）

外交部宾馆为国民政府外交部拟建配套工程项目，该方案于 1930 年 4 月设计。

该宾馆方案分甲、乙两种类型。平面形式均呈倒“T”字形：前部设若干住户型和共享接待室，后部设厨房，其两者之间以餐厅作为衔接。而中轴线上的餐厅与门厅之间则以大楼梯将前楼平面左右分割，空间上将一、二层联系起来。

建筑造型上，甲、乙两种类型宾馆均为硬山宫殿式两坡顶，立面墙身以简化须弥座勒脚、传统装饰纹样窗下墙及石栏阳台和平顶围护，体现中国传统建筑的文化韵味。

如同稍后设计的外交部办公楼因经费拮据未被采纳一样，该宾馆方案也未能实施。

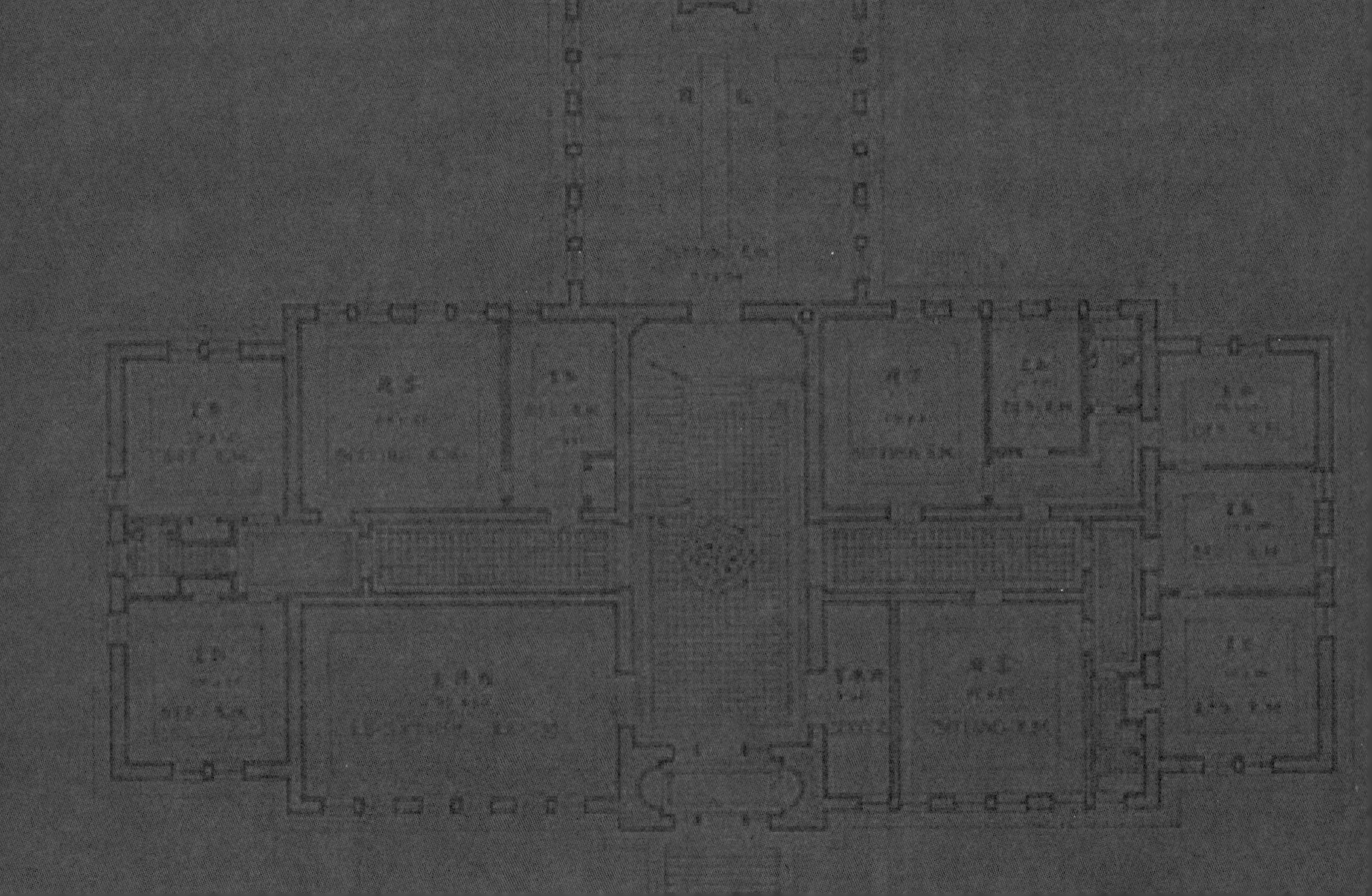

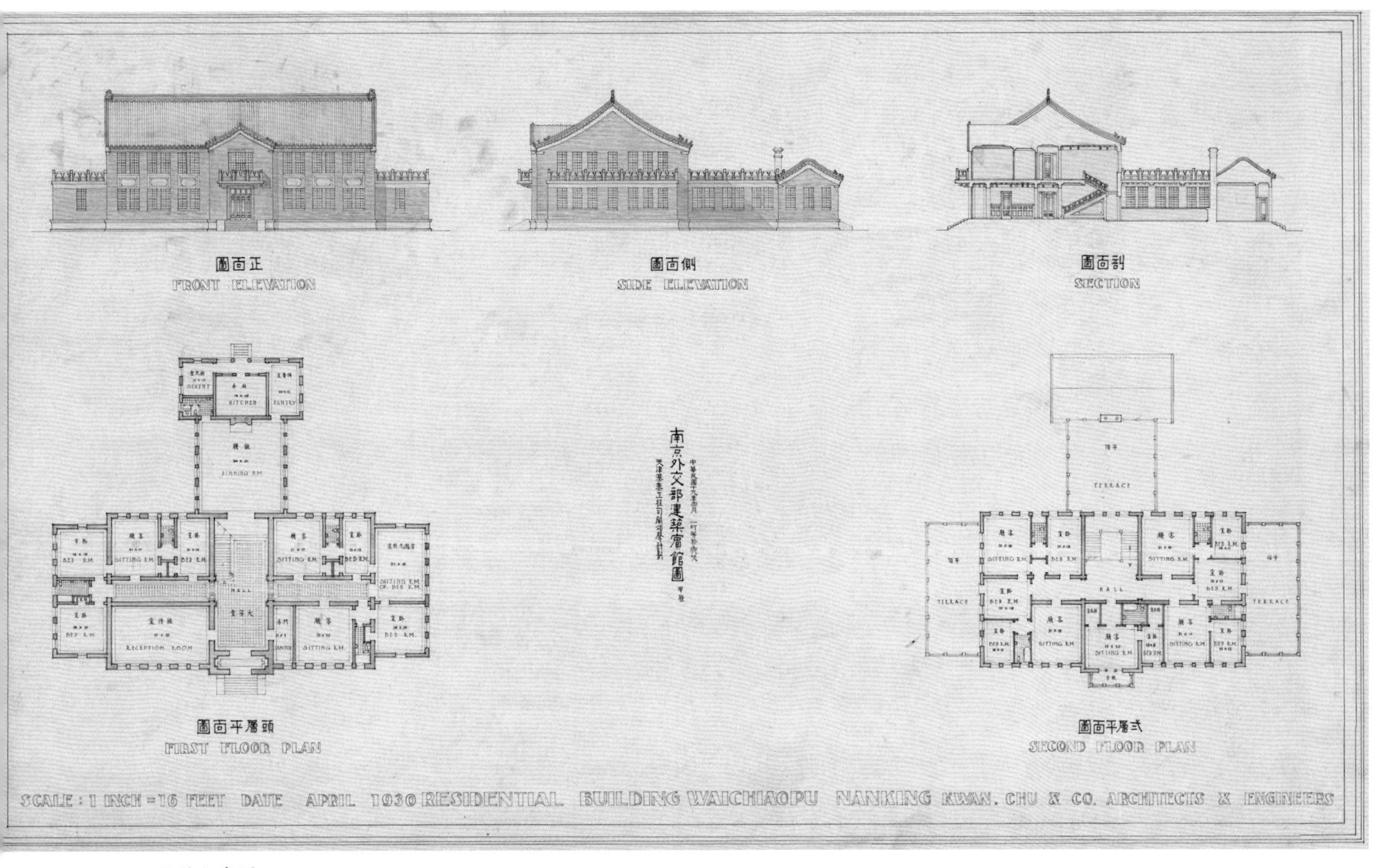

1. 甲型方案图

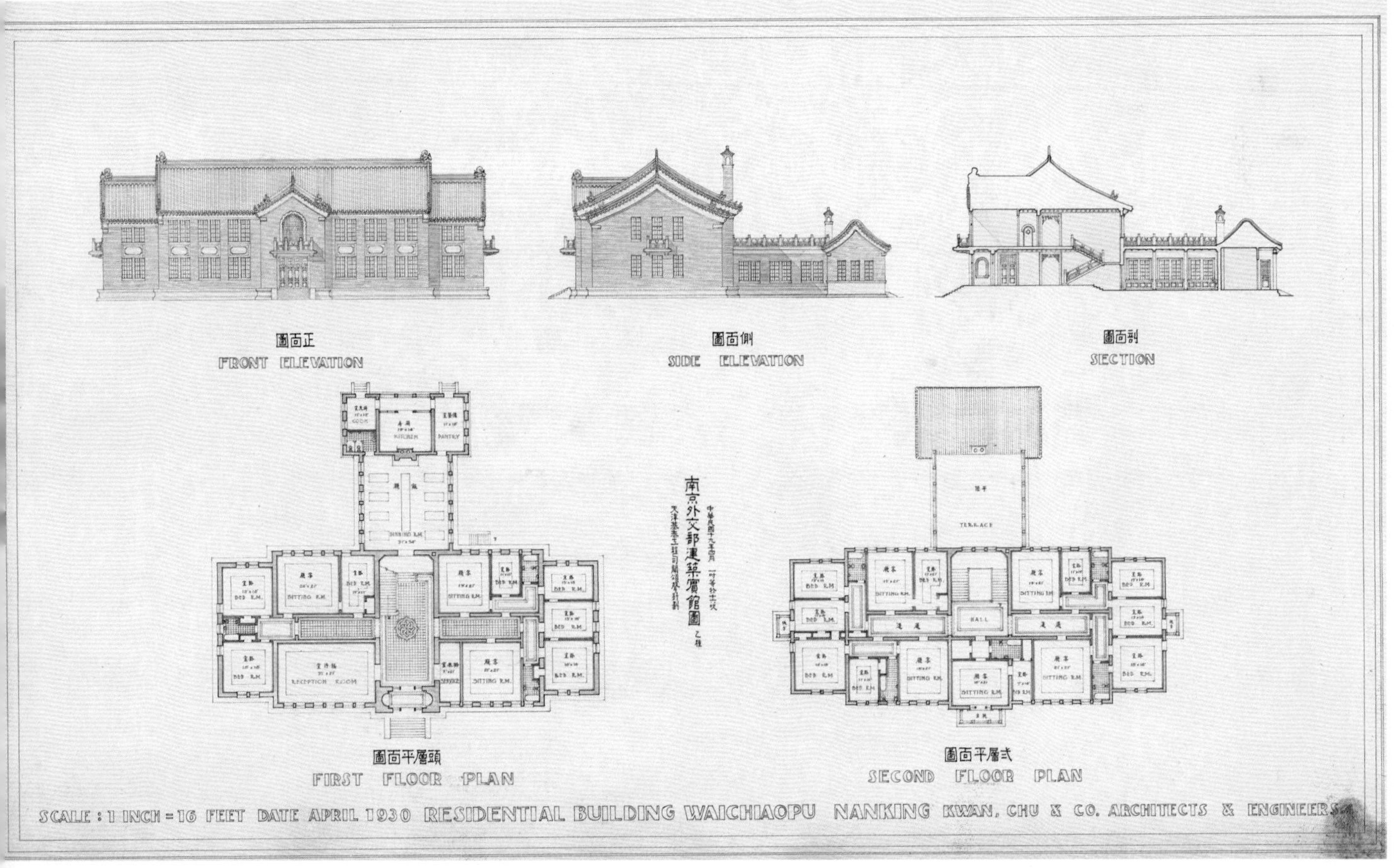

2. 乙型方案图

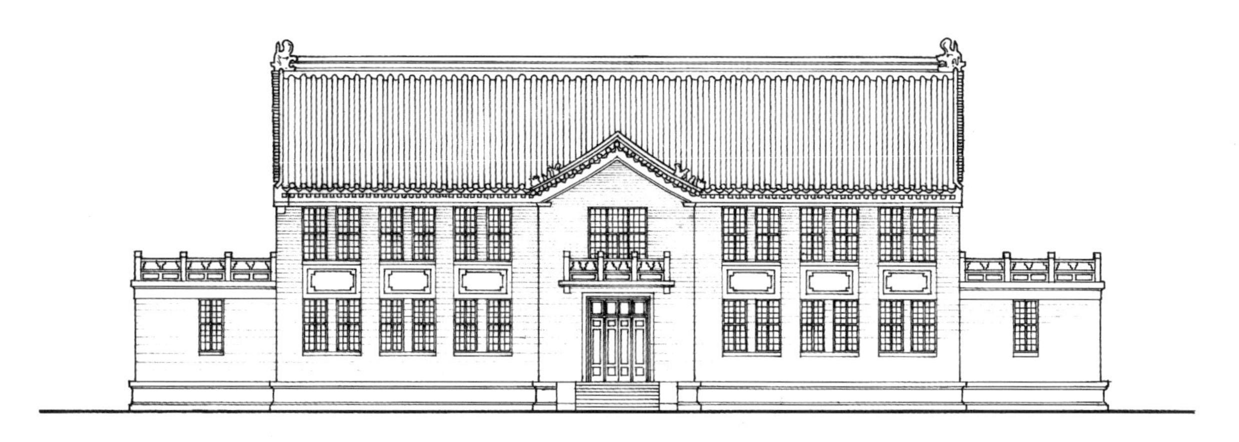

南立面图（甲型）

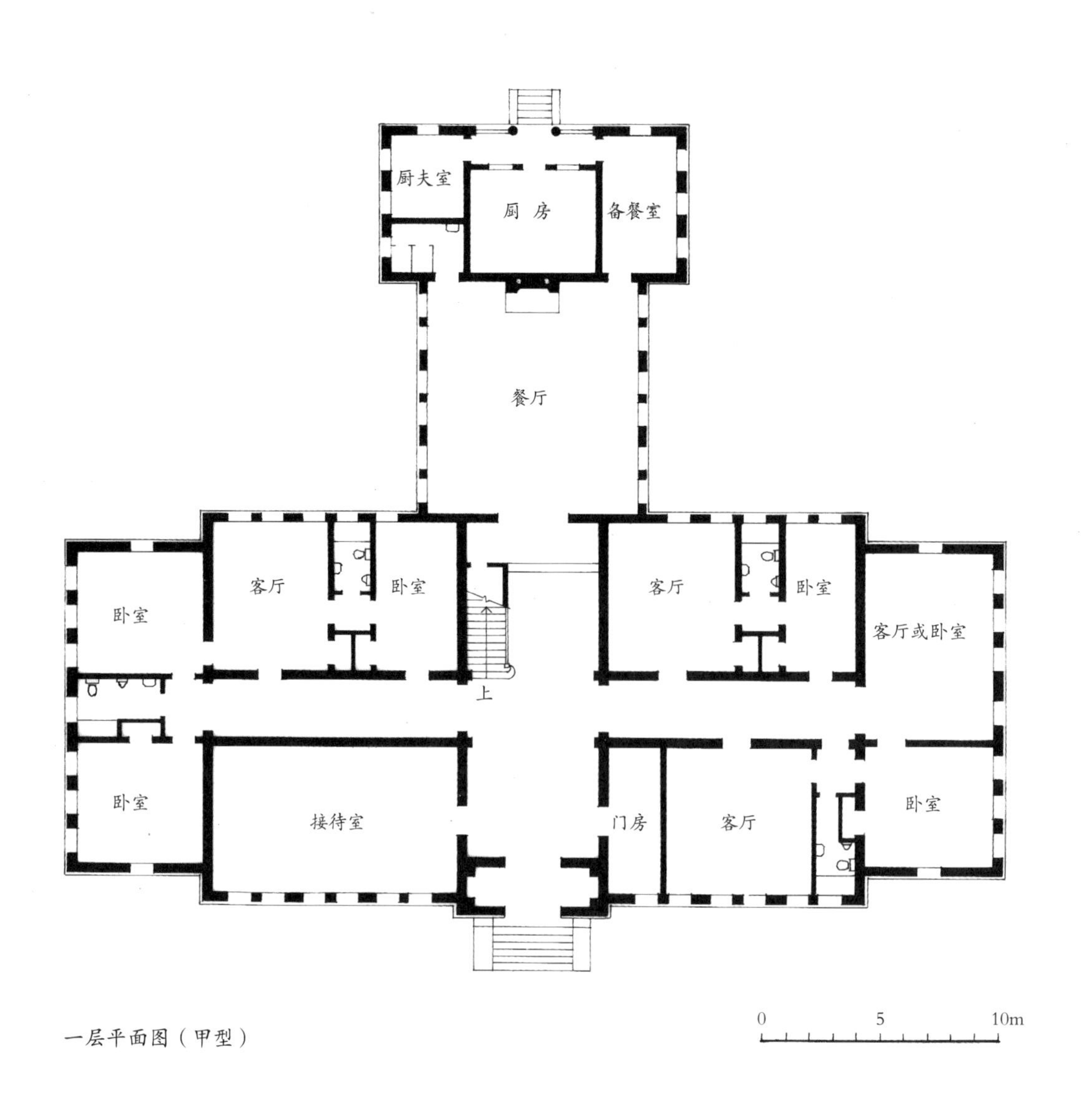

一层平面图（甲型）

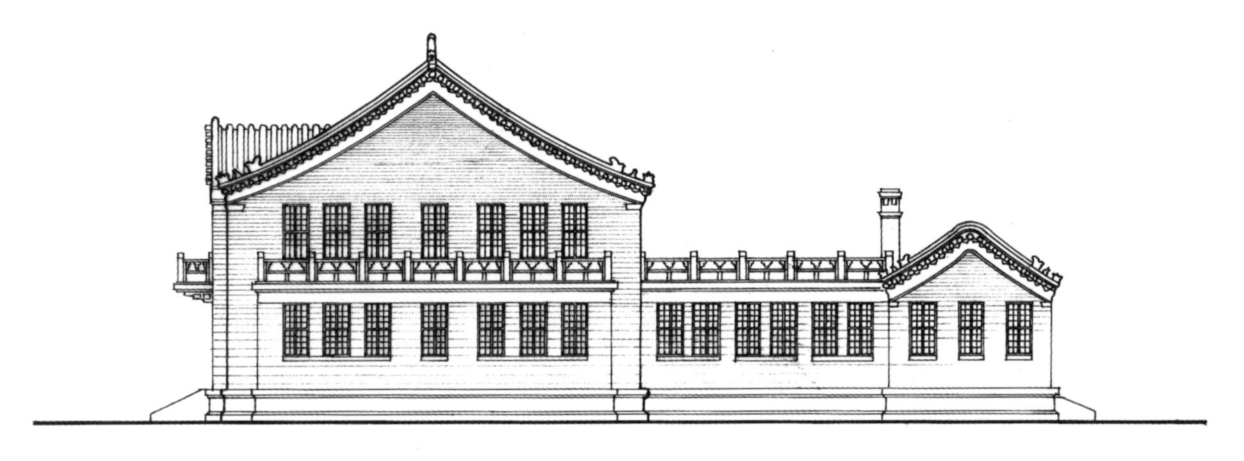

东立面图（甲型）

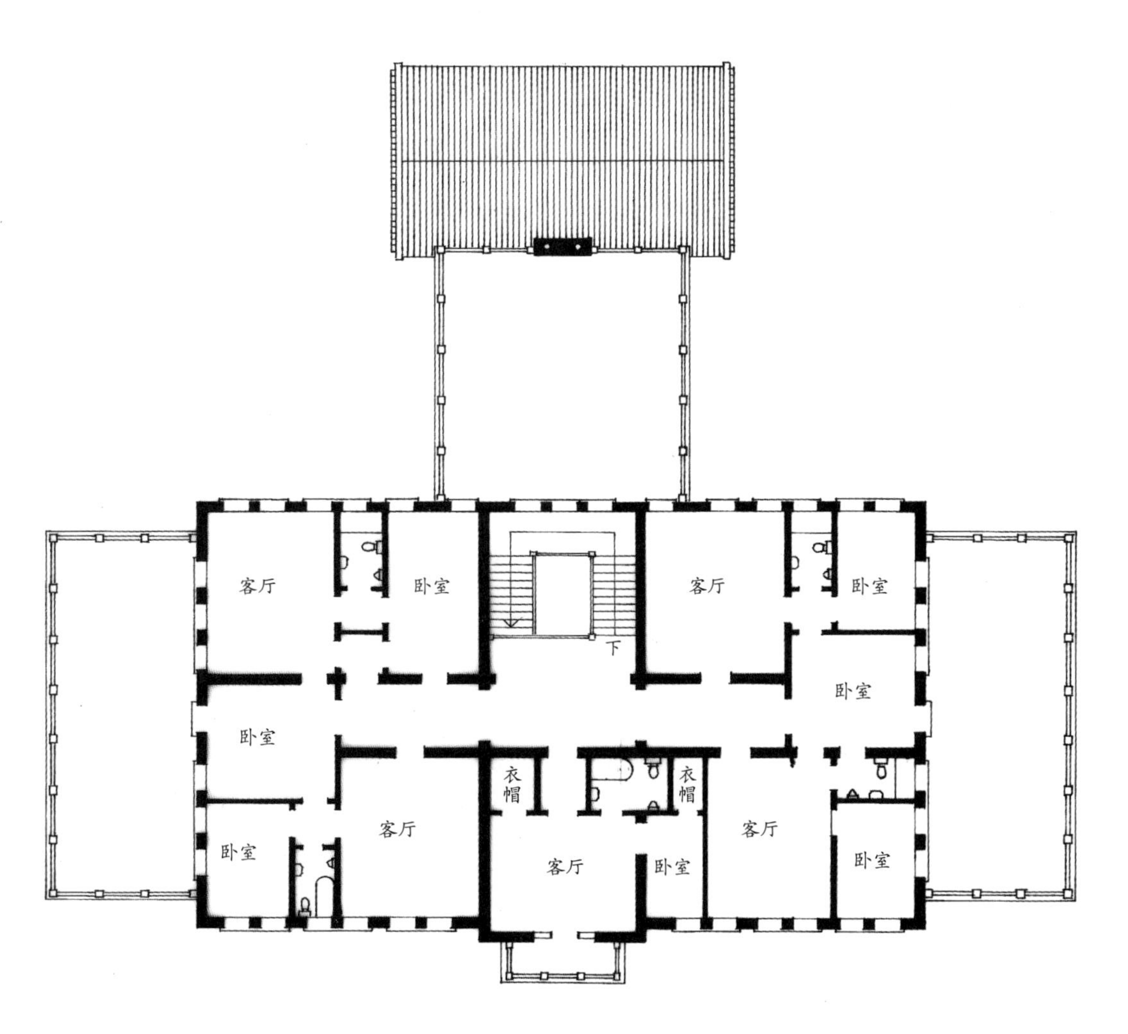

二层平面图（甲型）

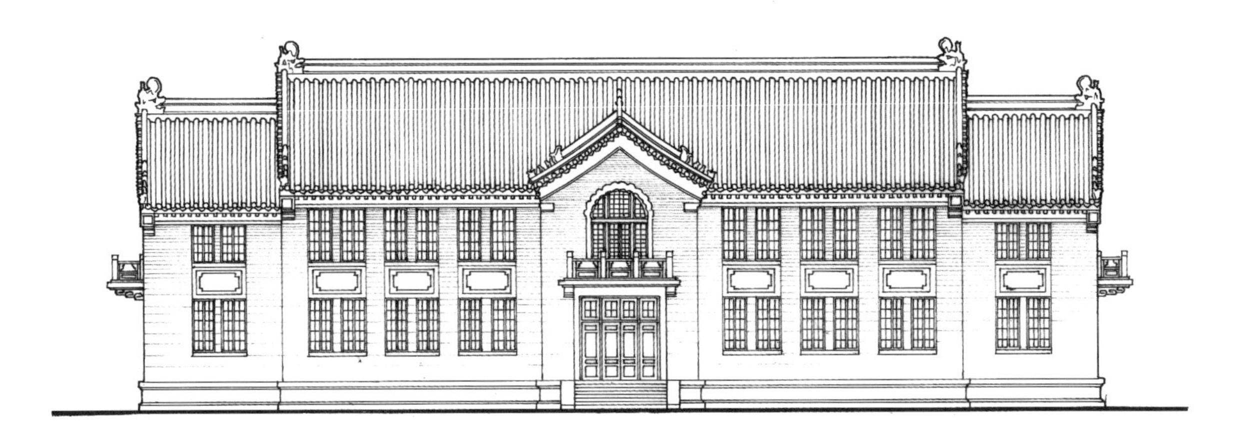

南立面图（乙型）

一层平面图（乙型）

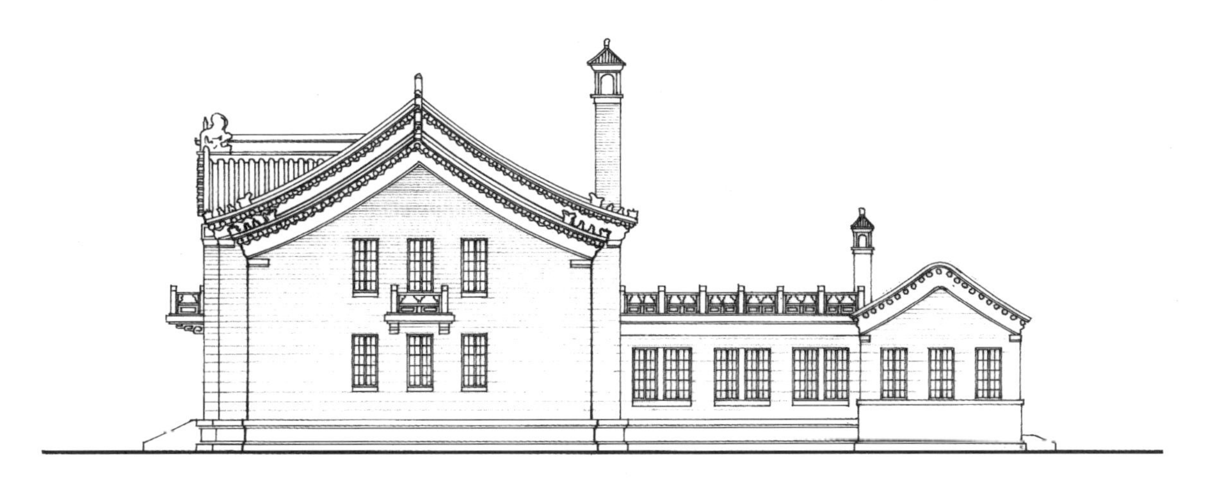

东立面图（乙型）

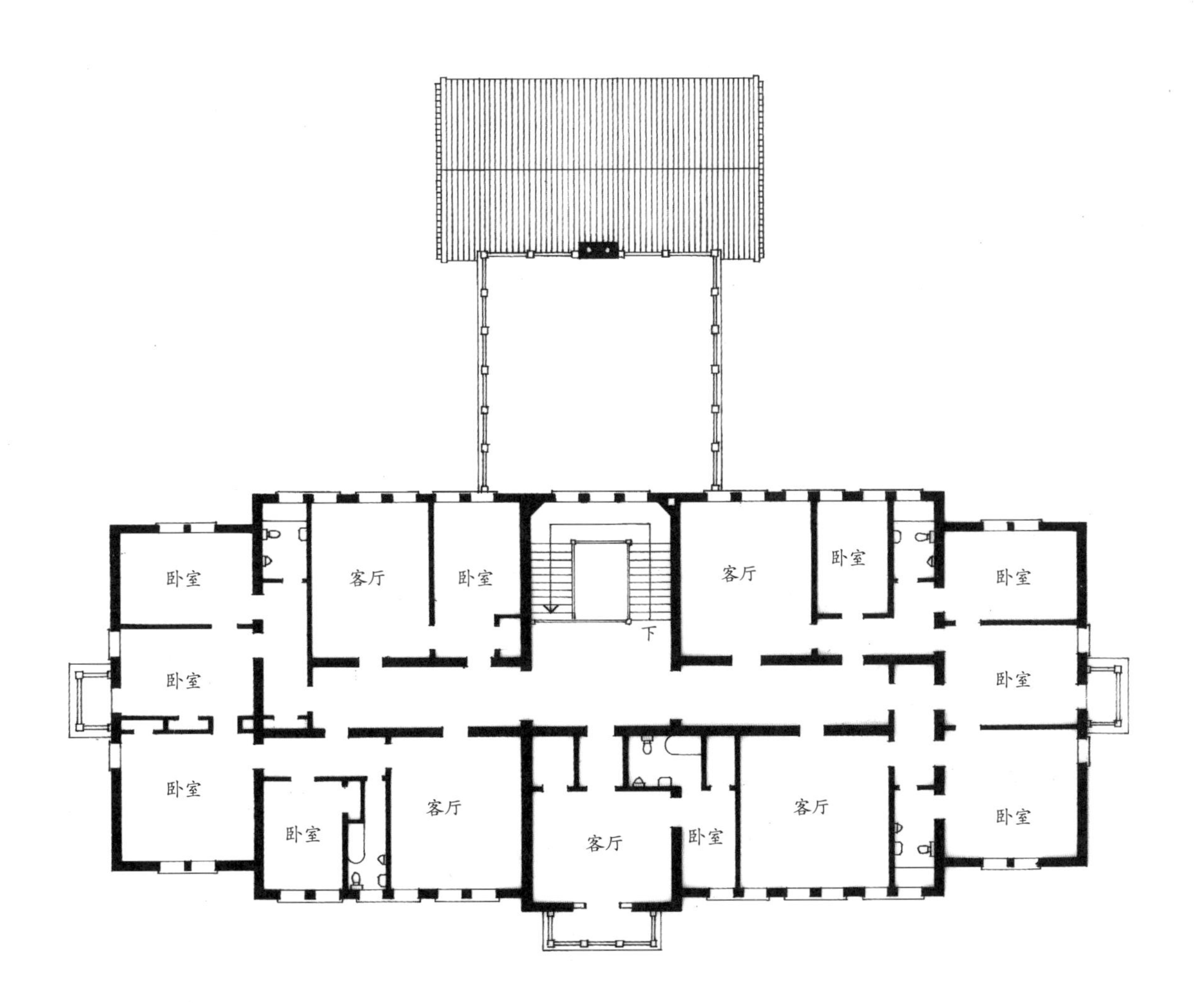

二层平面图（乙型）

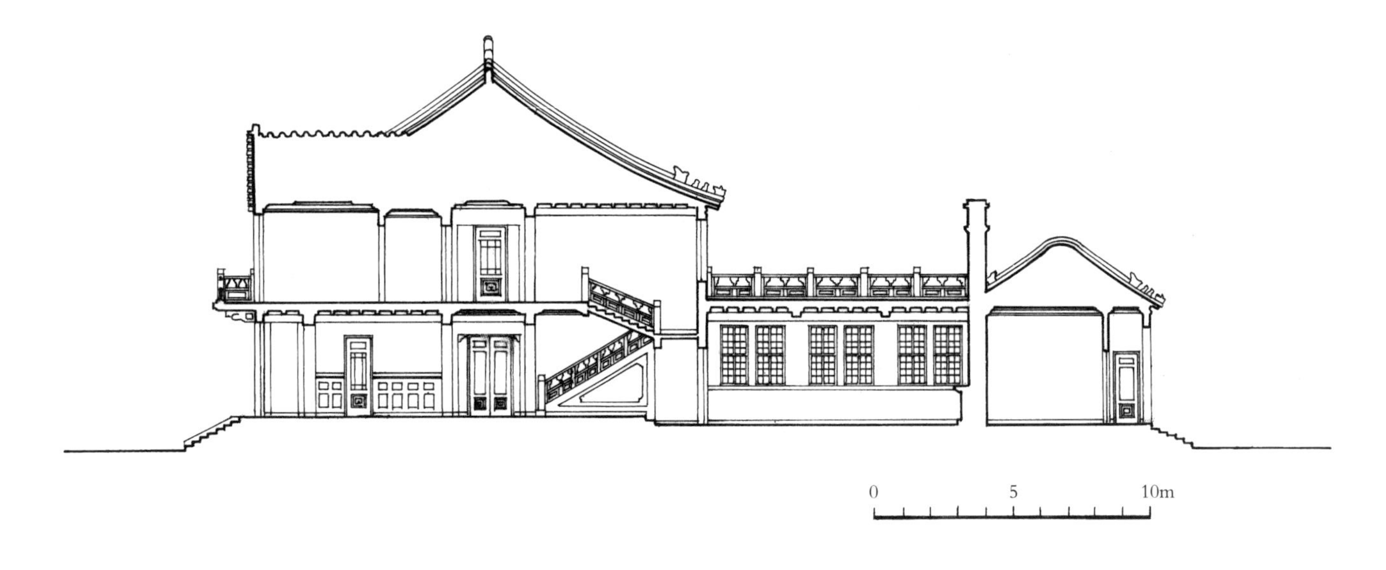

剖面图（甲型）

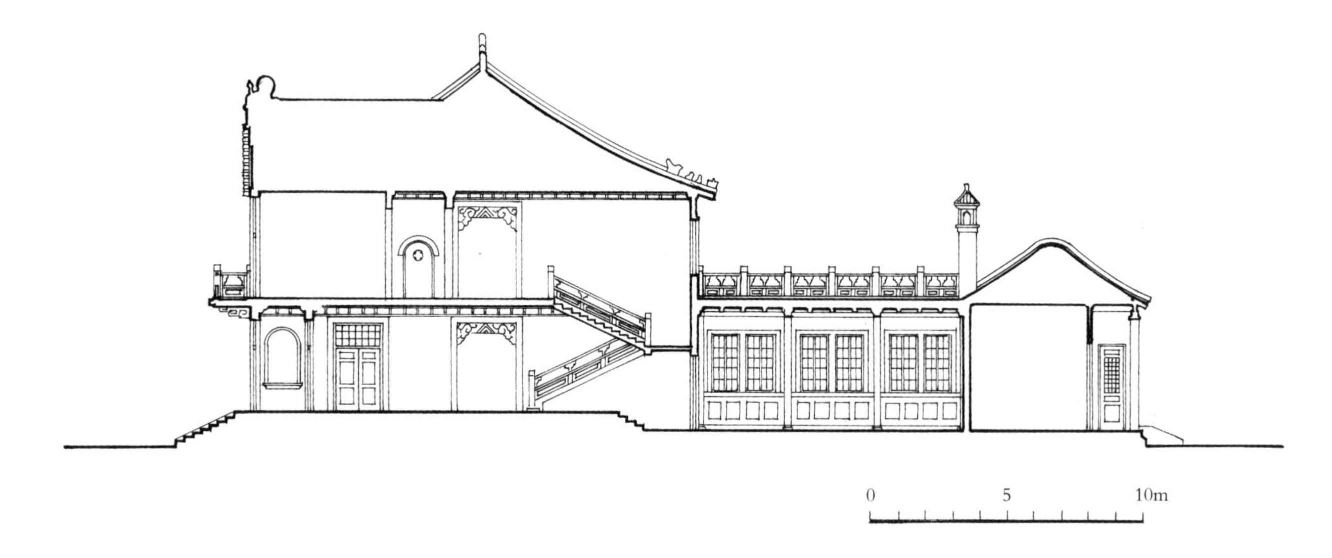

剖面图（乙型）

33. 国民政府外交部办公大楼（1931 年）

国民政府外交部办公大楼位于南京市中山北路 32 号，1931 年 3 月筹建。

该大楼平面呈“工”字形，地上两层，半地下室一层，建筑面积 4 000 平方米。

一层主入口面向中山北路，通过门廊进入大门厅。其前部两翼为中廊，各布置部长室、次长室、参事室、秘书室、会议室、会客室以及存衣室、卫生间等用房。中部为宽大楼梯，作为前后两部分功能的错层连接。从一层大门厅上半层可达后部大宴会厅，面积约 650 平方米。再回转上半层即达二层。二层中部为大客厅、录事室，北端部为餐厅，南端部为花厅。

建筑外观采用传统的中国古典建筑形式，重檐歇山顶，琉璃瓦屋面，墙身柱间为大玻璃窗。细部采用清式斗栱彩画，天花藻井。

该方案因造价超出预算，加之国民政府紧缩经费未被采纳，而采用童寯设计的具有现代建筑风格的平屋顶方案。本项目图片为杨廷宝绘初始方案图，手绘图为施工图简绘。

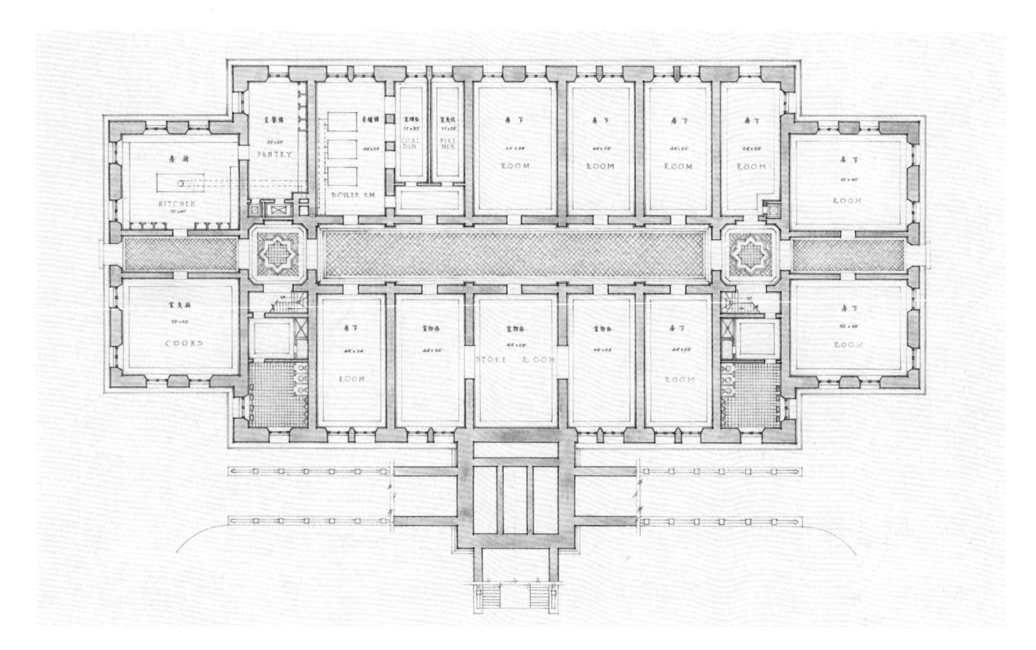

1. 地下室平面图

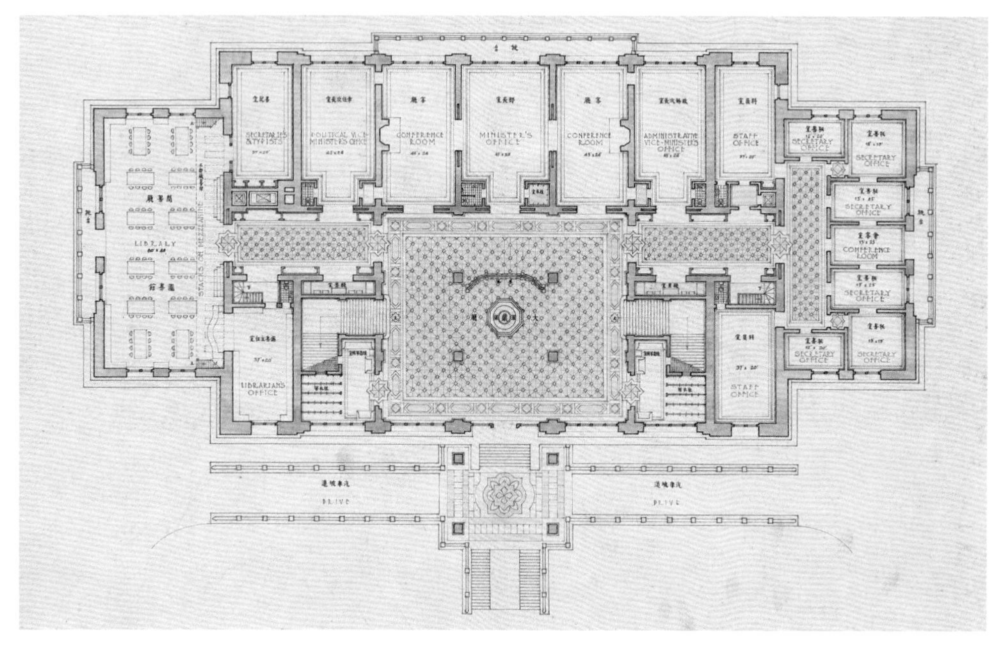

2. 头层平面图

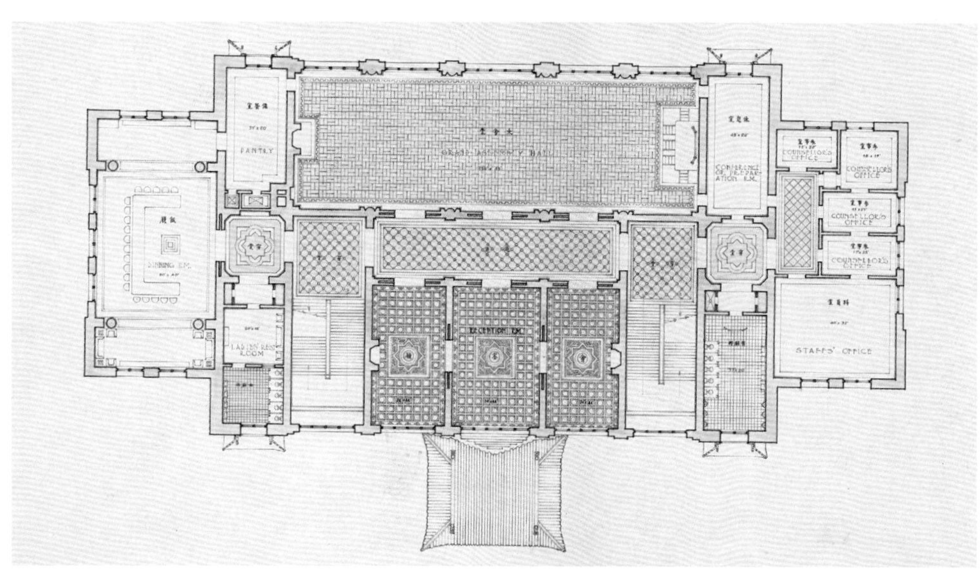

3. 二层平面图

4. 正面图

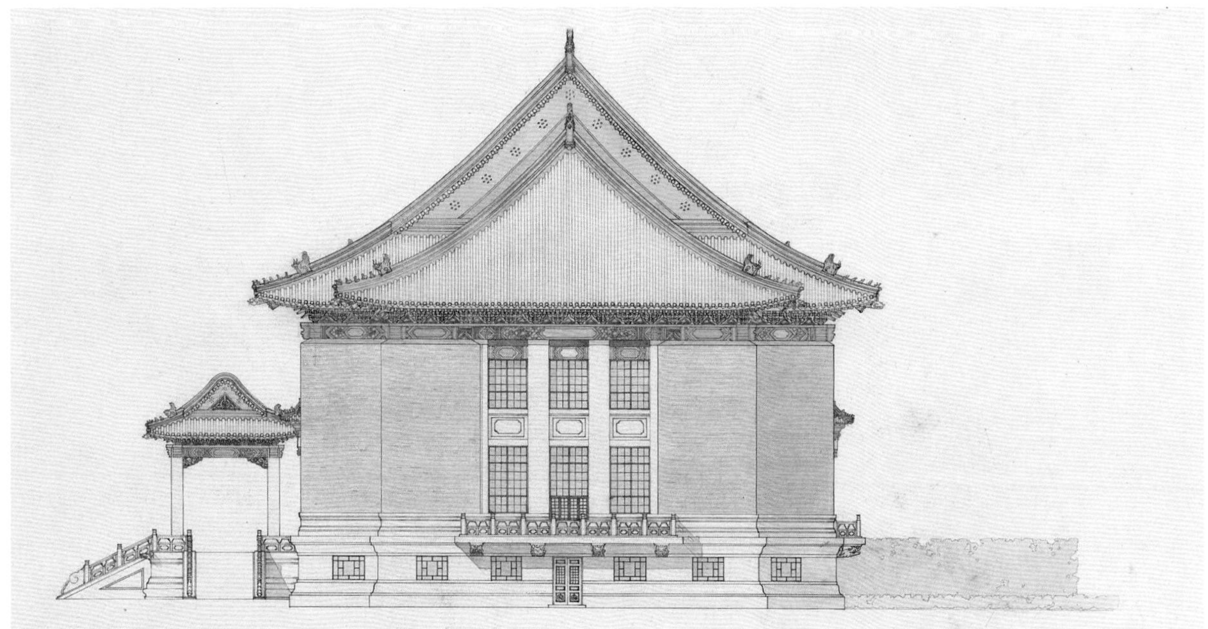

5. 侧面图

6. 剖面图

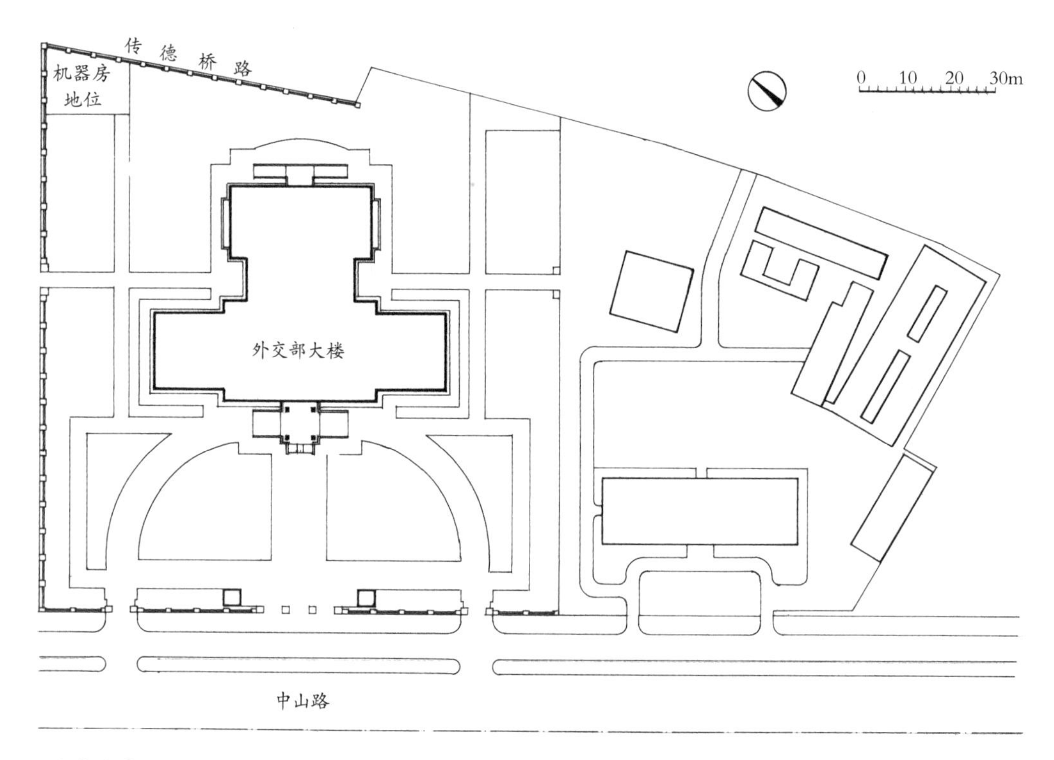

总平面图

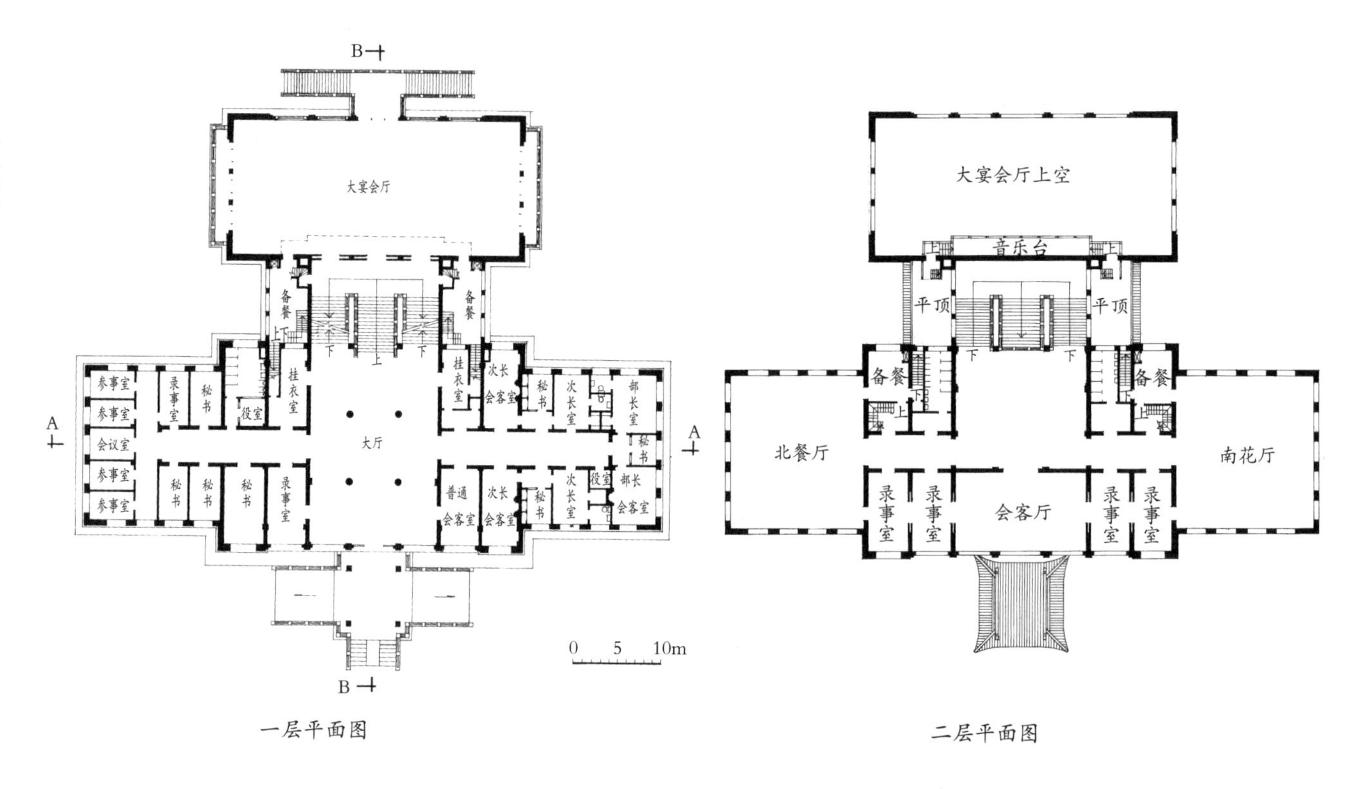

一层平面图

二层平面图

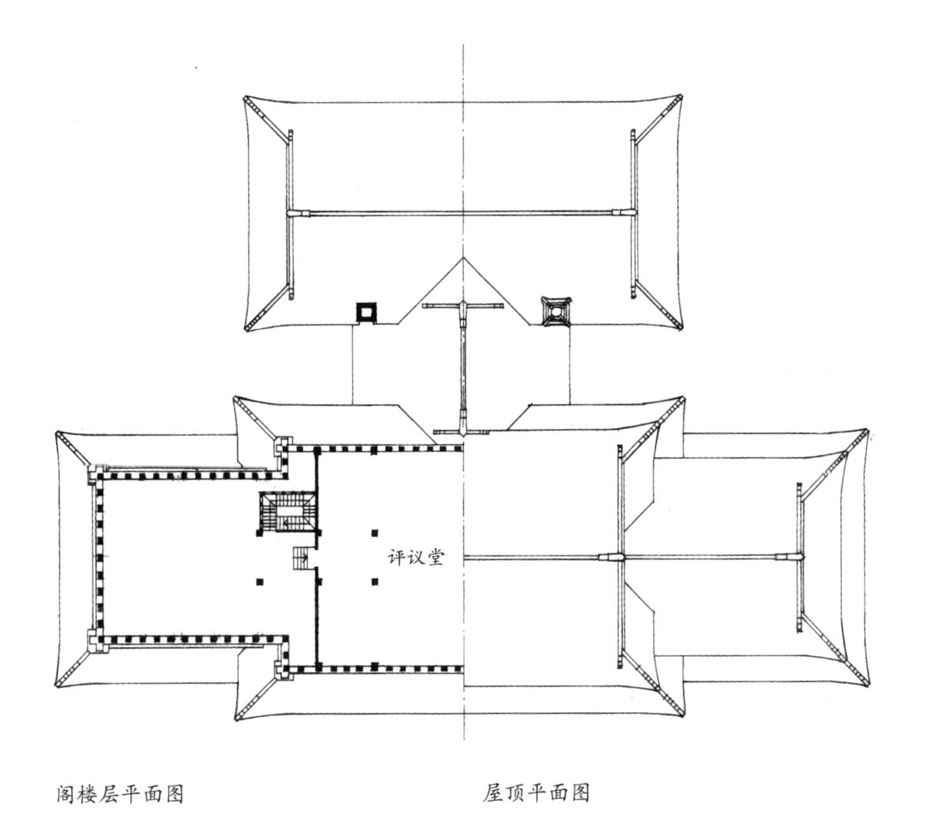

阁楼层平面图 屋顶平面图

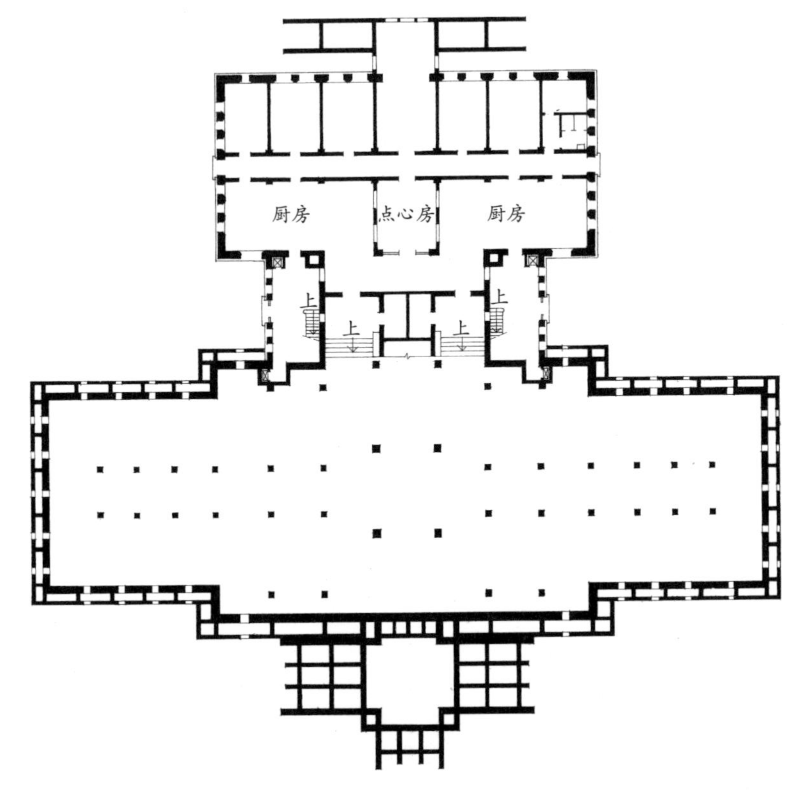

地下室平面图

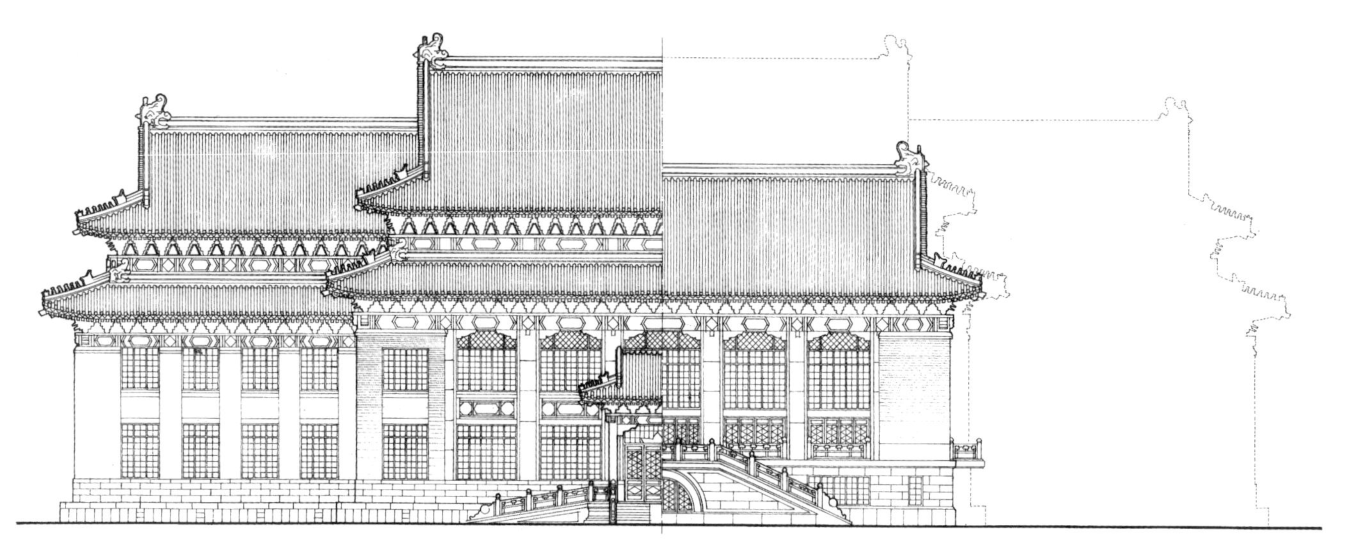

西南立面图　　东北立面图

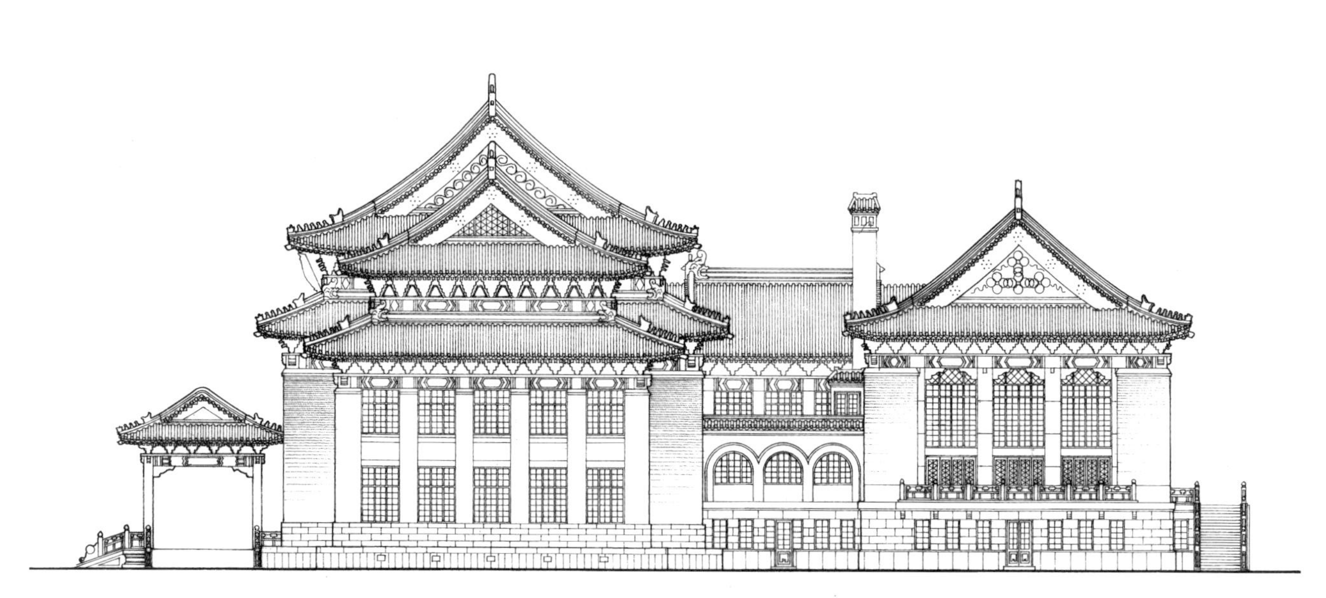

东南立面图

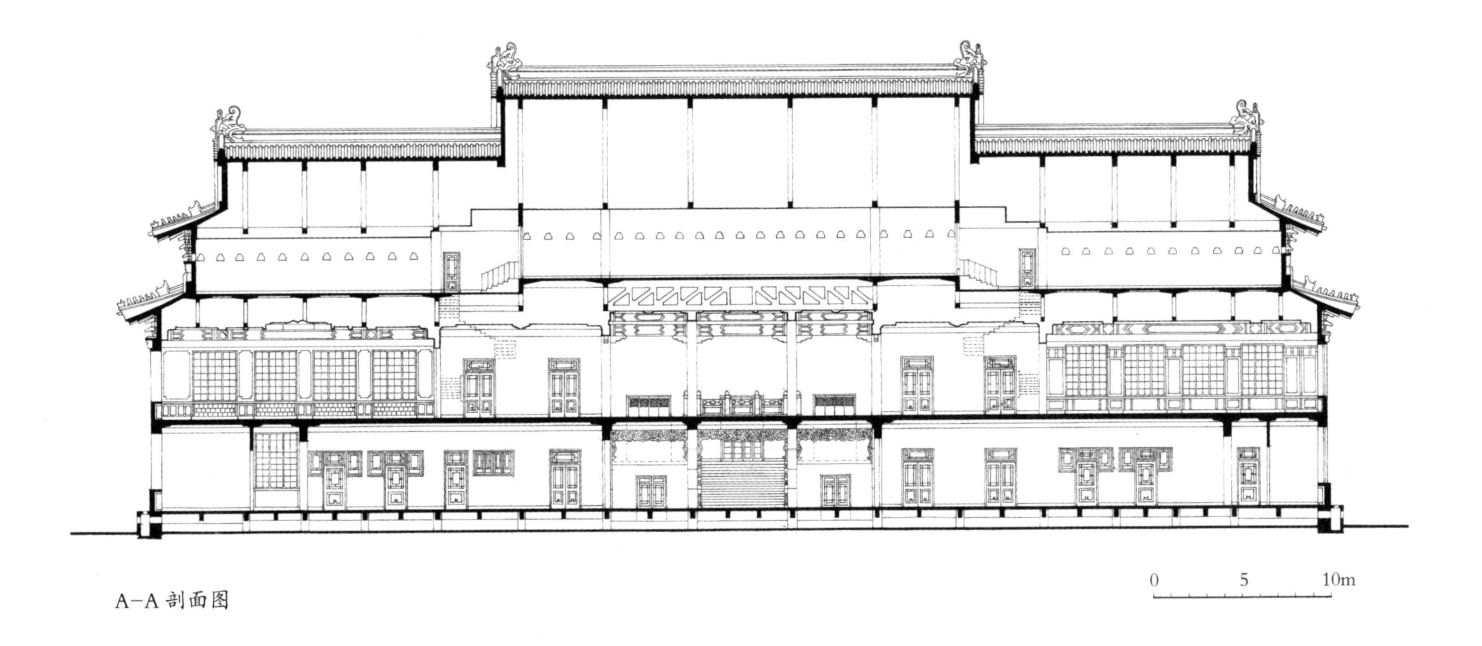

A-A 剖面图

B-B 剖面图

正门立面图

甲－甲剖面图

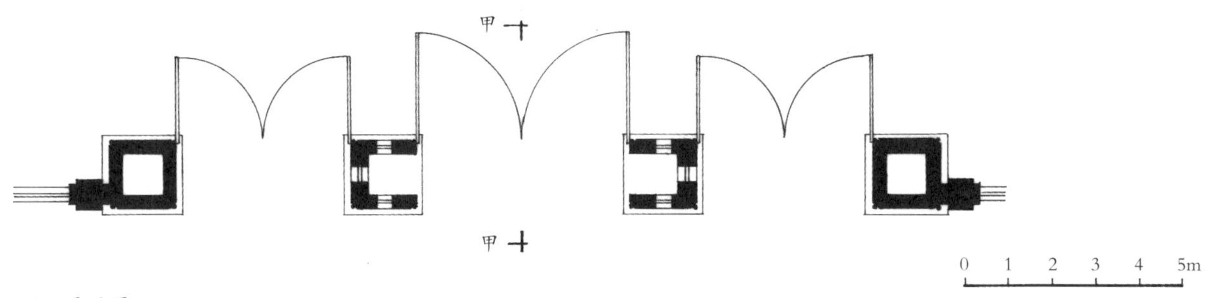

正门平面图

警卫室立面图

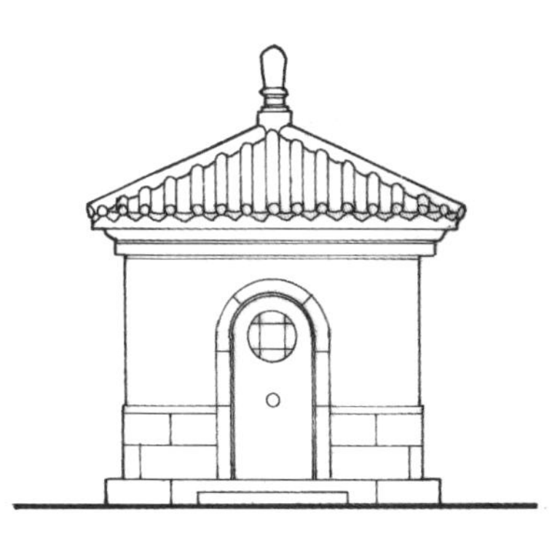

警卫室侧面图

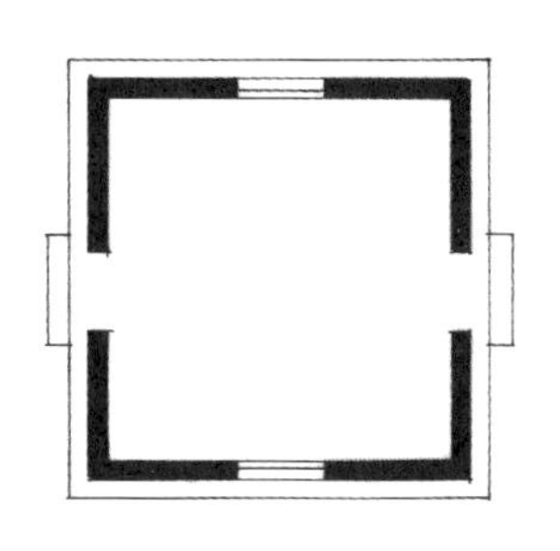

警卫室平面图

警卫室剖面图

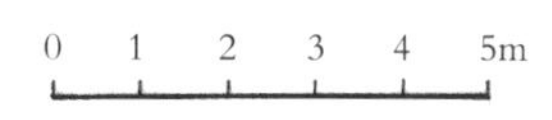

34. 南京谭延闿墓（1931 年）

谭延闿墓位于南京市中山陵东南，灵谷寺东北侧，占地 300 余亩。1931 年设计，1933 年 1 月落成。为了有别于中山陵的严谨对称格局，而利用原有山水地势、泉石著胜、林壑深秀的自然条件，倚山构筑曲折幽深的墓道，巧妙布置成具有园林风格的墓园。

谭延闿墓共分龙池、广场、祭堂、墓室（宝顶）四部分。龙池乃是墓园的入口处，隔路之北立“灵谷深松”石碑，前行约 20 米为谭延闿墓第一道南湖石牌坊，经 400 米甬道过石桥至墓前广场。广场呈椭圆形，四周古木参天，树荫蔽日，清静幽雅，极具山野之趣。广场东北角有四楹三开间汉白玉石牌坊一座。过牌坊拾级而上，可达祭堂。

祭堂坐北朝南，重檐歇山顶，上覆琉璃瓦。祭堂内的天花、梁、椽、檐均贴金粉绘，工笔彩画，富丽堂皇。

由祭堂再上至宝顶（墓圹），直径 9.5 米，高 3.5 米，立于两级大小平台中央，平台围石栏、立墓表、铜炉，陛石镶以九福云纹，阶前引蓄天然泉水筑池。宝顶背负，钟山若屏，苍松古柏，肃穆壮丽。原墓在“文革”中被毁，1981 年按原貌重新修葺。

1. 国文保碑

2. 灵谷深松碑

3. 龙池

4. 入口石牌坊

5. 广场全景

6. 广场北面石牌坊

7. 水榭

8. 水榭正面

9. 祭堂外景

10. 祭堂内景

11. 祭堂天花

12. 东、西墓表

13. 宝顶正面全景

14. 20 世纪 30 年代谭墓宝顶全景

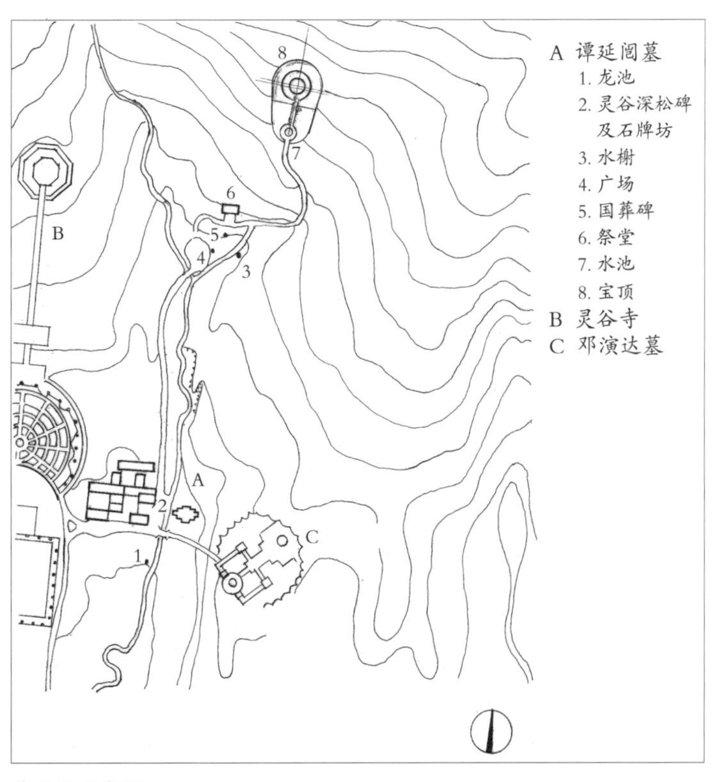

总平面示意图

35. 国立中央研究院地质研究所（1932 年）

地质研究所位于南京市北京东路 39 号（原鸡鸣寺路 1 号）中央研究院内总办事处大楼西北方向的山坡上。

大楼建于 1933 年，依山而建，高两层，钢筋混凝土结构，建筑面积 1 000 平方米。

大楼平面呈“凸”字形，入口朝东南，楼前有两层石阶，其间为休息平台，大楼建在上层大平台上。从入口门廊进入门厅正对标本陈列室，中廊两侧为研究室、标本制作室、照相摄影室、办公室等。在大楼东北端下沉台地底层建有锅炉房。

建筑外形仿明清宫殿式，单檐歇山顶，覆盖绿色琉璃瓦，梁枋及檐口为仿木结构，漆以彩绘。入口设有卷棚门廊，华丽而醒目。

1. 国文保碑

2. 入口前山坡大台阶外景

3. 入口门廊外景

4. 入口门廊内景

5. 坡下山墙外观

6. 坡下仰望入口门廊

7. 修缮后的门厅

8. 入口门廊侧影

9. 楼梯间内景

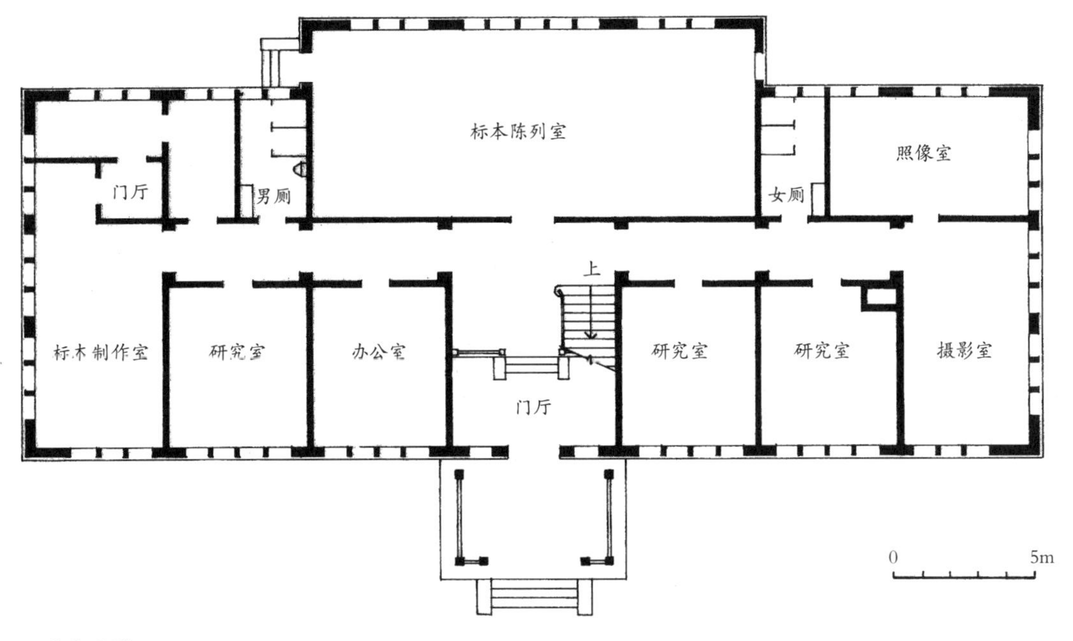
标本陈列室
门厅
男厕
女厕
照像室
上
标木制作室
研究室
办公室
研究室
研究室
摄影室
门厅
0
5m

一层平面图

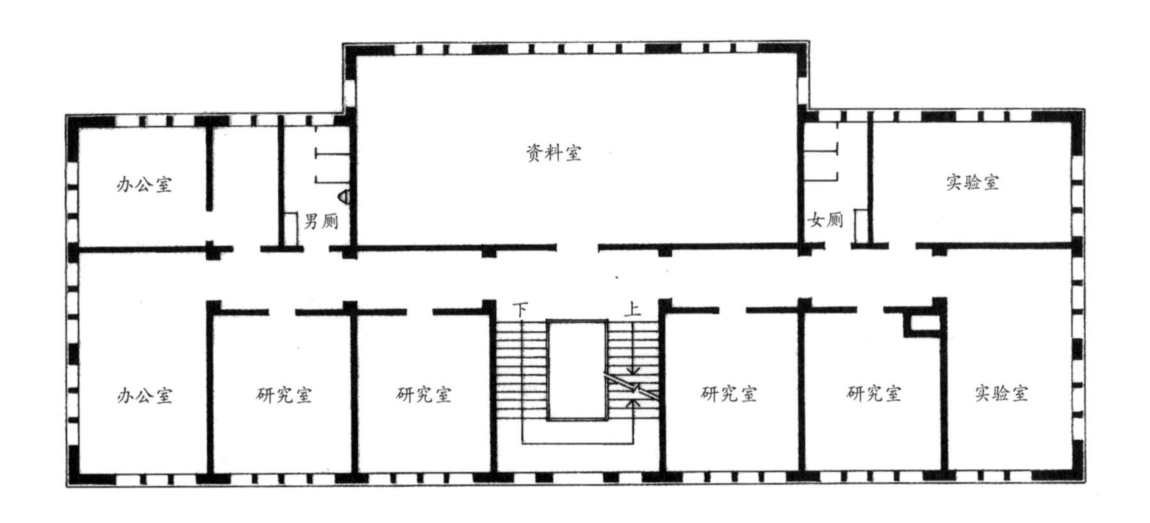
资料室
办公室
男厕
女厕
实验室
下
上
办公室
研究室
研究室
研究室
研究室
实验室

二层平面图

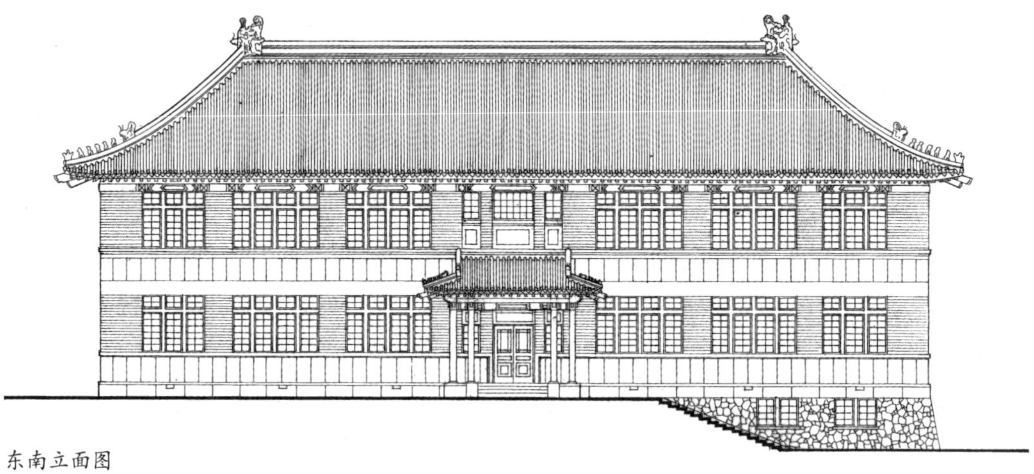
东南立面图

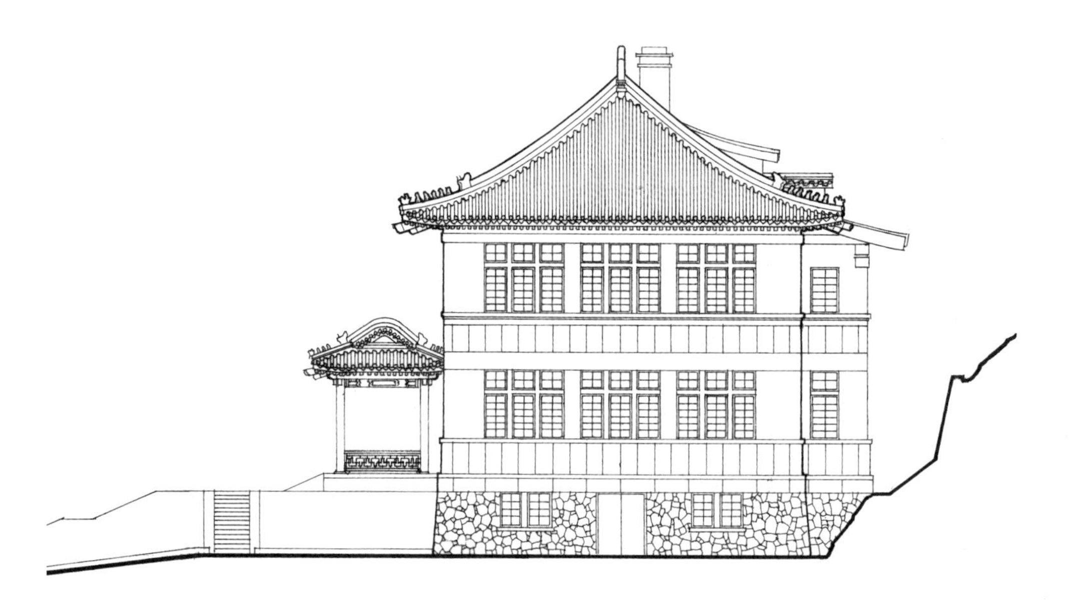
东北立面图

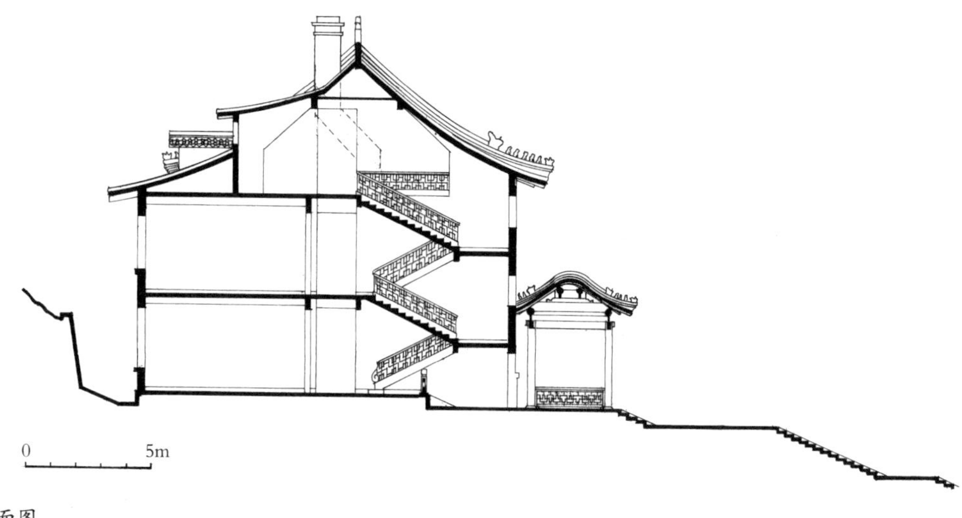

剖面图

36. 南京中山陵园音乐台（1932 年）

音乐台位于中山陵广场东南。占地面积约 4 200 平方米，1932 年秋动工兴建，1933 年 8 月建成。音乐台是中山陵园的配套工程，主要用作纪念孙中山先生仪式时音乐表演及集会演讲。设计构思旨在借助于自然环境，探究中、西方建筑与自然环境如何结合，从而创造出新颖开放而又古朴深厚的建筑艺术效果。

音乐台的设计，在整体上采用了古希腊人的做法，巧妙地利用天然坡地，聚焦于中心表演乐坛。所不同的是，用大片倾斜草坪代替了石阶环形看台，并以五条放射形与三条半圆形道路将草坪划分为 12 个区块，观众可席草坪而坐。结合中国江南园林特点，在外圈建有一条宽 6 米、长 150 米半圆形走道，其上覆有钢筋混凝土紫藤花架，内外两侧设石花盆、石凳。

乐坛设计为弧形状，其两侧设有台阶与花架衔接。舞台长约 22 米，宽约 13.33 米，高出地面 3.33 米。在乐坛后面以弧形照壁为背景，可起声反射作用，壁高 11.33 米，壁宽 16.67 米，底为宫殿式石构须弥座，顶部云纹图案并饰有龙头、灯槽。台下设公共厕所、工具贮藏室等。台口设半圆波纹式叠落花槽。台前辟一月牙形水池，用以汇集全场雨水，池水终年不涸，可以增强乐坛的音响效果。

所有这些都体现了杨廷宝对建筑与自然的和谐、中西文化合璧的艺术追求。

1. 20 世纪 30 年代全景

2. 舞台近景

3. 半圆形花架廊

4. 从花架廊正视音乐台

5. 舞台之侧的紫藤架一隅

6. 舞台屏风顶端装饰细部

7. 融入大自然的音乐台鸟瞰

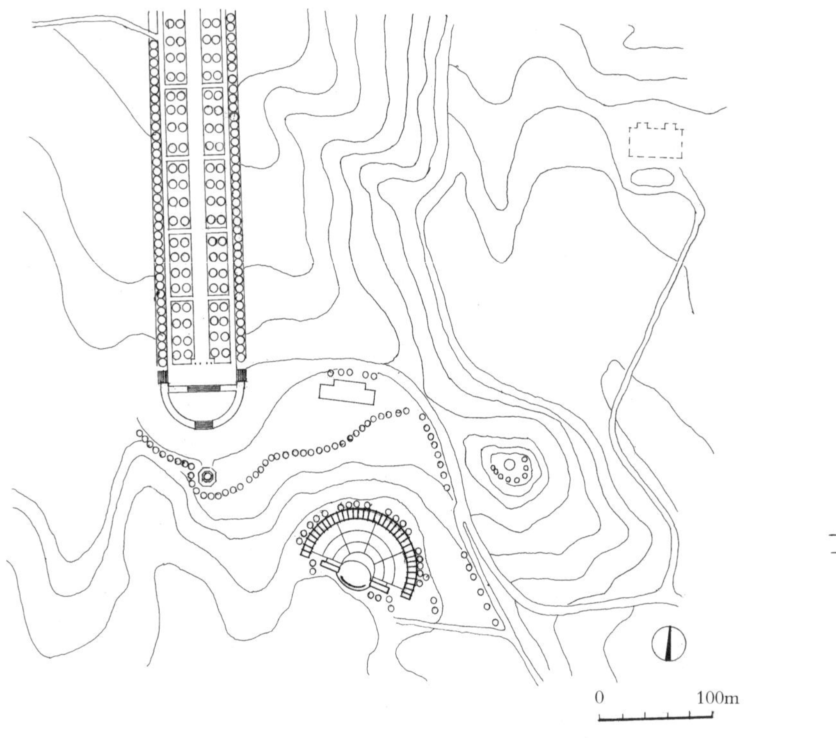

总平面示意图

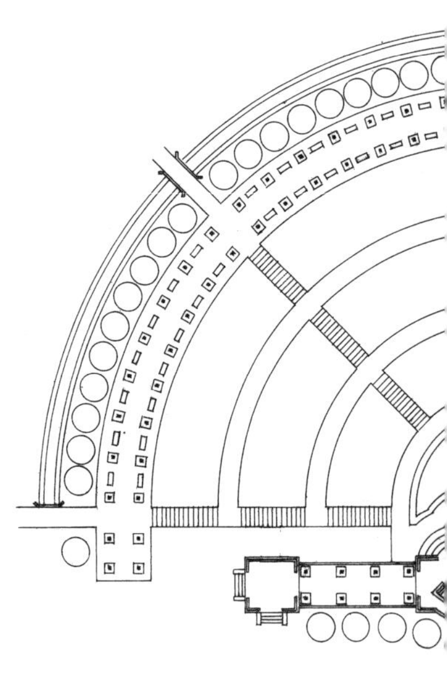

平面图

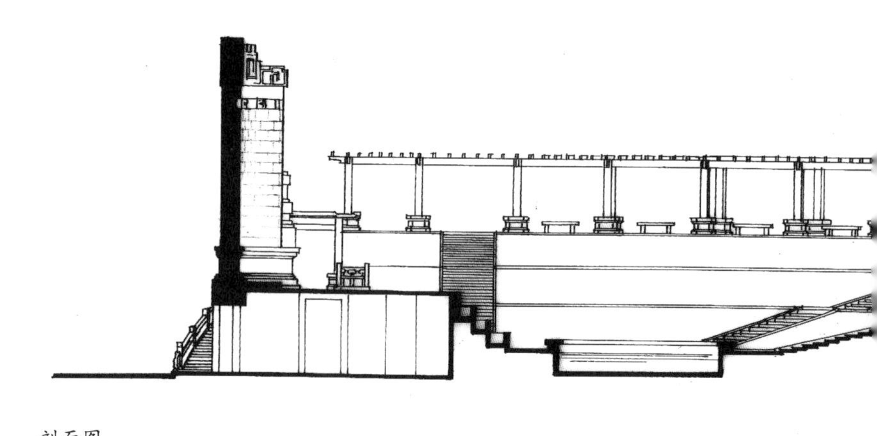

剖面图

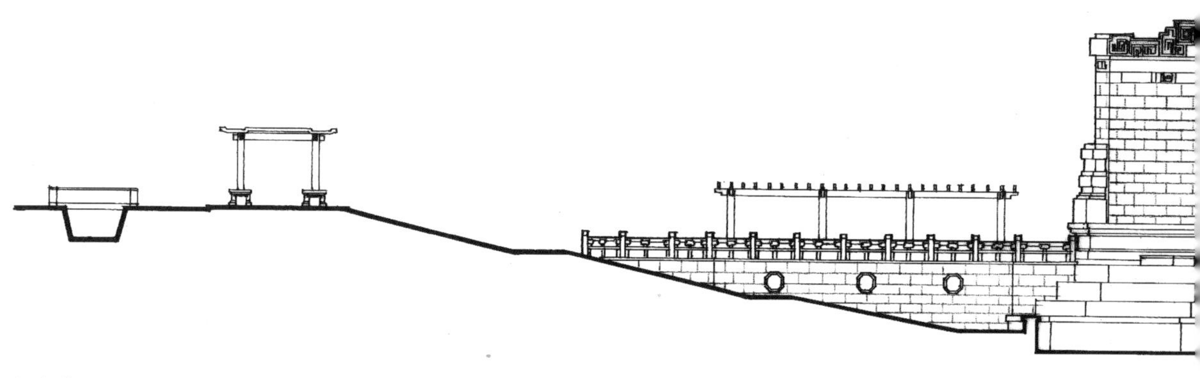

立面图

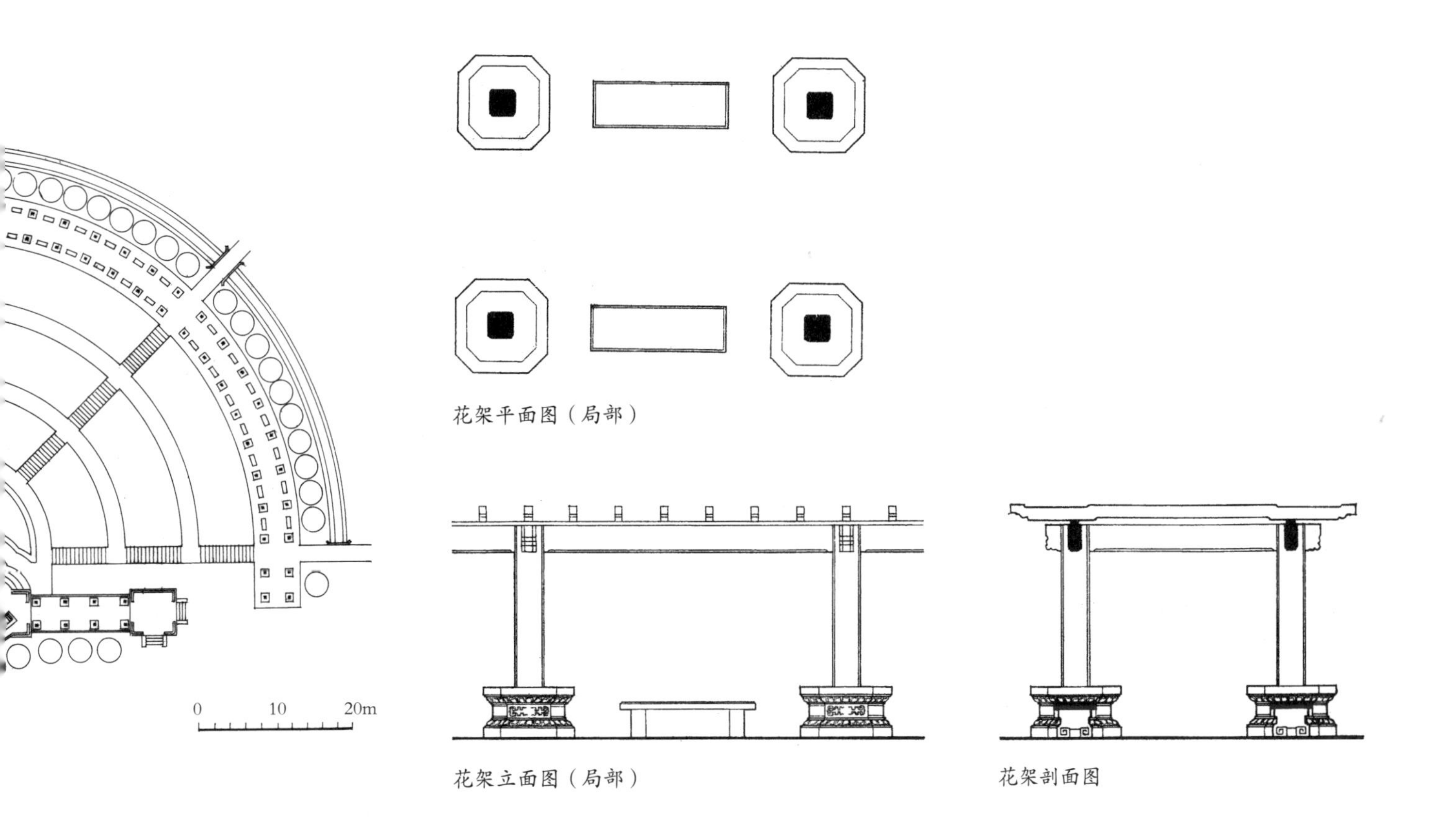

花架平面图（局部）

花架立面图（局部）

花架剖面图

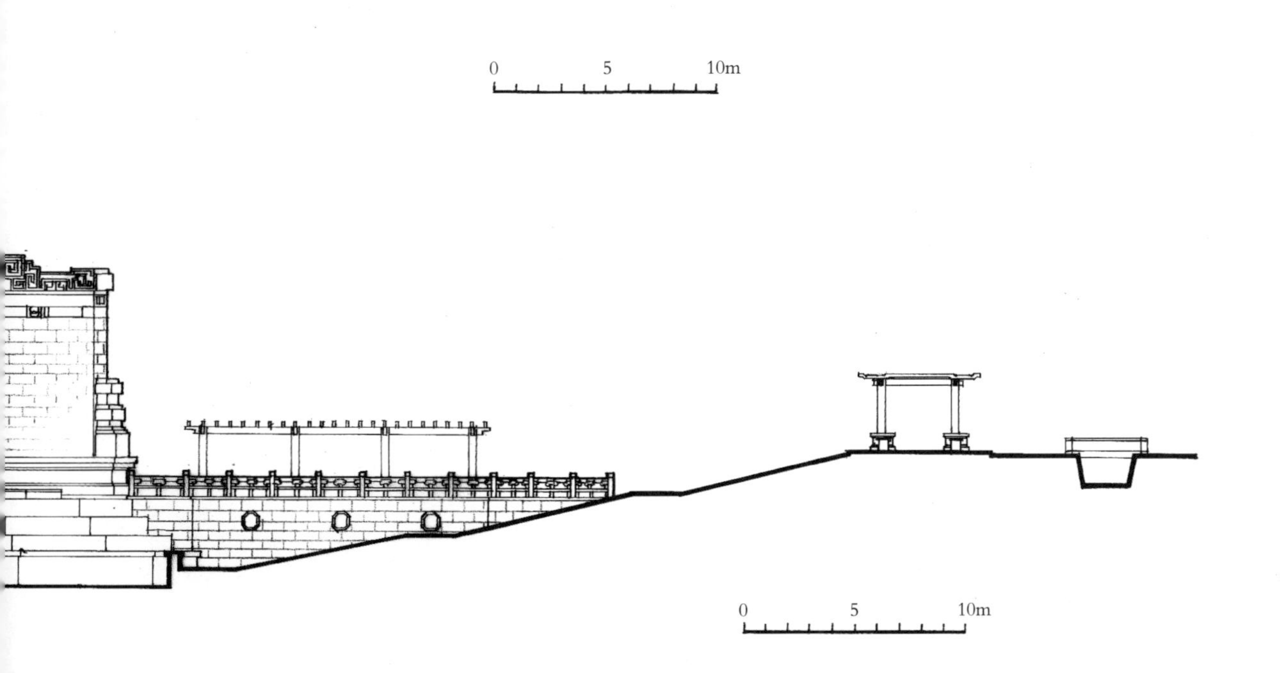

37. 国立中央大学校门（1933 年）

国立中央大学位于南京市玄武区四牌楼 2 号，其校门（现为东南大学正门）位于校园中轴线南端。大门建于 1933 年，由三开间的四组双方柱与梁枋组成。外形采用简化的西方古典建筑凯旋门式样。正中的开间略大，可通行车辆。梁枋上刻有“国立中央大学”（后经“南京大学”“南京工学院”之变，今改为王羲之集字“东南大学”），柱身厚重挺拔，刻有纵向直纹，在大门刚劲严整气势中，略显俊秀之美。其建筑风格与校园主要建筑群其他建筑一致。

1. 国文保碑

2. 20 世纪 30 年代国立中央大学校门外景

3. 校门立柱细部

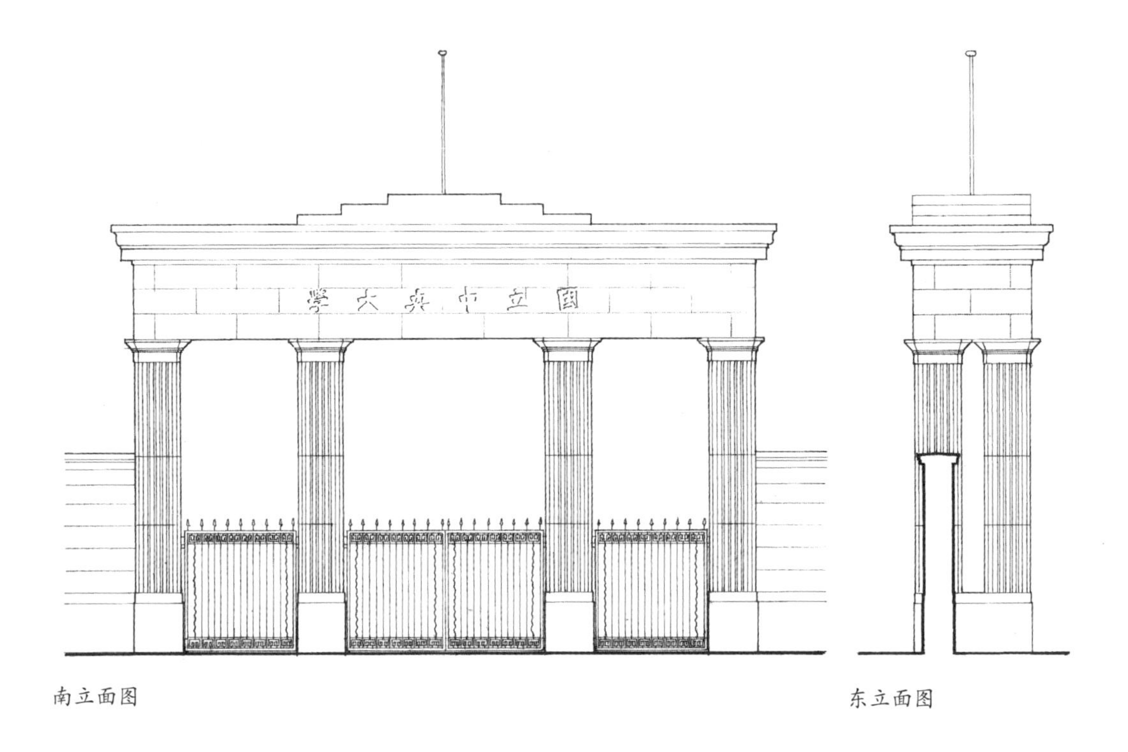

南立面图

东立面图

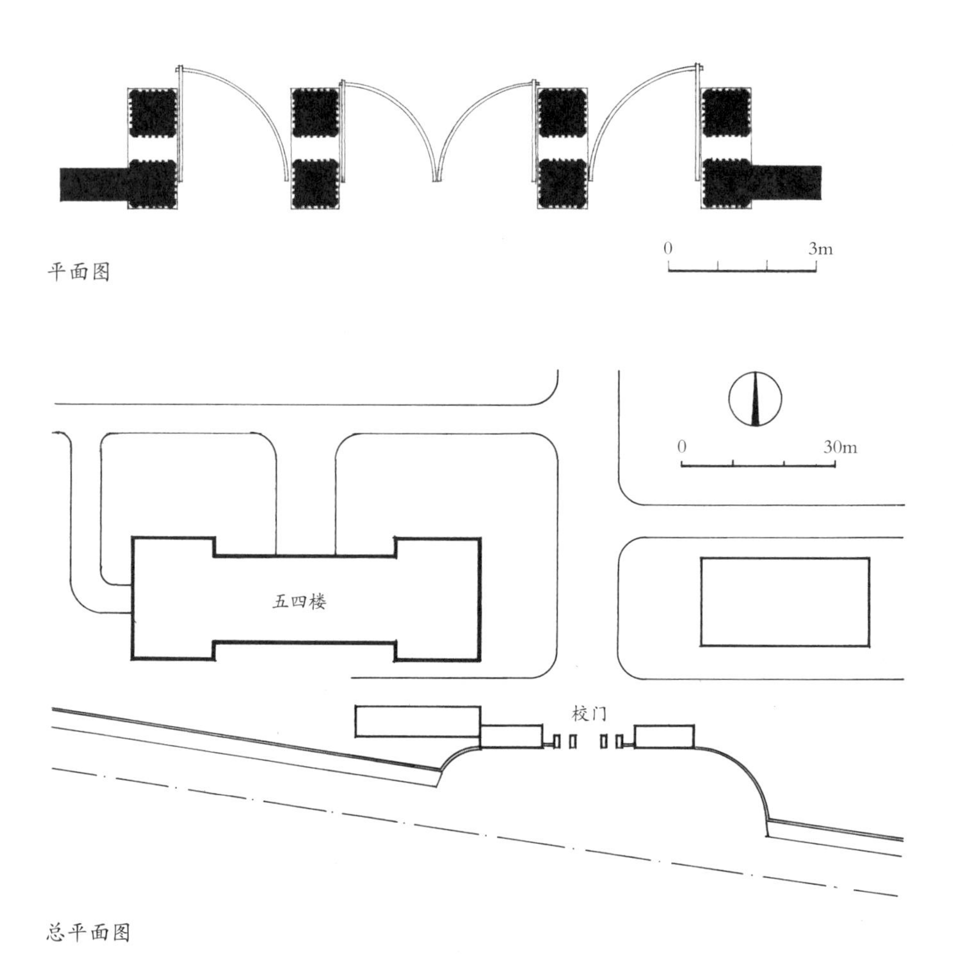

平面图

总平面图

38. 国立中央研究院历史语言研究所（1933 年）

历史语言研究所位于中央研究院内总办事处大楼的正北面，建于 1934 年。

该建筑平面呈“一”字形，坐北朝南，高三层，建筑面积 1 700 平方米。

平面简洁，一层入口门厅较小，底层两端部为较大空间的阅览室，中部为中廊式，其两侧为研究室和办公室等用房。

建筑外观为中国传统单檐歇山绿色琉璃瓦顶，入口处设传统式样琉璃檐口门套。外墙一层部分为斩假石，二、三层为清水青砖墙。

1. 国文保碑

2. 全景旧照

3. 南立面全景

4. 西立面外观

5. 入口近景

6. 东立面外观

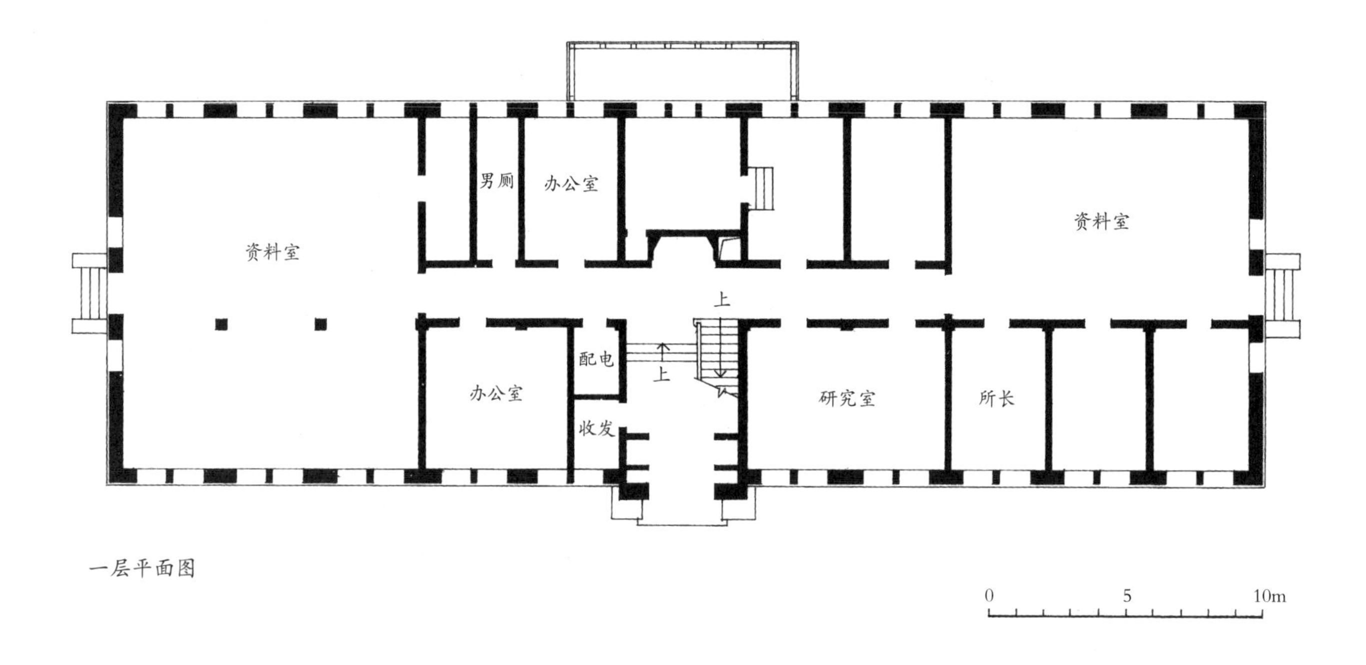

一层平面图

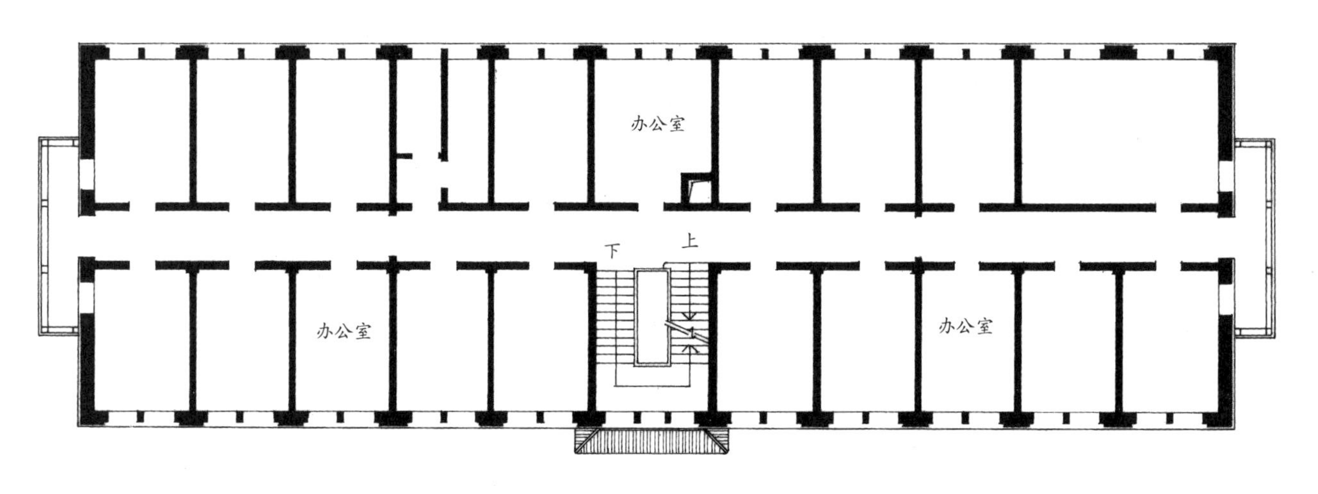

二层平面图

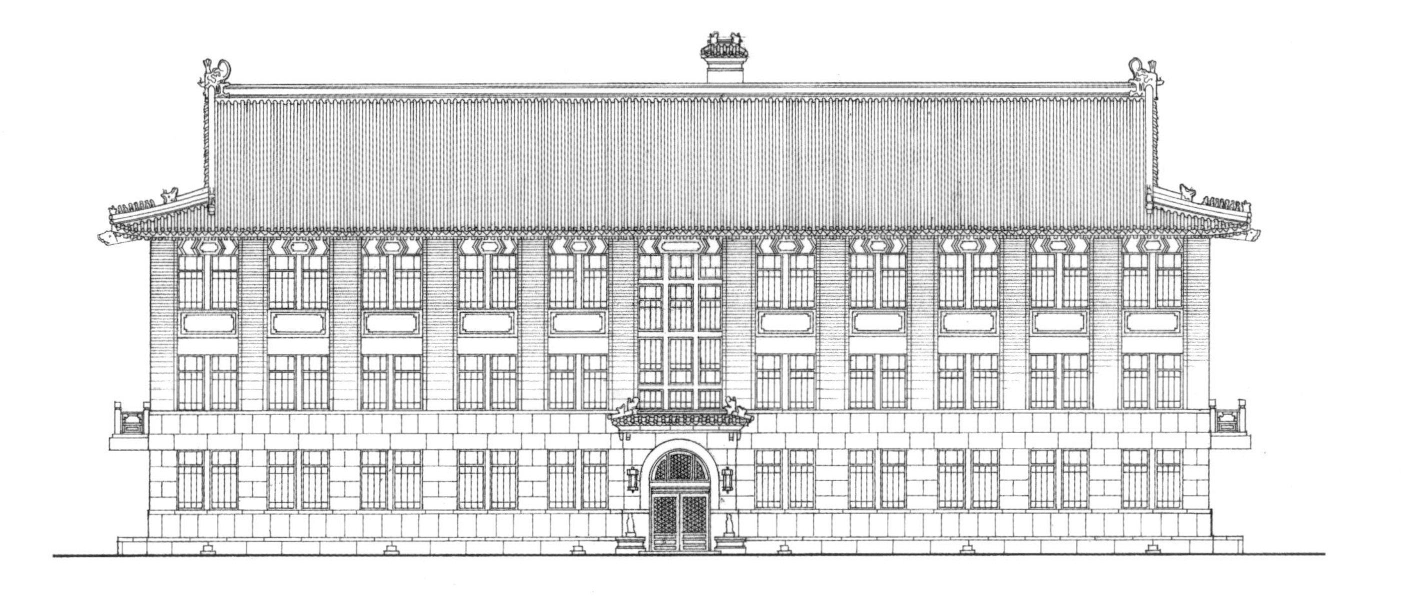

南立面图

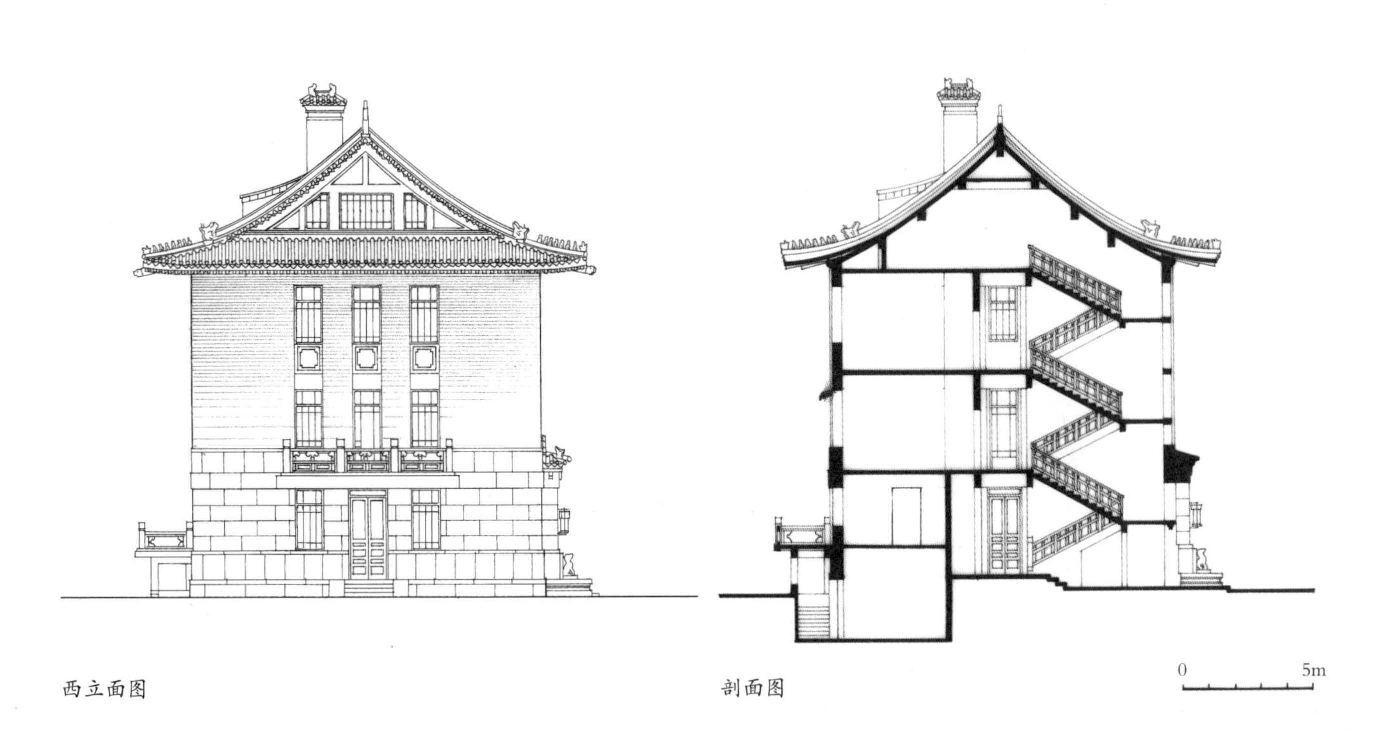

西立面图

剖面图

39. 国立中央大学图书馆扩建工程（1933 年）

中央大学图书馆老馆（孟芳图书馆），位于大礼堂西南角，1924 年建成，由帕斯卡尔（Pascal）设计。平面呈倒“T”字形，正中为主入口门厅，前部两层为办公用房和阅览室，后部为书库。入口立面采用爱奥尼柱式门廊、山花檐部等西方古典建筑形式。

1933 年 10 月由杨廷宝主持设计的该图书馆扩建完成。老馆一层前部西侧扩建为业务办公用房，东侧扩建为研究室。二层东、西两侧扩建均为大阅览室。后部继续扩建新书库，终使平面变成类似横向“日”字形。其中两个内院有利周边房间采光通风。馆舍面积增至 3 813 平方米（扩建面积 1 305 平方米）。

扩建部分造型使原三段式变为五段式，建筑形象更为完整。细部处理、内部装修以及材料和色彩均与老馆融为一体。

1. 国文保碑

2. 1933 年图书馆
扩建后全景

3. 图书馆扩建
正面西翼外景

4. 图书馆扩建
东立面外景

5. 图书馆扩建北面书库外景

6. 东翼东立面外墙细部

7. 阅览室内景

8. 书库内景

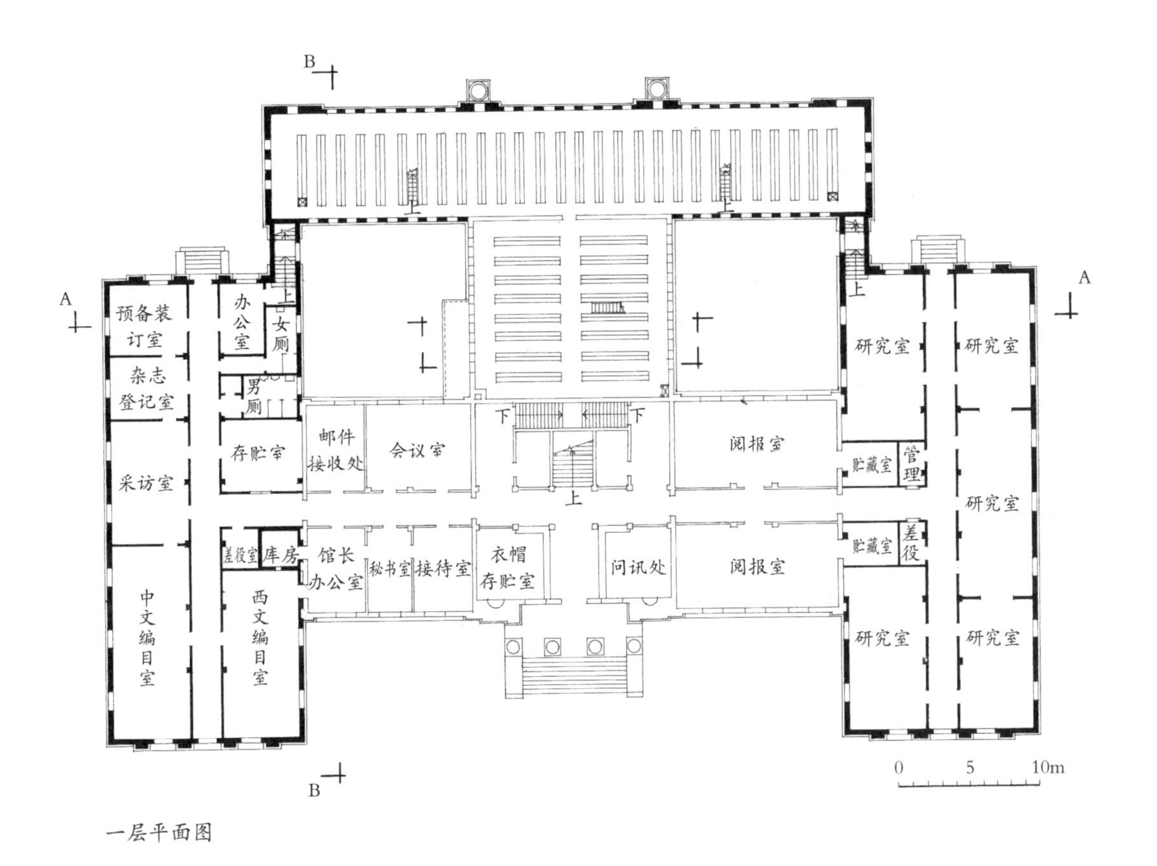

一层平面图

下
装订杂志存列处
珍贵书籍室
办公室
中文借书处
西文借书处
办公室
教授研究室
阅览厅
阅览厅
陈列室
目录
参考股长室
教授研究室

二层平面图

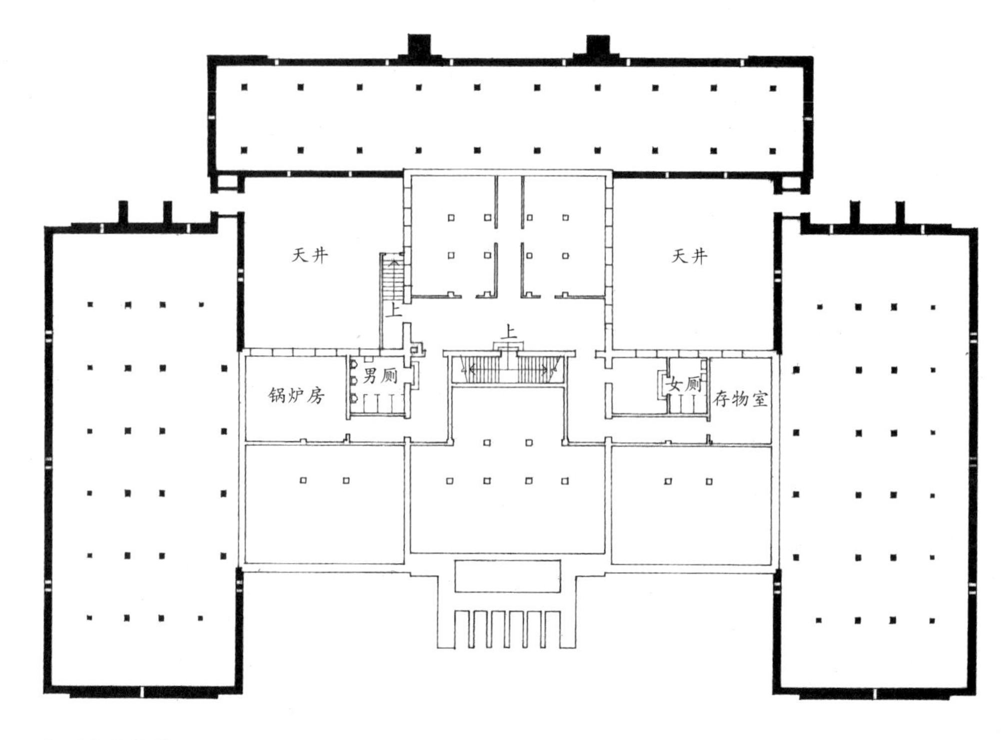

地下室平面图

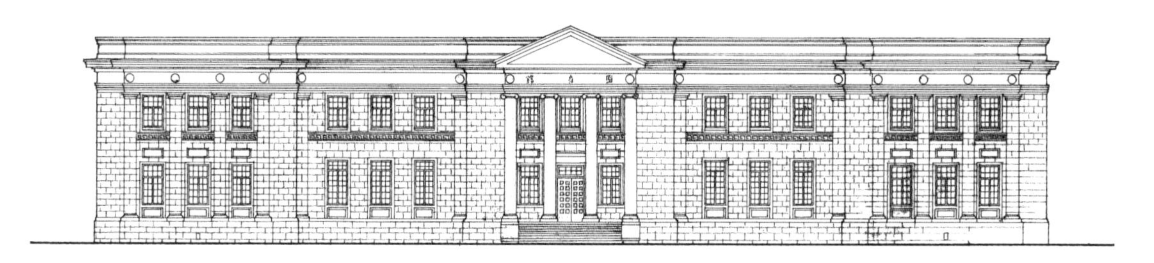

南立面图

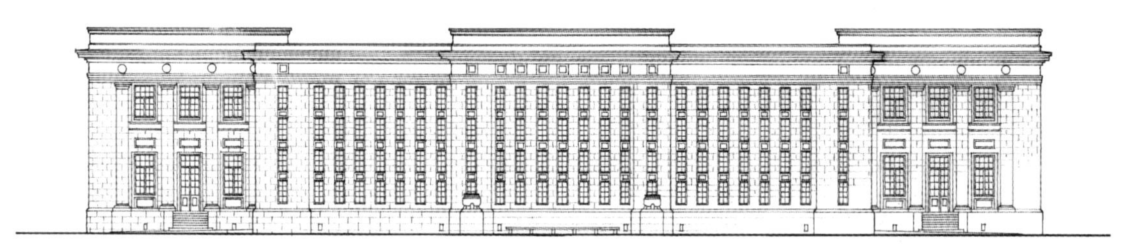

北立面图

东立面图

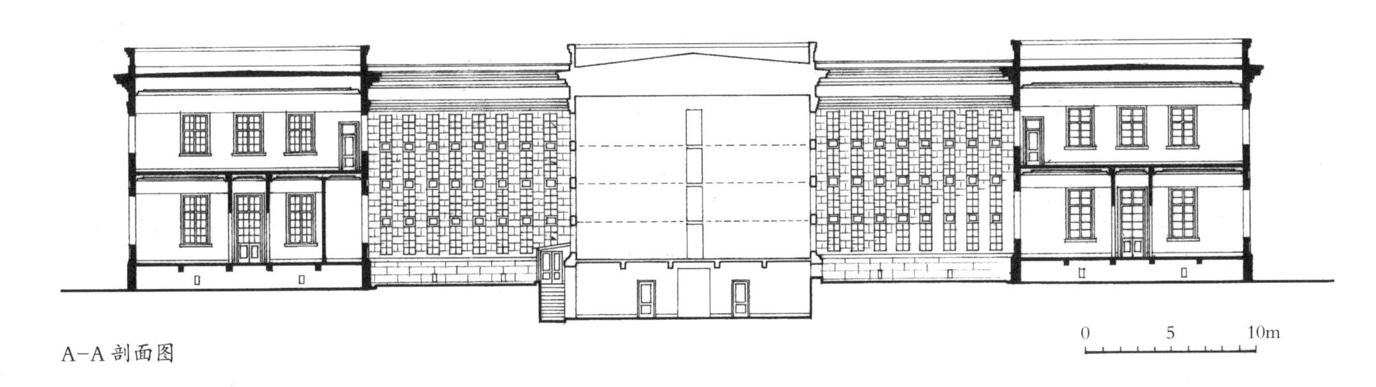

A–A 剖面图

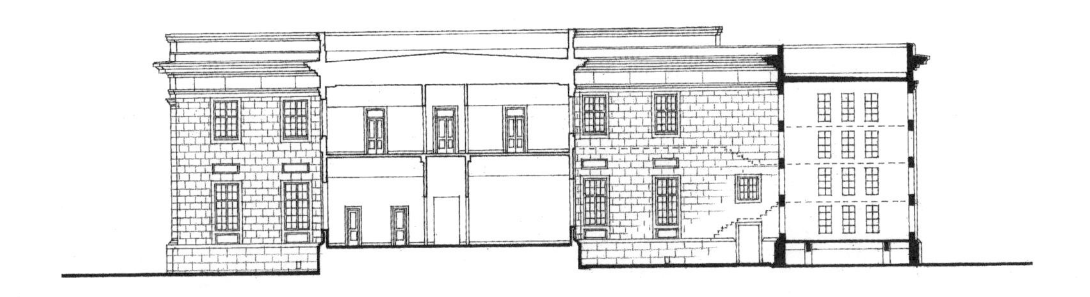

B–B 剖面图

40. 南京管理中英庚款董事会办公楼（1934 年）

中英庚款董事会是专门负责办理中国学生前往英国留学事宜的机构。其办公楼建于1934 年。现为鼓楼区人民政府所在地。

办公楼位于南京市山西路 124 号，面向东南，平面为“一”字形，面宽约 24 米，进深约 13.5 米，高二层，建筑面积 740 平方米。底层为办公室、会客室，在正中楼梯间背后向外凸出一小部分为杂务用房。二层为正、副董事长室，会议室，阅览室等。此外，利用阁楼空间作为贮藏间。

办公楼外观为庑殿褐色琉璃瓦顶，外墙贴棕色面砖，入口门套简洁朴实。

1. 市文保碑

2. 消失的原院墙大门全景

3. 20世纪90年代的大楼外景

4. 拆除实围墙的现状全景

5. 入口门套细部

6. 屋角细部

7. 北立面外景

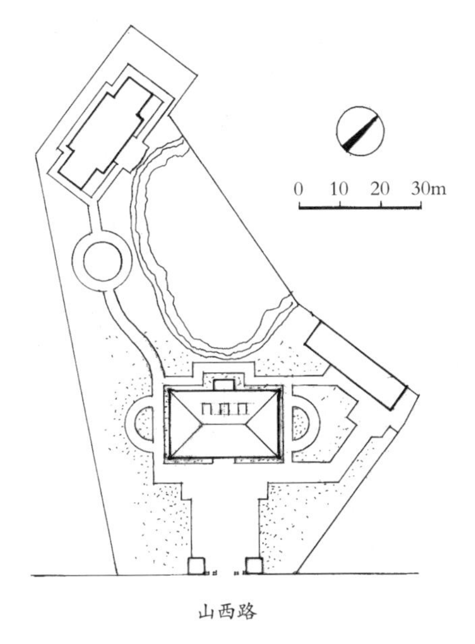

总平面图

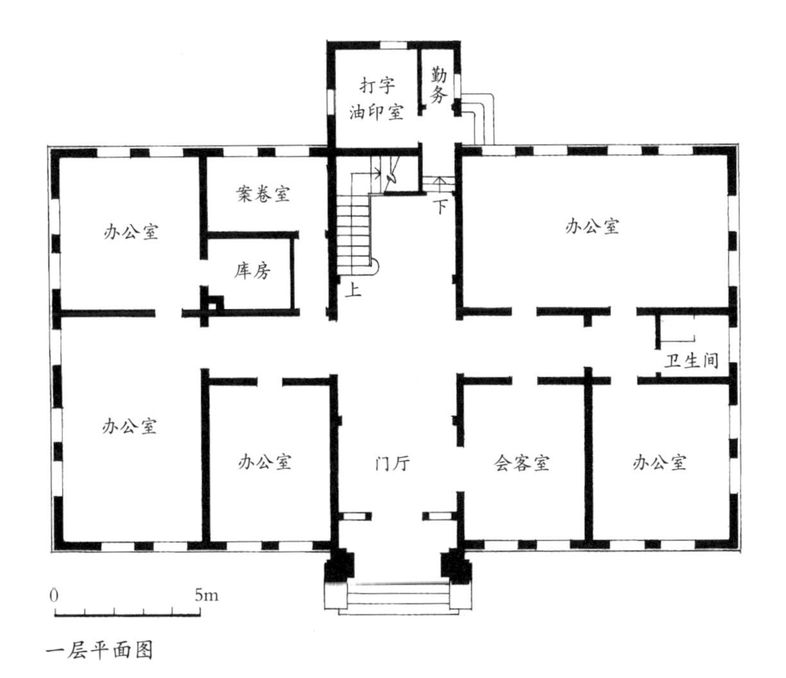

一层平面图

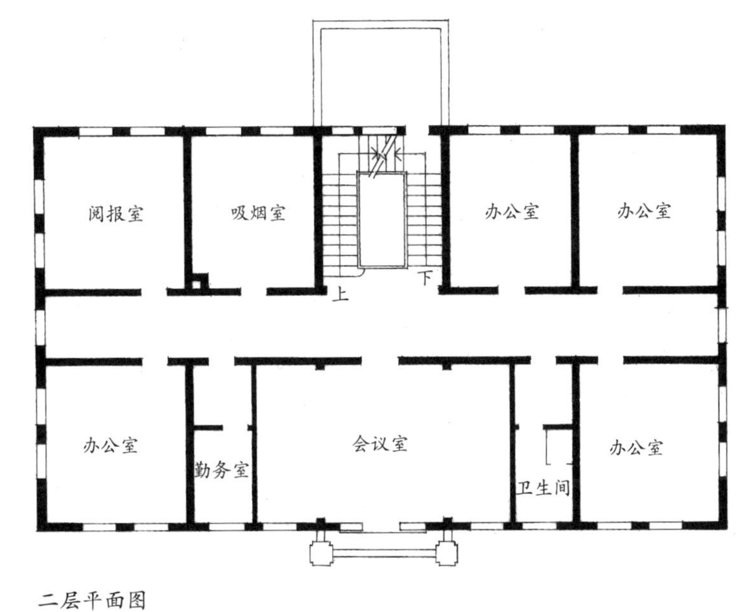

二层平面图

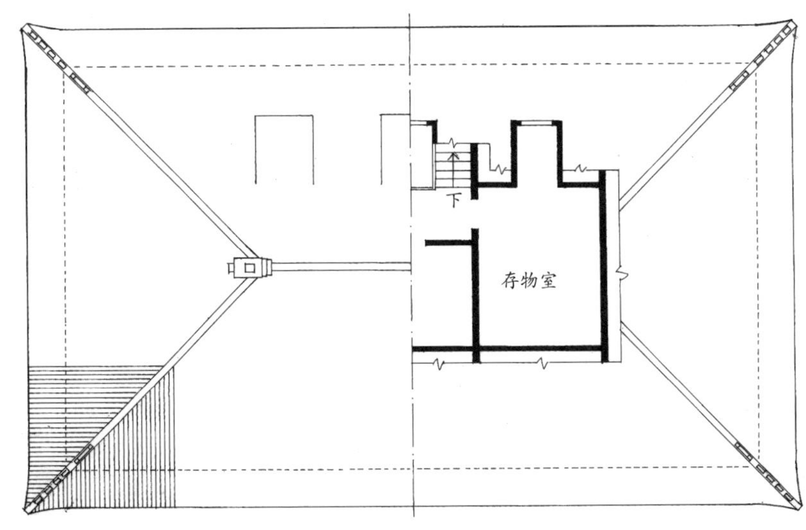

阁楼及屋顶平面图

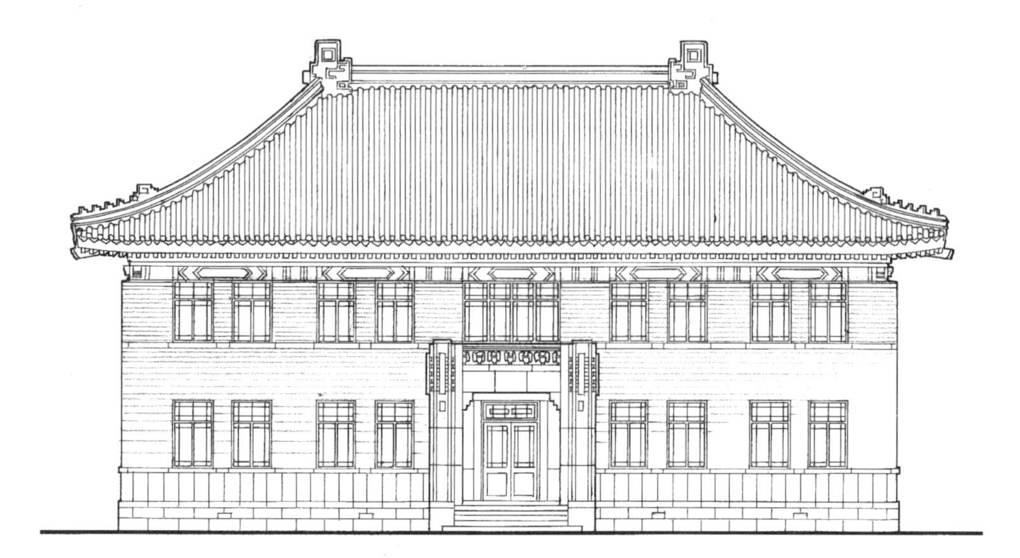
东南立面图

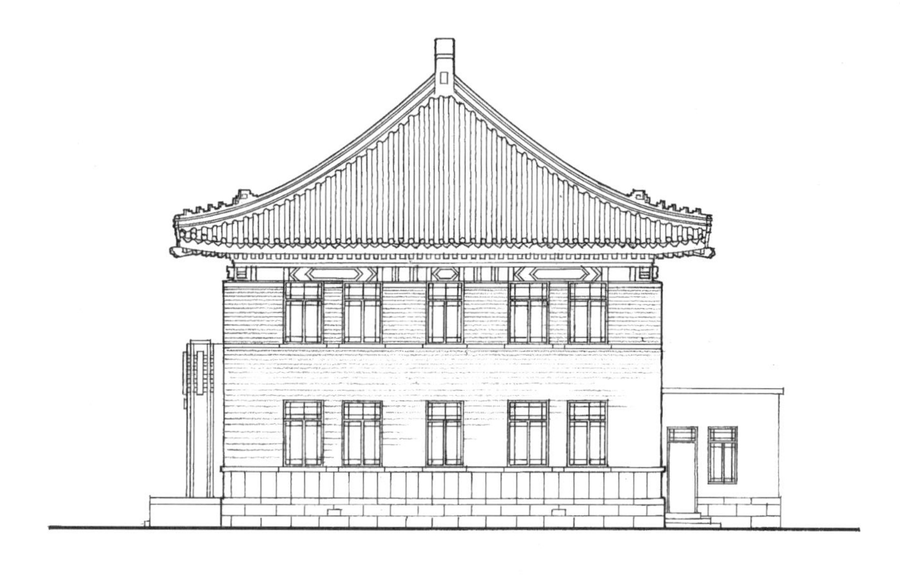
东北立面图

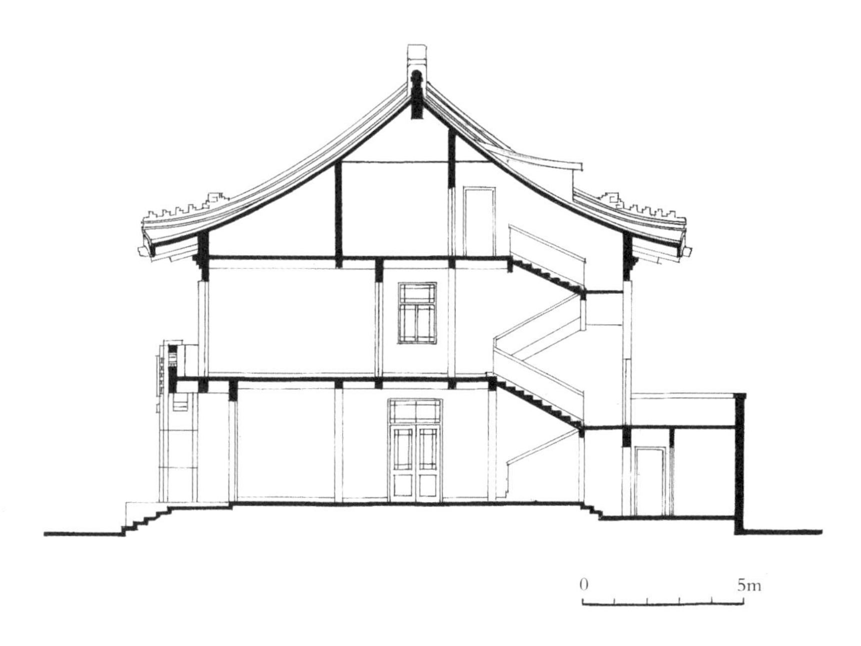

剖面图

41. 河南新乡河朔图书馆（1934 年）

新乡河朔图书馆由新乡行政公署专员兼新乡县县长唐肯倡议修建，馆址位于新乡县城西北卫河处东王村（现新乡市市区卫河公园内），占地 50 余亩。1934 年动工，1935 年 8 月竣工。

该馆原设计为“工”字形，因故只建成前楼。前楼坐北朝南，由主楼和翼楼组成。面宽 44.49 米，进深 21.73 米，建筑面积 1 740 平方米。

一层设业务办公与行政办公用房和书库；二、三层设有大阅览室、新闻杂志社、文物陈列室、演讲室等，可容纳 300 人阅览。室内梁枋、内檐均饰彩绘，隔断半虚半实或全实木隔断，可灵活分隔空间。一层地面为水磨石，楼板、楼梯均为木制。

建筑造型中为三开间三层重檐四角攒尖顶，两翼各为三开间半二层单檐歇山顶，一律灰色筒瓦，外墙一层为磨光白色料石砌筑，二层以上为青砖砌筑。主入口处设月台，汉白玉栏杆围护，明间大门通高二层，两翼窗洞下层小、上层大，与内部房间功能和空间大小相吻合，三层为通间满窗。色彩在灰色基调中点缀暗红木门窗框，使整个建筑稳重肃穆，极具中国传统建筑的特色。

1946 年 3 月 3 日，周恩来、张治中、马歇尔三人在该图书馆召开过军事调停会议。2001 年 6 月新乡图书馆外迁，原址改为新乡市群众艺术馆。

1. 国文保碑

2. 1935 年落成时旧照

3. 修缮后的入口外景

4. 西翼北立面外景

5. 西翼山墙外景

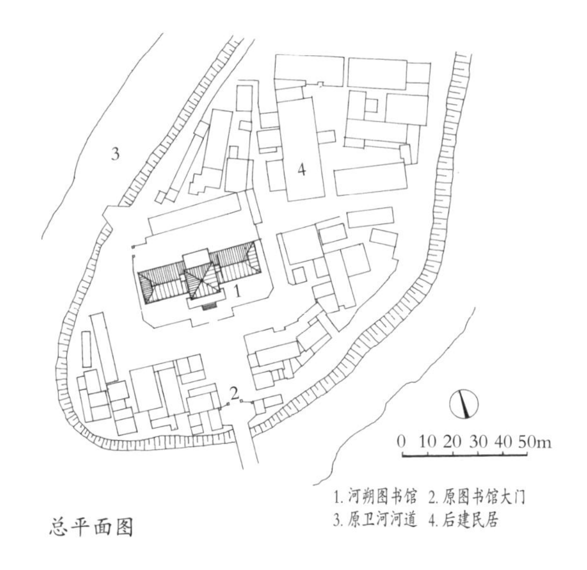

总平面图

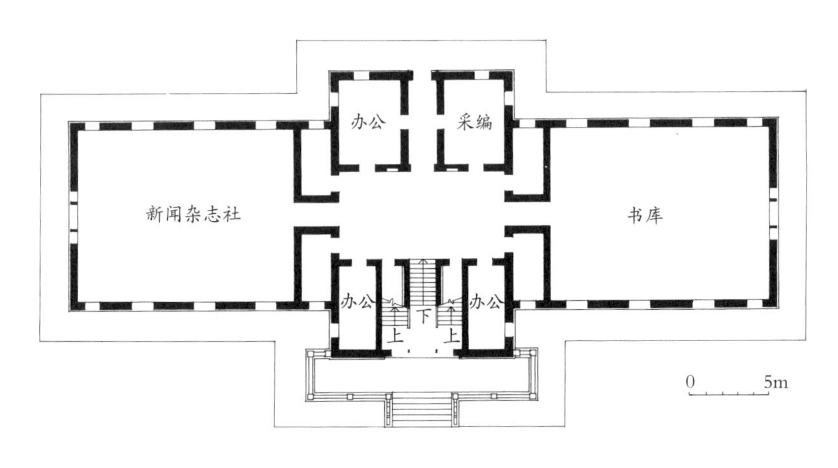

一层平面图

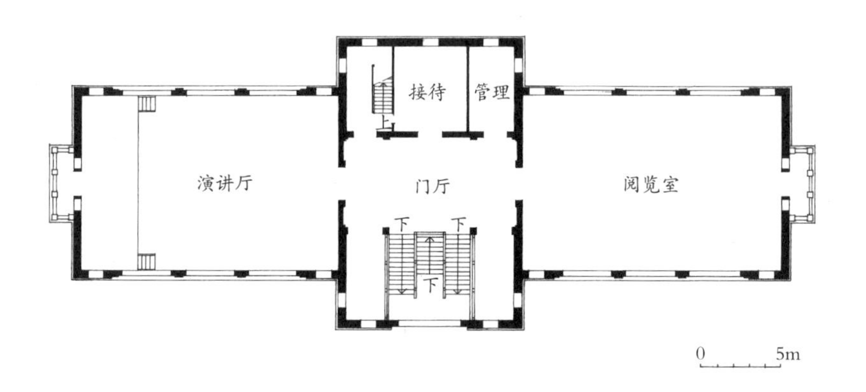

二层平面图

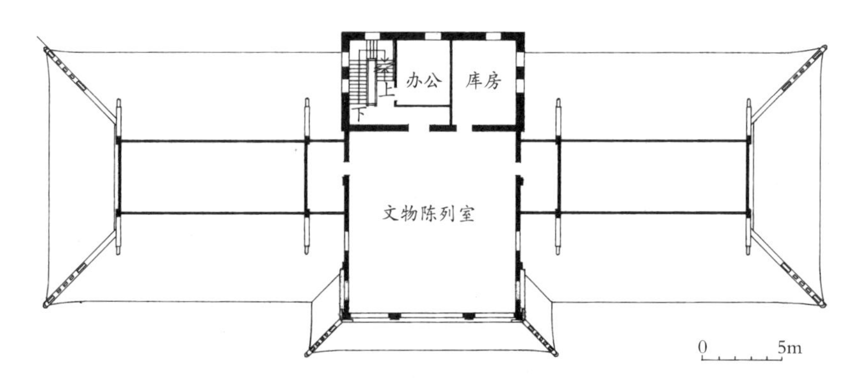

三层平面图

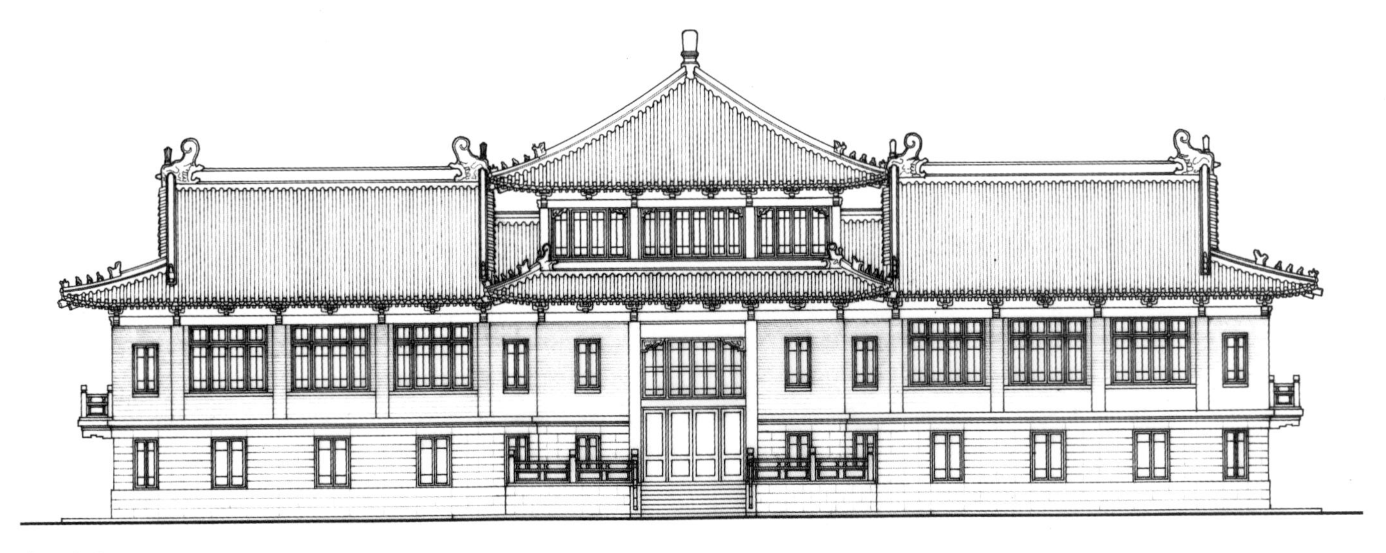

南立面图

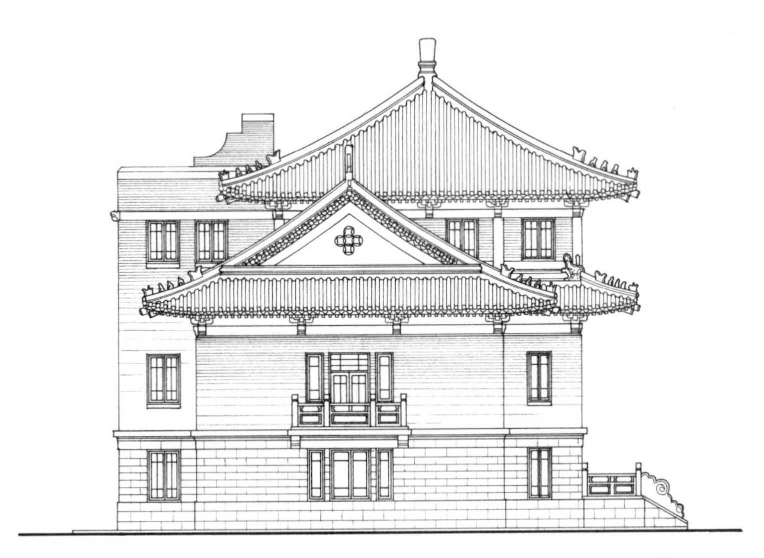

西立面图

剖面图

42. 重庆美丰银行（1934 年）

重庆美丰银行 开业于 1922 年 4 月，为中美合资银行。1927 年 3 月底中方买下因大革命而即将撤离的美方全部股份成为华资银行。1934 年重庆金融巨子康心如为了显示美丰的实力，聘请上海基泰工程司建筑师杨廷宝设计重庆美丰银行大厦，1935 年 8 月正式落成剪彩。后又经历 23 年风雨，于 1950 年 4 月宣告终结。

美丰银行是一座高六层（局部七层）的钢筋混凝土建筑，其坚固的结构抵御了抗战期间日机的轰炸和 1949 年“9・2”火灾中的火势蔓延。

建筑平面一层主入口设钢卷帘门、板门、玻璃门三重以保障安全，200 平方米的营业大厅（高达两层空间）居中，入口门厅两侧为办公用房，营业厅两侧以玻璃隔断分隔出后台业务办公。内部人员从侧厅进出。三至六层均为办公用房，有专用电梯、楼梯，与顾客流线分明。地下室为银行金库。

建筑立面对称，外墙下部两层贴青岛崂山黑色花岗石，上部外墙贴泰山无釉面砖。外观端庄简洁。

1. 国文保碑

2. 美丰银行全景

3. 入口大门近景

4. 营业厅内景

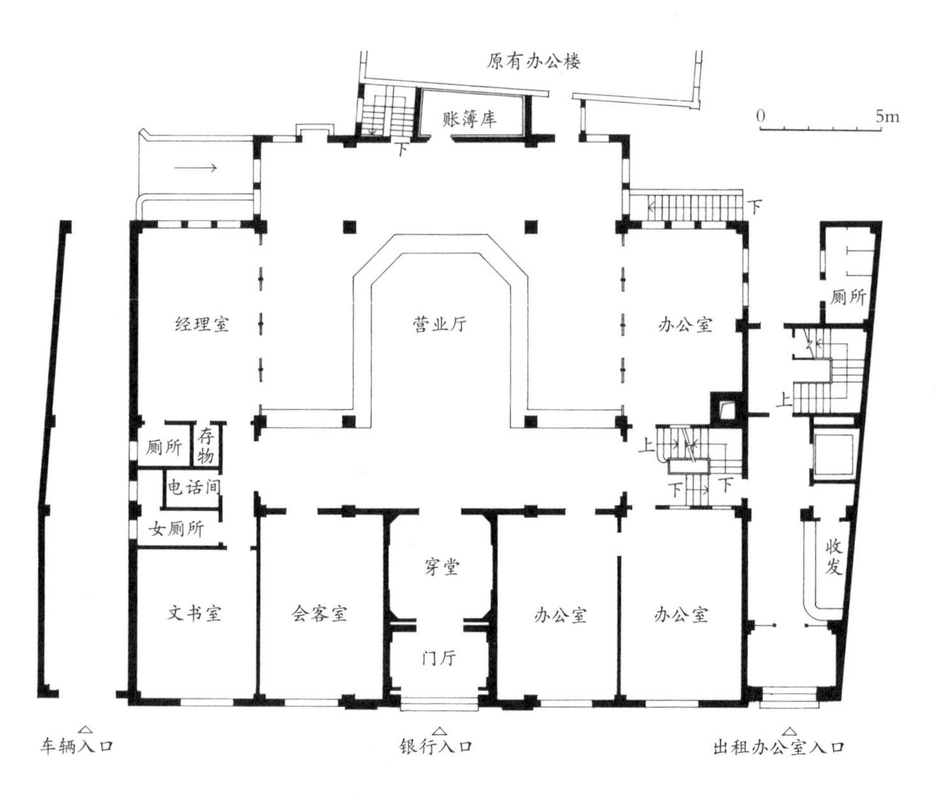

一层平面图

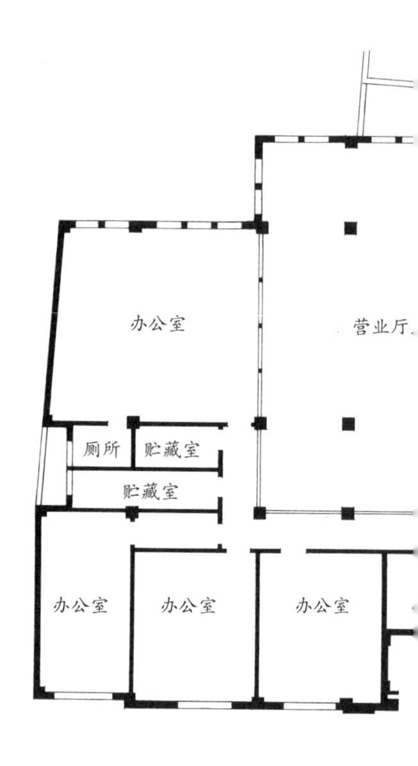

二层平面图

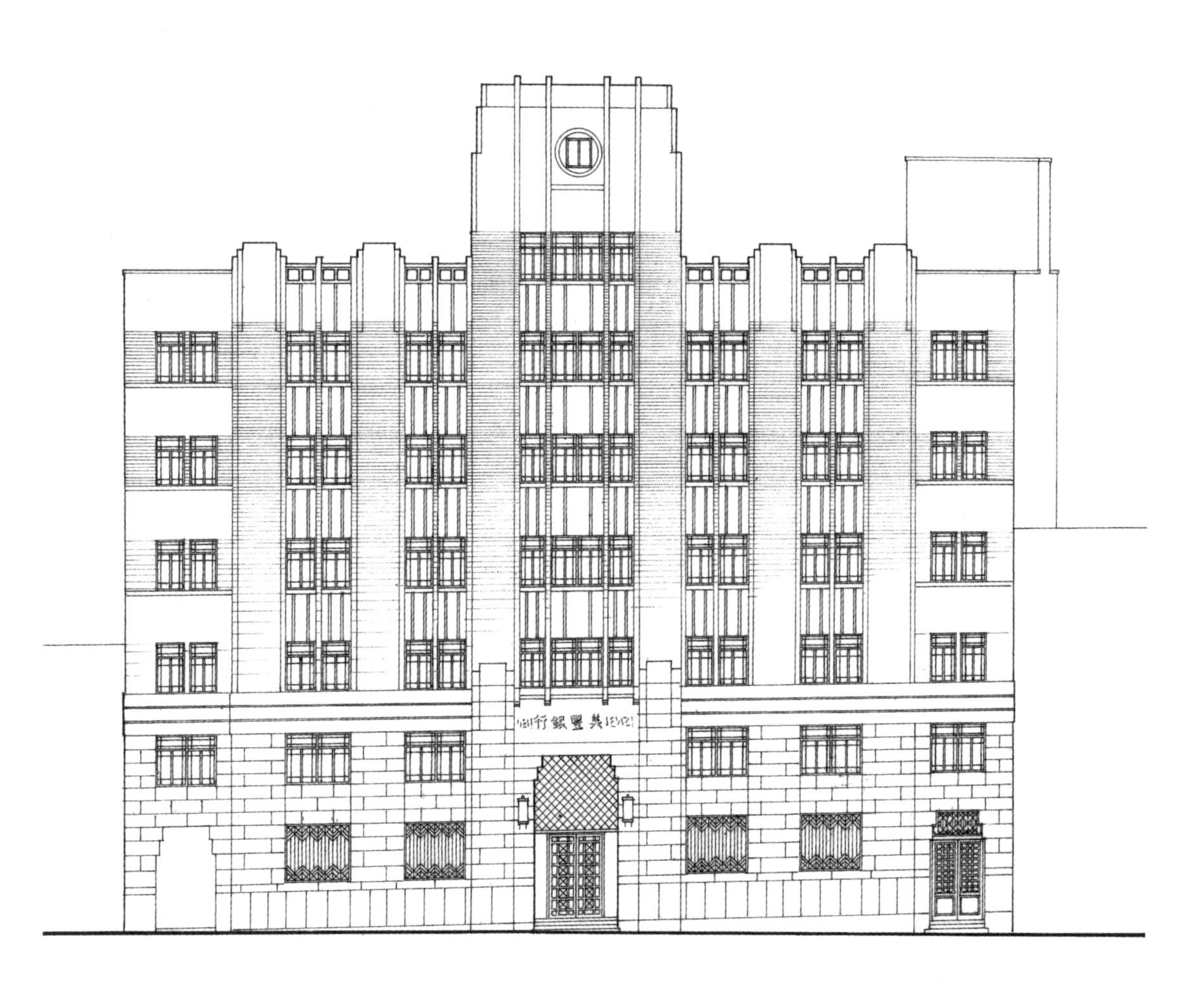

南立面图

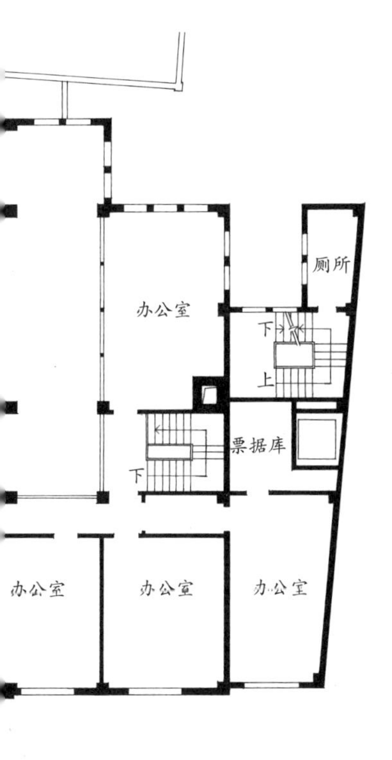

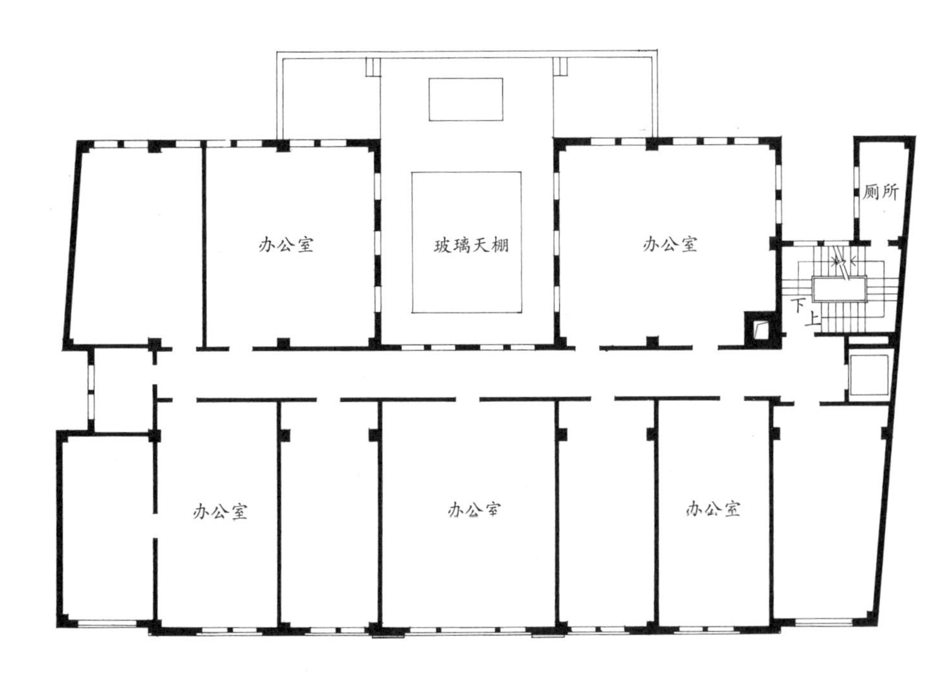

三～六层平面图

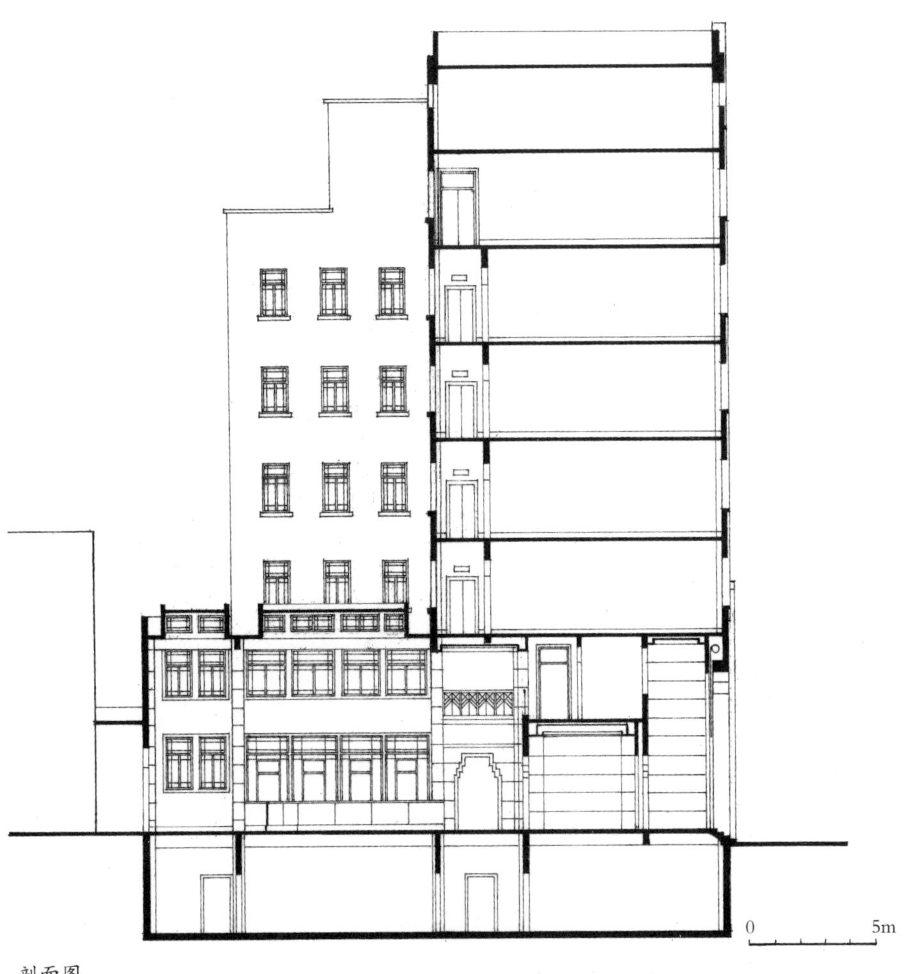

剖面图

43. 上海大新公司（1934 年）

上海大新百货公司（今上海市第一百货商店）地处南京东路、西藏路口，由澳大利亚侨商蔡昌所创，于 1932 年经选址、踏勘、考察后，由基泰工程公司朱彬设计，馥记营造厂承建，于 1934 年 11 月 19 日破土动工。后因规模变化及业主对经济性、适用性的意见，杨廷宝对立面方案设计经四轮修改后，于 1935 年 12 月竣工。次年 1 月 10 日开业，为旧上海南京路上四大百货公司之一。

大楼平面呈方形，沿路口做弧形转角，占地 3 667 平方米，建筑面积 28 069 平方米，高 42.3 米，地面以上 9 层，局部 10 层，地下 1 层。临南京路、西藏路、劳合路（今六合路）设七处出入口，其余皆为玻璃橱窗。平面布局地下室及一、二、三层为百货商场，面积达 1.7 万多平方米，为时下全国百货商业之冠。四层为商品陈列室及总办公室；五层设大新舞厅及酒家；六层至九层为大新游乐场，内辟电影场、各种游乐剧场；屋顶为花园，辟有天台十六景。是集购物、餐饮、娱乐于一体的综合性大楼。

平面柱网尺寸较大，井字梁楼板，铺面宽敞，采光通风良好，冷暖设备一应俱全。一至三层的商场中央，设 2 部远东首创的自动扶梯，曾招徕大量好奇顾客。8 部奥迪斯（OTIS）电梯和多部楼梯分设在周边各入口处，交通、疏散十分方便。

大楼造型简洁，底层门面为黑色花岗石贴面，以上各层贴乳黄色釉面砖，两者之间以通长雨棚作为分隔。立面多处部位带有中国传统建筑装饰元素，是旧上海租界内为数不多的由中国人设计的优秀建筑之一。

1951 年 9 月大新公司歇业，1953 年 11 月改为上海市第一百货商店，成为 20 世纪 80 年代以前全国最大的百货商店。历经 1986 年、1994 年、2007 年多次改造与修缮后，于 2017 年 6 月进行了大规模内部翻新改造，除立面外观和室内楼梯间保持原貌外，其余部位基本为现代风格。

1. 市文保碑

2. 原造型方案之一透视图

3. 20 世纪 30 年代中后期，向西鸟瞰南京路之大新公司景观

4. 20 世纪 30 年代近景

5. 经出新后的南京路与六合路岔路口景观

6. 顶部传统装饰构件

总平面图

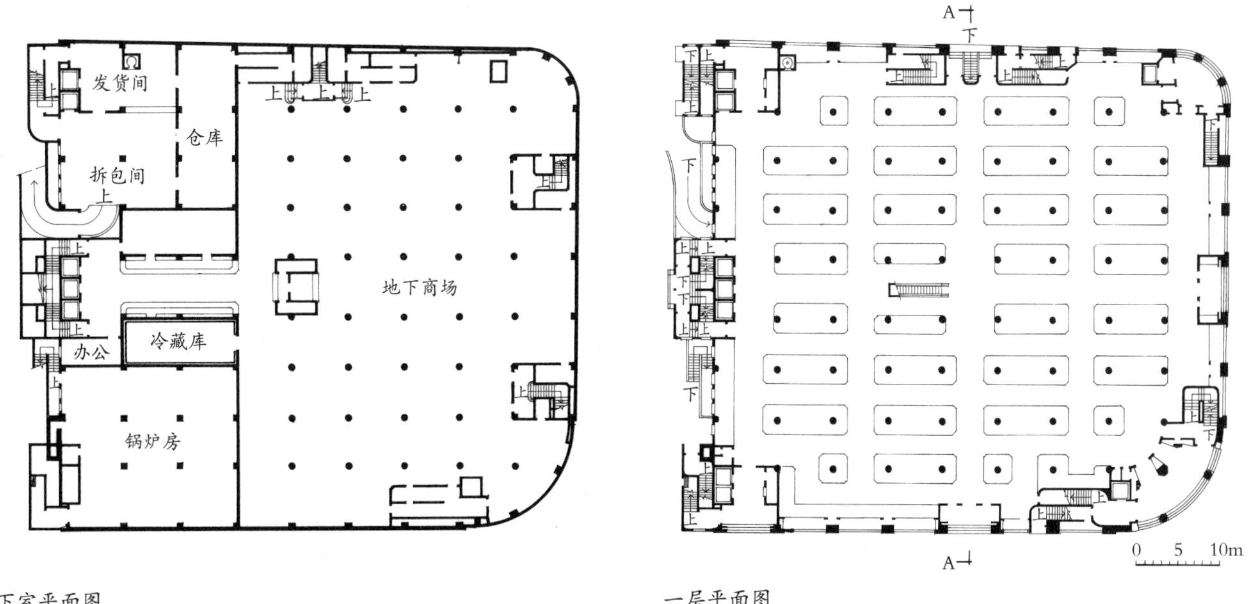

地下室平面图

一层平面图

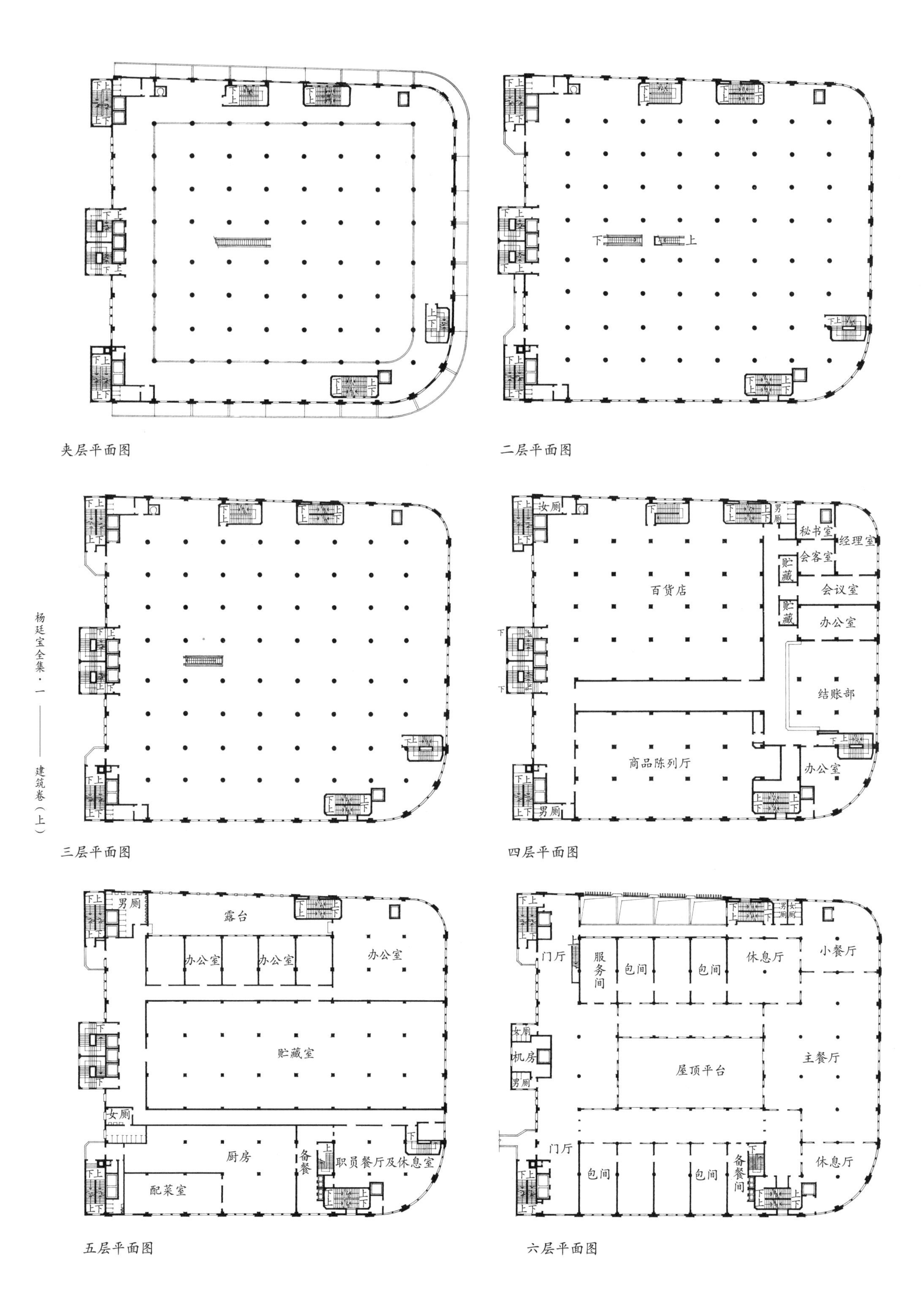

夹层平面图

二层平面图

三层平面图

四层平面图

五层平面图

六层平面图

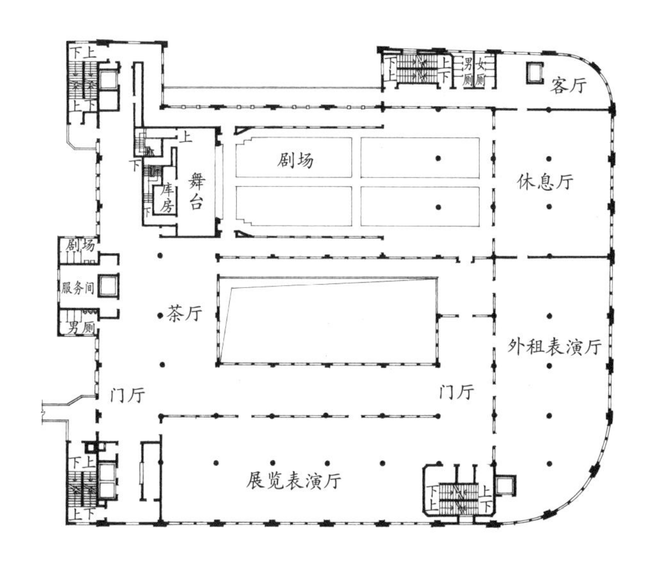

七层平面图

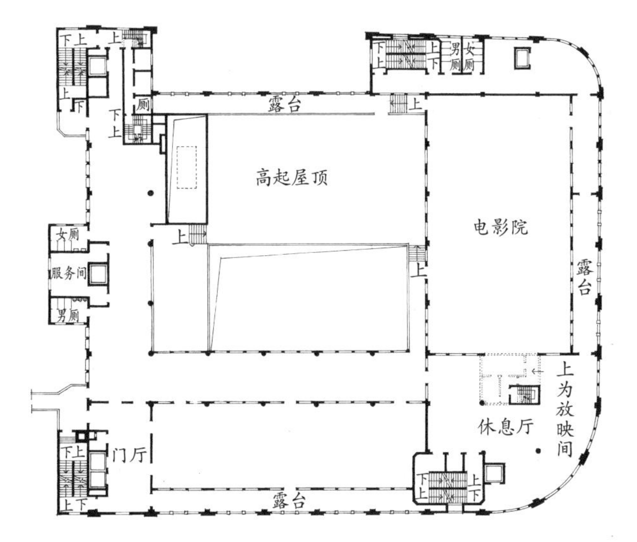

八层平面图

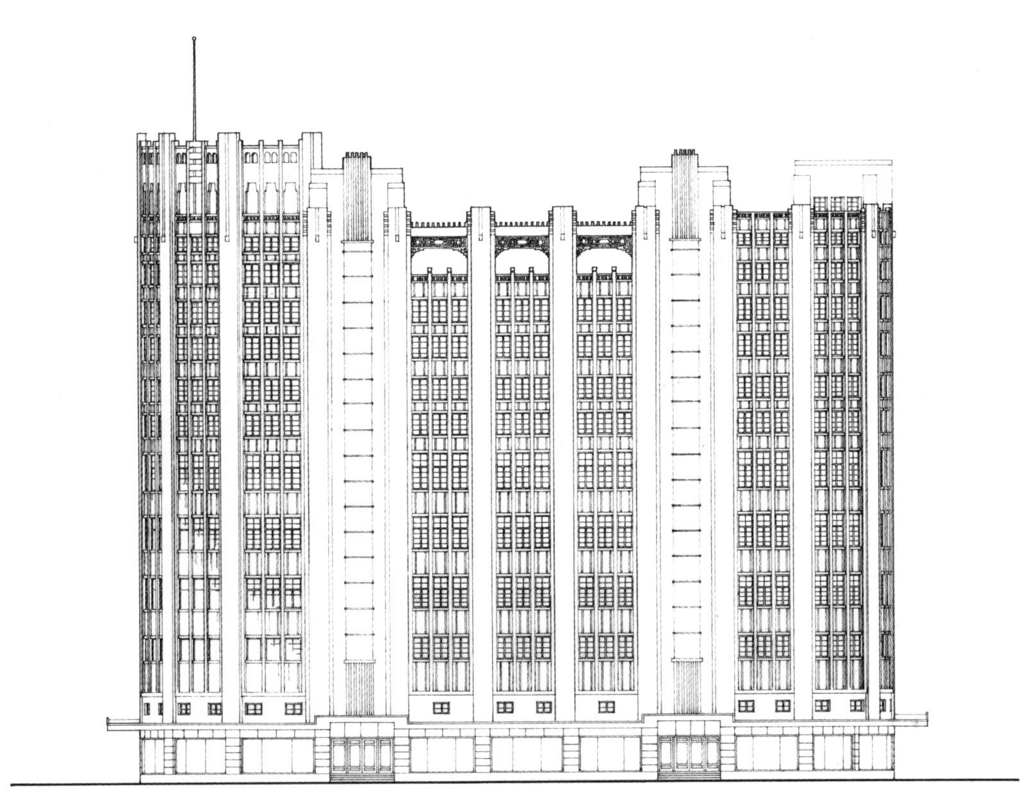

南京路立面图

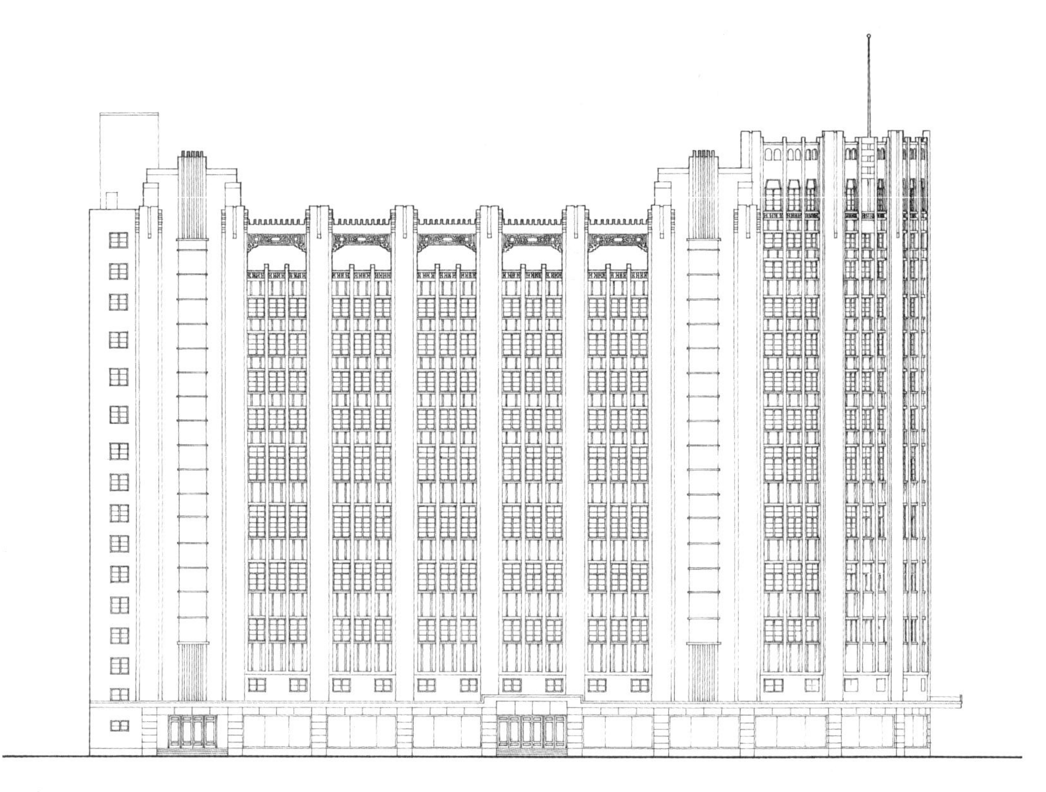

西藏路立面图

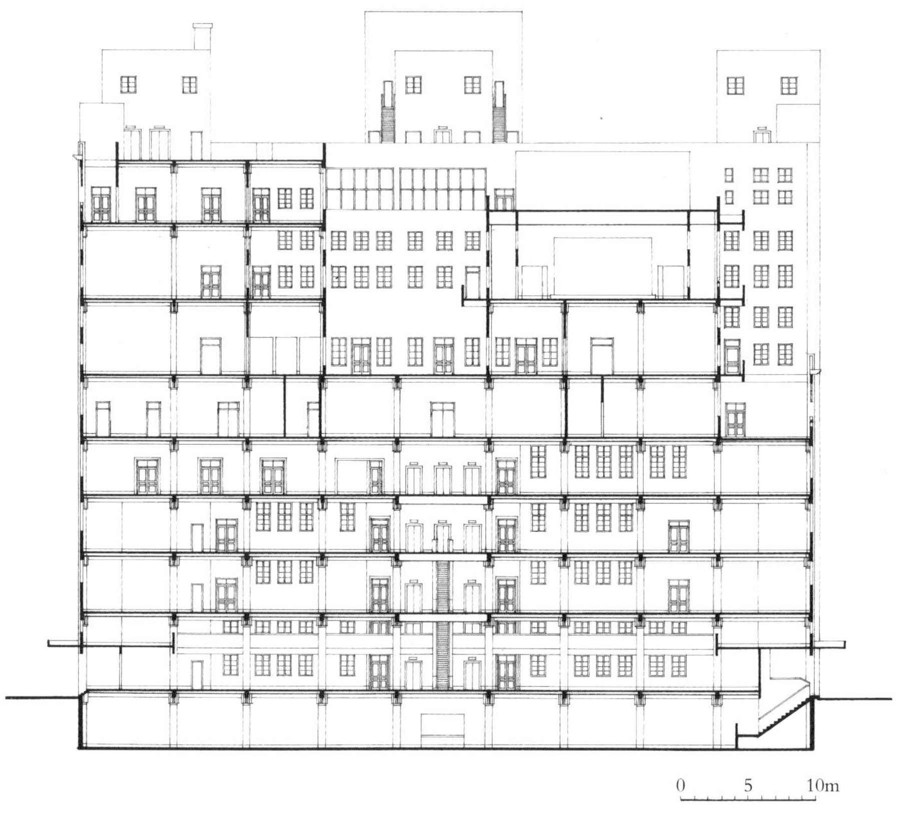

A-A 剖面图

44. 国立西北农林专科学校教学楼（1934 年）

国立西北农林专科学校于 1934 年 4 月创建，地处中国农耕文明的发祥地——陕西省武功县张家岗杨凌（原名杨陵），东距西安 82 公里。教学楼于 1934 年 5 月设计，1936 年 8 月落成。

三号楼作为学校的教学主楼，位于校园中心主轴线上。坐北朝南呈“凹”字形。三号楼长 92.66 米，进深 18.29 米，高 30.1 米，建筑面积 7 251 平方米，是当时西北第一高楼。

三号楼一至三层为教室、实验室。中央部分在三层主体之上，又加四层塔楼。其中，四层为教学用房，五层为学校广播台用房，六层为大钟室，内有一架直径为 1.5 米的大钟悬挂正中，七层为水箱层。楼顶立有一口重达百斤的铜铸大钟，通过机械传动与机房相连，每当正点报时时刻，悠扬的钟声传遍校园，夜深人静时可达数里之遥。

楼后设有地下室，辟为锅炉房，为全校供应暖气，其烟囱顺教学楼外墙皮直达楼顶。

三号楼外观，简洁独特、舒展的主体建筑与高耸的塔楼形成对比，登楼顶可眺望校园、农场尽收眼底，举目环视，富饶的关中平原一览无余。

1999 年 9 月，经国务院批准，与同处杨凌的原西北农业大学、西北林学院等 7 所教学科研单位合并组建为西北农林科技大学，是全国农林学科最为齐全的高等农业院校，首批入选国家“双一流”建设高校名单。

1. 省文保碑

2. 1934年的教学大楼旧照

3. 中部入口外景

4. 北立面外景

5. 修缮后的门厅

6. 楼梯间

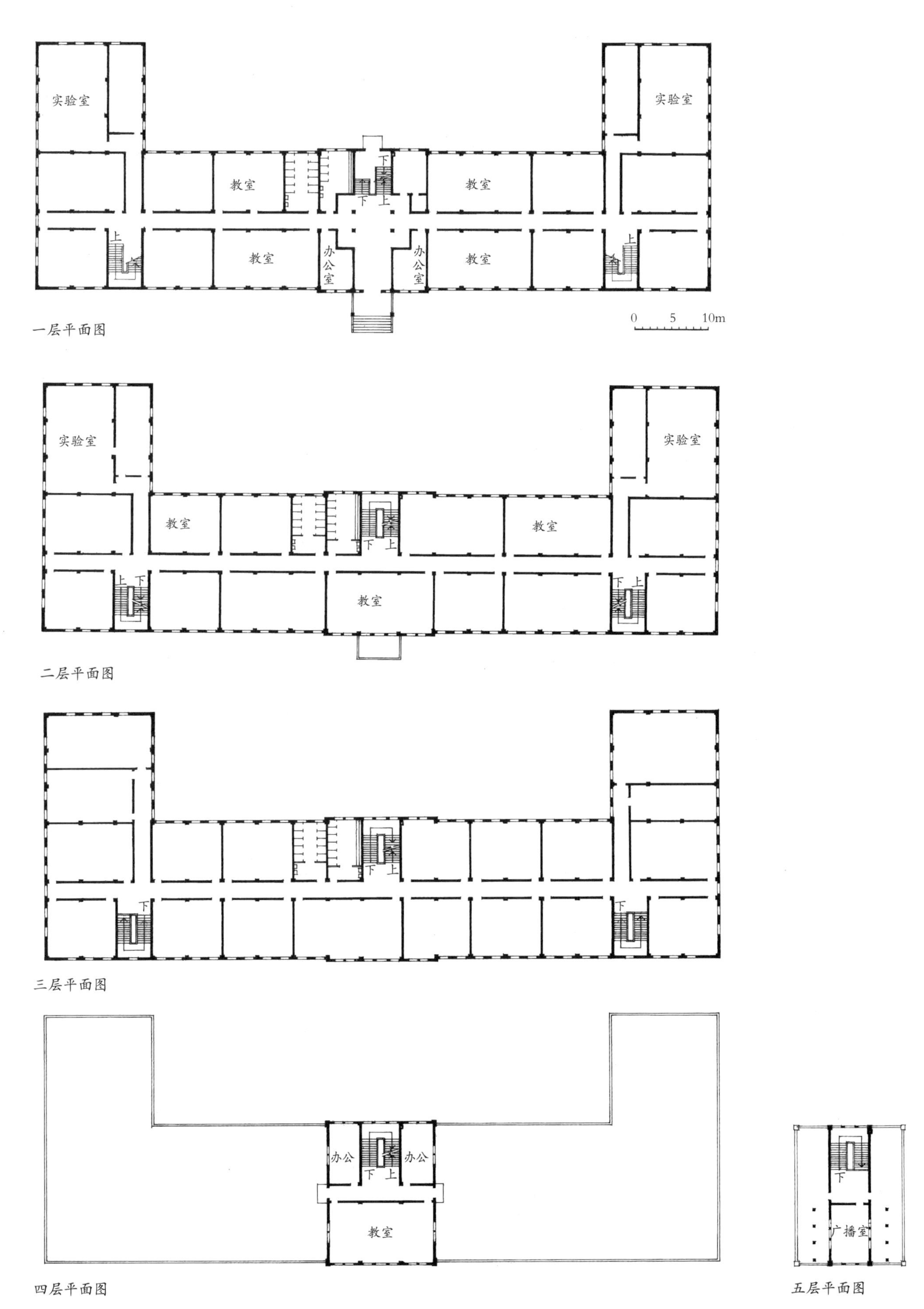

一层平面图

二层平面图

三层平面图

四层平面图

五层平面图

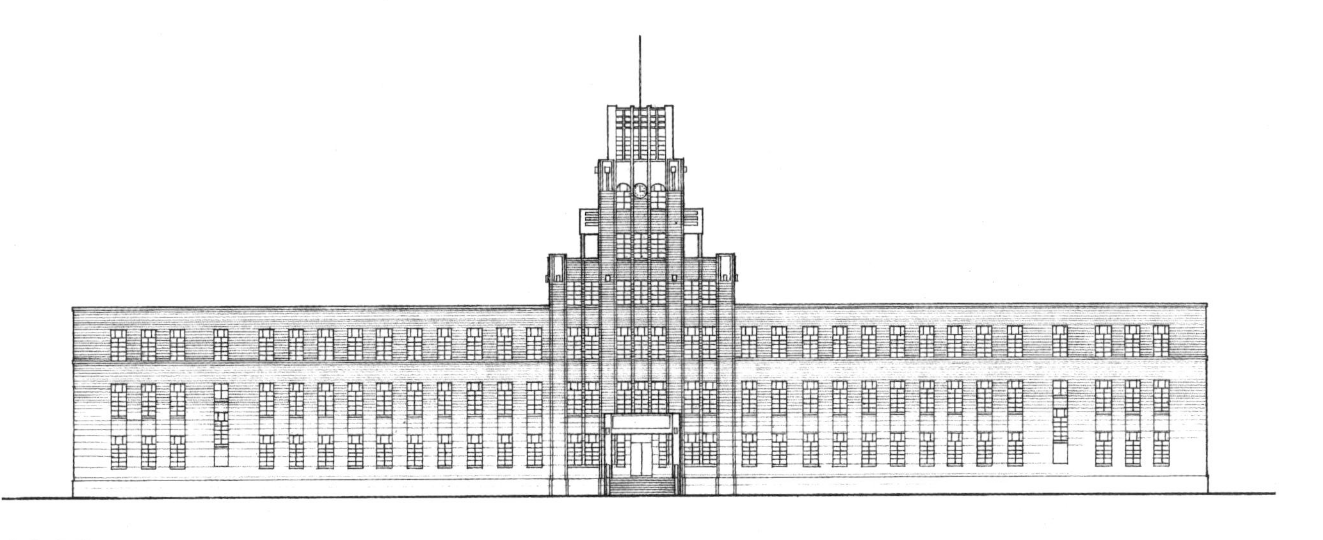
南立面图

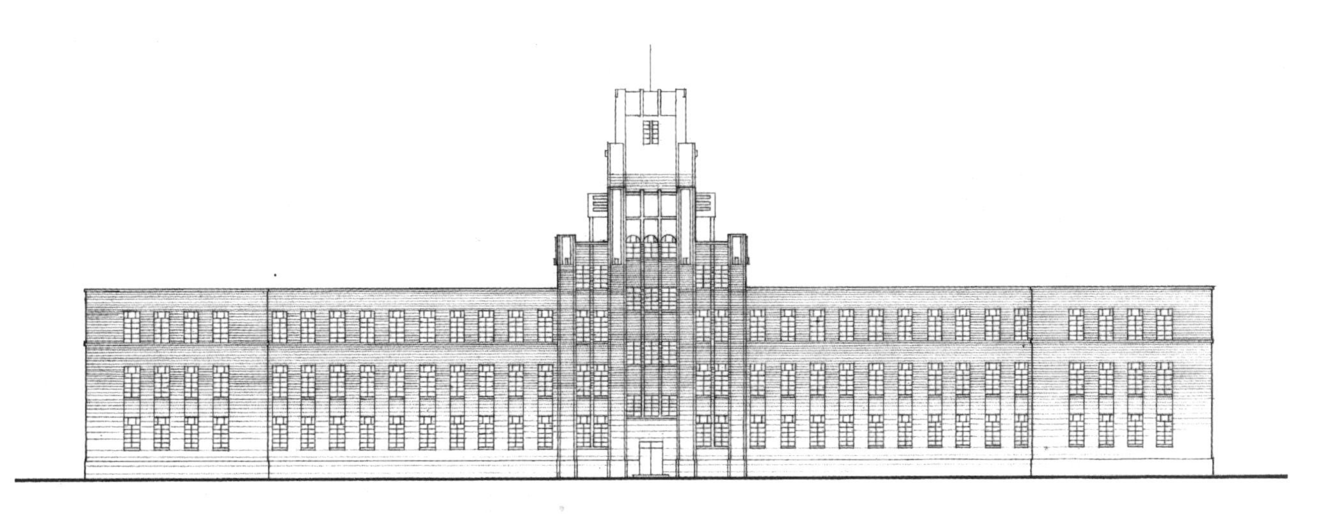
北立面图

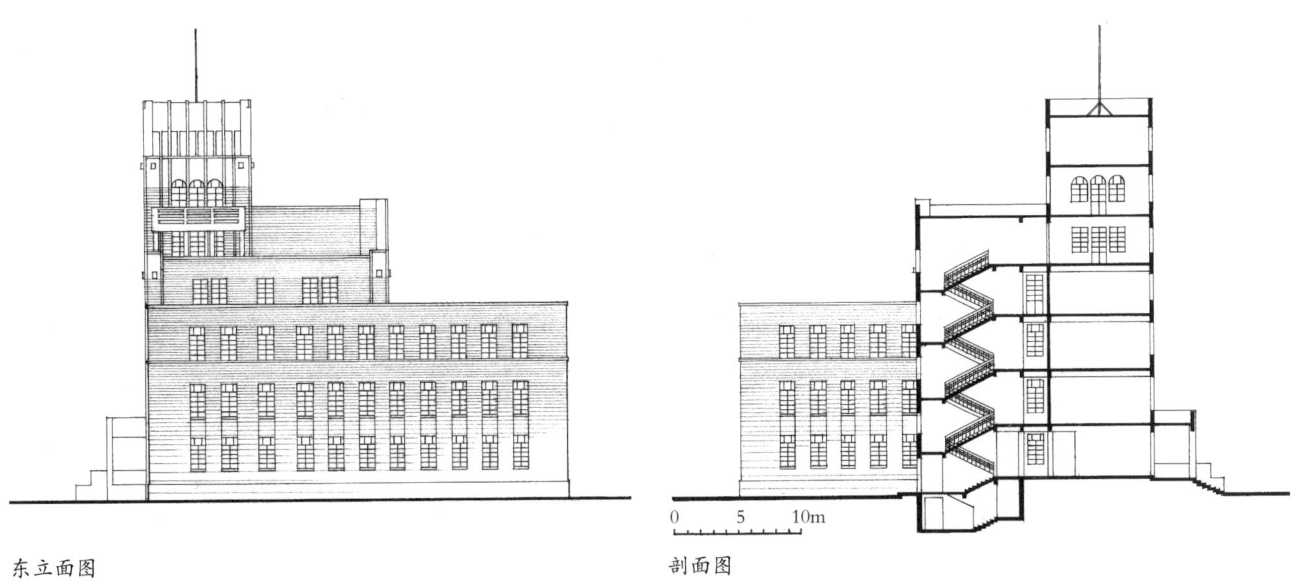

东立面图

剖面图

45. 南京大华大戏院（1934 年）

大华大戏院位于南京市中山南路 67 号，紧邻新街口闹市区。1935 年始建，1936 年 5 月 29 日开业，是南京最早建设的戏院之一。

大戏院坐东朝西，占地 2 300 平方米，总建筑面积 3 728 平方米。

一层主体平面为对称式，长 66.64 米，宽 33.33 米。门厅 20 米 ×16 米，通高二层，设玻璃采光顶。周边立 12 根大红圆柱，南北两侧各设售票房，面西临路设三樘大门，迎面正中有一宽大楼梯通向二层跑马回廊，廊南为观众休息室、冷饮室，廊北为办公室。回廊东墙南北两端各设门道通向观众厅前厅（穿堂）。一层观众厅长 35.14 米，宽 25.57 米。二层设楼座，完全按照现代剧场的视线、声学要求进行室内设计，总席位 1 768 座。观众厅南北两侧设有宽敞观众疏散通道，并设有冷暖设备，成为民国时期南京标准最高、规模最大的戏院。

大戏院西立面下部设有通长雨棚覆盖入口宽大台阶，上部为招牌幕墙和带形采光窗，造型典雅。门厅装修富丽堂皇，颇具中国浓郁的民族风格，是一座典型的中西合璧式建筑。

大戏院在 80 年的电影业发展历程中，几经鼎盛与维艰岁月，所幸在城市化进程中得以顽强生存下来，成为江苏省重点文物保护单位，并于 2011 年 11 月，启动对大华大戏院的维修改造工程，2013 年 5 月 29 日重新开业。改造后的大华大戏院共 9 个大小不等的电影厅，1 100 多个座位，并引入了全国最新电影放映硬件设备。

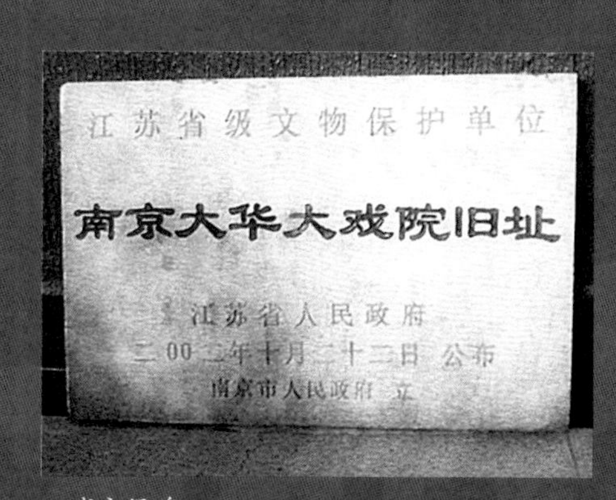

1. 省文保碑

2. 1936 年的南京大华大戏院近景

3. 从二层回廊俯视门厅

4. 观众厅内景

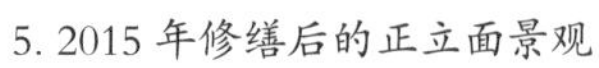
5. 2015 年修缮后的正立面景观

6. 入口大雨棚

7. 2015 年修缮后的门厅全景

8. 从二层回廊看门厅柱头装饰

9. 俯视门厅

10. 二层回廊

11. 二层回廊外墙一侧内景

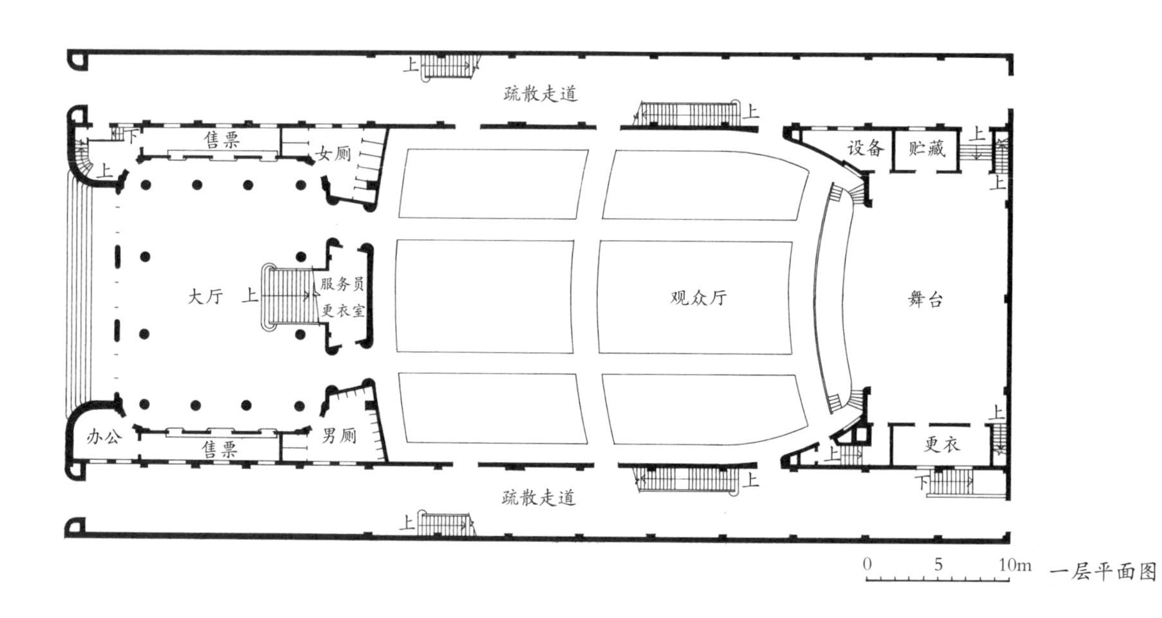

一层平面图

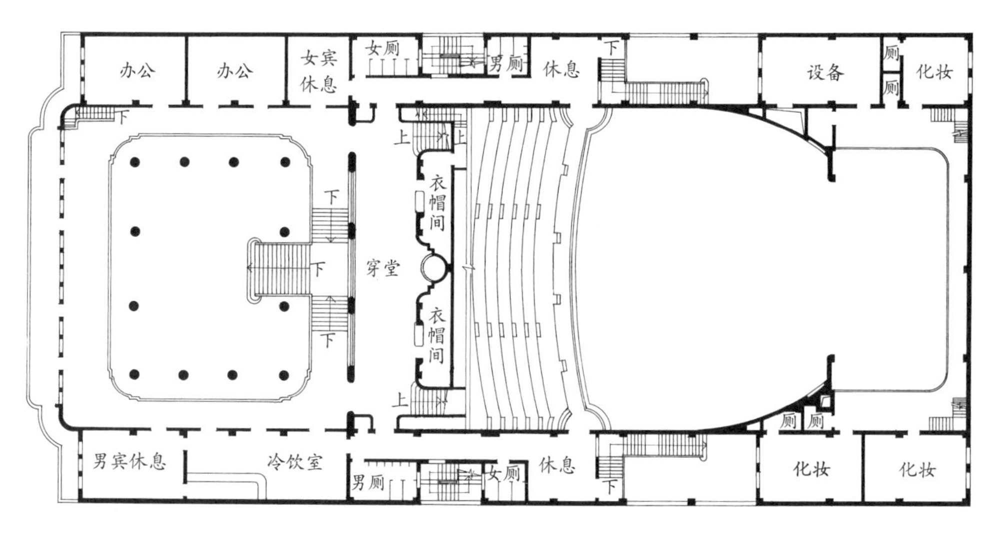

二层平面图

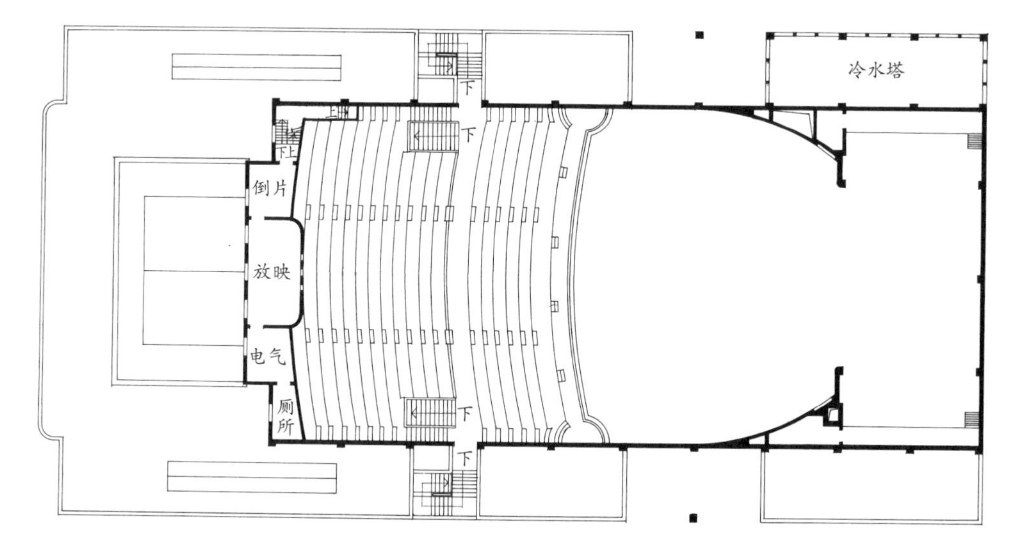

三层平面图

西立面图

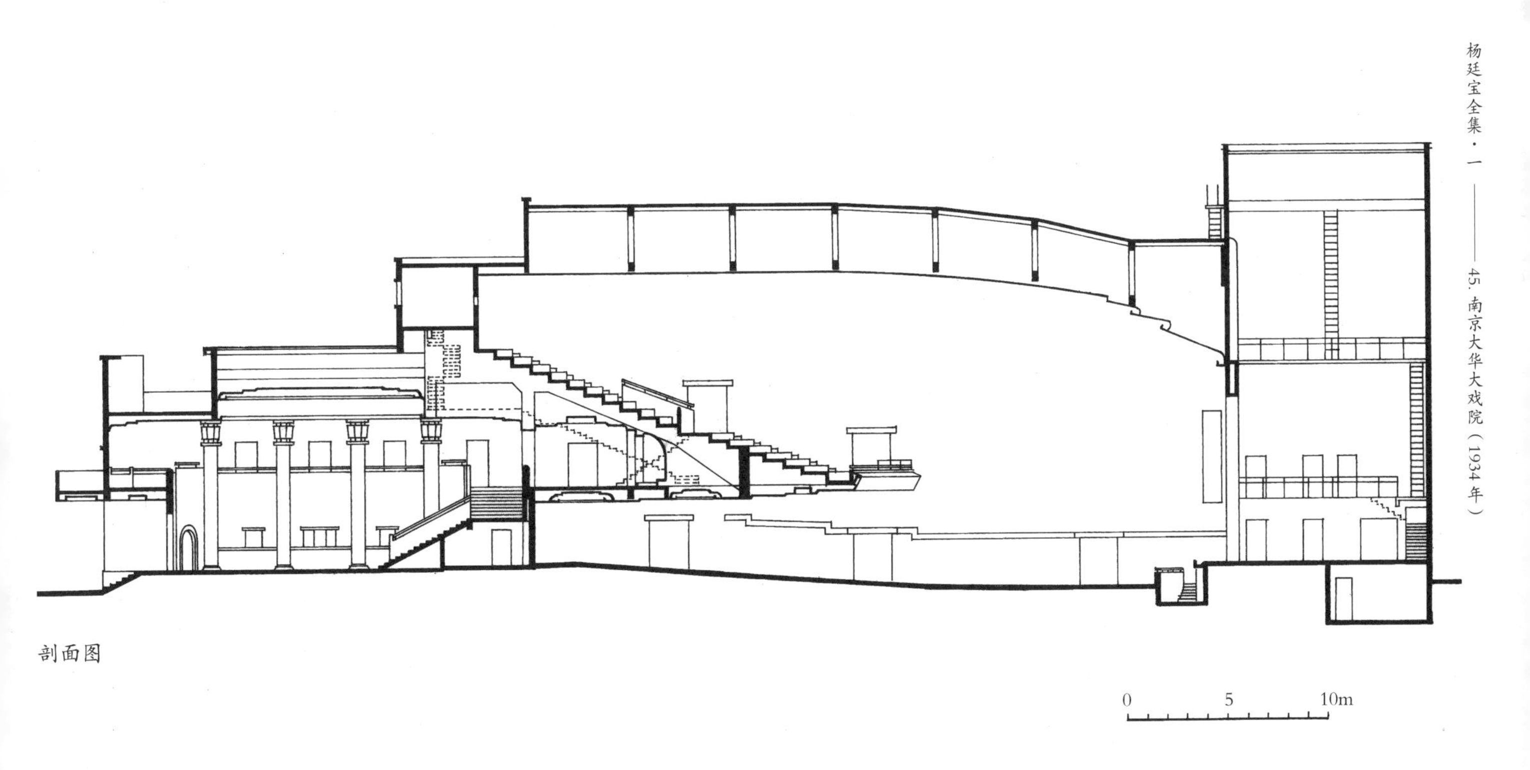

剖面图

46. 国民党中央党史史料陈列馆（1934 年）

国民党中央党史史料陈列馆（现为中国第二历史档案馆）位于南京市中山东路 309 号。1934 年设计，1935 年 2 月在明故宫西宫遗址上动工，1936 年 7 月建成。建筑面积 1 570 平方米。

陈列馆是运用钢筋混凝土结构模仿清代宫殿式建筑的典型案例之一，高三层，一层为办公用房，居东、西两端，以回廊相通。回廊中间为档案库房，两库各约 100 平方米，内呈“回”字阶梯形。库房作防潮、隔热处理，且以空气调节设备保证库内一年四季恒温恒湿。库房门采用双重保险，内置钢栅栏门，外设特制防火钢库门。二、三层为宽敞的史料陈列大厅（室）。二层四周设檐廊，东西两侧利用一层平屋面作为平台。

建筑造型以陈列馆重檐歇山宫殿式建筑主体，坐落在一层舒展台基上，尽显宏伟气势。建筑装修以棂花门窗、天花藻井、沥粉彩画、琉璃筒瓦、朱柱石栏共同渲染中国传统建筑的庄重华丽。

陈列馆四周布置花园，用地边界四角各设警亭一座。主入口大门立三开间华丽牌坊。

1937 年 7 月全面抗战爆发，南京沦陷后，该陈列馆成为日伪军兵营，1945 年 8 月，日寇投降，翌年春，党史史料编纂委员会迁回旧址。1949 年后，由人民政府接管，1964 年更名为中国第二历史档案馆。1977 年，经征求杨廷宝先生意见，在该楼前院两侧扩建东、西配楼。

1. 国文保碑

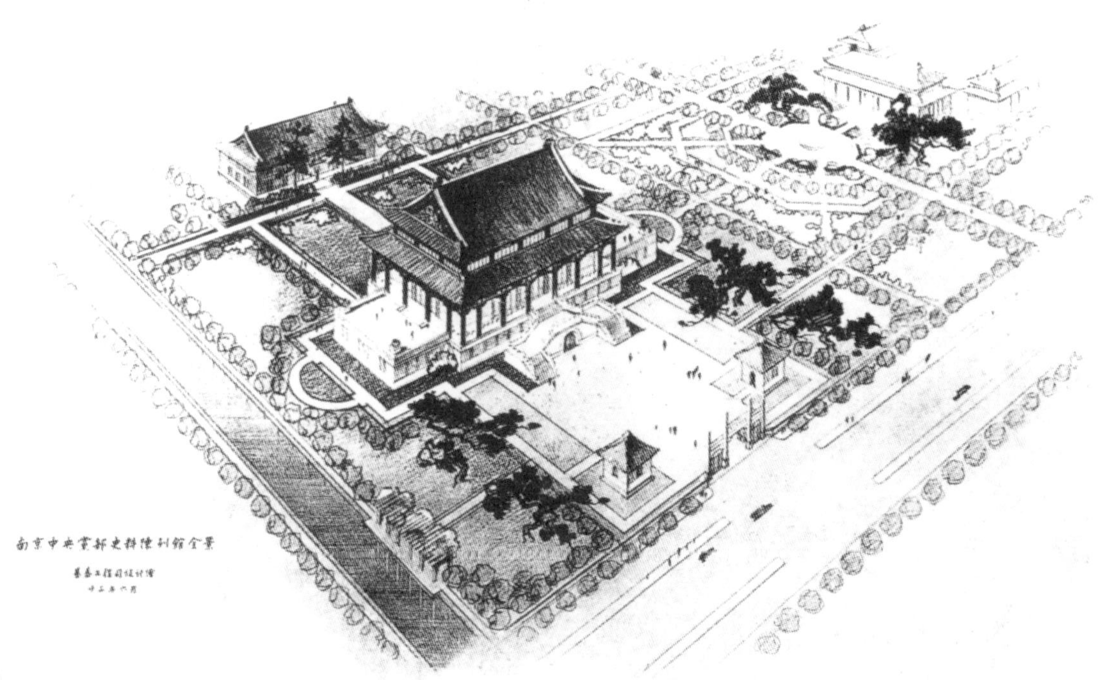

2. 鸟瞰图

3. 1936年全景旧照

4. 二层大厅一角

5. 三层陈列大厅

6. 一层档案库内景

7. 正面外景

8. 入口室外大台阶

9. 大门牌坊

10. 大门一侧警亭

11. 檐廊

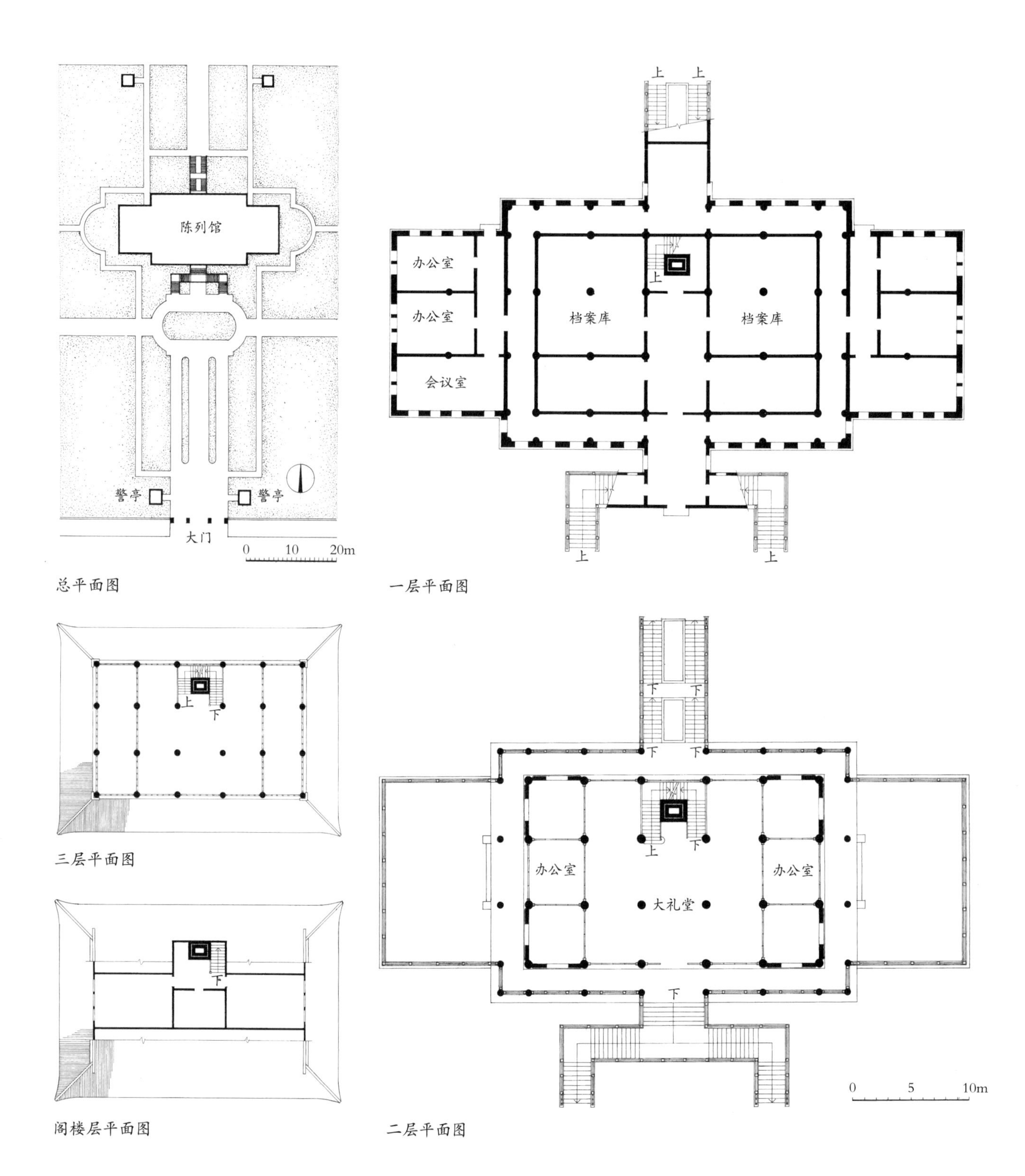

总平面图

一层平面图

三层平面图

阁楼层平面图

二层平面图

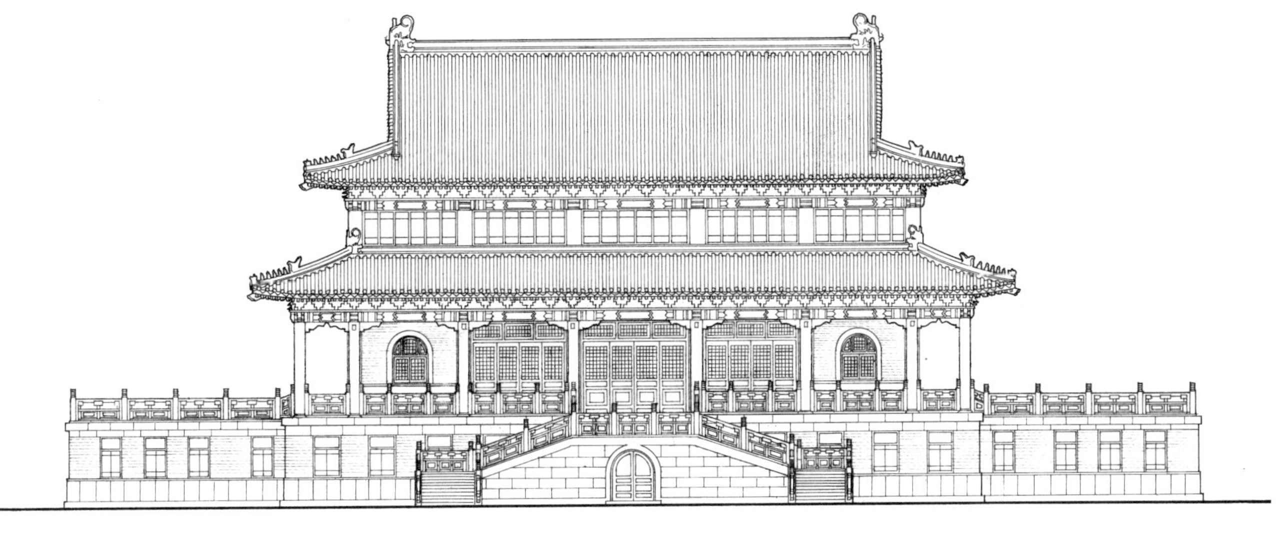
南立面图

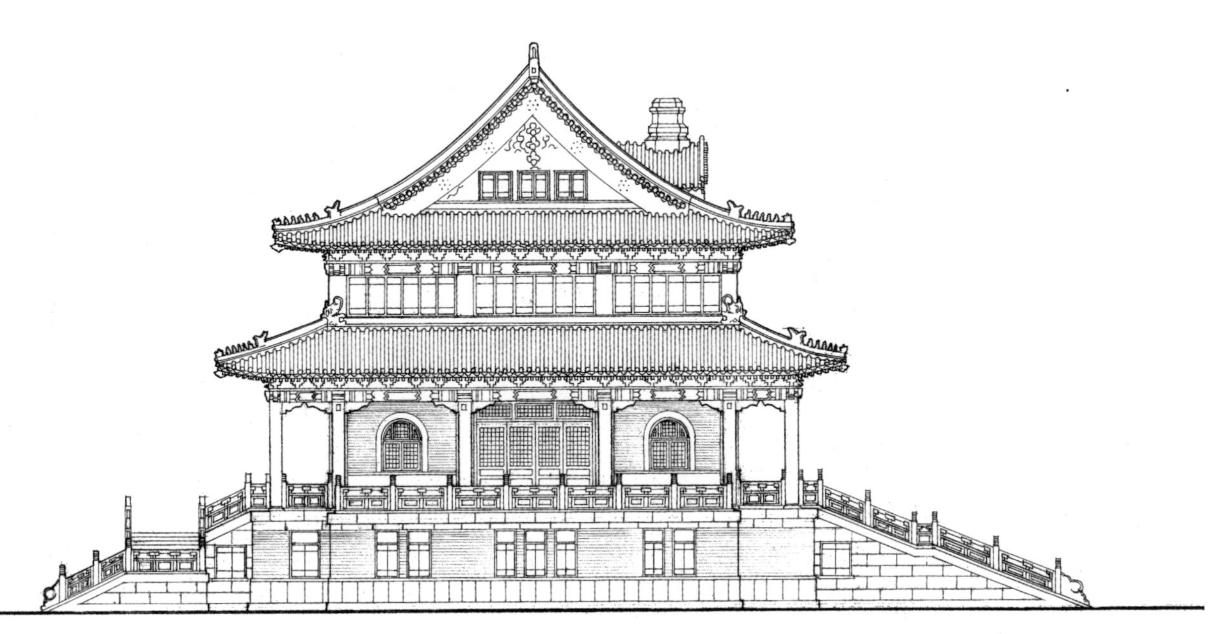
东立面图

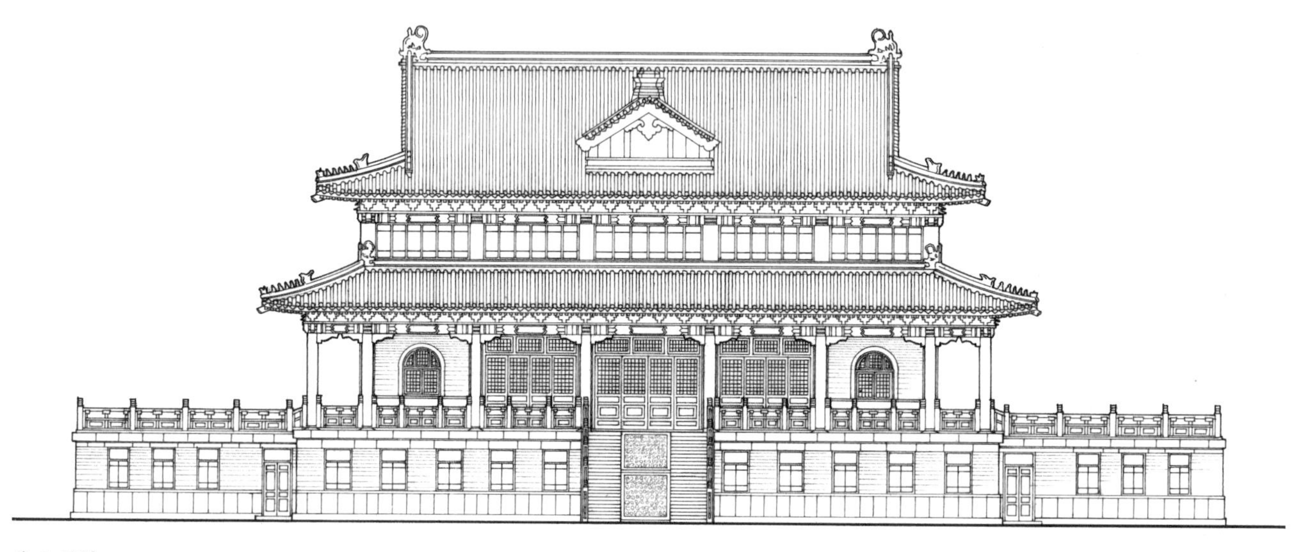

北立面图

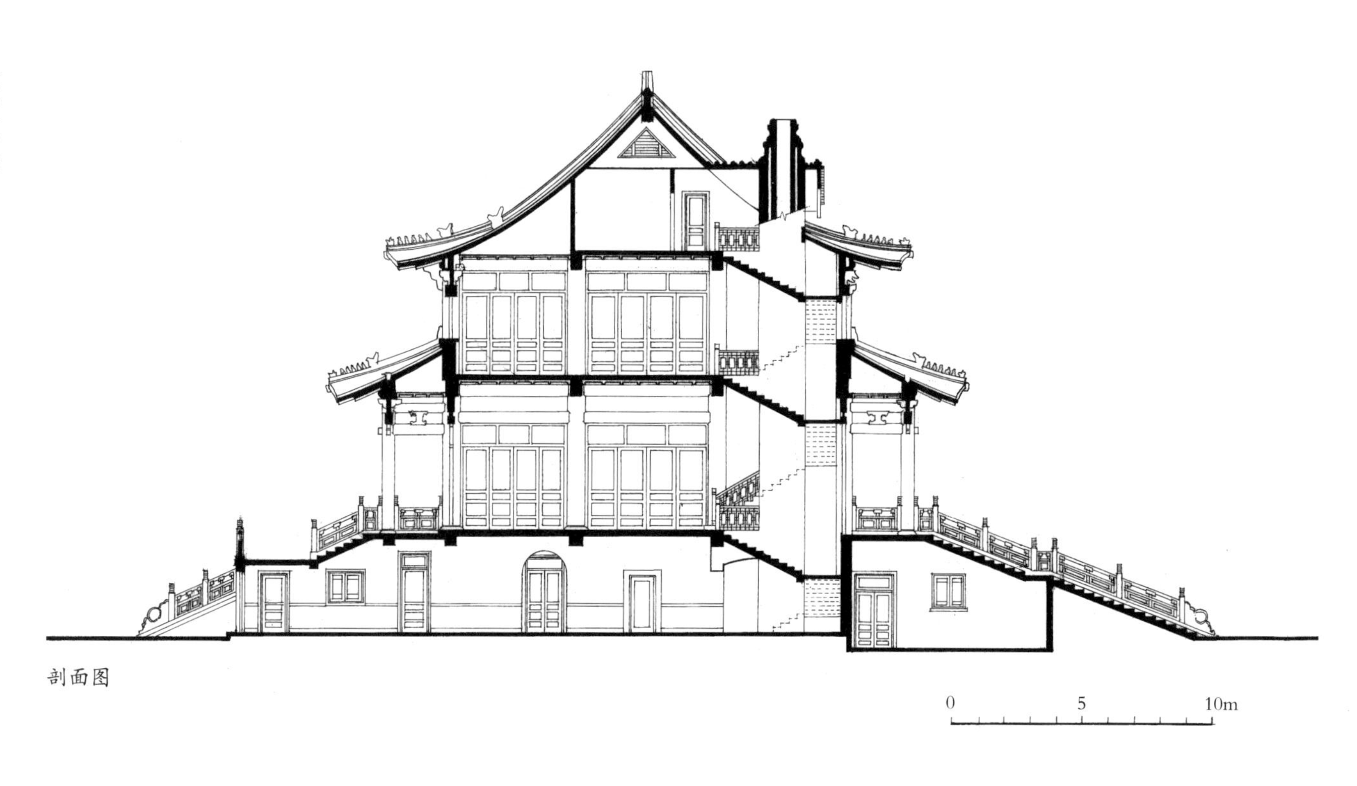

剖面图

47. 国民党中央监察委员会办公楼（1935 年）

国民党中央监察委员会办公楼位于南京市中山东路 445 号（现 313 号），东临中央博物院筹备处（今南京博物院），西望国民党中央党史史料陈列馆，俗称“西宫”（今中国第二历史档案馆），因其位置大致在明朝皇宫内的文华殿遗址上，故俗称“东宫”。1936 年 2 月开工建造，1937 年 2 月建成。建筑面积 1 570 平方米。

中央监察委员会旧址占地面积 5.78 公顷，共有房屋 12 幢 90 间。总平面布局与国民党党史史料陈列馆相似，亦有一座三开间庑殿绿琉璃瓦顶的牌楼式大门，门内两侧各建有四角攒尖顶警卫亭，在旧址北面对应位置，也有两座造型完全相同的警卫亭。

主体建筑位居中轴线上，坐北朝南，高三层，前有大庭院，四周有水泥道路环绕。二、三层为重檐歇山顶，深绿色琉璃瓦屋面。屋顶背面设有老虎窗以利屋顶阁楼采光通风。檐口部分仿木斗栱，红漆圆柱，梁额彩绘，棂花门窗。外墙面用深黄色缸砖饰面，主建筑底部是一层平顶承台，四周围以云纹斩假石栏杆。整体外观巍峨稳重，极具中国古建筑的民族风格。

该办公楼现为军区档案馆。

1. 国文保碑

2. 1944 年南京国民党中央监察委员会大门牌坊旧照

3. 入口牌坊近景

4. 正面近景

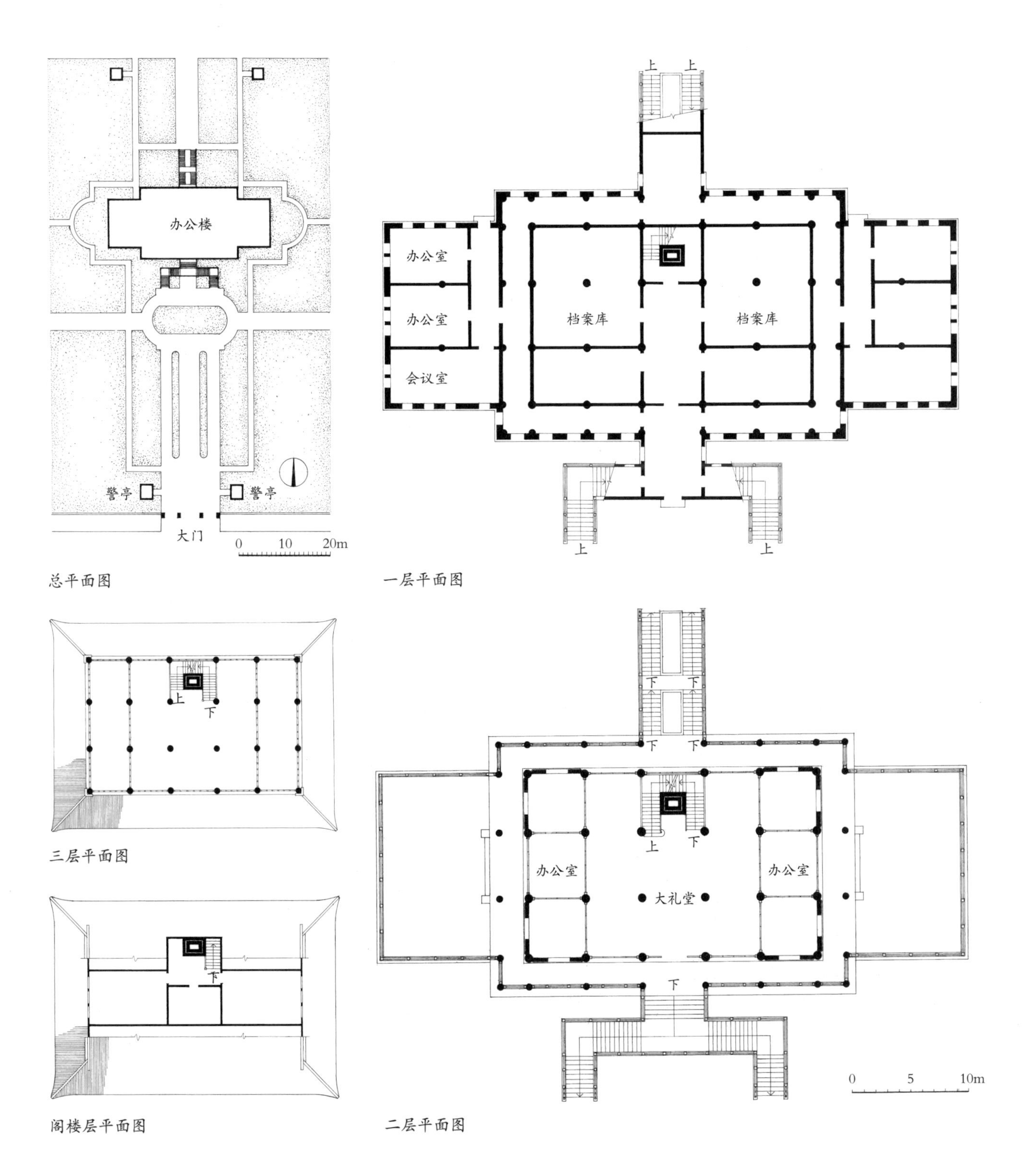

总平面图

一层平面图

三层平面图

阁楼层平面图

二层平面图

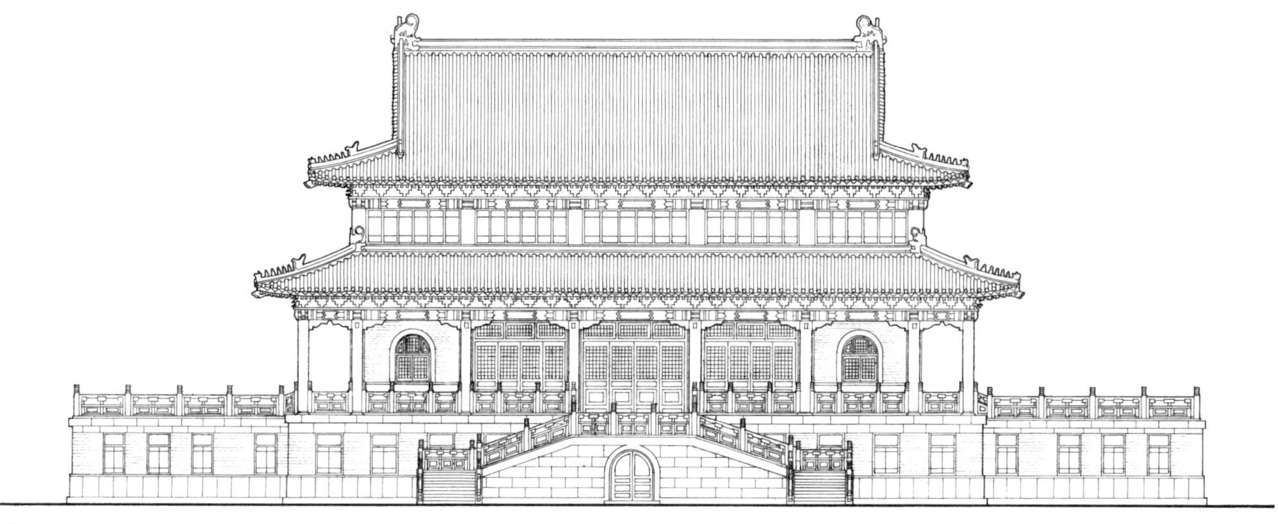

南立面图

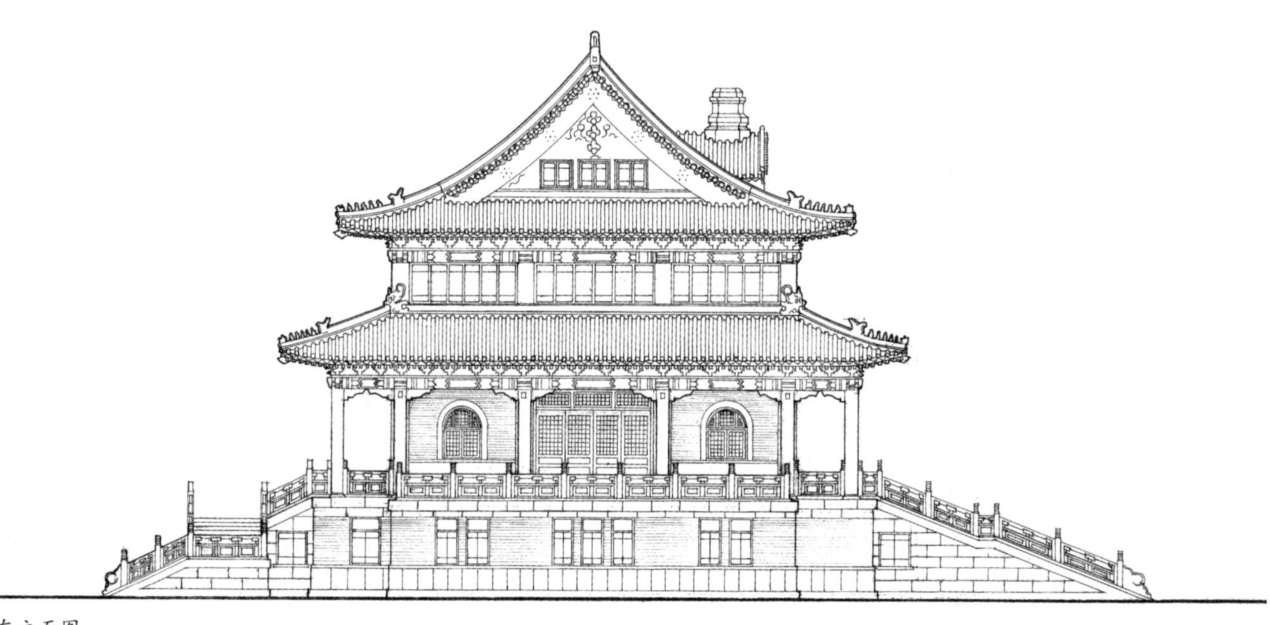

东立面图

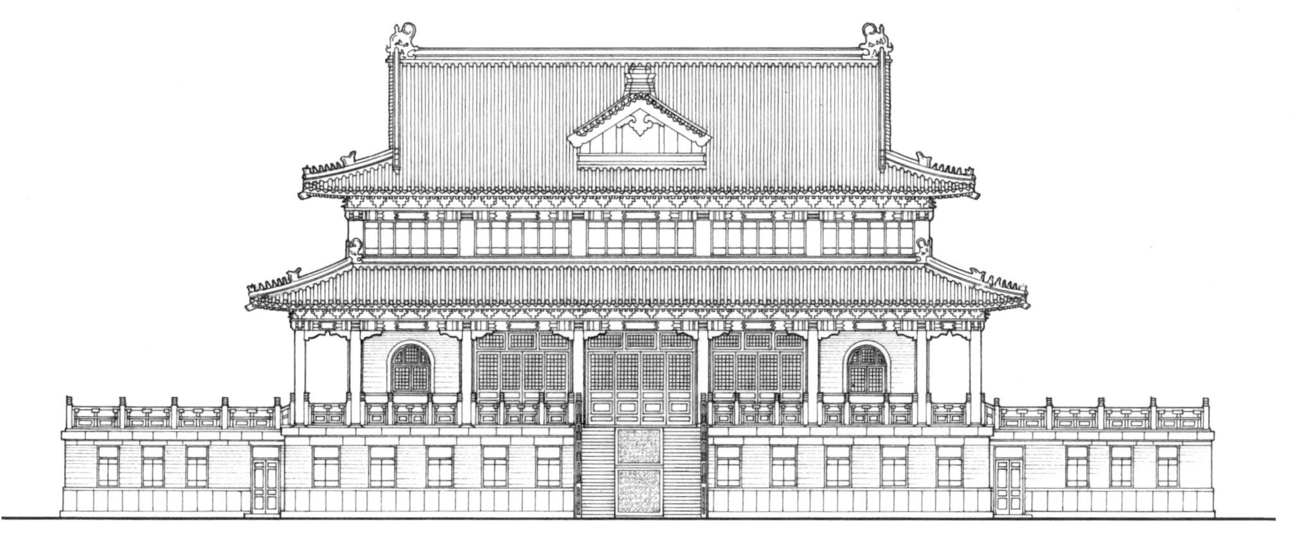

北立面图

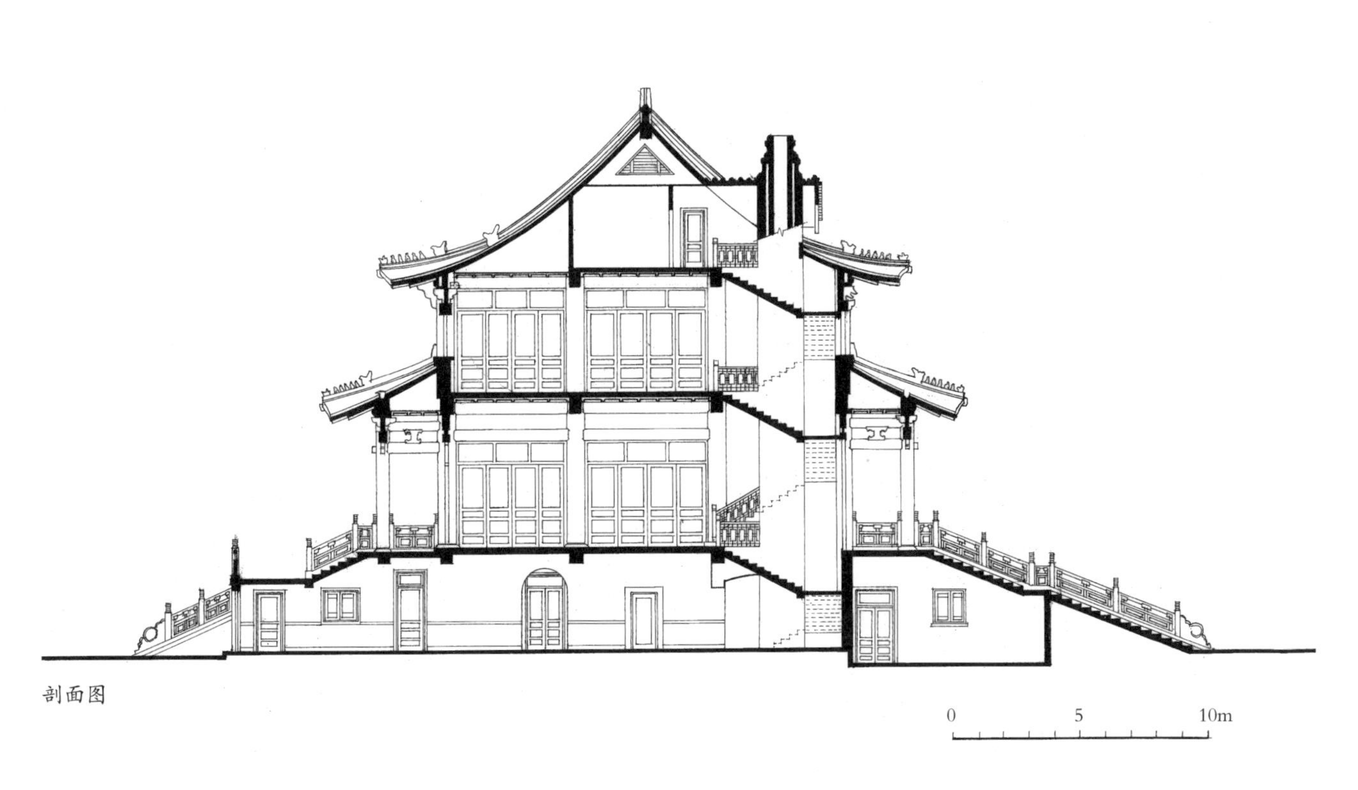

剖面图

48. 国立中央博物院设计竞赛方案（1935 年）

1933 年，由中国近代民族革命家、教育家，时任国立中央研究院院长蔡元培先生倡议创建国立中央博物院，并亲任筹备处第一届理事会理事长。

1934 年 7 月，筹备处着手进行博物院主体建筑的修建并成立“中央博物院建筑委员会”，翁文灏任委员长。

1935 年，市政府前后两次划定中山门半山园计 12.9 公顷为院址。时年 4 月 16 日，该委员会通过了征选建筑图案章程，邀请李宗侃、李锦沛、徐敬直、杨廷宝、童寯、陆谦受、奚福泉等 13 位建筑师送设计图参选。审查委员会由管理中英庚款董事会总干事杭立武、著名建筑师刘敦桢、专门委员梁思成及张道藩、李济等五人组成。经审查，全部图案均不符合章程规定，故决定从各图中选出比较合用、最有修改价值的徐敬直设计图案经梁思成修改后实施。杨廷宝的图案获三等奖。

杨廷宝图案总平面布局严整，中轴线明显。大门入口广场北侧正中和东西两端分别以四柱三间牌楼作为围合标志。场内以三幢相同的两层建筑单体三面呈“U”形围合绿化广场。其后东西两幢辅助用房围合成庭院。

三幢单体建筑均为“一”字形，室外大台阶直达二层入口前大月台。大厅居中，两翼各为大展厅。而每一展厅在进深方向一分为二，隔为南北两展室，平面简洁、流线顺畅。

建筑造型以清式单檐庑殿顶突出建筑入口，两翼为平屋顶琉璃檐口。

1950 年 3 月 9 日，经文化部批准正式改名为“国立南京博物院”，与北京故宫博物院、台北“故宫博物院”并称中国三大博物院。

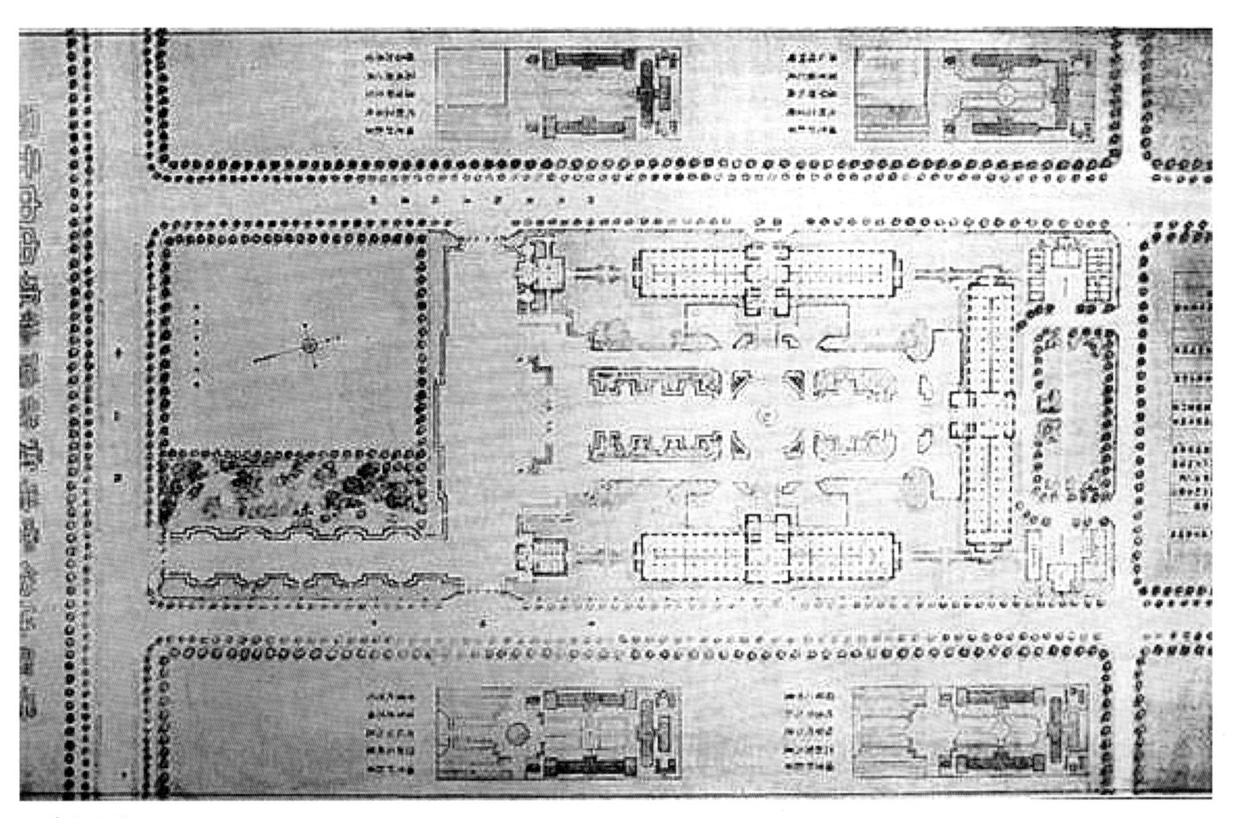

1. 总平面图

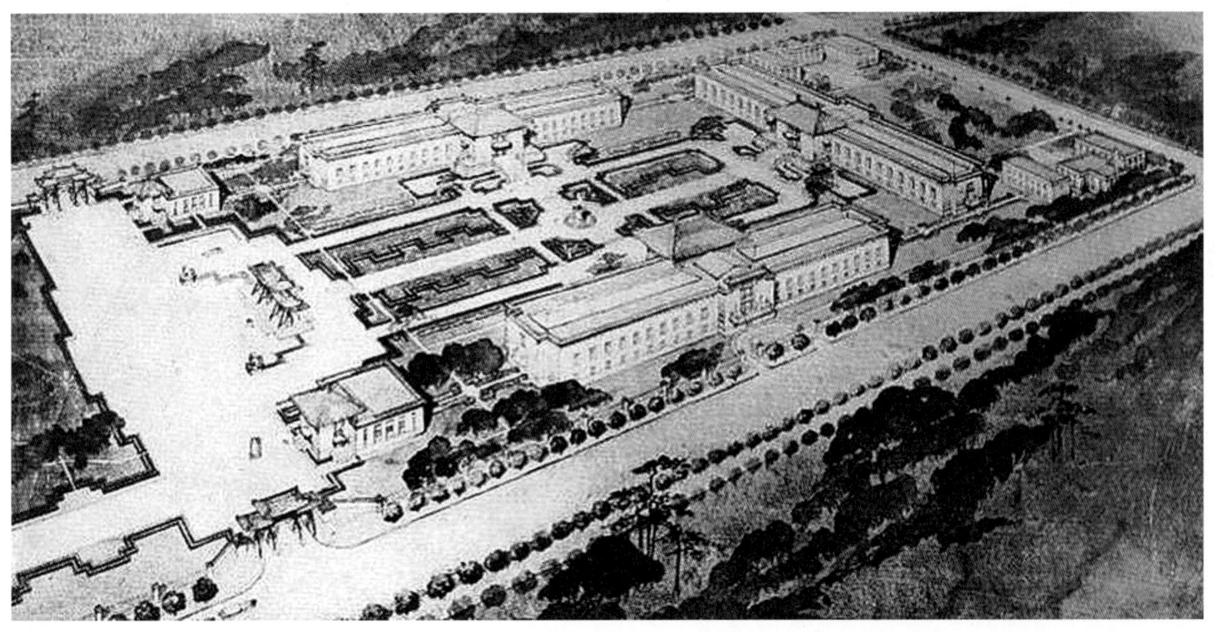

2. 鸟瞰图

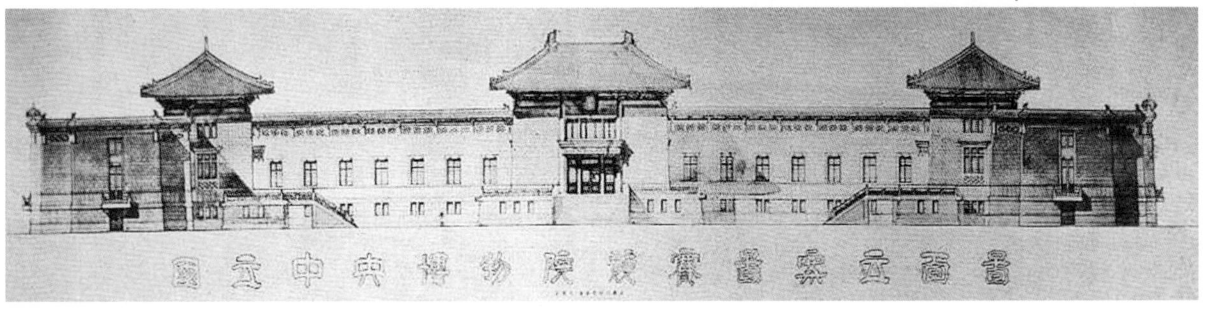

3. 立面图

49. 北平先农坛体育场（1935 年）

先农坛体育场位于现北京永定门内之西侧，明清两代皇家祭坛“先农坛”外坛原址上，与天坛隔路相望。

1934 年 11 月，时任北平市长袁良决定在先农坛修建北平市公共体育场，以承办第十九届华北运动会。因受经费拮据和人事变动影响，一直延至 1936 年春始建，到 1937 年“七七事变”前夕，除个别零星收尾工程未完成外，其余工程均已竣工。

这项工程于 1935 年由正在北平修缮古建筑的杨廷宝设计，北平公和祥建筑厂承建。初期占地 16 800 平方米，分内场和外场两部分。内场建有足球场、田径场和可容纳 1.5 万观众的看台，看台下为房间。外场则有两个足球练习场。成为北平市民国时期，乃至中华人民共和国成立初期北京近 10 年唯一一座大型公共体育场。

中华人民共和国成立后，在先农坛体育场举办过多次大型政治集会、体育赛事。国家领导人毛泽东生平唯一一次，周恩来、邓小平多次在现场观看足球国际比赛。1957 年 11 月 17 日，20 岁的女子跳高运动员郑凤荣在这里越过 1.77 米，打破了女子跳高世界纪录。

1986 年 11 月至 1988 年 9 月，为迎接第十一届亚运会，先农坛体育场被拆除重建。

1. 鸟瞰全景旧照

2. 田径赛场北入口场内远景旧照

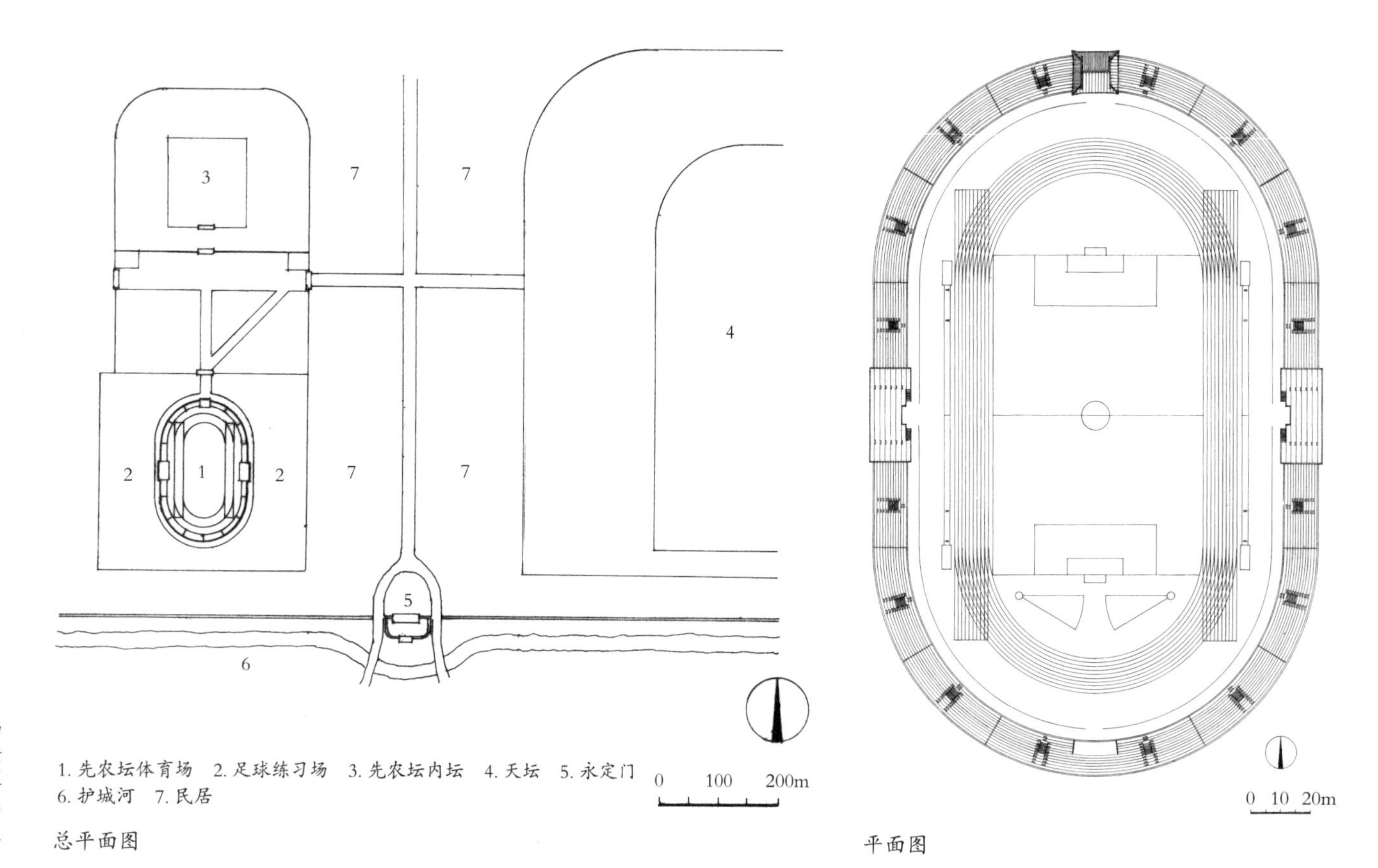

1. 先农坛体育场 2. 足球练习场 3. 先农坛内坛 4. 天坛 5. 永定门
6. 护城河 7. 民居

总平面图

平面图

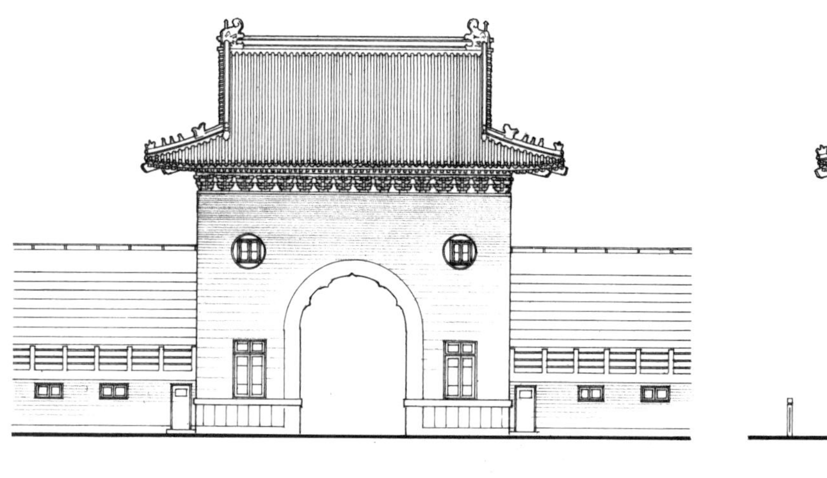

北入口南立面图

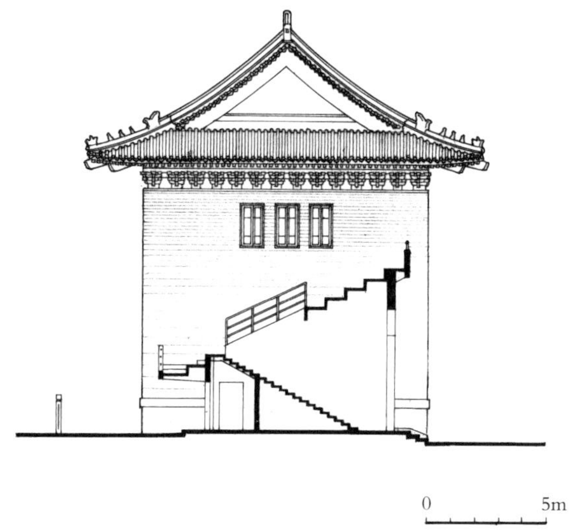

北入口东立面图

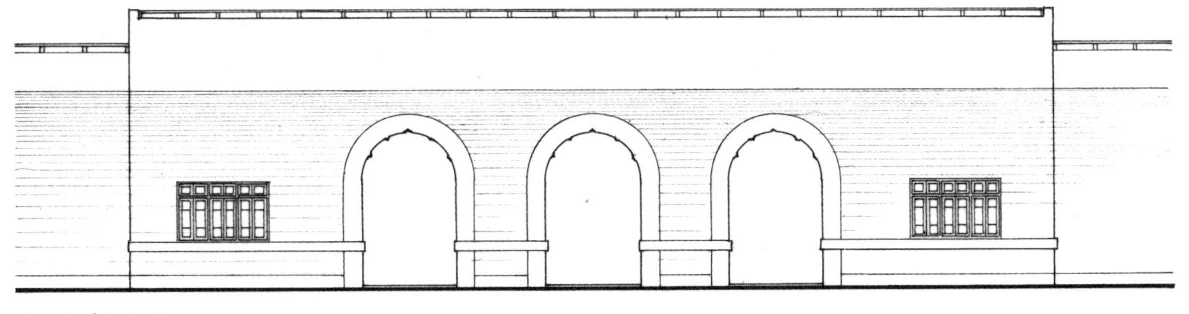
司令台外立面图

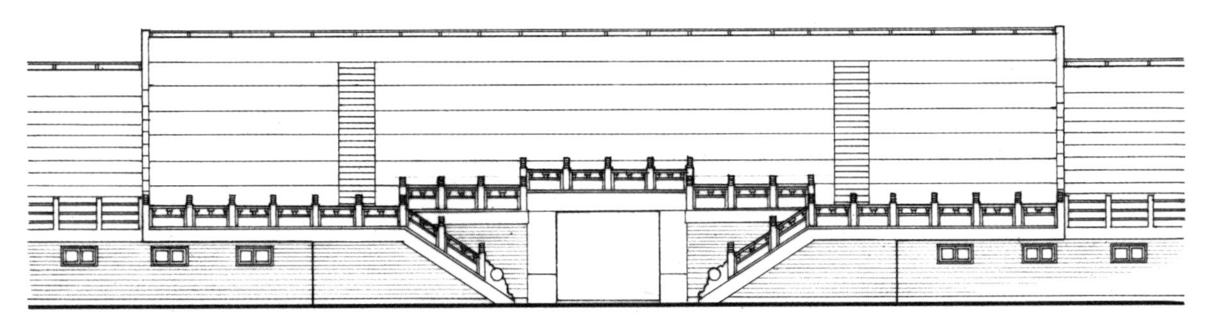
司令台内立面图

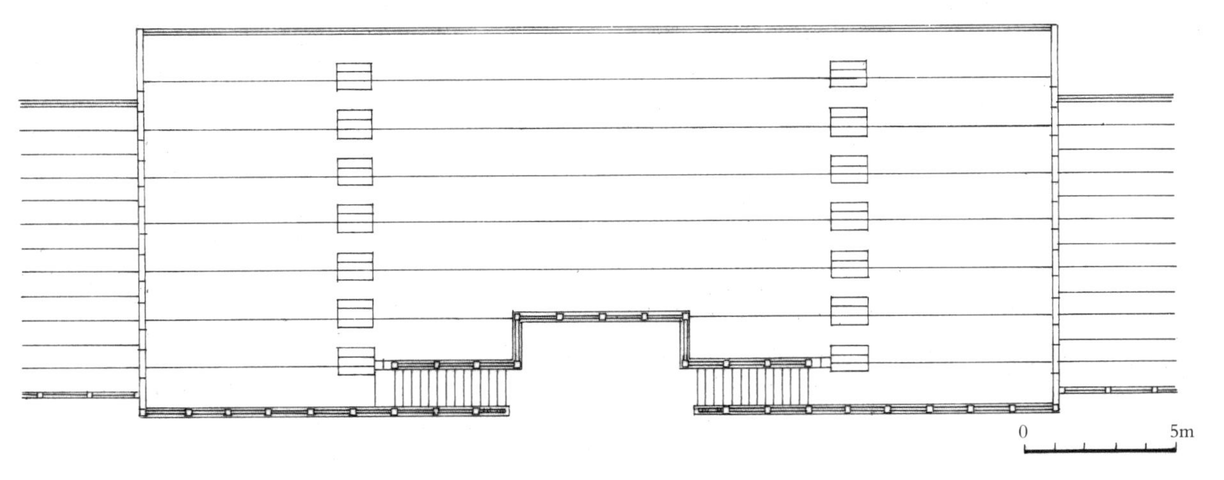

司令台平面图

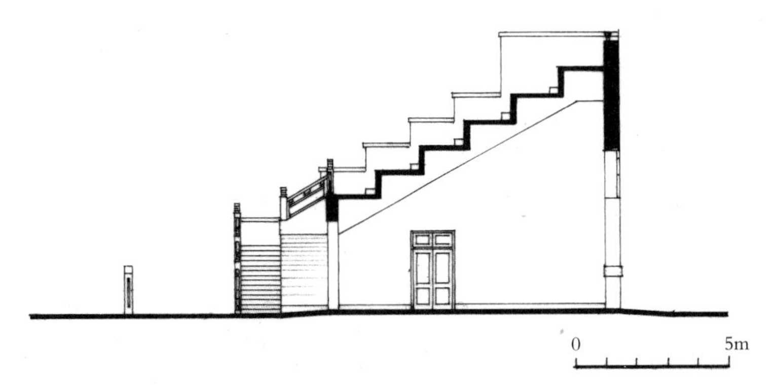

剖面图

50. 国立中央大学新校址规划设计竞赛方案（1936 年）

1934 年，国立中央大学因原校址无发展余地，时任校长罗家伦决定另辟校址，建设“万人大学”。1935 年 11 月，经国民政府内政部征得南京中华门外约 7 000 米的石子岗唐家凹丘陵地块 3 000 亩土地为中央大学新校址。1936 年 3 月 16 日，国立中央大学发出征选新校舍规划设计方案聘请，十家建筑事务所函允参加。

经方案评审会评定，杨廷宝主持设计的基泰工程司方案中选。其方案评语：“布置颇具巧思，多能适合所有条件，作风雄伟而不过于华丽，兼能顾及地形是为本图之特色。”“主要建筑皆系南向，甚合南京气候。”“各重要部分相距不远，可取得相当之联络，将来筑路及水道水管之布置较易着手。由旁门入校至各学院之交通亦较为便利。”“缺点修改后亦可免除，不足为病。本图案实最近乎需要条件而又富于修改之可能性者，故选之第一。”

新校址原计划 1938 年落成，但动工半年后，便发生了卢沟桥事变，1937 年 12 月 13 日南京沦陷，中央大学西迁，新校址的建设终成泡影。

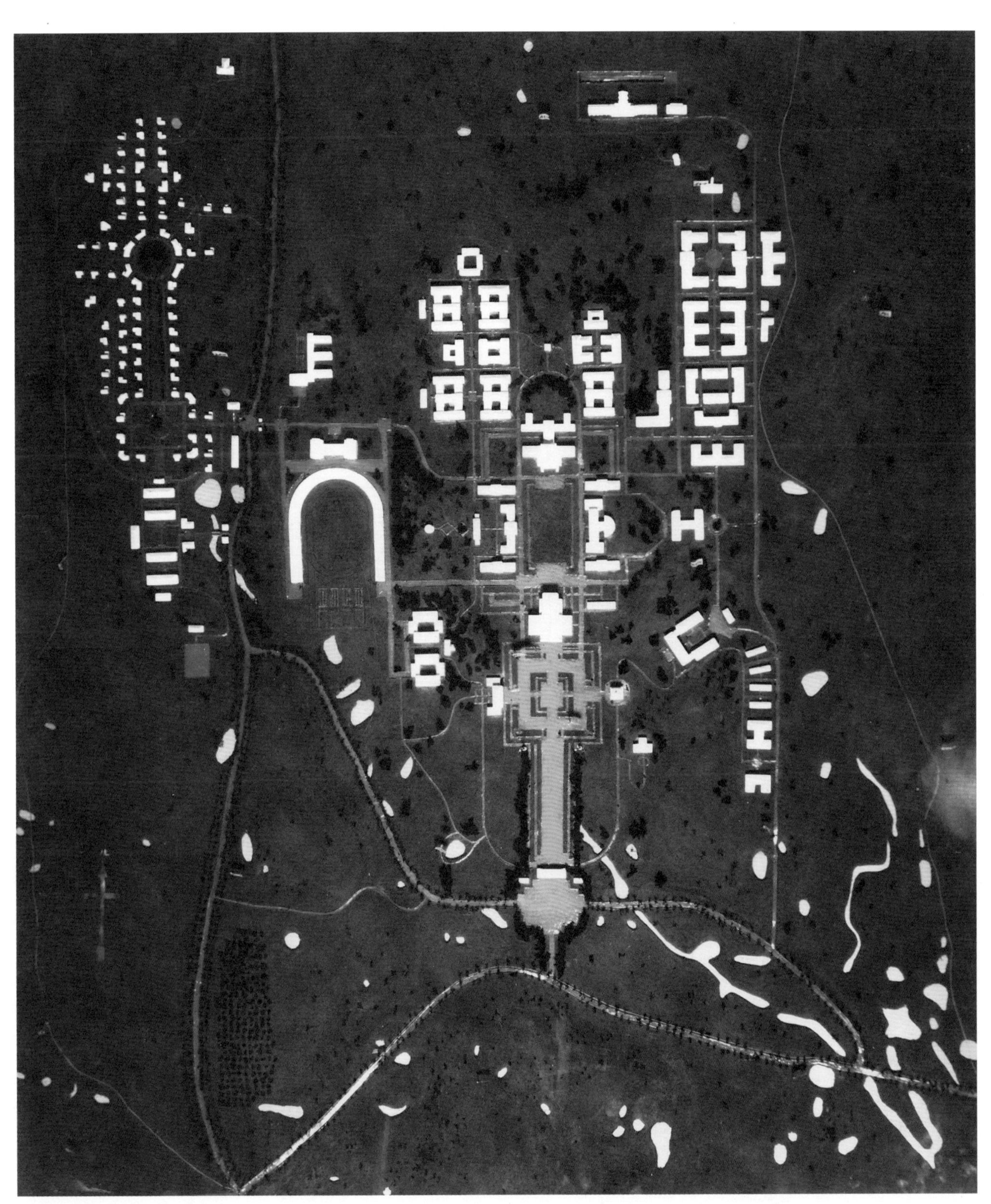

1. 总平面图

2. 鸟瞰渲染图

3. 大礼堂立面图

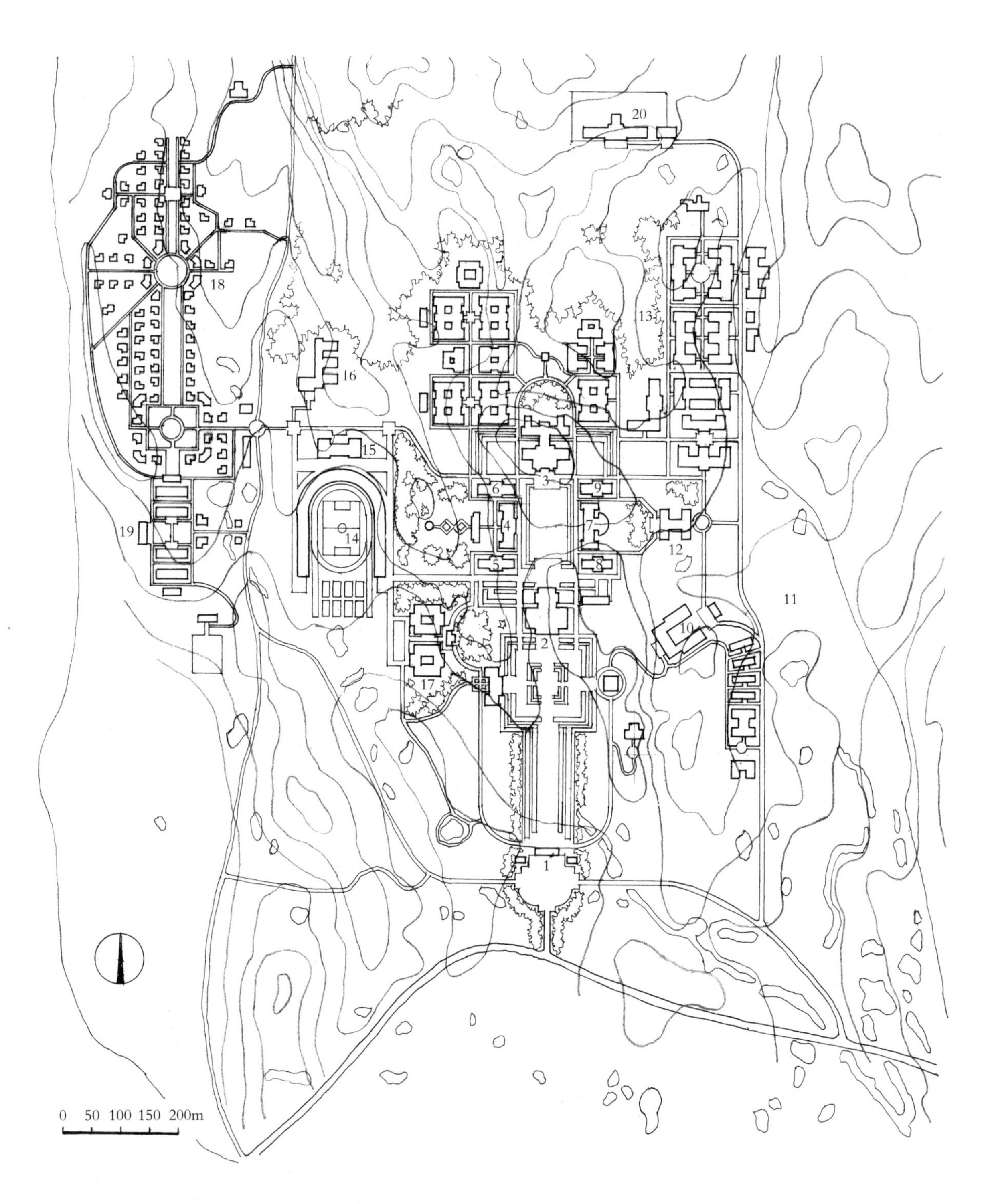

1. 校门 2. 大礼堂 3. 图书馆 4. 文学院 5. 法学院 6. 教育院 7. 理学院 8. 化学馆 9. 生物馆 10. 农学院 11. 农场区 12. 工学院 13. 工厂区 14. 运动场 15. 体育馆 16. 男生宿舍 17. 女生宿舍 18. 教职员住宅 19. 实验小学 20. 军营化宿舍

总地盘布置图

51. 南京金陵大学图书馆（1936 年）

金陵大学（今南京大学）图书馆（现为校史博物馆），建于 1936 年，与校标志性建筑北大楼遥遥相对，构成金陵大学校园的中轴线。地上二层，局部三层，地下一层，平面呈倒“T”字形，建筑面积 2 626 平方米。一层中部为主入口，面朝北。门厅东翼为图书采编等业务办公用房，西翼为若干小阅览室。二层中部为目录、借书处，其两翼各为大阅览室。书库向南伸出，内部分为五层，以楼梯相通，借书处用升降机械传递图书。

图书馆造型为歇山青筒瓦大屋顶，青砖墙面和细部处理都与校园其他主要建筑风格相近。

1. 国文保碑

2. 图书馆北入口旧照

3. 北面东翼一角

4. 南向屋顶鸟瞰

5. 东向屋顶鸟瞰

6. 门厅主楼梯内景

7. 图书馆北入口外景

8. 东翼东北角外景

9. 西翼北立面外景

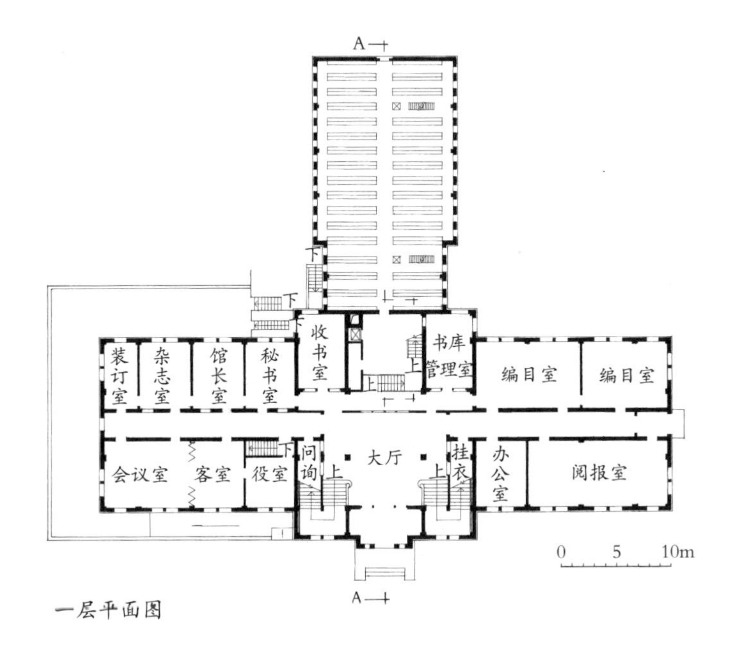

一层平面图

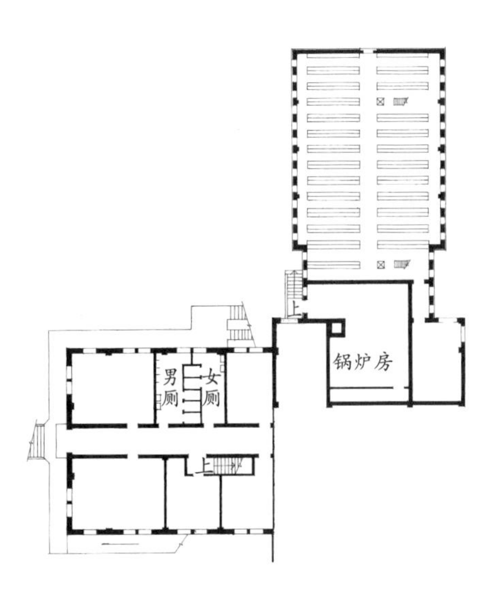

地下室平面图

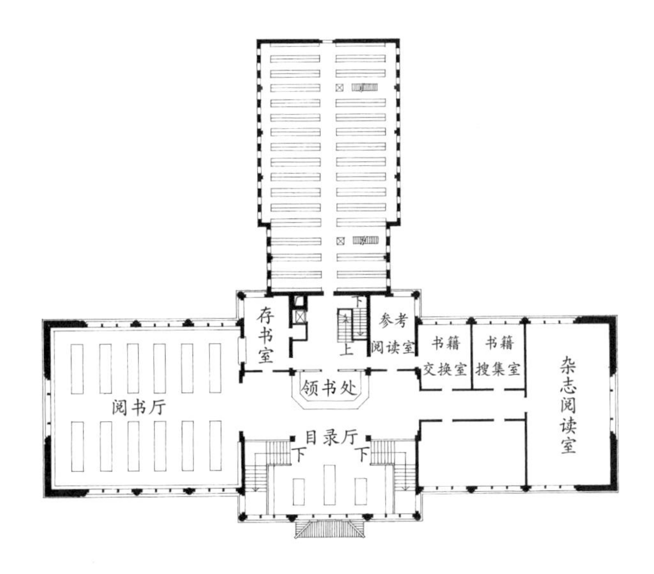

二层平面图

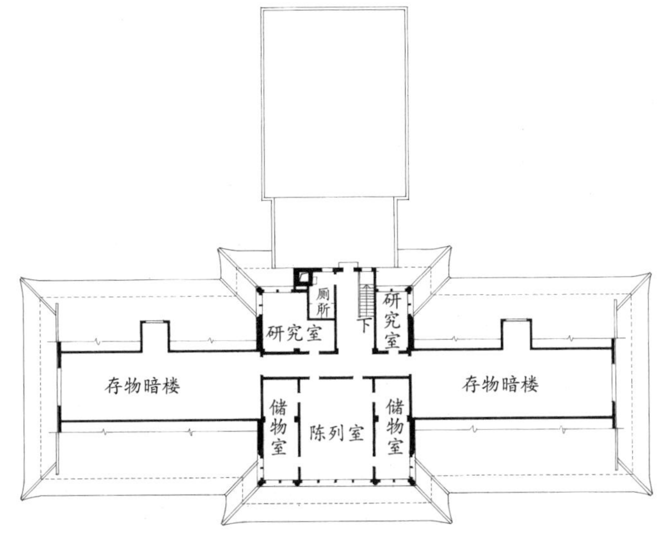

暗楼平面图

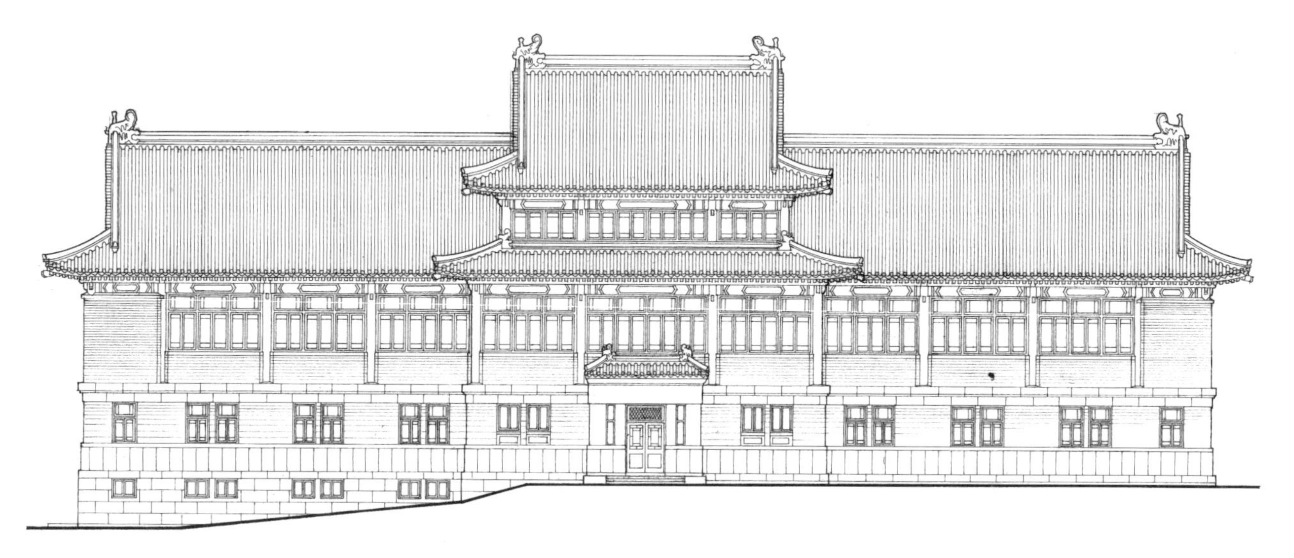
北立面图

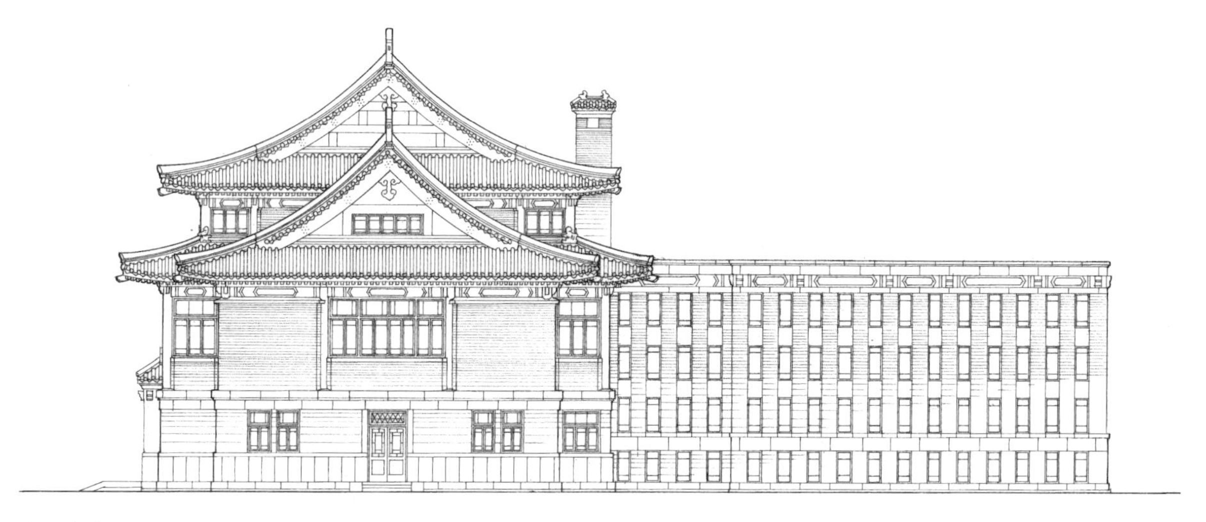
西立面图

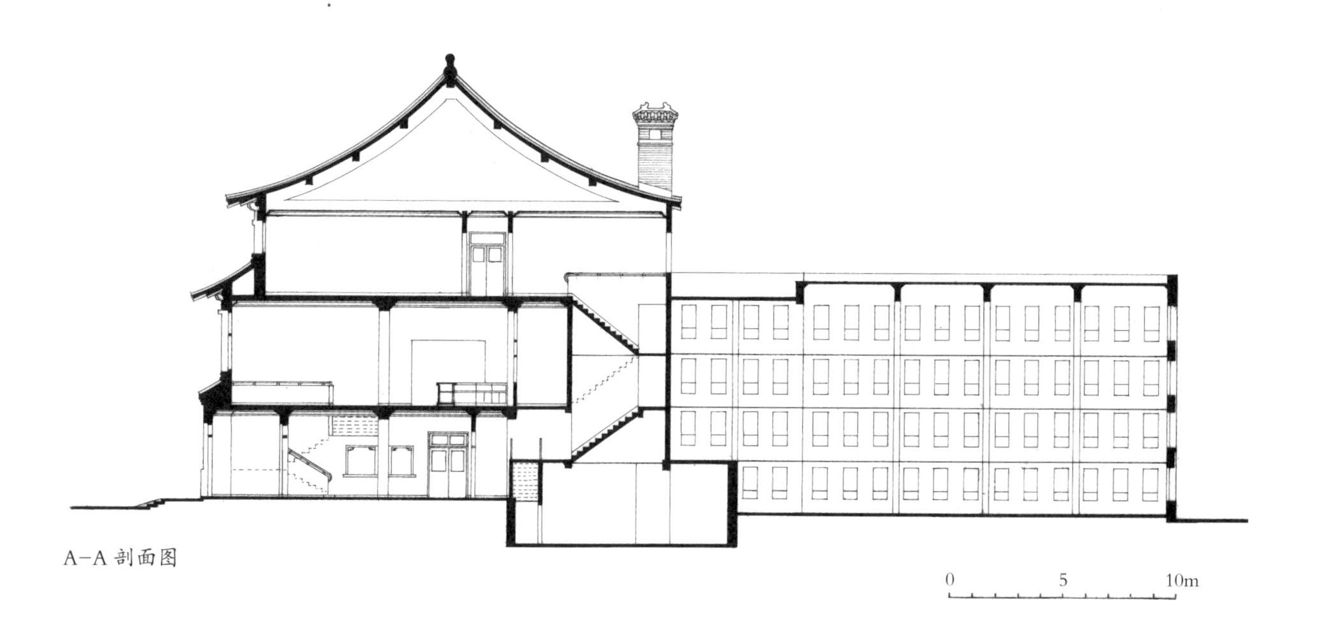

A-A 剖面图

52. 国立中央大学医学院附属牙科医院（1936 年）

国立中央大学医学院附属牙科医院位于校园东北角，建于 1936 年。采用砖墙承重，钢筋混凝土梁板结构，三层建筑，平面呈倒“T”字形，占地面积 1 189 平方米，建筑面积 3 566 平方米。主要入口朝东，建有大门套，内部主要为教室、实验室和牙科诊疗室等，皆为南北向。整幢建筑物造型简洁，美观实用。现为东南大学四牌楼校区金陵院。

1. 国文保碑

2. 东立面入口景观

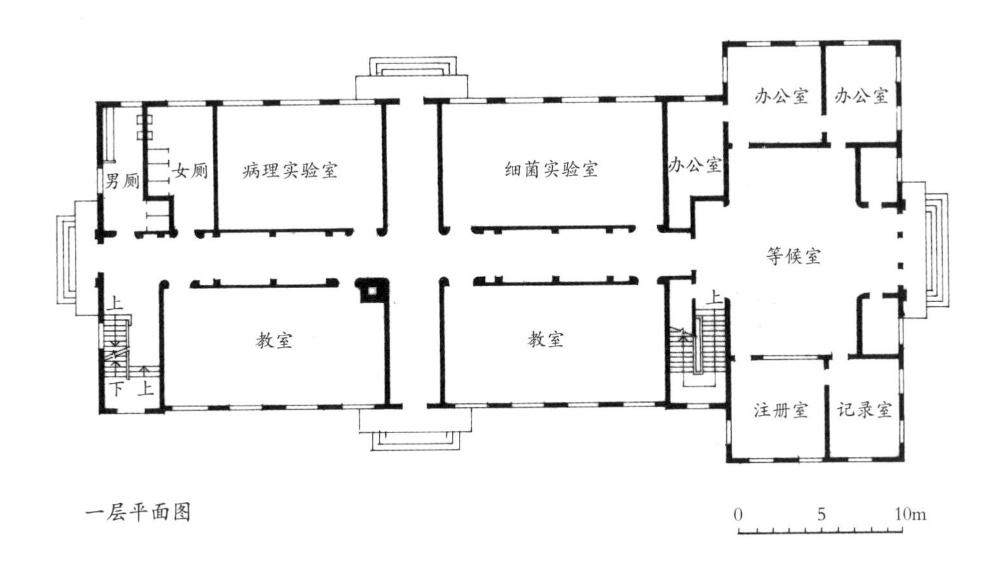

一层平面图

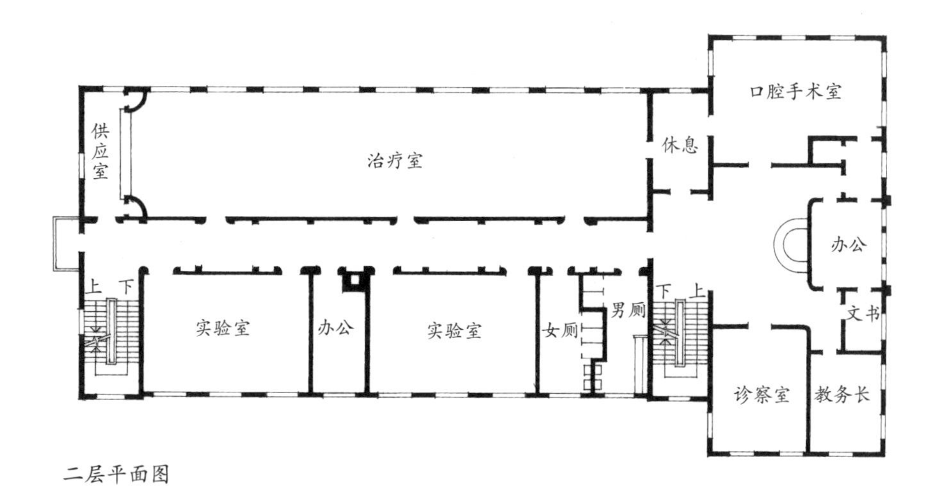

二层平面图

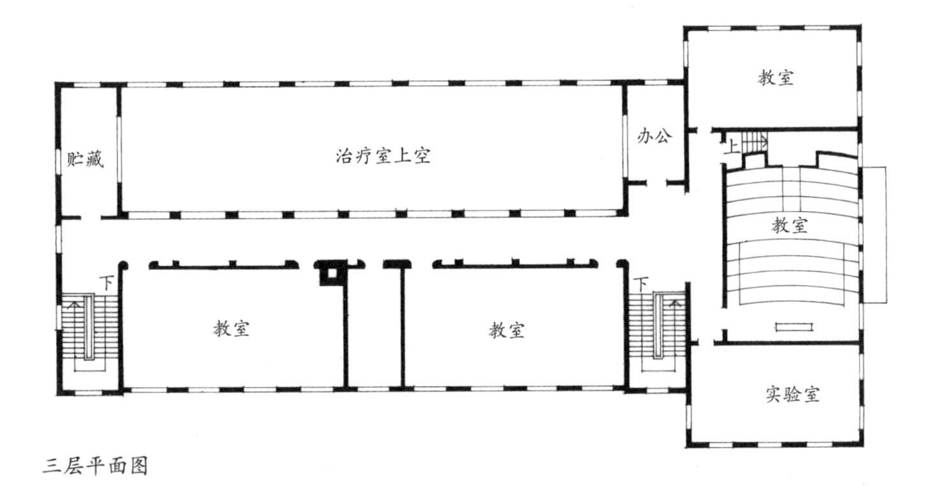

三层平面图

东立面图

南立面图

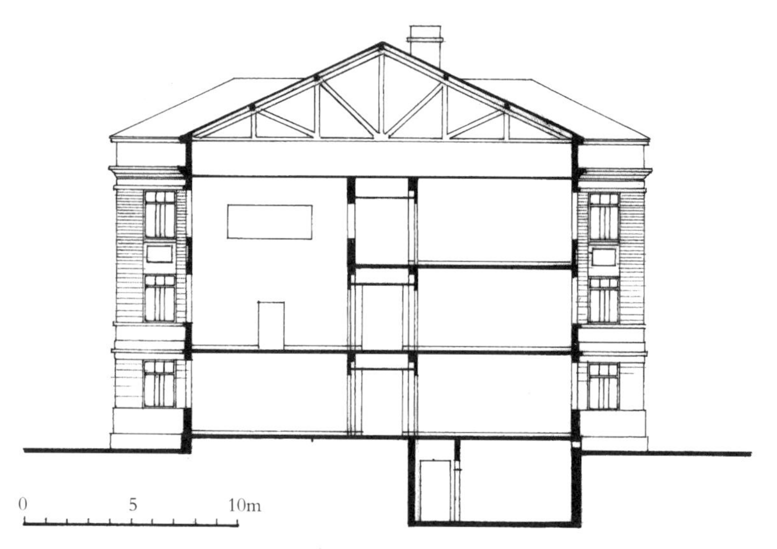

剖面图

53. 南京李士伟医生住宅（1936 年）

李士伟公馆位于南京市武夷路 4 号，地处颐和小区民国建筑区域内，系李士伟任南京中央医院妇科主任时购建。1936 年设计建造。该公馆为花园式住宅兼对外营业诊所，建筑面积约 300 平方米。

公馆坐北朝南，宅前为小花园，竹林扶疏，浓荫如盖，清幽宜人。底层平面入口、门厅和楼梯居中，东侧为对外诊室两间，西侧为客厅、餐厅。二层为起居室、书房、3 间卧室和卫生间。一层北侧凸出部分为厨房、锅炉房等杂务用房。

该住宅为砖木结构，悬山黑色灰小筒瓦屋顶，外墙二层窗台下为青砖勾缝，以上为白色粉刷，为典型的传统江南民居风格建筑。

1. 市文保碑

2. 外景

3. 入口外观

4. 南立面一角

5. 西北角外景

6. 南立面阳台

7. 室内一角

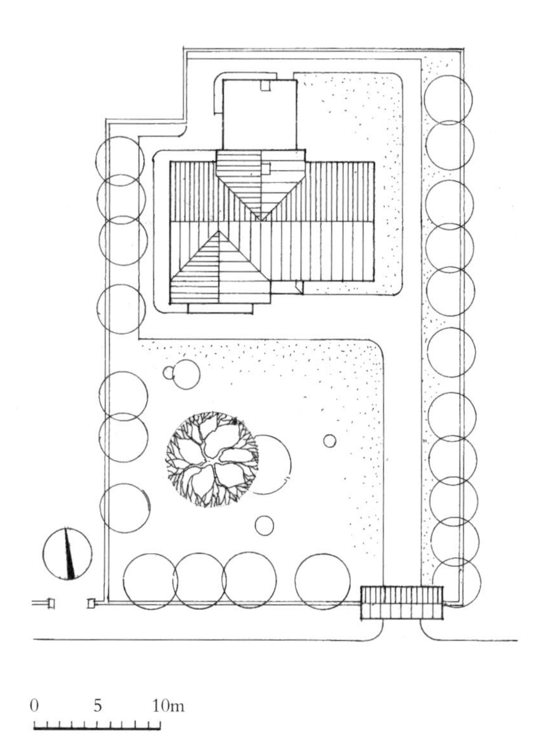

总平面图

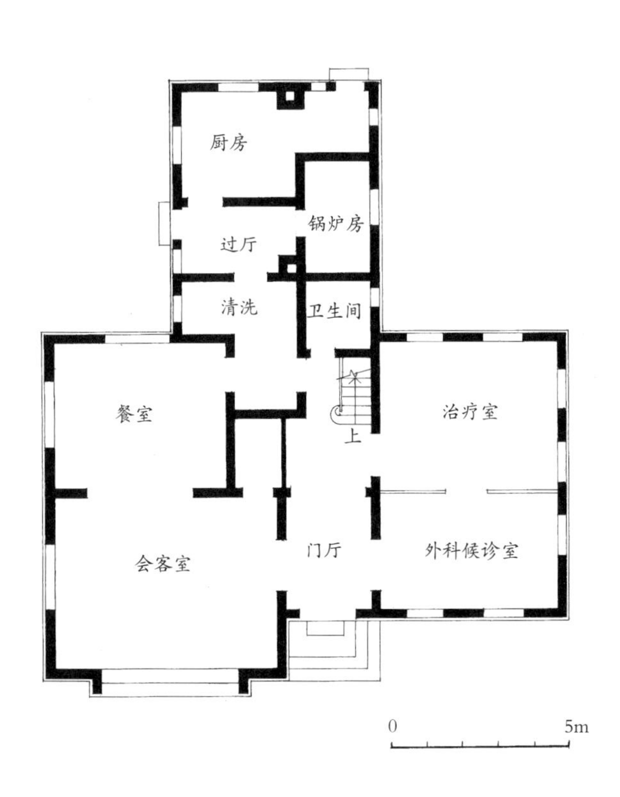

一层平面图

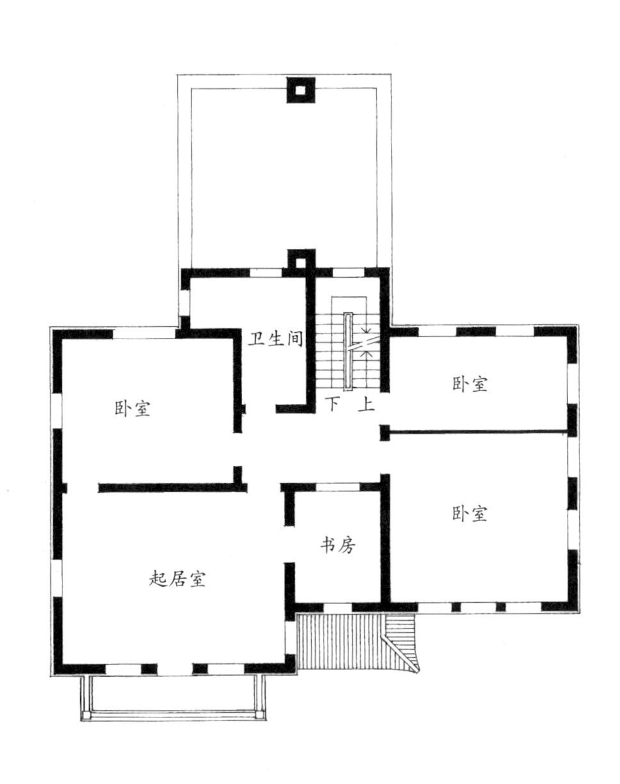

二层平面图

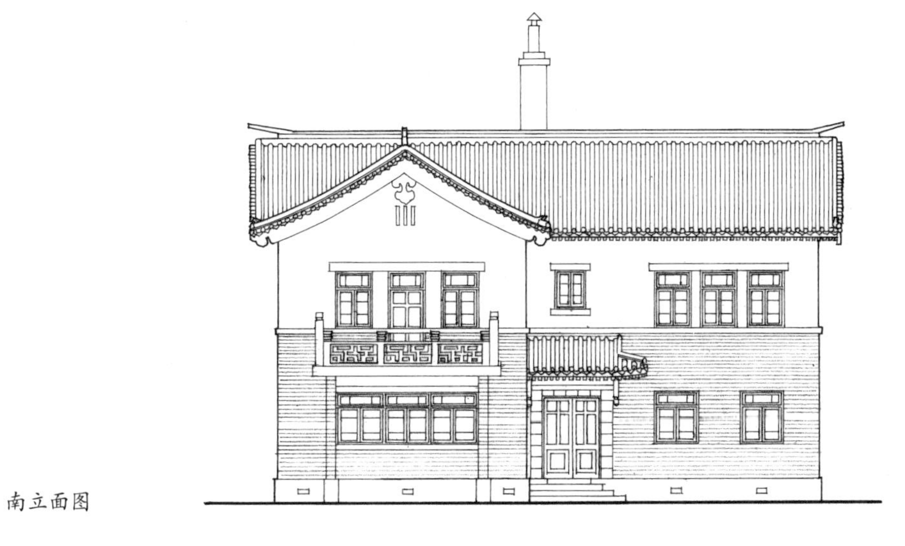

南立面图

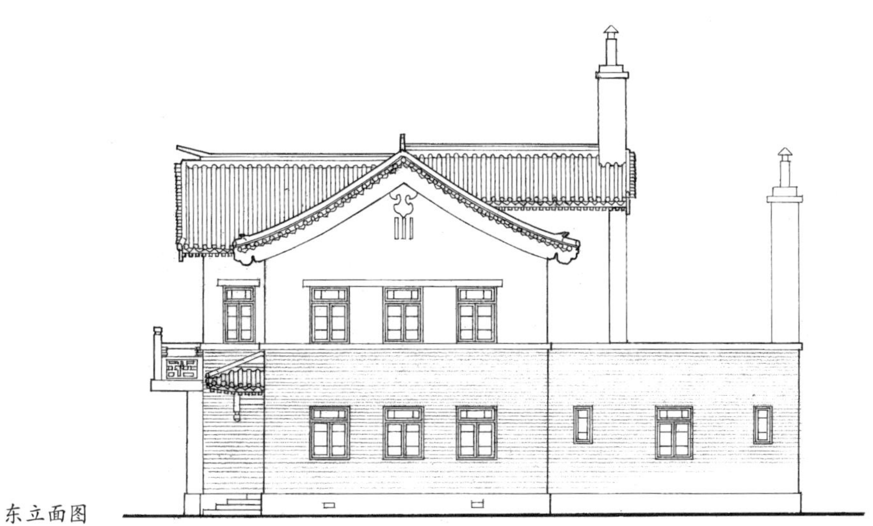

东立面图

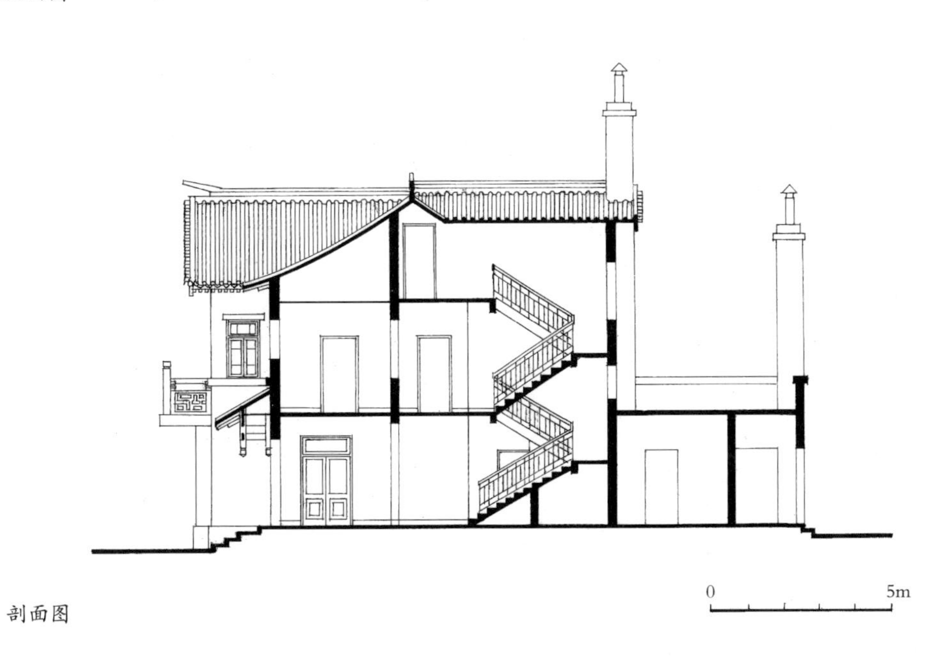

剖面图

54. 国立中央研究院总办事处（1936 年）

总办事处位于南京市鸡笼山麓的中央研究院前部，建于 1936 年 12 月，是中央研究院建筑群中最重要的建筑。该建筑不但作为面临保泰街（今北京东路）的建筑形象展示，而且使中央研究院建筑群整合为一体，院落空间更为向心内聚。

总办事处平面呈倒“T”字形，坐北朝南，中段为二层，中心为三层，东西两端为一层，建筑面积 3000 平方米。一层中部为中廊，两侧布置办公室、研究室、阅览室，西端设会堂，作学术活动之用，有单独出入口。后部为书库，共三层。

建筑外观为中国传统建筑式样。二、三层部分均为单檐歇山顶，高低错落，入口形体为二层歇山顶与主体建筑歇山顶垂直穿插，外加蓝绿琉璃瓦顶、清水外墙、古典装饰门套、彩绘梁枋、花格门窗，其造型在林木葱郁的环境映衬下，尽显富丽丰采，更具民族风格，成为经典之作。

该楼现为中国科学院江苏分院、江苏省科学技术委员会、中共江苏省科学技术工作委员会所在地。

1. 国文保碑

2. 1938 年旧照

3. 院墙大门及大楼中部外观旧照

4. 主入口外景

5. 入口近景

6. 东北向全景

7. 北立面外景

8. 大楼一角

9. 院墙大门

10. 门卫亭

11. 门厅外望

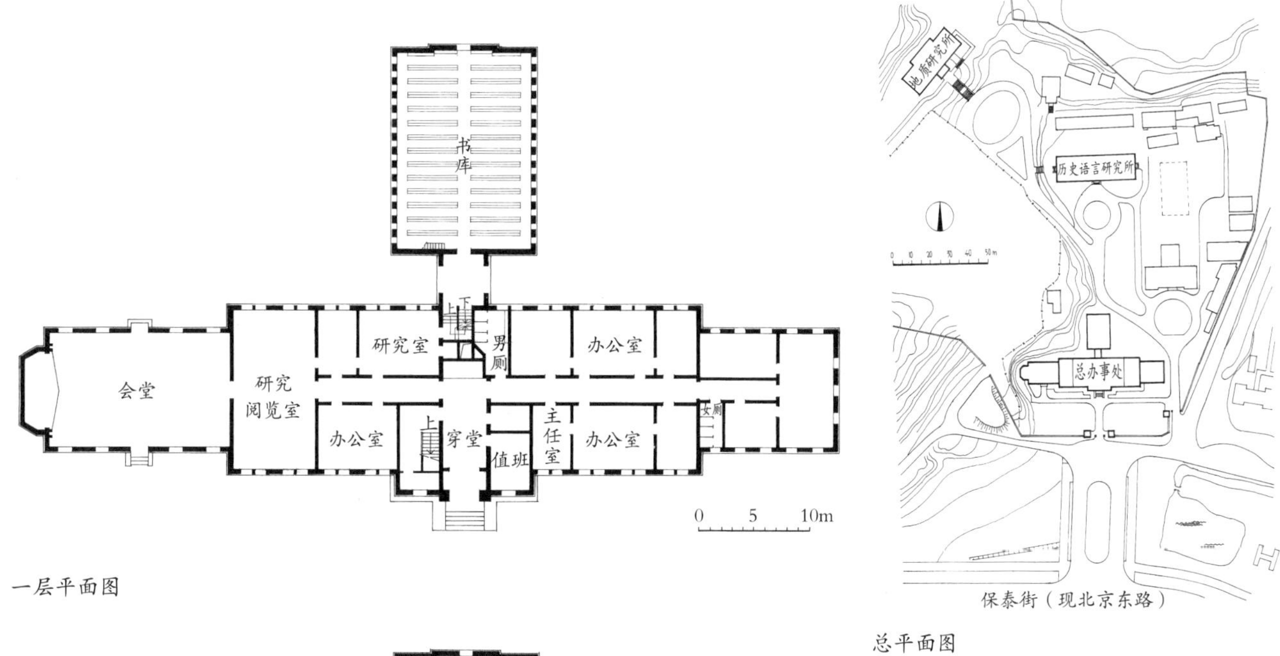

一层平面图

总平面图

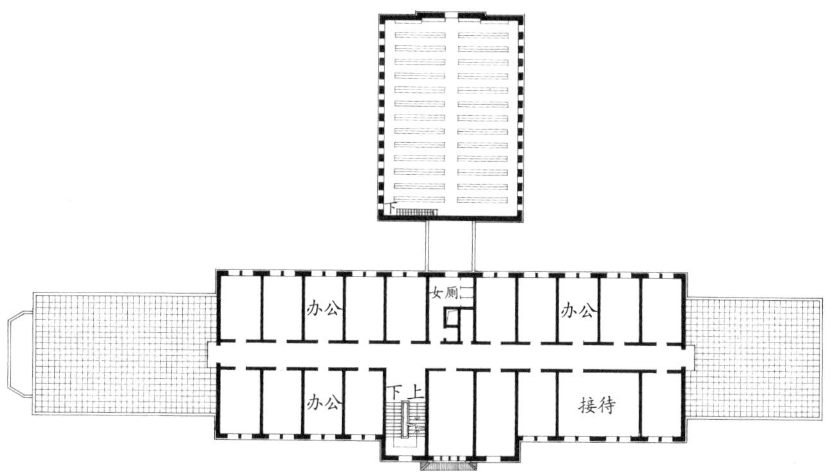

二层平面图

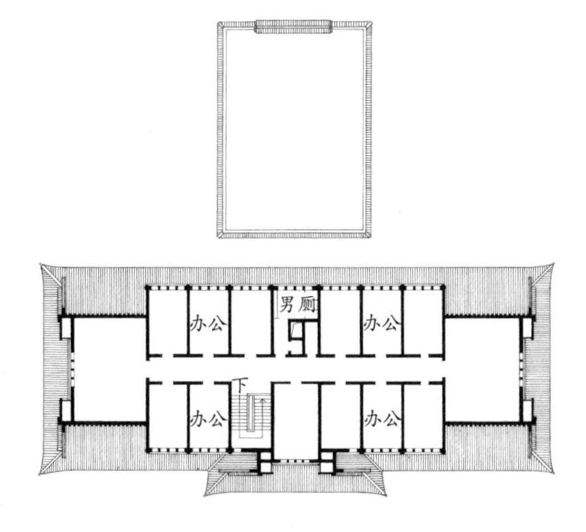

三层平面图

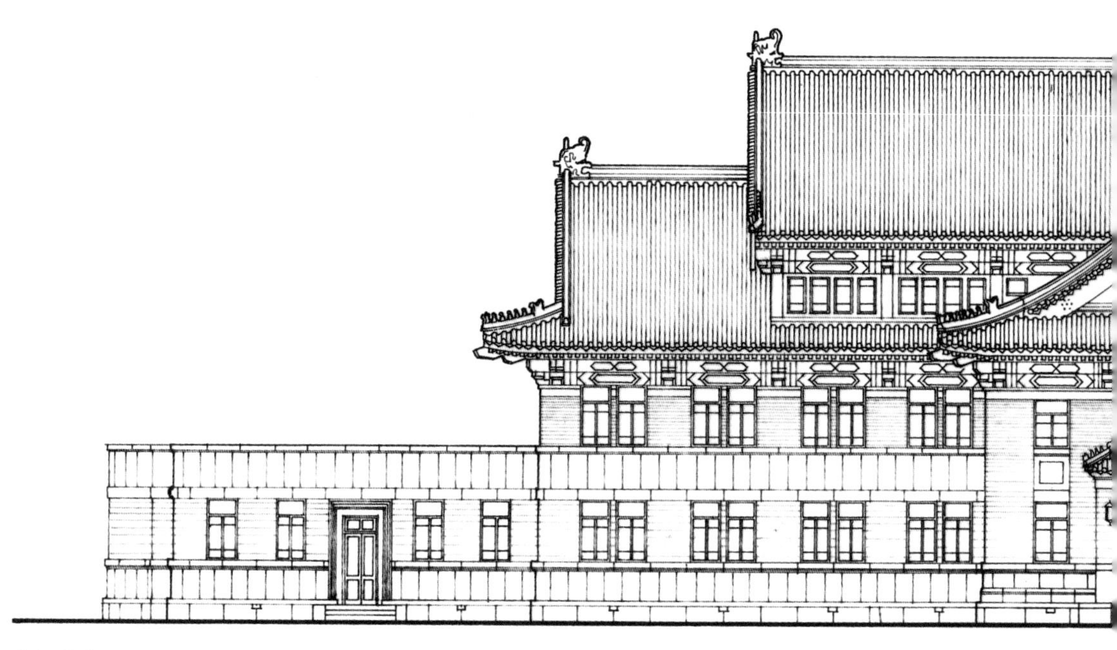
南立面图

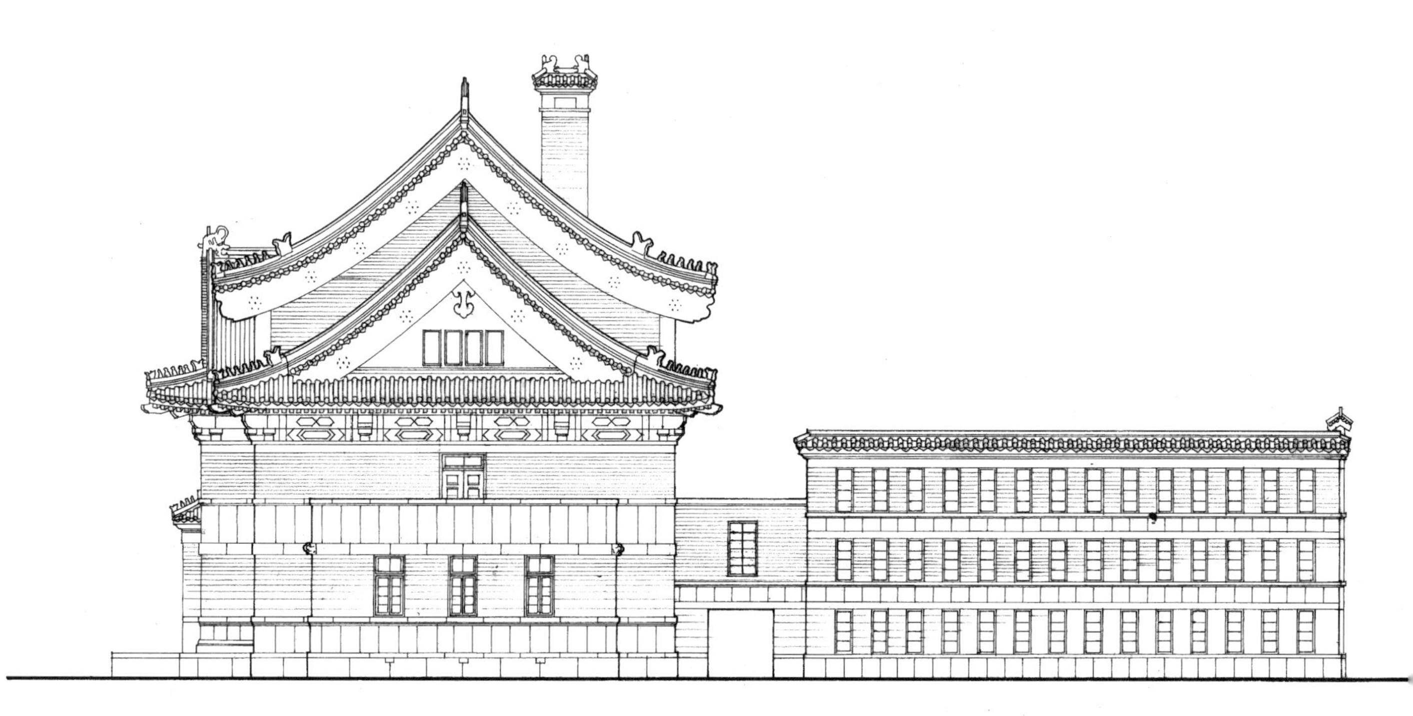
东立面图

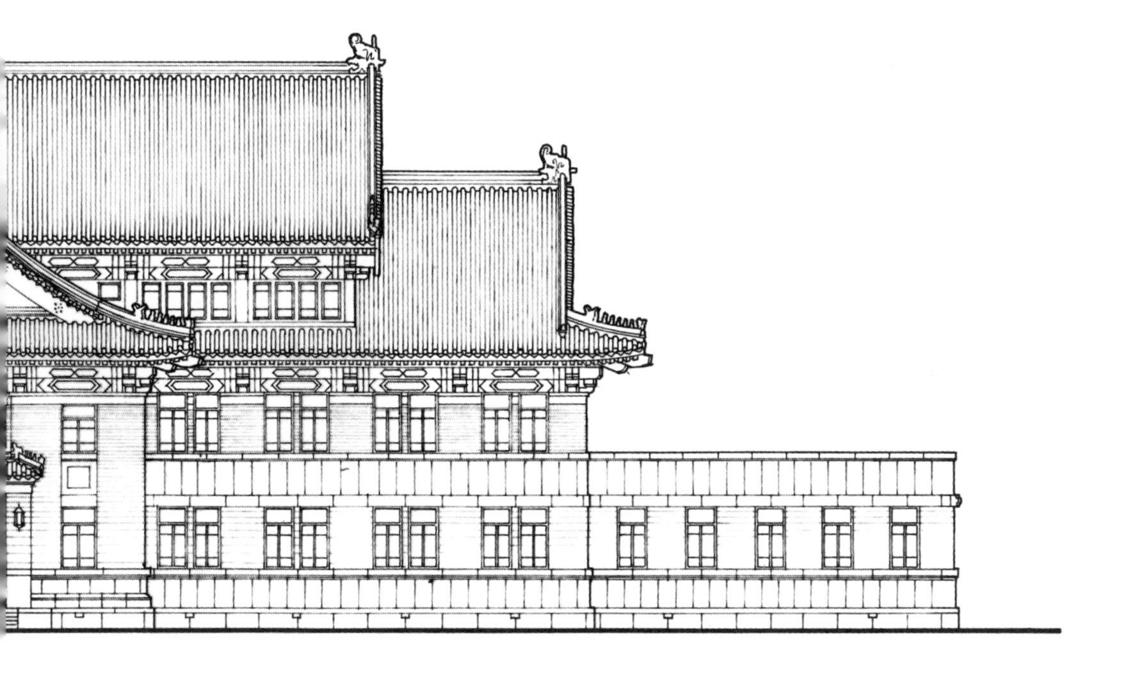

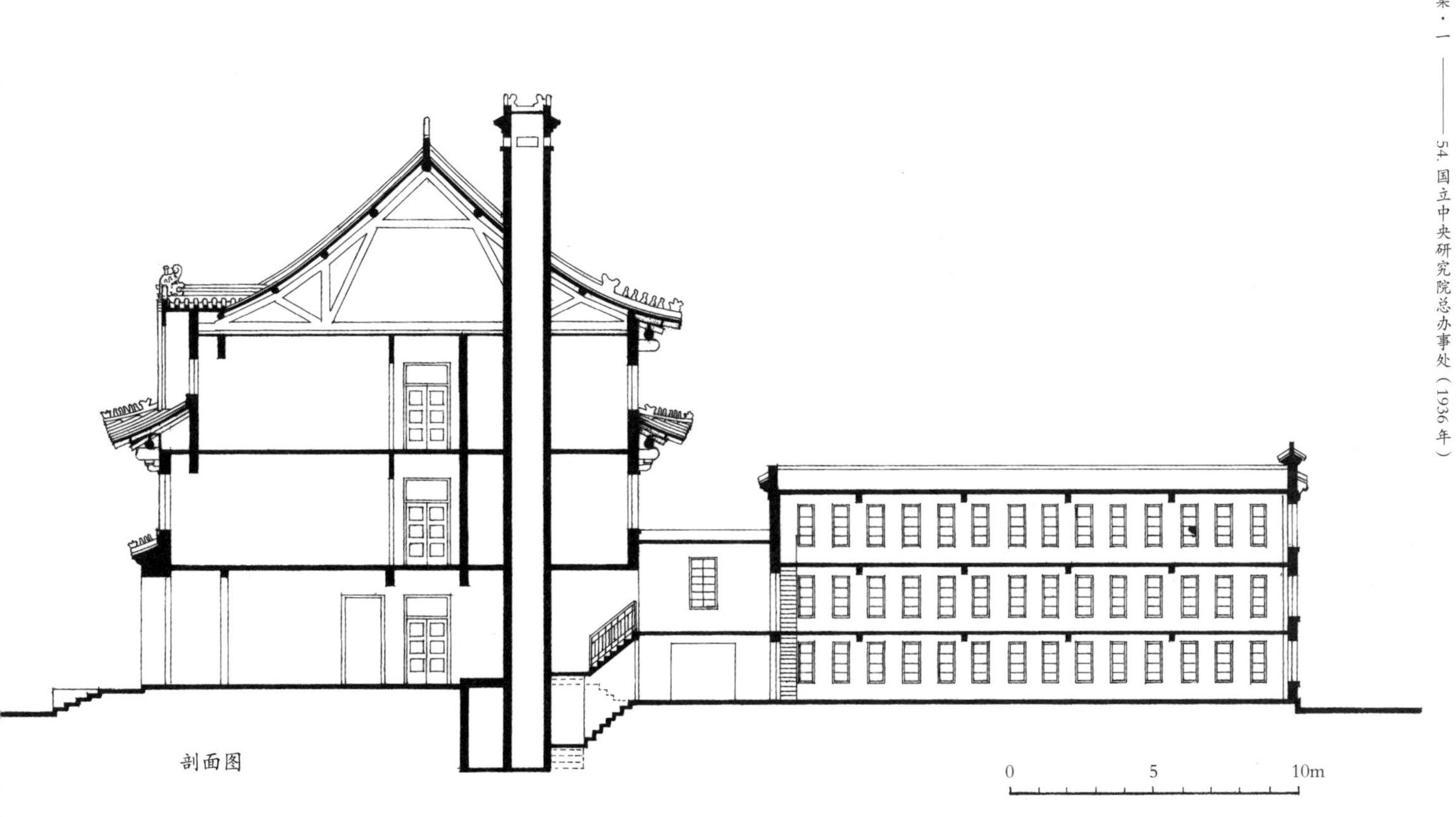

剖面图

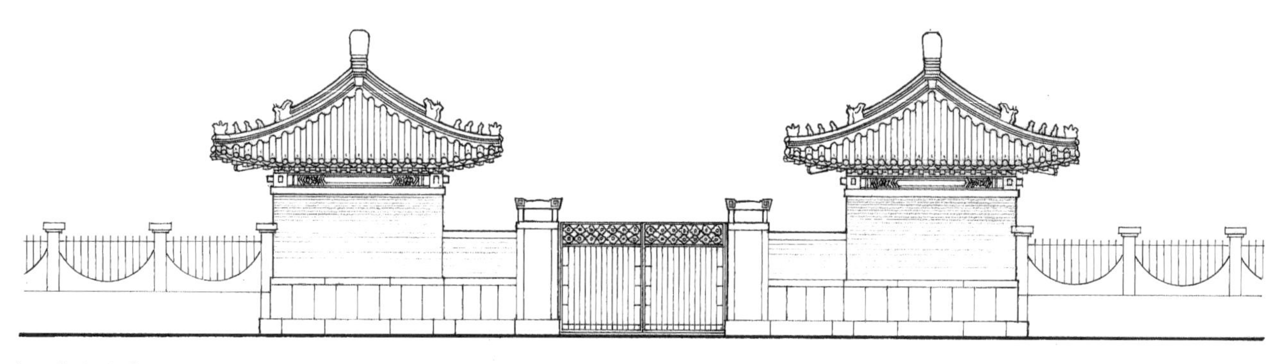

大门南立面图

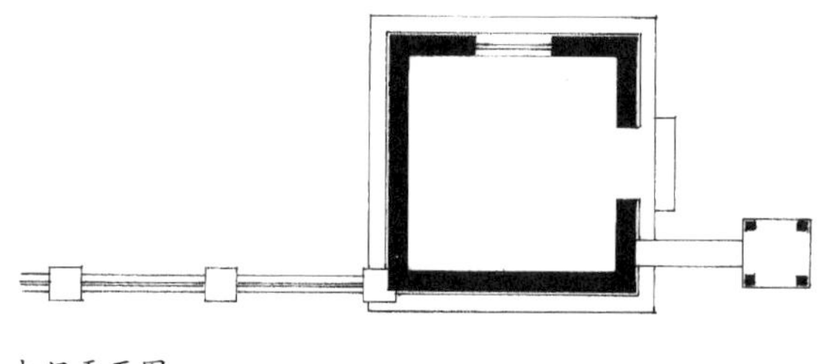
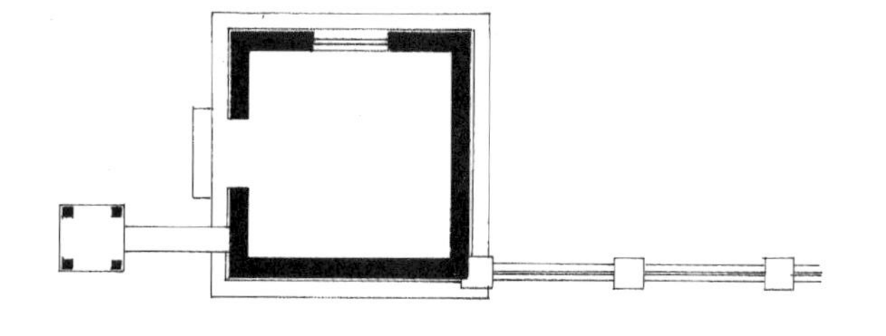

大门平面图

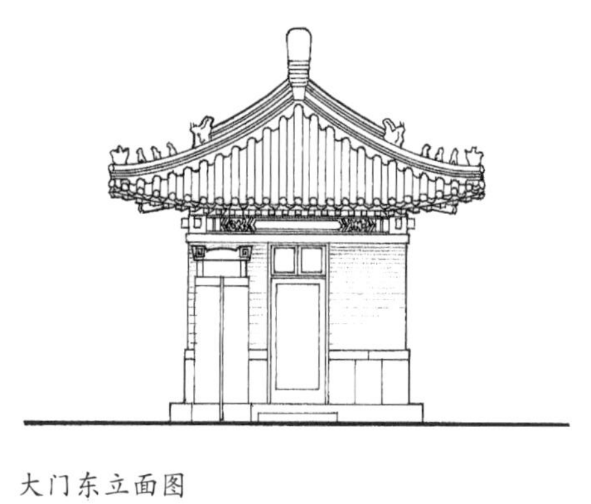

大门东立面图

剖面图

55. 南京祁家桥俱乐部（1937 年）

祁家桥俱乐部位于南京市广东路与山西路夹角之间相互沟通的祁家桥路南侧。占地约 5 000 平方米。除俱乐部建筑位于用地北部偏西外，其余为庭院。庭院入口在东北角从广东路出入。

俱乐部主入口面东与庭院入口相对。建筑面积约 673 平方米，为一、二层相结合体量。

底层平面东部为公共活动空间，包括大小客厅、餐厅、游戏室，及办公、衣帽间、男女厕所等辅助用房；西部为厨房、备餐、工友室等后勤用房。局部二层叠加在一层公共空间之上，主要为居室，供临时招待客人住宿。

该俱乐部为砖木结构，二层为平瓦四坡顶，一层为平屋面，主入口处设门廊。造型朴实大方。

1. 东南角外景

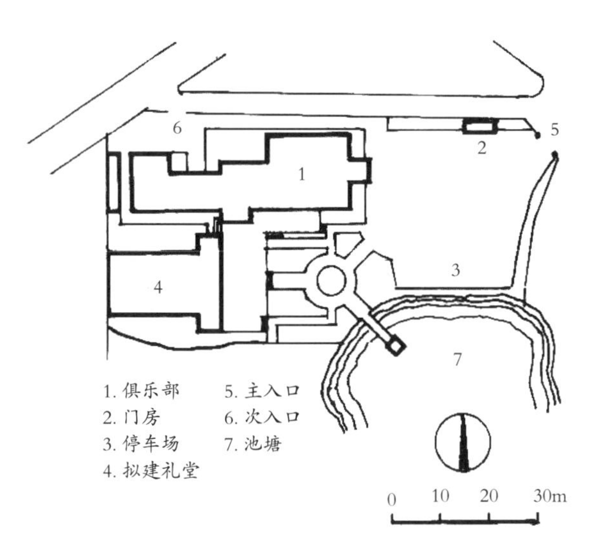

总平面图

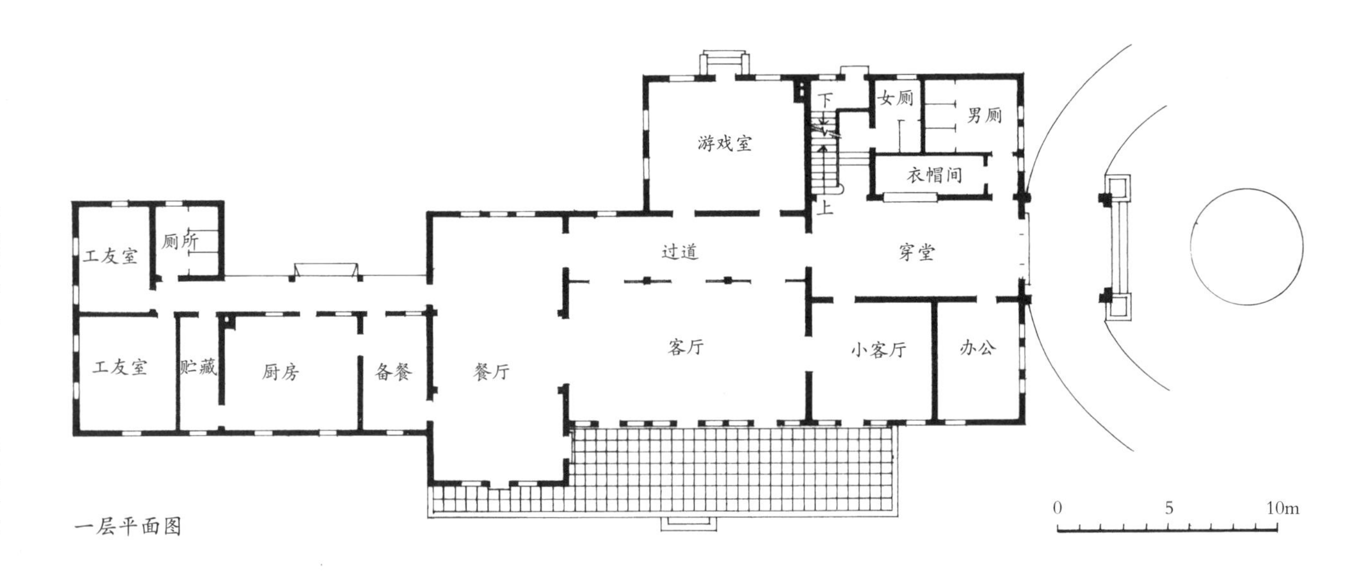

一层平面图

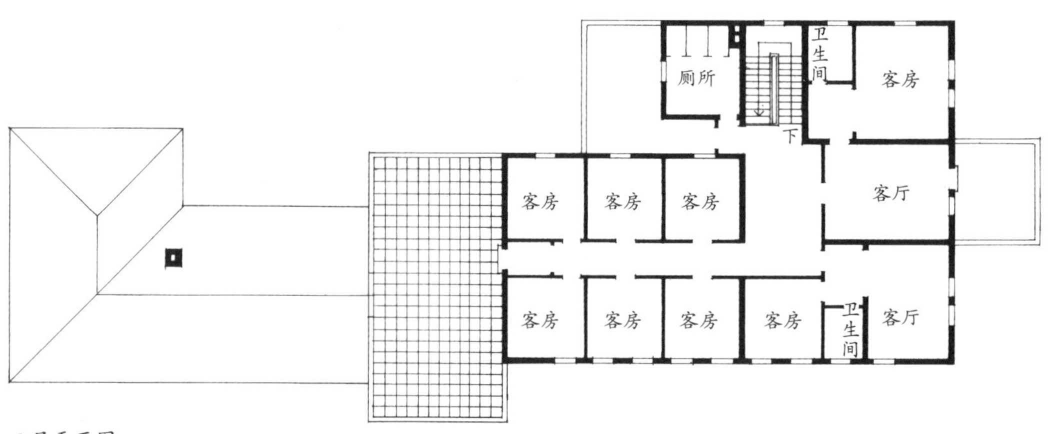

二层平面图

东立面图

南立面图

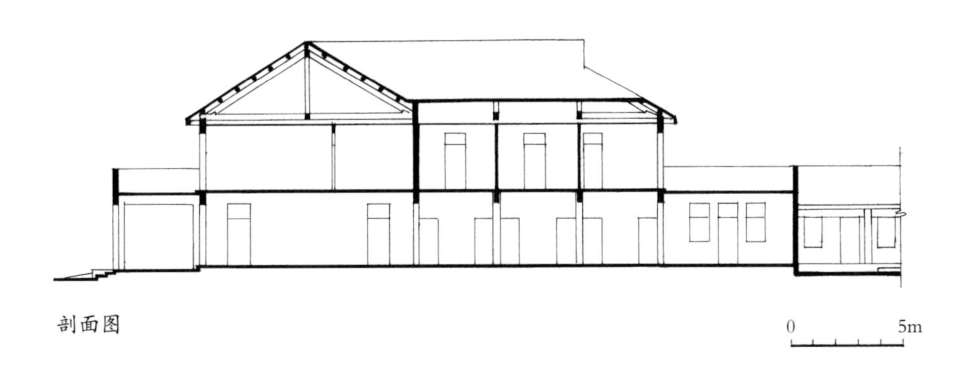

剖面图

56. 国立四川大学校园规划（1936 年）

四川大学最初选址成都明蜀王府旧址，1936 年时任国立四川大学校长的任鸿隽邀请杨廷宝先生做校园总体规划设计。该校园规划设计以原城门、明远楼和致公堂为轴线，布置大礼堂、图书馆、办公楼以及教员俱乐部，左右分设文学院、大学院、法学院、理学院、体育馆以及运动场。生活区规划在用地北部。占地面积约 38 公顷。

由于受到城内用地的限制，本规划设计方案未能实现。四川大学后改选到成都南郊望江楼附近为新校址。

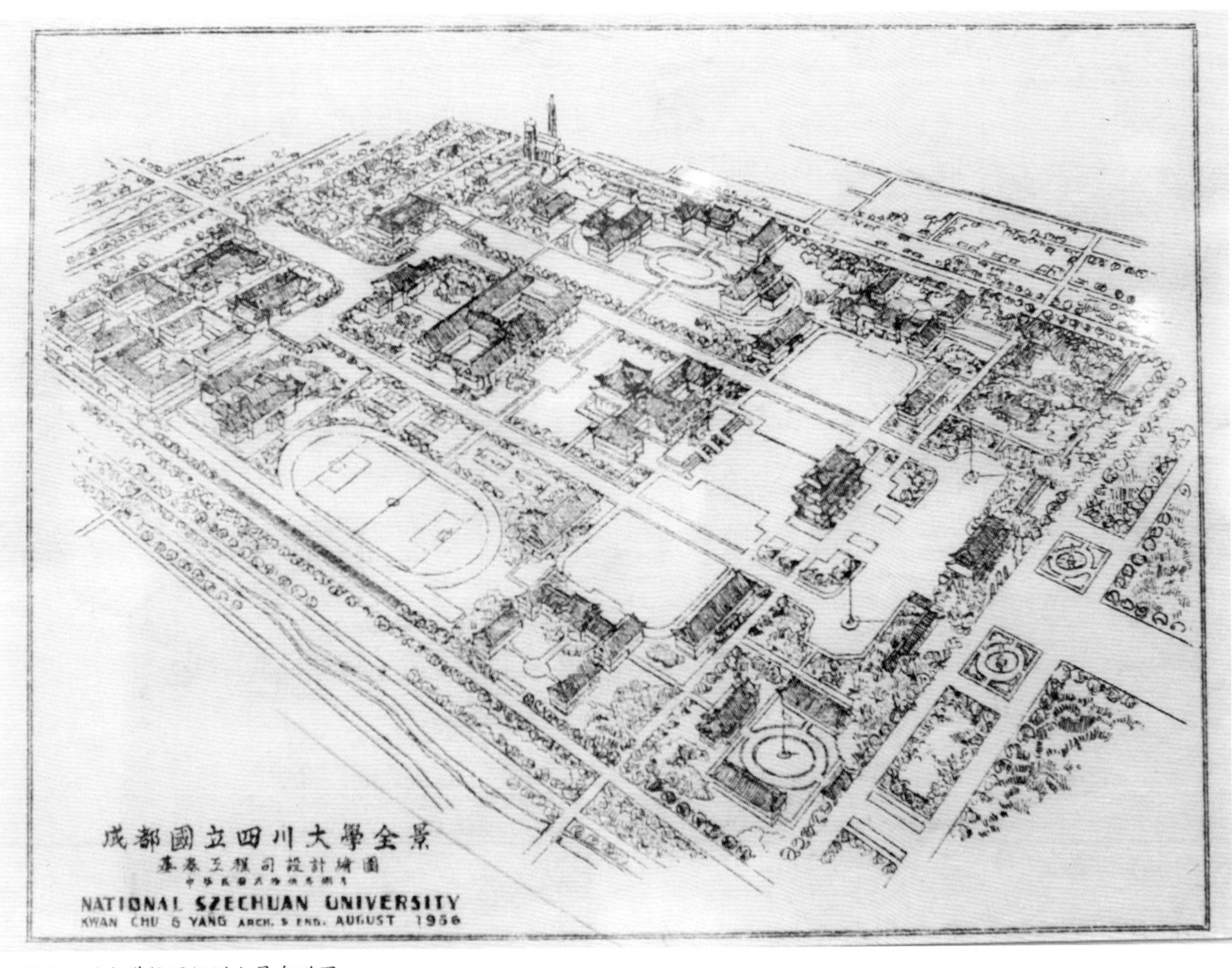

1. 国立四川大学校园规划全景鸟瞰图

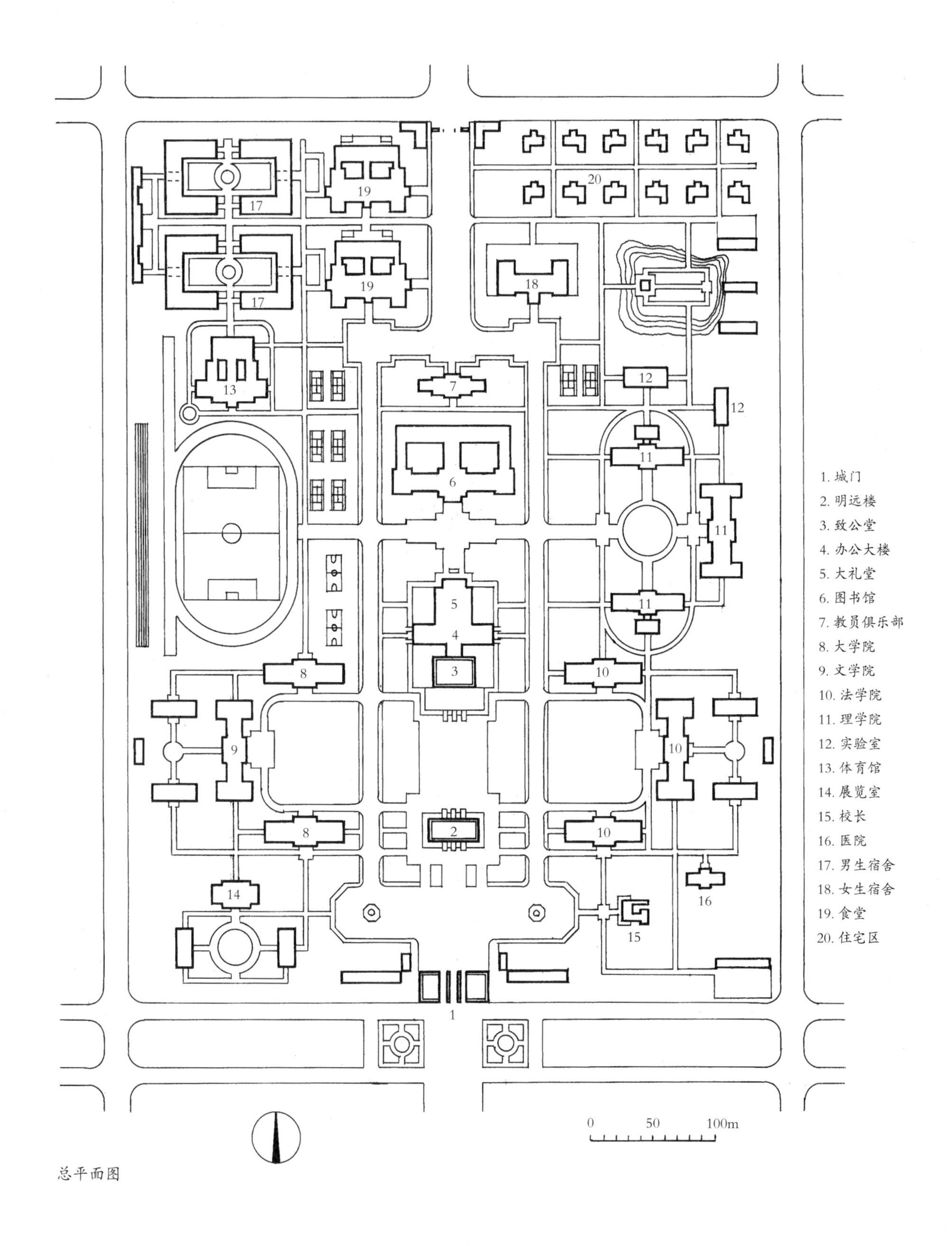
1. 城门
2. 明远楼
3. 致公堂
4. 办公大楼
5. 大礼堂
6. 图书馆
7. 教员俱乐部
8. 大学院
9. 文学院
10. 法学院
11. 理学院
12. 实验室
13. 体育馆
14. 展览室
15. 校长
16. 医院
17. 男生宿舍
18. 女生宿舍
19. 食堂
20. 住宅区
0 50 100m

总平面图

57. 首都电厂办公大楼（1937 年）

首都电厂位于南京城北今下关地区，濒临长江，紧靠中山码头。其前身为南京电灯厂下关发电所。1927 年，国民政府定都南京后，南京电灯厂改称为首都电厂。由于电力不敷使用，于 1931 年对首都电厂进行第一期扩建工程，1933 年完工，至此，南京的用电全部由下关发电厂提供。第二期扩建工程于 1934 年开工，1937 年全部完工。

在第二期扩建工程中，华盖建筑师事务所的童寯设计了安装第二台一万千瓦发动机的主厂房，基泰工程司的杨廷宝于 1937 年初设计了首都电厂办公大楼。由于时年 9 月日军空袭南京，首都电厂成为空袭目标之一，致使主厂房多处中弹，第二台发电机组被破坏，而办公大楼因年底南京沦陷，国民政府西迁，被迫只建到二层未能完工。

58. 重庆陪都国民政府办公楼改造（1937 年）

1937 年国民政府内迁重庆，以北区干路北侧的原四川省立重庆高级工业职业学校校舍为驻渝府址，并改名为国府路，由杨廷宝进行改造设计，于 1937 年 11 月 25 日竣工，12 月 1 日，国民政府主席林森正式在此办公。

因国民政府迁都时间紧迫，只得利用职业学校原一幢建筑面积为 2 080 平方米的外廊式两层建筑进行改造，仅用一周时间，即告竣工。该两层建筑前临道路，背靠山坡，长 52 米，宽 20 米，基座高 2 米，建筑面积 2 080 平方米。改造时，将中部入口扩建成三开间歇山顶抱厦，额枋施中国传统彩绘，并利用地形高差，做室外大台阶直达入口，以烘托庄重气势。庭前大门两侧门墩柱上立四角攒尖亭形门灯，组合比例适度。1939 年日机曾六次炸毁大楼，馥记营造厂便六次义务抢修。这是一座因陋就简改造旧建筑的成功之例。

1979 年，该楼被拆除，原址另建为重庆市人民政府办公楼。

1. 扩建抱厦近景

2. 全景

3. 门柱灯座

59. 国立四川大学图书馆（1937 年）

国立四川大学图书馆位于成都市望江校区中心区。1937 年由杨廷宝、张镈设计 ,1938 年建成。

该图书馆建筑面积 3 800 平方米，平面呈倒“T”字形，中部为三层，两翼高二层。一层为报刊阅览室、研究室和行政办公用房与业务办公用房。二层中部为目录厅、借阅处，两翼为阅览大厅，其后为四层书库，可藏书 40 万册。功能分区明确，使用合理，流线清晰。

立面为歇山顶，青灰筒瓦屋面，木门窗，做工精细，唯屋顶木构架于 20 世纪 60 年代因被白蚁蛀蚀，后改为钢筋混凝土预制件平屋面。1987 年，学校在该图书馆旁另建一座新图书馆，原来老图书馆改为博物馆。2005 年，博物馆又另建新馆，老图书馆现改作校史展览馆。

1. 20 世纪 40 年代的图书馆全景旧照

2. 20 世纪 40 年代的图书馆远望旧照

3. 主入口外景旧照

4. 从门厅回望入口大门

5. 一层办公区

6. 1964 年改造后的图书馆主入口外观

7. 二层主楼梯

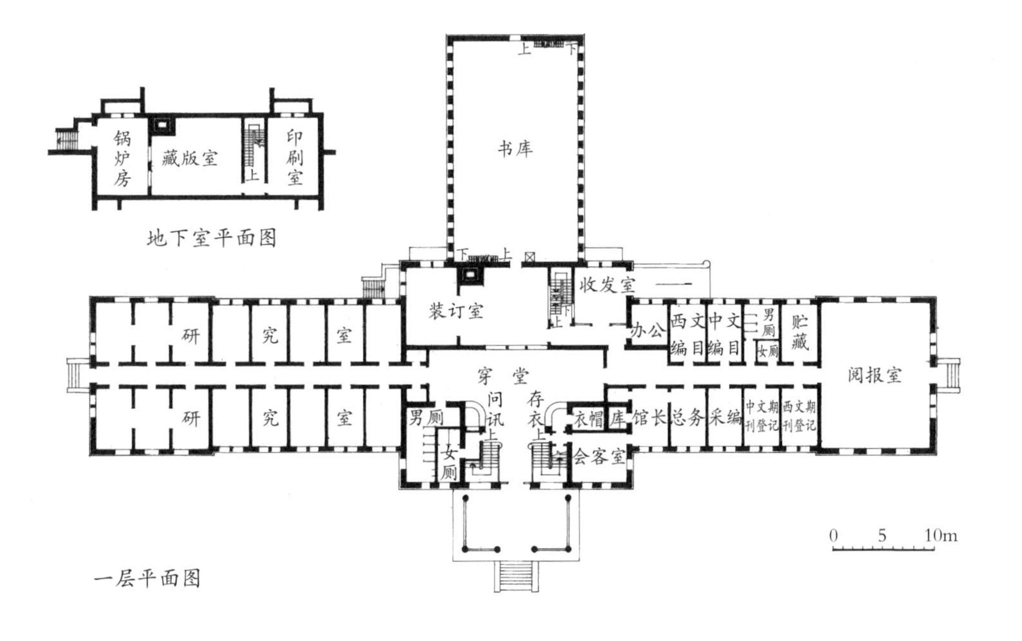

地下室平面图

一层平面图

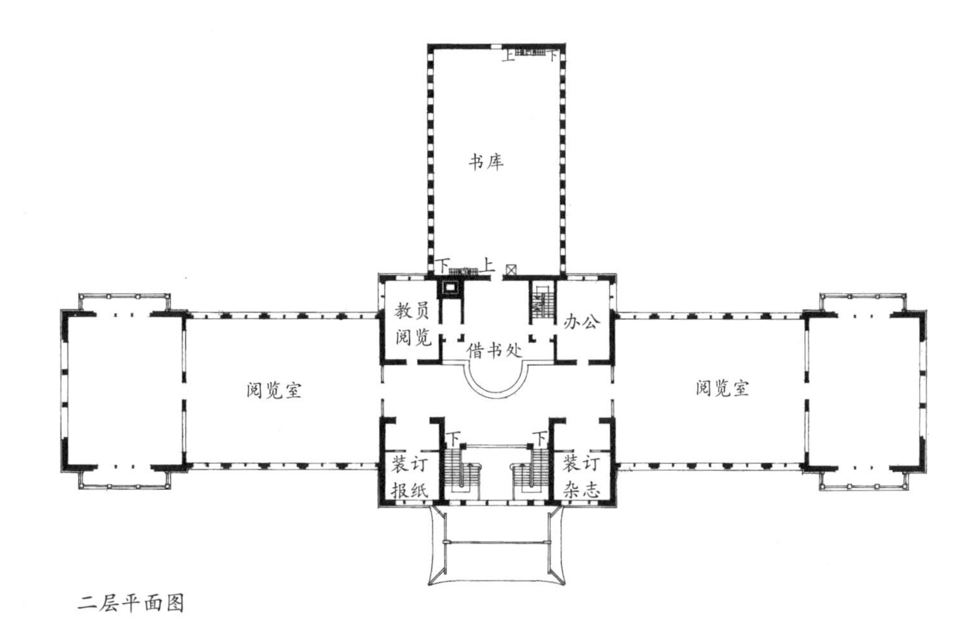

二层平面图

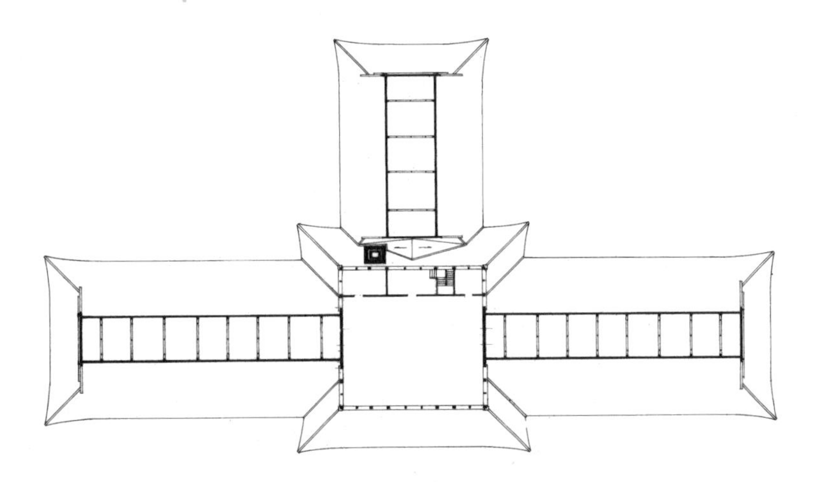

三层平面图

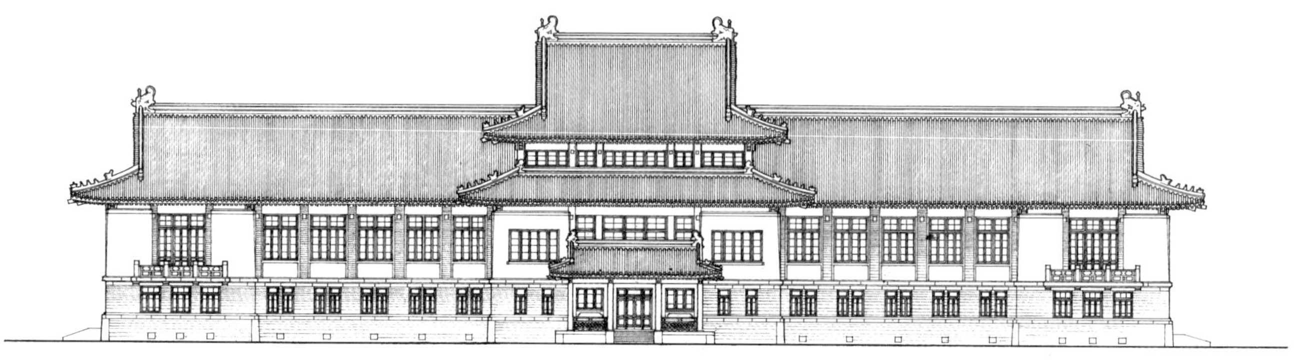
南立面图

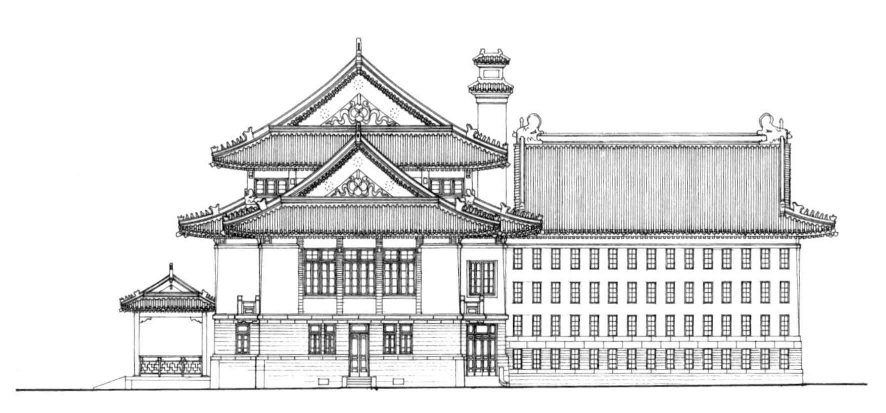
东立面图

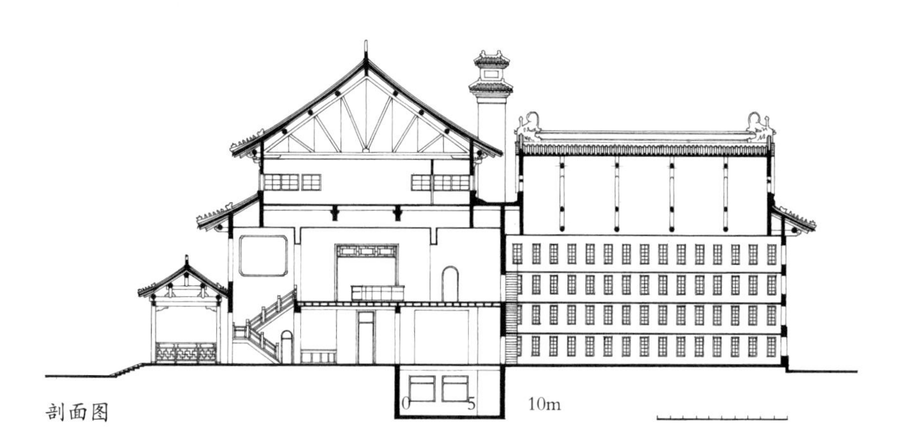

剖面图

60. 国立四川大学理化楼（1937 年）

理化楼 1938 年落成，建筑面积 3 700 平方米，高三层。平面主体部分呈“一”字形，长 63 米，进深 16 米，中部进深 20 米。一至三层平面为中廊式，两侧为教室、实验室、办公室、研究室等。主楼背后设独立阶梯教室，以连廊与主楼相接。

理化楼外观三层主楼与一层阶梯教室均为单檐歇山顶，入口设歇山顶门套。其建筑风格与图书馆建筑形式统一。

1. 1938 年的理化楼南立面外景旧照

2. 1938 年的理化楼远景旧照

3. 1938 年的理化楼北立面外景旧照

4. 1960 年改造后的理化楼全景

5. 改造后的理化楼北立面外景

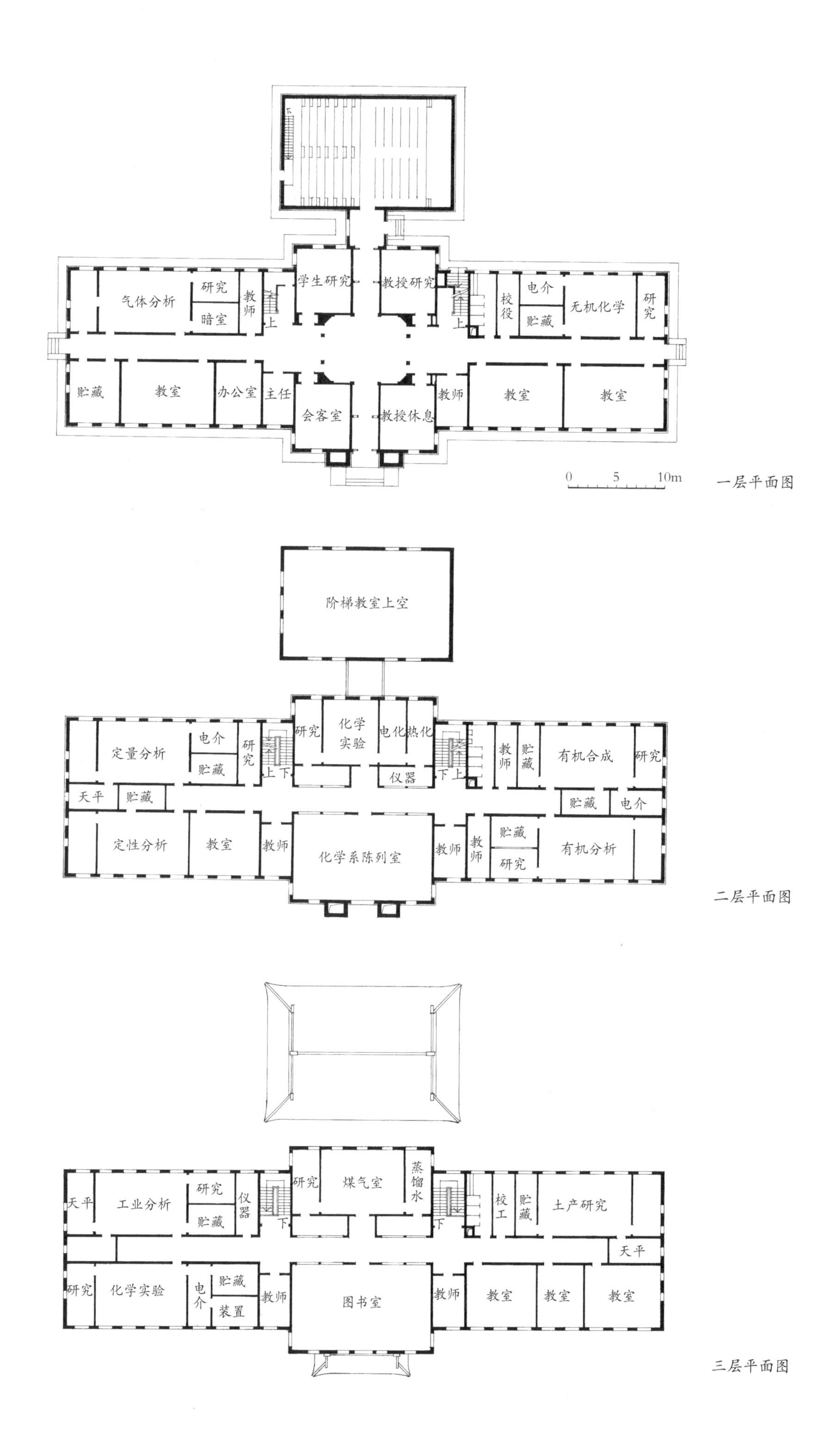

一层平面图

二层平面图

三层平面图

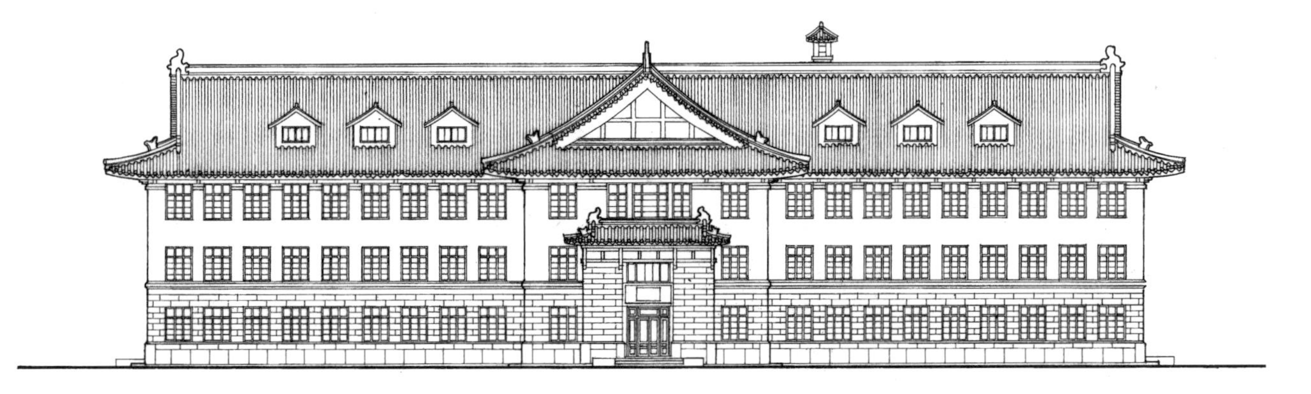
南立面图

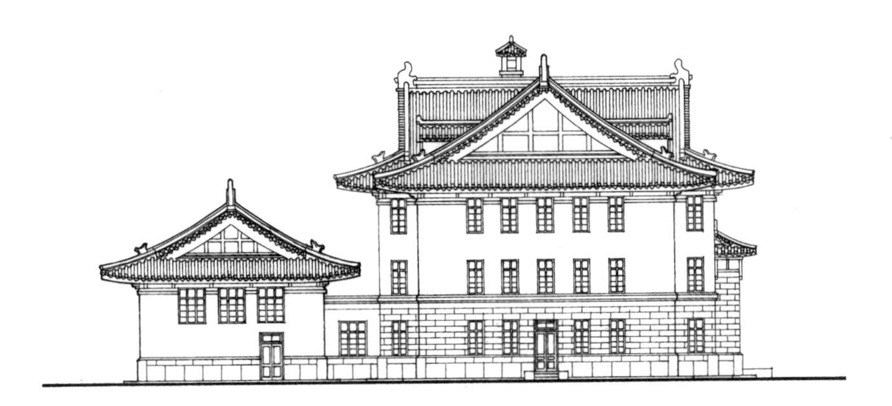
西立面图

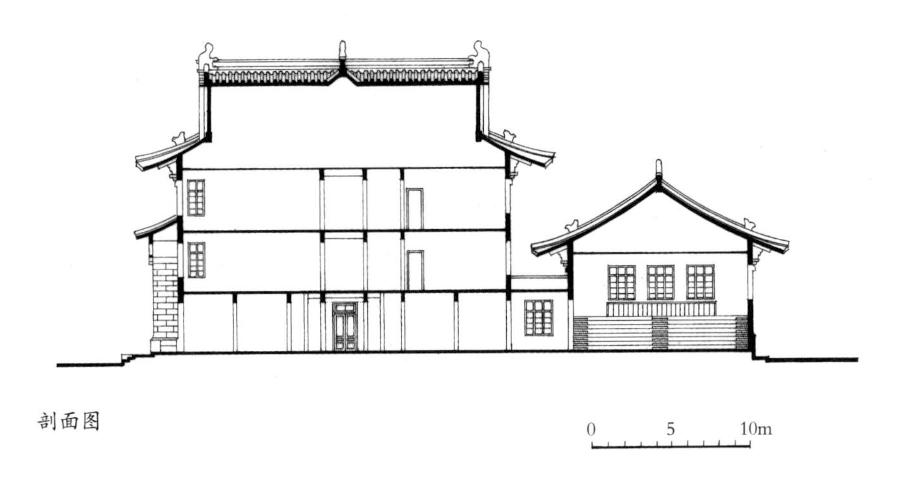

剖面图

61. 国立四川大学学生宿舍（1937 年）

学生宿舍 1938 年落成，建筑面积 4 020 平方米，高二层，局部三层。平面呈“凹”字形，长 86 米，进深 15 米（中部进深 17.5 米），东、西端边长 30 米。平面为中廊式，两侧各为宿舍，另设盥洗室、厕所、淋浴室、锅炉房、管理、贮藏等用房。

宿舍外观中部三层部分为重檐歇山顶，两翼为单檐歇山顶，入口门洞发券，作穿堂式，实为过街楼，其两侧各设门厅。

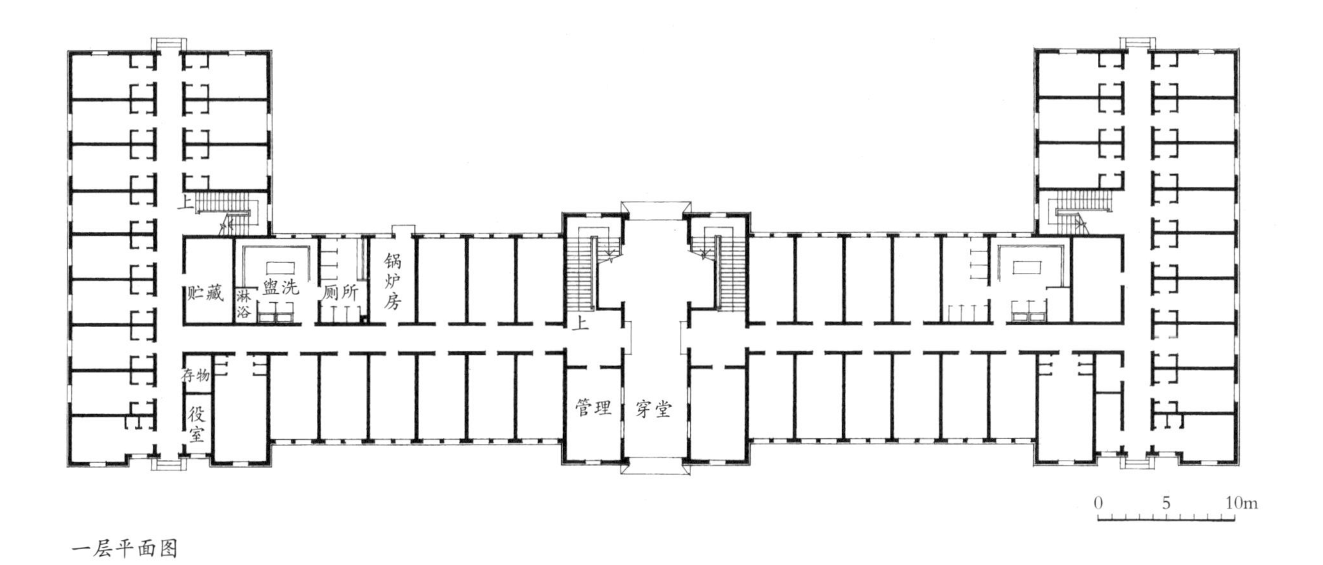

一层平面图

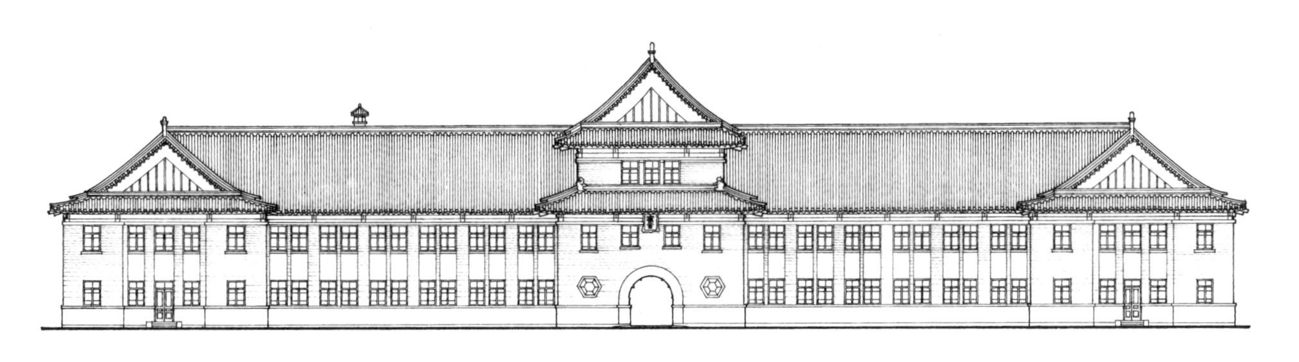

南立面图

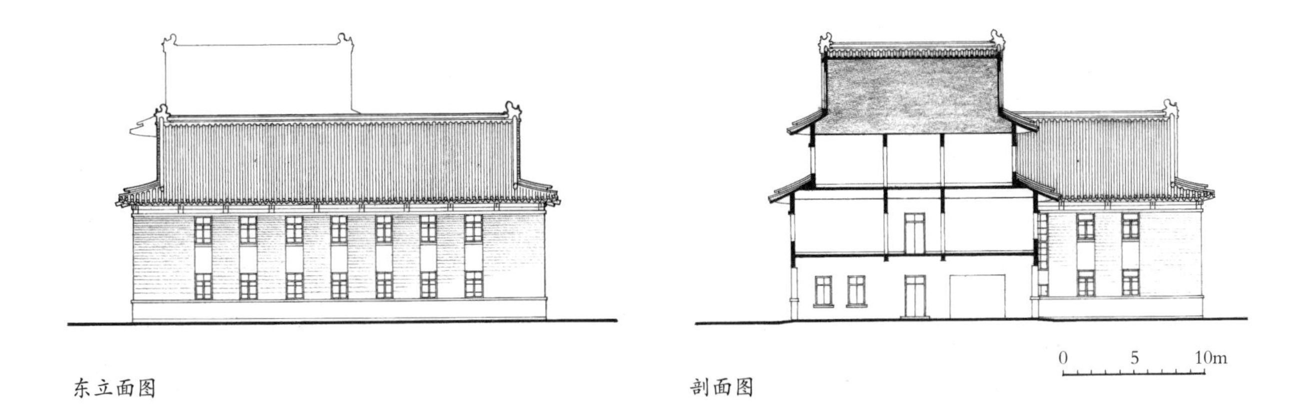

东立面图

剖面图

62. 南京寄梅堂（1937 年）

1937 年，在南京的清华大学校友拟在莫愁路、秣陵路口建造一幢供校友活动的俱乐部，并以“寄梅堂”命名，寓有纪念清华周诒春（字寄梅）校长之意。

该建筑占地 2 700 余平方米，地形南北狭长，建筑靠北，留出南部网球场地。

一层平面入口位于西隅，与前院大门正对。门厅东侧为大会议室（兼餐厅）、小餐厅，两者空间可分可合，开敞阅览室置于门厅之南，与大会议室以帷幔分隔。门厅西侧为接待、办公室。门厅之北有一酒吧，其后为厨房和工友宿舍用房。二层设日光室、休息室以及屋顶花园。总建筑面积为 650 平方米。该建筑功能分区明确，房间布局紧凑，空间组合灵活。

后因战争，方案未能实施。

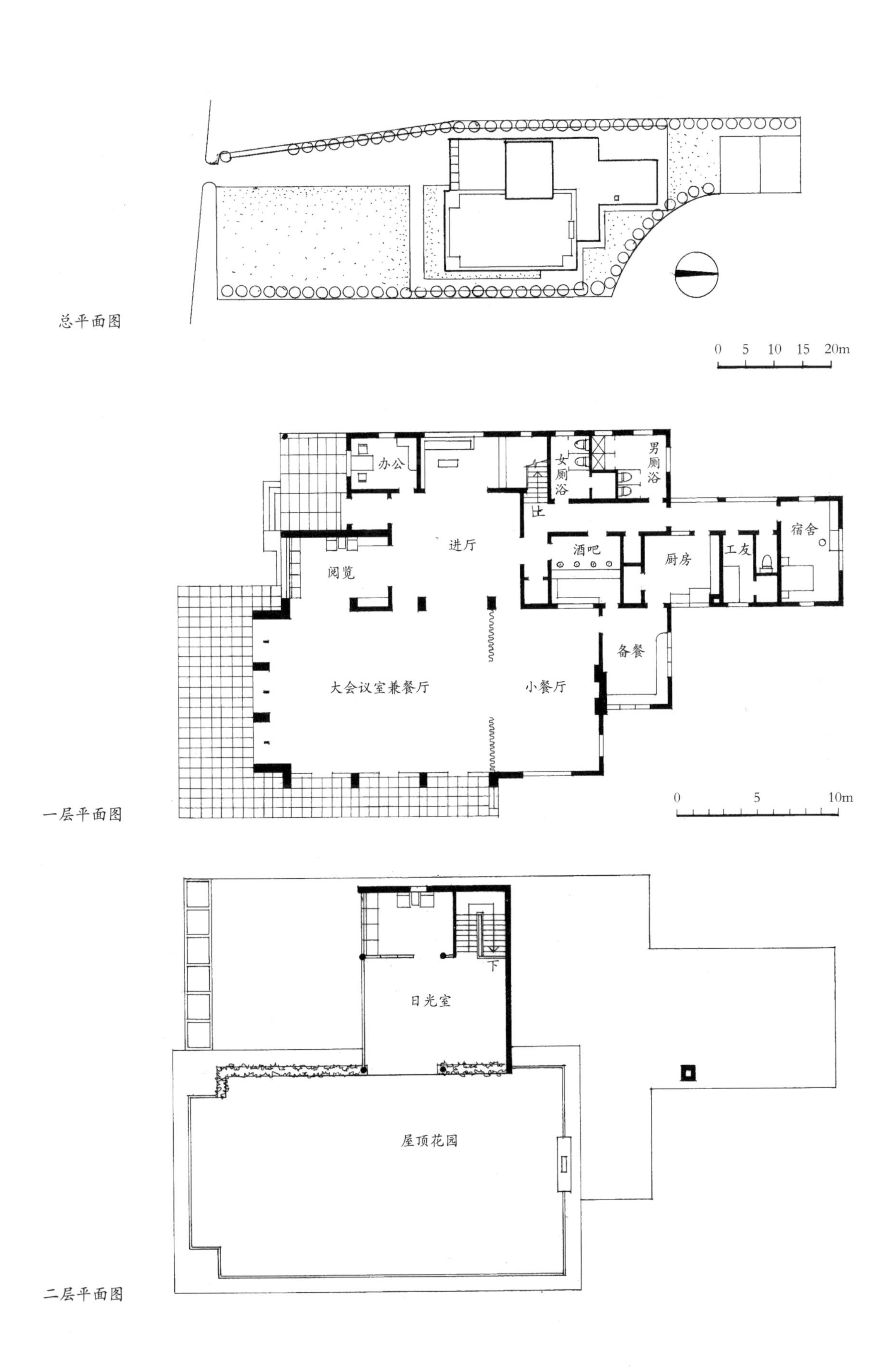
总平面图
0 5 10 15 20m
办公
女厕浴
男厕浴
进厅
酒吧
厨房
工友
宿舍
阅览
备餐
大会议室兼餐厅
小餐厅
一层平面图
0 5 10m
下
日光室
屋顶花园
二层平面图

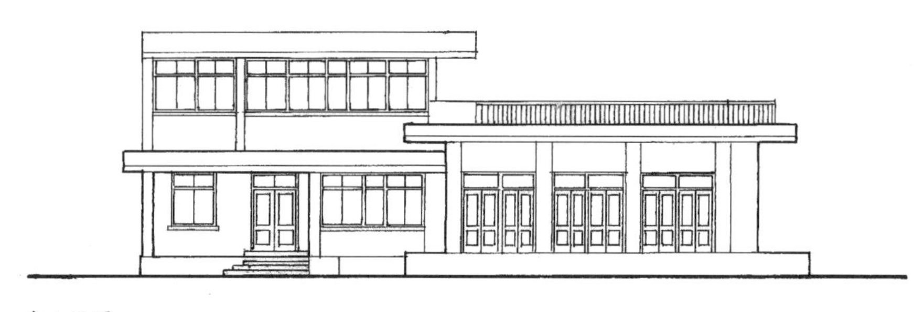

南立面图

东立面图

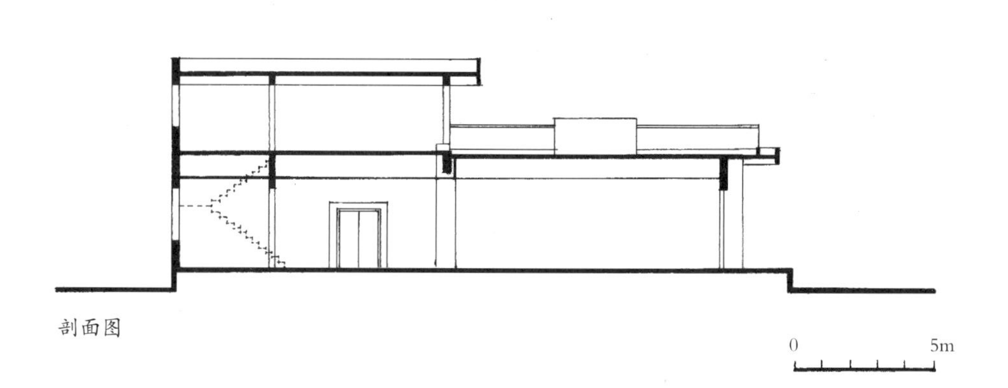

剖面图

63. 成都励志社大楼（1937 年）

励志社大楼位于成都市青羊区商业街现四川省委大院内。建于 1937 年，是抗日战争期间为接待美国援华空军“飞虎队”飞行员住宿、娱乐而建。美国著名作家海明威夫妇曾在此住过，美国前副总统华莱士曾在大楼内接见“飞虎队”成员。

该楼为三层，一、二层长 46.6 米，进深 17.4 米。三层长 44.7 米，进深 12.5 米，建筑面积 2 170 平方米。底层设有大型宴会厅及舞厅。楼层设客房，均设楠木墙裙、嵌花木地板。客厅内设有壁炉。卫生间采用进口洁具，饰以瓷砖贴墙，马赛克铺地，在当时的成都，属豪华建筑。

建筑立面为重檐歇山顶，梁柱额枋均仿北方官式建筑做法。外墙面为水刷石，木门窗，工艺考究。

该楼经多次改造，已失实。2009 年，该楼又进行了大修，现作为四川省委办公楼使用。

1. 沿街西南立面外景

2. 南立面景观

3. 东翼外景

64. 成都刘湘墓园（1938 年）

刘湘墓园坐落在成都武侯祠之西北角，与刘备墓毗邻。1939 年由杨廷宝参与、指导张镈设计，1941 年建成。占地 129 亩，现为成都市南郊公园的一部分。

墓园布局仿清陵形制，在南北 400 米中轴线上，从主入口开始，依次布置了石桥、牌坊、陵门、碑亭、荐馨亭（已毁）、祭堂和墓圹。

墓园中主体建筑的造型，均仿北方宫殿建筑式样。牌坊为四柱三间，柱顶设云头。从牌坊至陵门为 100 余米长甬道，两侧植整齐塔柏（均为当时四川军政界的风云人物张群、张澜等手植），以烘托肃穆威严气势。其后为方形四面穿通式重檐攒尖顶碑亭，正中立国民政府要员撰写的墓园铭文。穿过碑亭，跨过平桥，即进入原名荐馨亭区的一个小广场，广场正中即为表彰刘湘抗日功绩的纪功碑多角荐馨亭（“文革”中被毁）。过荐馨亭区即进入祭祀区，祭堂正面为面阔 5 间（30 米），进深 3 架（19 米），总高 20 米，面积 570 平方米的祭堂（荐馨殿）。立面造型为重檐歇山式屋顶，檐下设装饰性斗栱、额枋、雀替及木制棂花门窗，做工考究。祭堂前东、西两侧为配殿，供刘氏列祖列宗牌位，周围广植玉兰（现已不存）。祭堂后为建在一个平台之上的长方形墓圹，前立墓碑，上书“抗日战争时期第七战区司令长官陆军一级上将刘湘之墓”。墓后为一造型古朴、比例匀称的石刻影壁作为结束。墓于 1966 年 8 月“文革”时被毁，1985 年复建 。

刘湘墓园是我国继中山陵之后又一大型陵园，整座墓园被苍松古柏环抱其中，具有纪念性建筑之简洁庄重的气氛。

1. 市文保碑

2. 大门牌坊

3. 陵门

4. 碑亭

5. 荐馨亭旧照（已毁）

6. 东配殿

7. 西配殿

8. 荐馨殿（祭堂）

9. 墓圹全景

10. 墓圹近景

11. 墓圹照壁

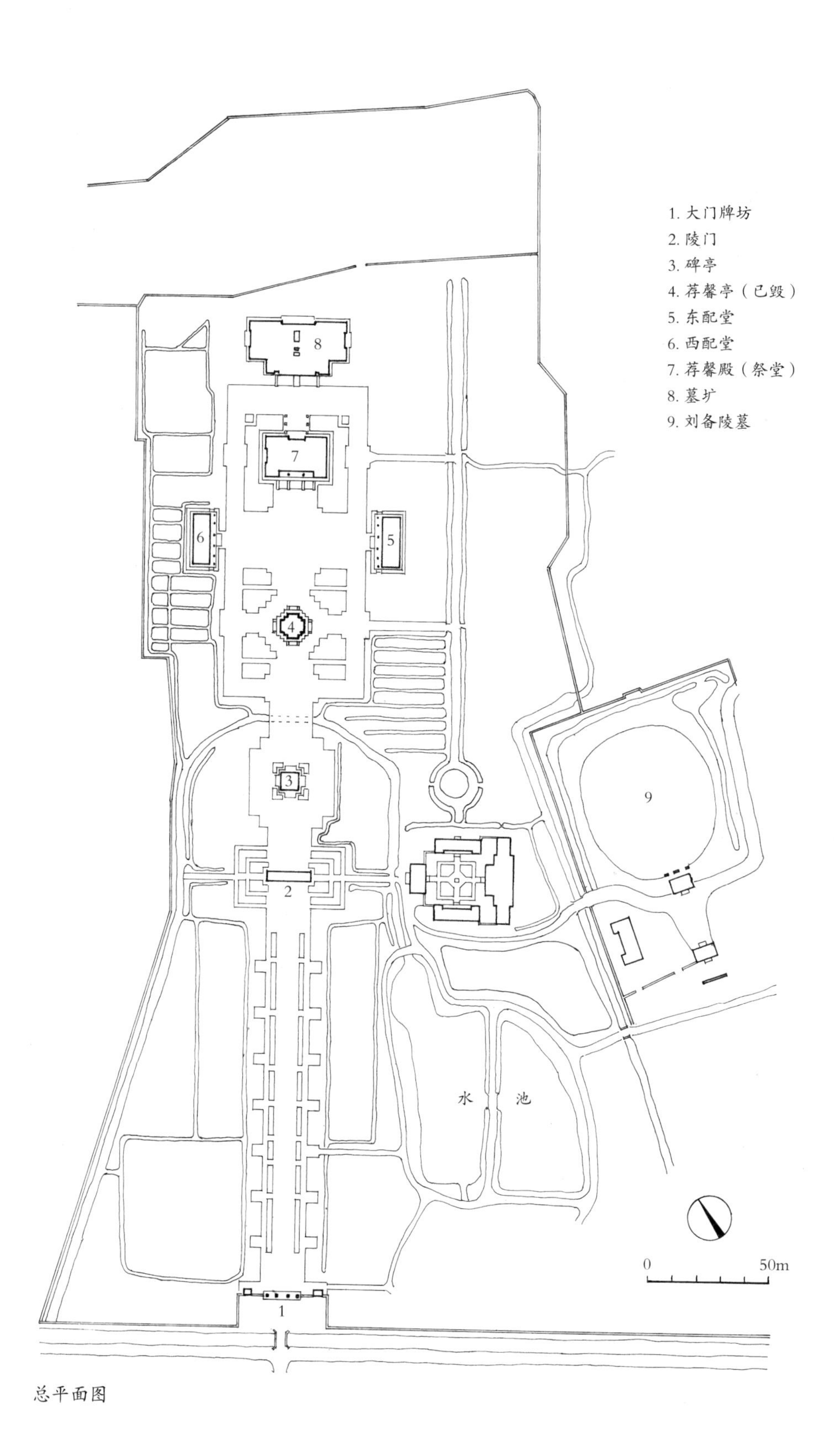

总平面图

杨廷宝全集·一 —— 建筑卷（上）

65. 重庆嘉陵新村国际联欢社（1939 年）

国际联欢社位于重庆渝中区李子坝嘉陵新村，又称嘉陵宾馆。是抗战期间，国民政府为安排各国使馆人员在重庆的娱乐社交活动而建，1939 年落成。曾云集众多中外显赫政要、名流嘉宾。

该建筑为三层（南面为二层），平面呈“L”形。长边为 45 米，短边为 25 米，其交接处以大小两个八边形组合平面相连。建筑面积 1 700 平方米。

结合地形高差，主入口设在二层“L”形平面的拐角处，小八边形门厅外凸三边，以强调入口。大八边形舞厅正对门厅，其南翼长边为餐厅、厨房；东翼短边为 4 个小活动室。三层为客房及办公室。一层平面外围之半傍依在挡土墙一侧。故正面看只有两层，背面看显三层。

该建筑体量组合因山就势，大小屋顶穿插起伏，立面素瓦粉墙，用材砖、石、竹笆就地取材，总体效果与自然环境相协调，具有山地建筑的特点。

由于该建筑年久失修，白蚁蛀空地板、木柱，结构险象环生，于 20 世纪七八十年代被拆除。

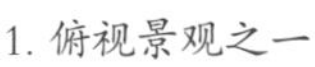

1. 俯视景观之一

2. 俯视景观之二

3. 入口鸟瞰

4. 入口近景

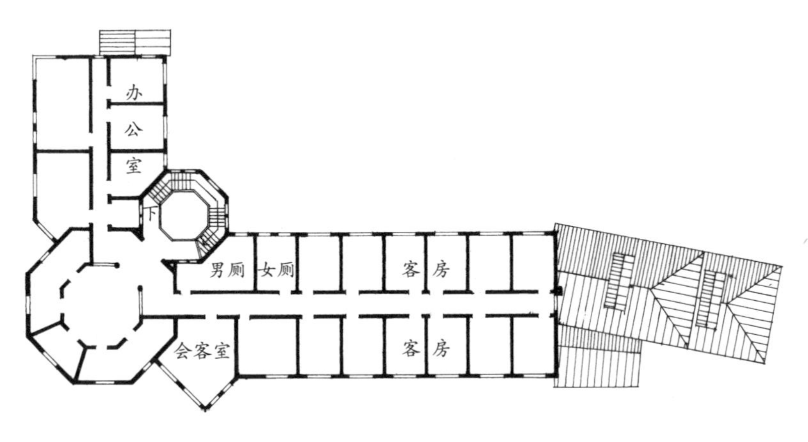

三层平面图

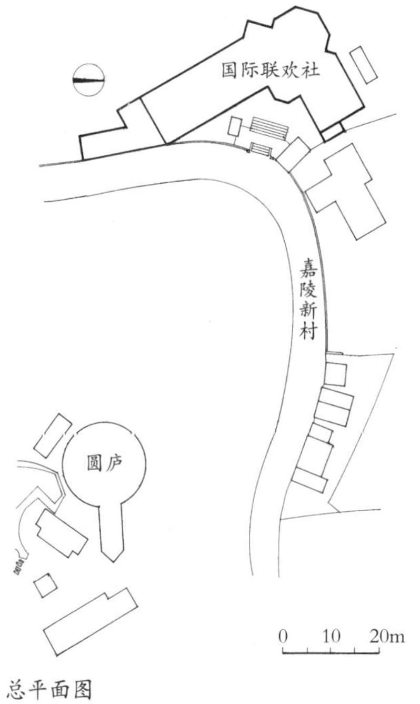

总平面图

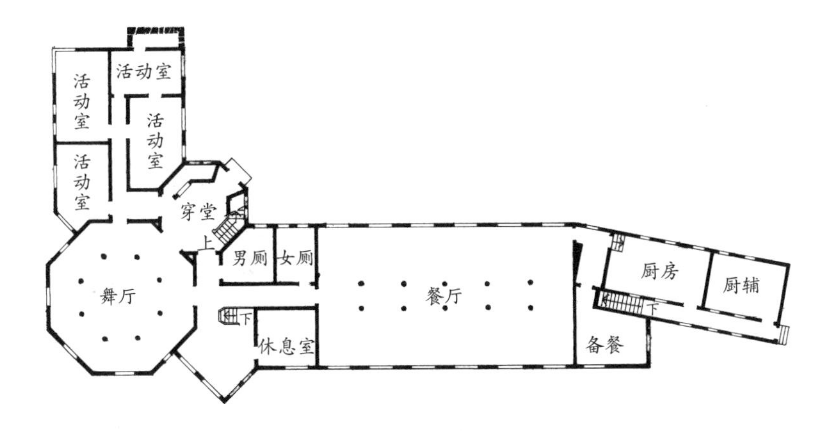

二层平面图

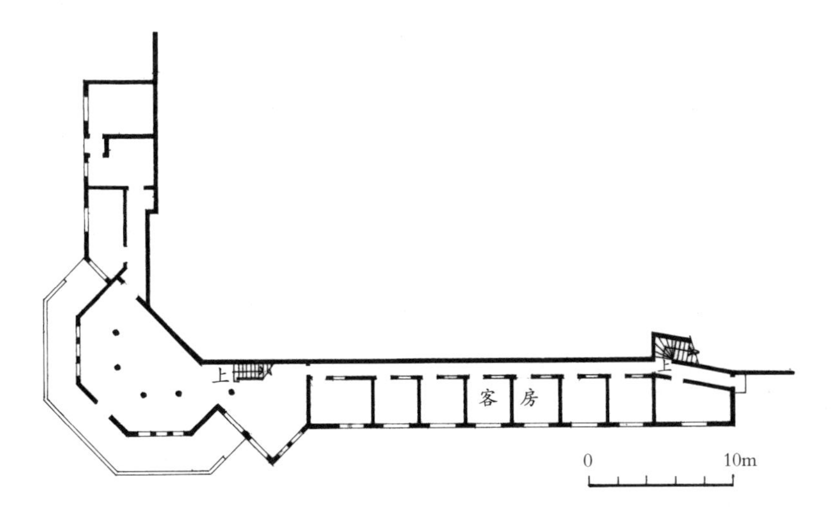

一层平面图

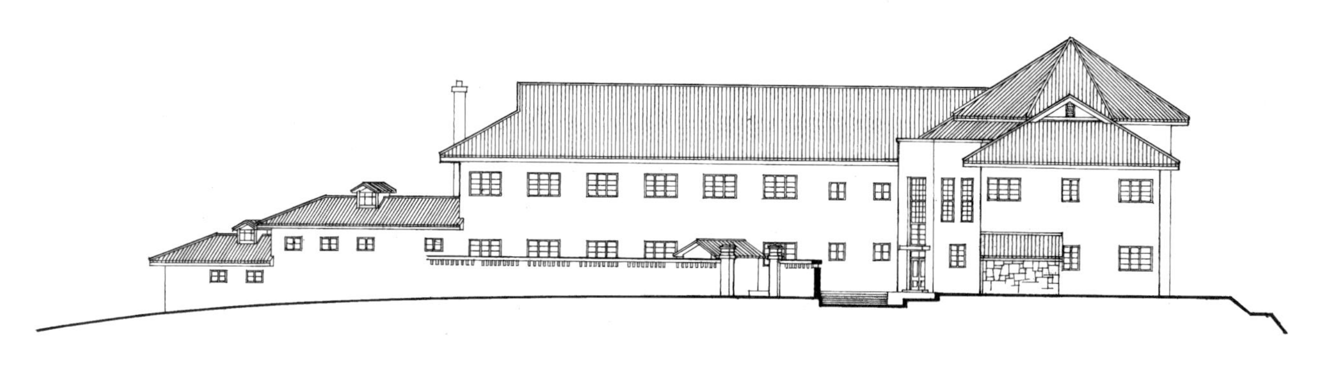

东立面图

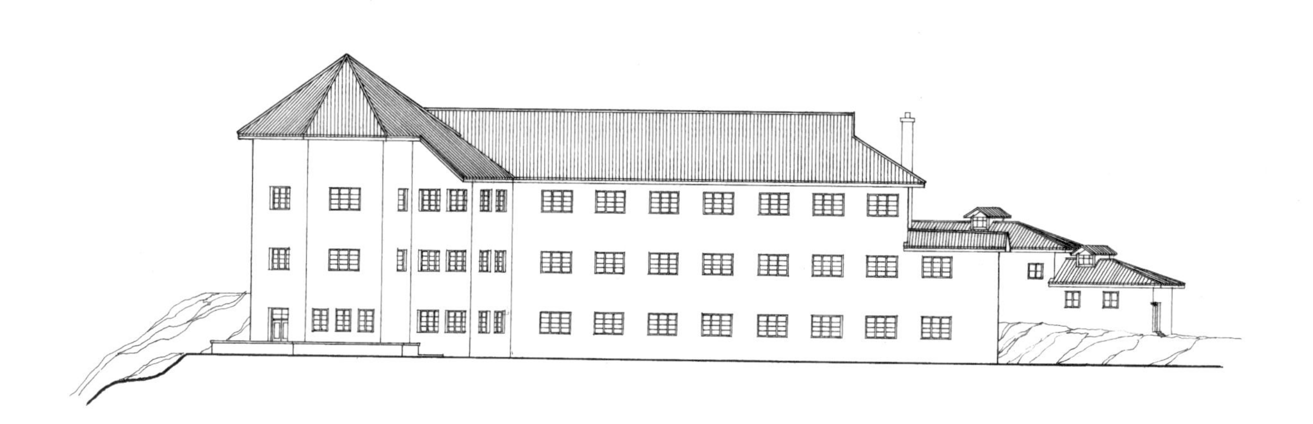

西立面图

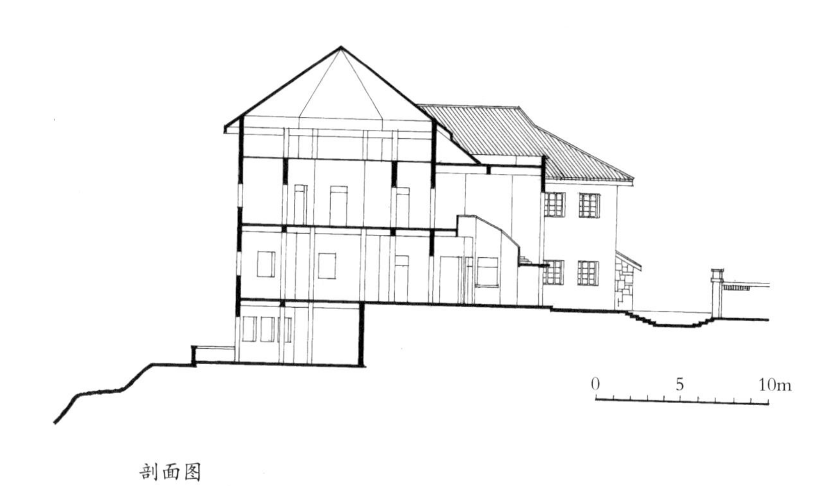

剖面图

66. 重庆嘉陵新村圆庐（1939 年）

圆庐系孙科寓所，抗战时期建于嘉陵新村，与当时的嘉陵新村国际联欢社毗邻，且依山势而筑，故总体效果极佳。

住宅平面由内、外同心圆组成。内圆直径为 7 米，外圆直径为 17 米，建筑面积 419 平方米。主入口依地势设在二层，二层平面内圆为起居室，并有楼梯可下至底层；外圆各房间围绕内圆呈放射形布置：入口门厅两侧各为会客室和餐室，其余用房为卧室和书房。在餐室外侧延伸出“一”字形平面，为厨房和工友室。内圆顶部设气楼一圈，以解决采光和通风。底层内圆为圆厅，兼作舞厅。因无直接通风，因此，在天花板上均匀设置六个通风口，经上层管道拔风换气。

该住宅造型别致，视野开阔，平面简洁，与周围环境结合协调。

1. 鸟瞰屋顶全景

2. 坡下西立面外景

3. 通风气楼外景

4. 外景一角

5. 入口过厅

6. 室内拔风口

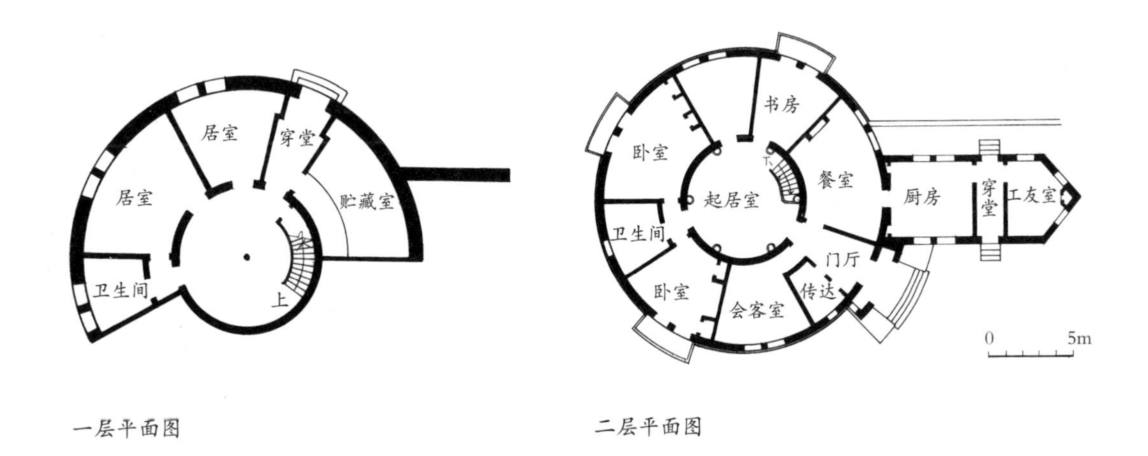

一层平面图　　二层平面图

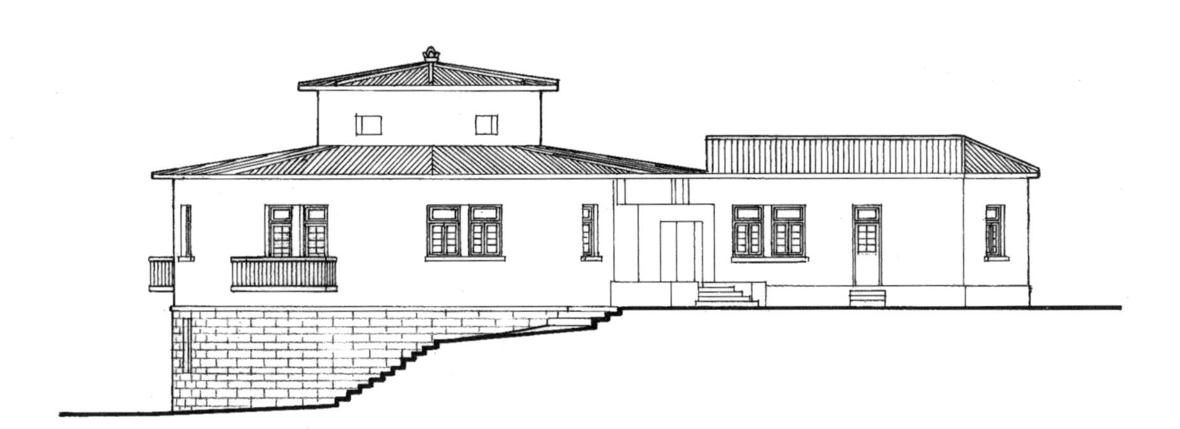

南立面图

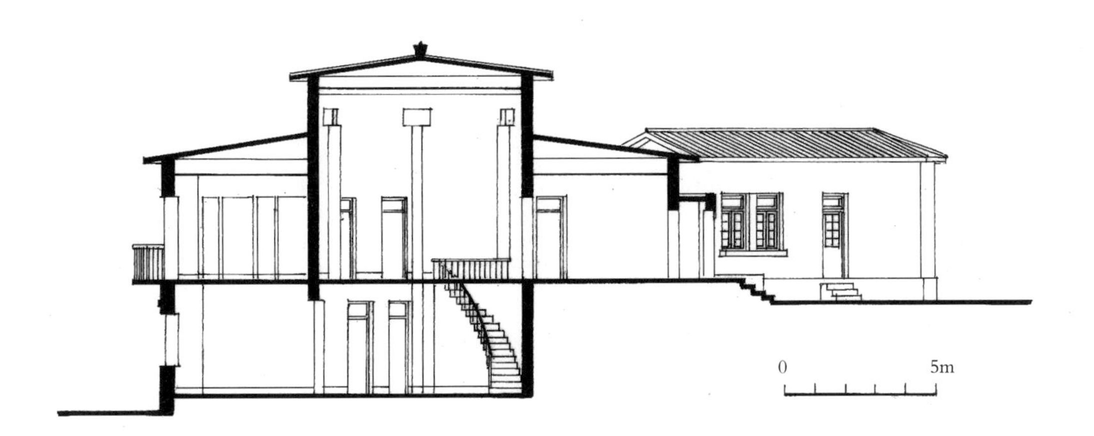

剖面图

67. 重庆农民银行（1941 年）

农民银行位于重庆市中心解放碑广场附近，建于抗战期间。

该银行规模较小，门面宽约 23 米，进深较大，达 56 米。前部临街高三层，进深 14 米。

顾客入口位于门面居中，右端为过街楼通道，供内部人员进出。一层平面中心为对个体服务的营业厅，其左侧为办公室，后部为小金库。二层为对公服务的营业厅和其周边布置的各办公室。三层为办公室和文娱室等用房。

用地后半部为食堂、厨房、库房等后勤用房，三面围合成内院，亦可作为篮球场使用。

该银行造型简洁，朴实无华，与左邻右舍紧贴而混为一体。

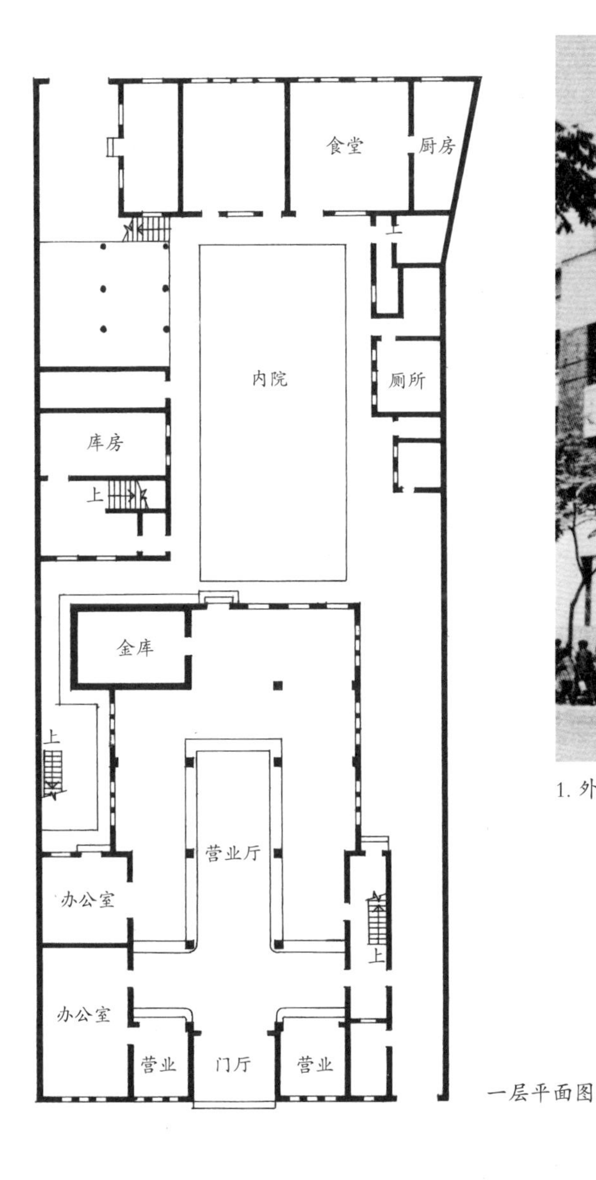

一层平面图

1. 外观旧照

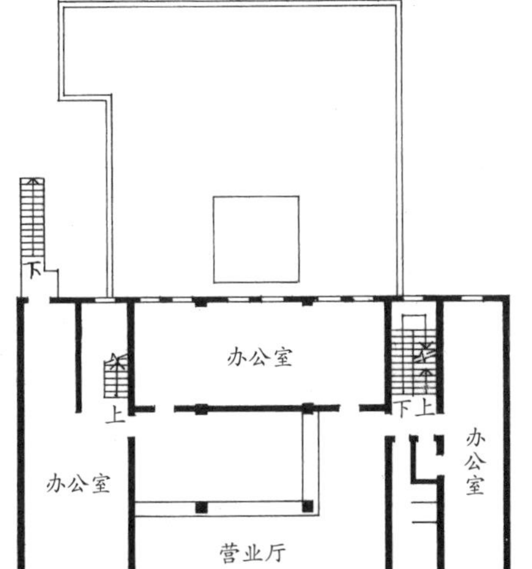

二层平面图

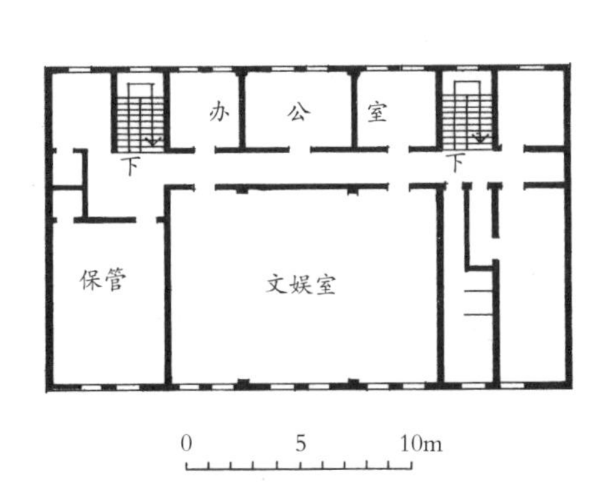

三层平面图

立面图

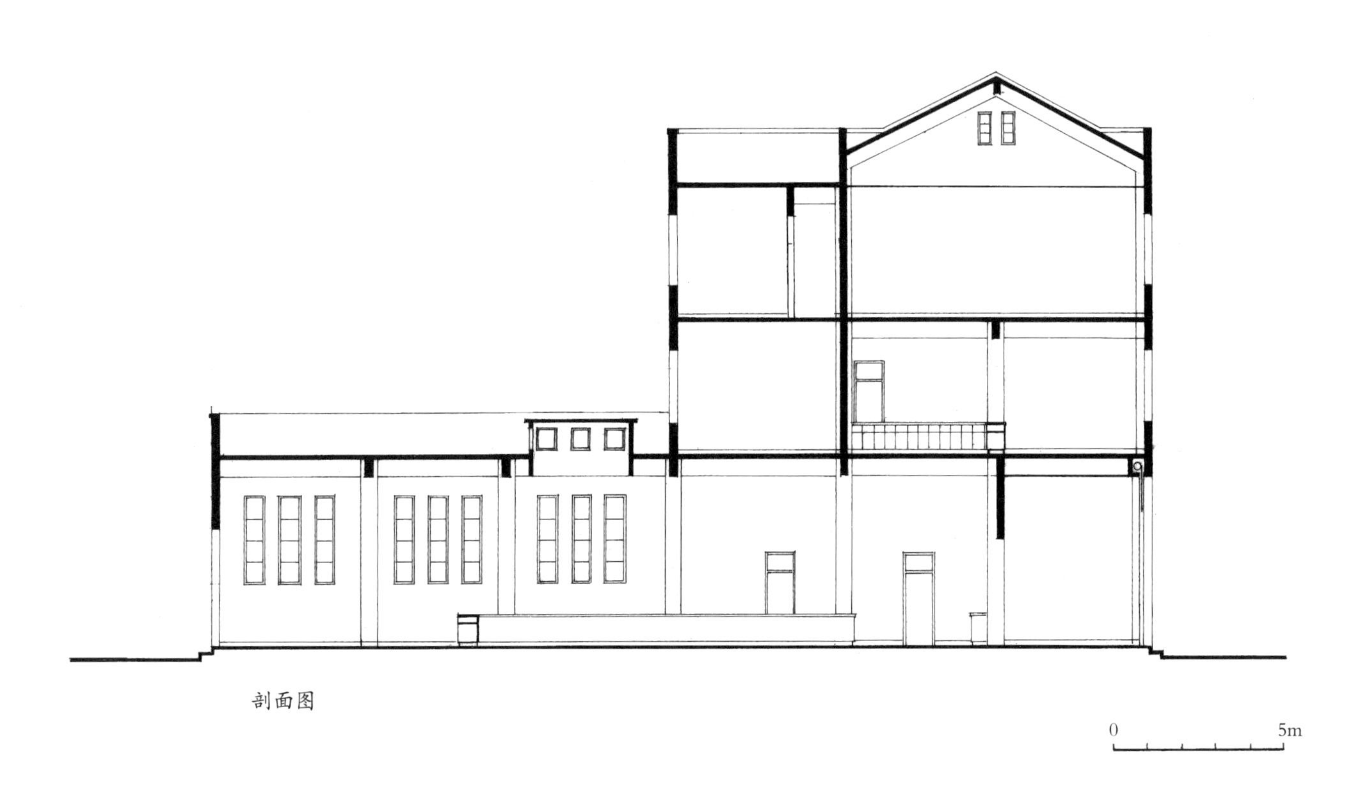

剖面图

68. 重庆中国滑翔总会跳伞塔（1941 年）

在抗日战争时期，国民政府为了培养空军，促进航空建设，发展国民体育，重庆原中国滑翔总会决定在陪都建立跳伞塔。该跳伞塔于 1941 年 10 月开建，1942 年 3 月完工，4 月 4 日正式投入使用，是当时中国乃至亚洲第一座跳伞塔。

跳伞塔自地面至塔尖为 40 米，实际跳距 28 米。塔底直径 3.35 米，顶部 1.52 米，呈上小下大圆柱形，造型高耸挺秀。塔内设有螺旋转梯 180 级，直达距地面 25 米的跳台。另距地面 15.5 米处，设塔台口一处，供不敢自 25 米降落者之用。

塔身为钢筋混凝土结构，内部粉刷白色，以增强光的反射性。外部不加粉饰，利用钢筋混凝土本色作为防空保护色。塔顶设有避雷针、夜航等安全装置，并装设挂伞铁臂三只，臂长 9.5 米，各臂夹角 120 度，距地面 35 米。臂下挂有张伞环，伞径为 6 米。伞衣挂在释放器上，连着挂伞绳和“平衡锤”。铁臂尖端及塔顶中央装有滑车，通过操纵轮控制张伞环、挂伞绳、“平衡锤”一起上下移动。所有机械装置由滑翔总会干事丁钊设计。塔下铺有深 0.3 米、直径约 100 米的细砂圈，以减少跳伞者着陆时的震动。

1. 市文保碑

2. 跳伞塔近景

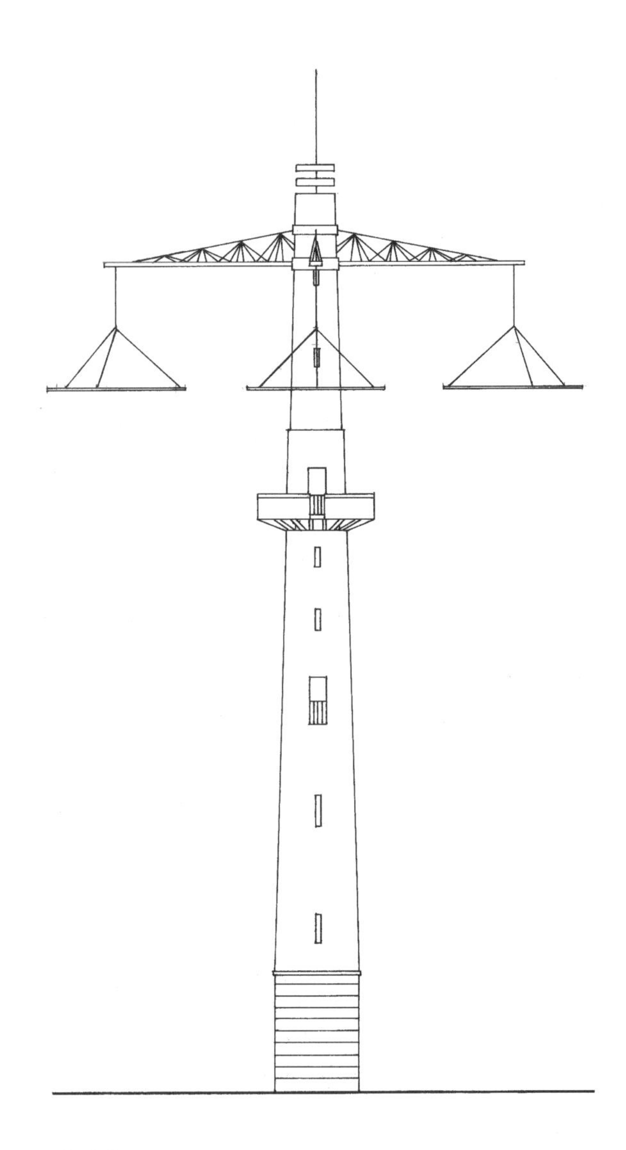

立面图

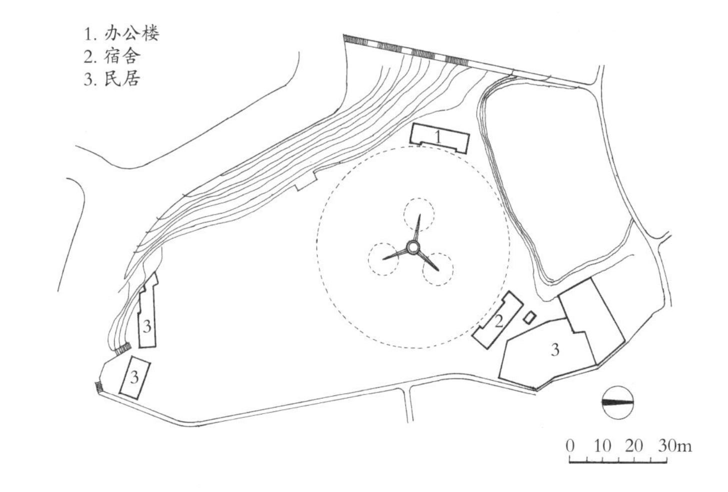

总平面图

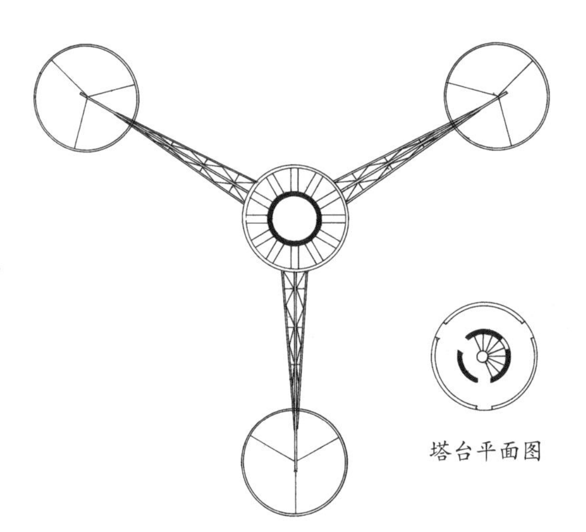

仰视图

69. 重庆林森墓园（1943 年）

林森墓位于重庆市沙坪坝区林森官邸右前方，1943 年 8 月 1 日林森病逝，8 月 28 日国民政府决定修建林森墓，次年 7 月落成。

原设计墓园由广场、牌坊、墓道、陵门、碑亭、祭堂、墓室等组成，布局严谨，建筑造型运用了我国传统建筑的设计手法。后因经济拮据，致使设计未能全部实现，仅建造了墓圹部分。

墓圹占地面积976平方米，为圆柱形钢筋混凝土结构，墓室坐北朝南，直径13.4米，高3.2米，外砌厚石，墓顶覆土种植草皮。墓冢左右弧形转角各18级台阶，墓台四周有圆形石栏杆，高 80 厘米，宽 30 厘米。墓冢前有扇形墓碑，宽 2.86 米，高 3.68 米。墓碑前设石质条形祭台并设一对铜鼎。再前为矩形石坝，长 28.2 米，宽 22.65 米，两前角立望柱。墓道为左右各三重计 42 级台阶，台阶陛石分别雕以云纹及宋锦图案，总宽 20 余米。

林森墓青松环绕，气势庄重。该墓“文革”中被毁，1979 年按原样恢复重建。

1. 国文保碑

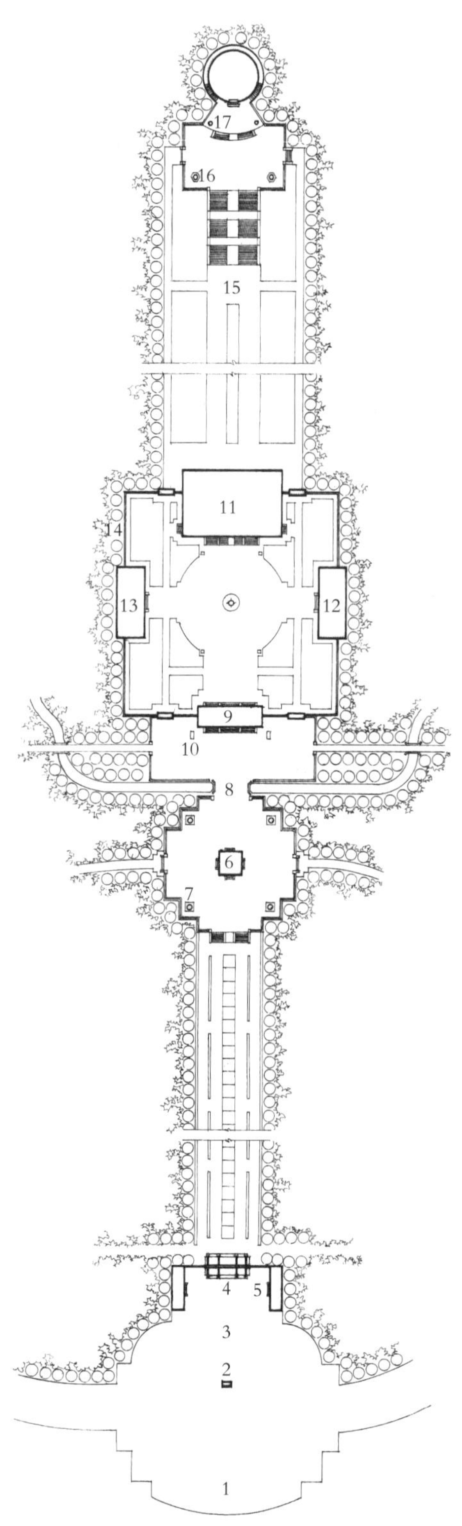

1. 停车场 2. 钟旭牌 3. 广场 4. 牌坊 5. 警卫 6. 碑亭
7. 华表 8. 石桥 9. 陵门 10. 石狮 11. 祭堂 12. 东配殿
13. 西配殿 14. 围墙 15. 墓地 16. 望柱 17. 铜鼎 18. 墓室

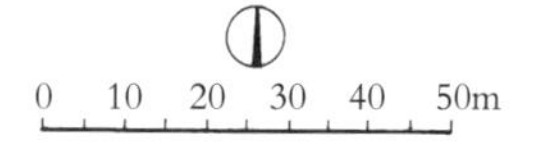

总平面图

2. 墓圹旧照

3. 修复后的墓圹外景

4. 三级墓道

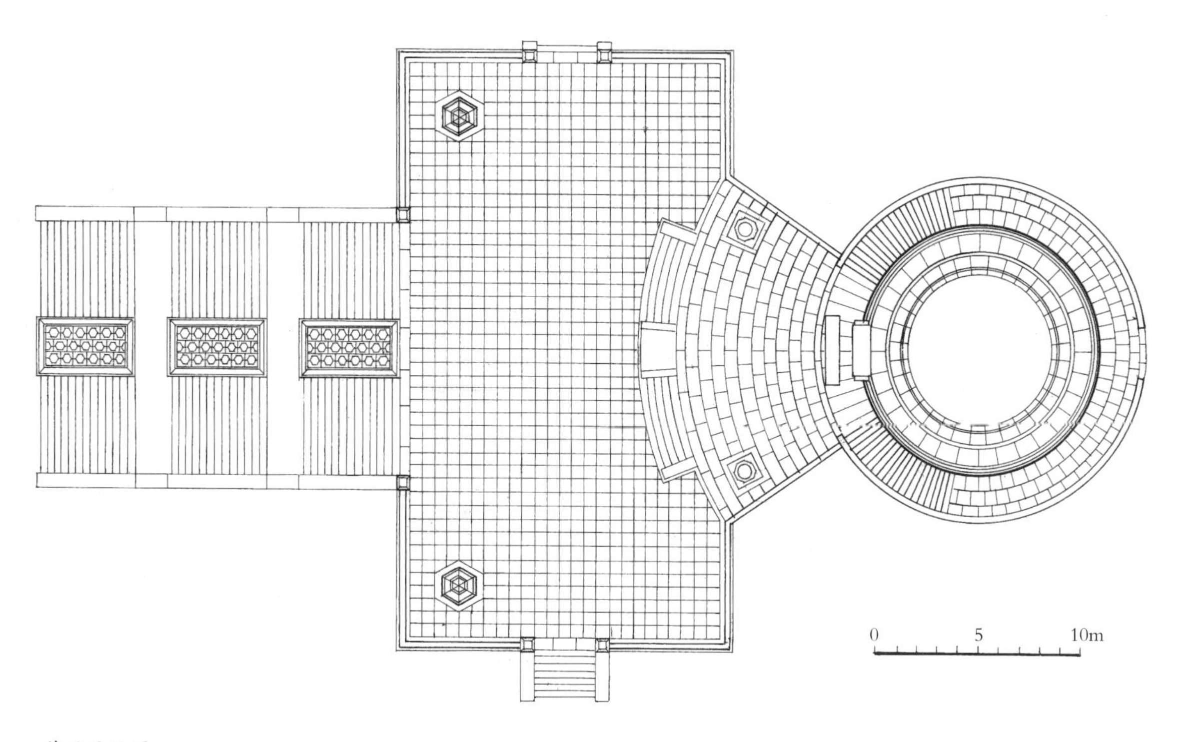

墓圹平面图

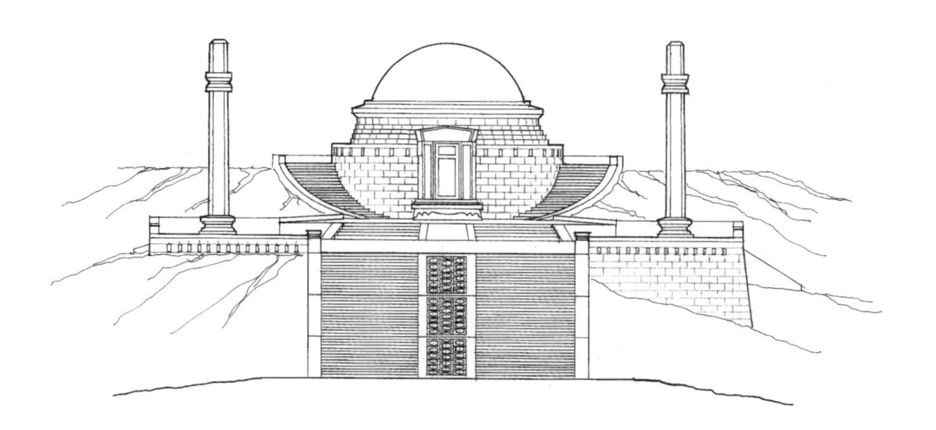

墓圹立面图

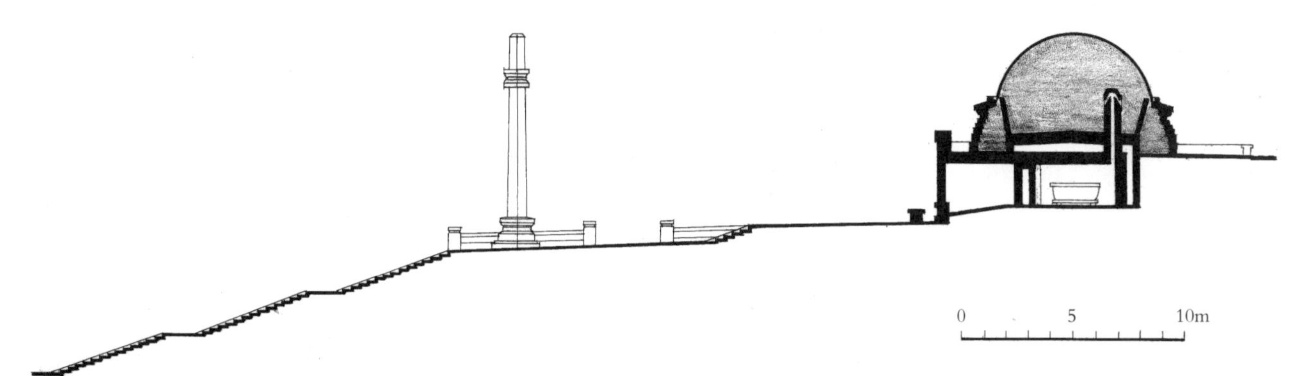

墓圹剖面图

70. 重庆青年会电影院（1944 年）

青年会电影院于抗战期间建于重庆青年会内，建筑面积约 640 平方米。

平面呈矩形，长 36 米，九开间，跨度 15 米。观众厅面积约 420 平方米，两侧外墙设九樘疏散门及高窗，地面前后起坡。放映用房设于观众厅后部之夹层。因此，该电影院符合观看、放映功能要求以及疏散、通风技术条件。

该电影院因陋就简，采用砖柱、夯土墙、双竹笆墙、砖砌空斗墙相结合的材料运用与施工方法，而观众厅中采用两列木柱支承木屋架，构造简单，施工简便。

该建筑已拆除。

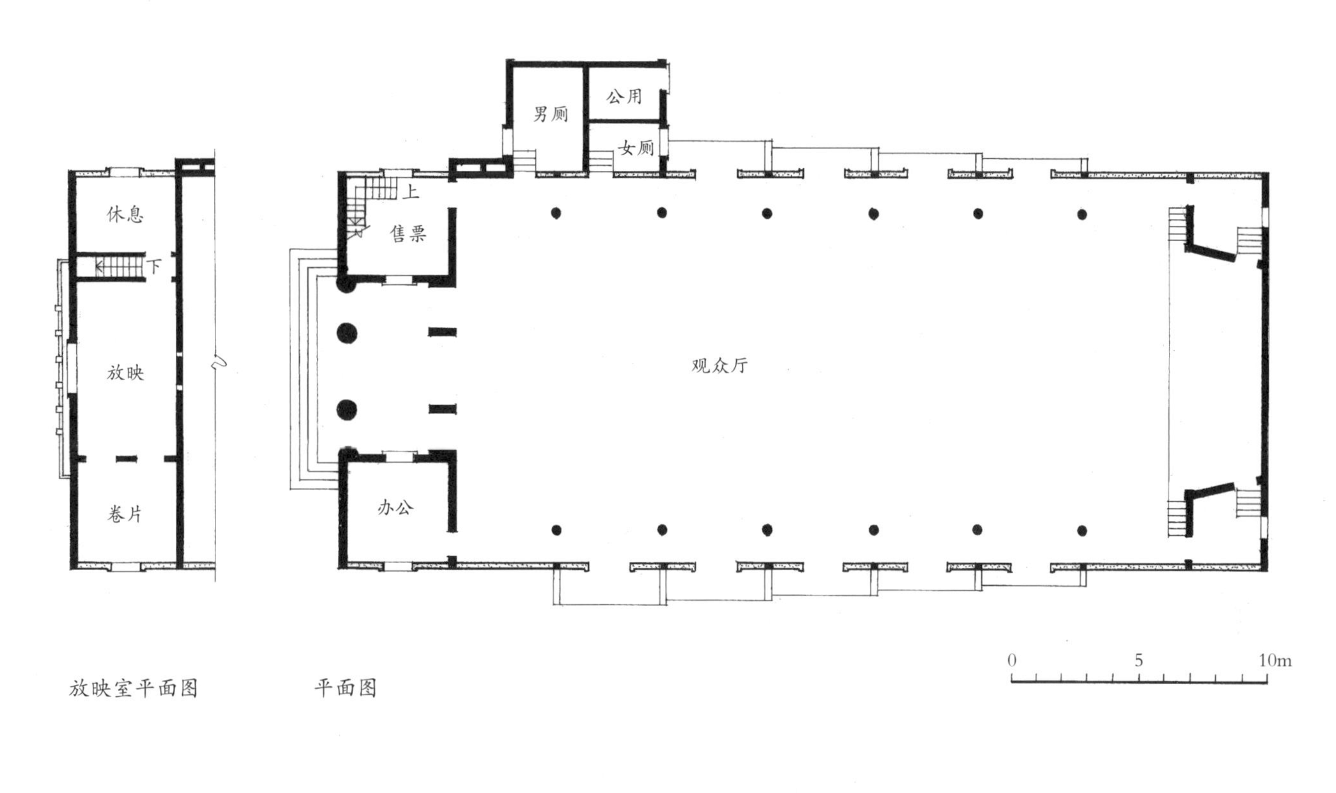

放映室平面图　　平面图

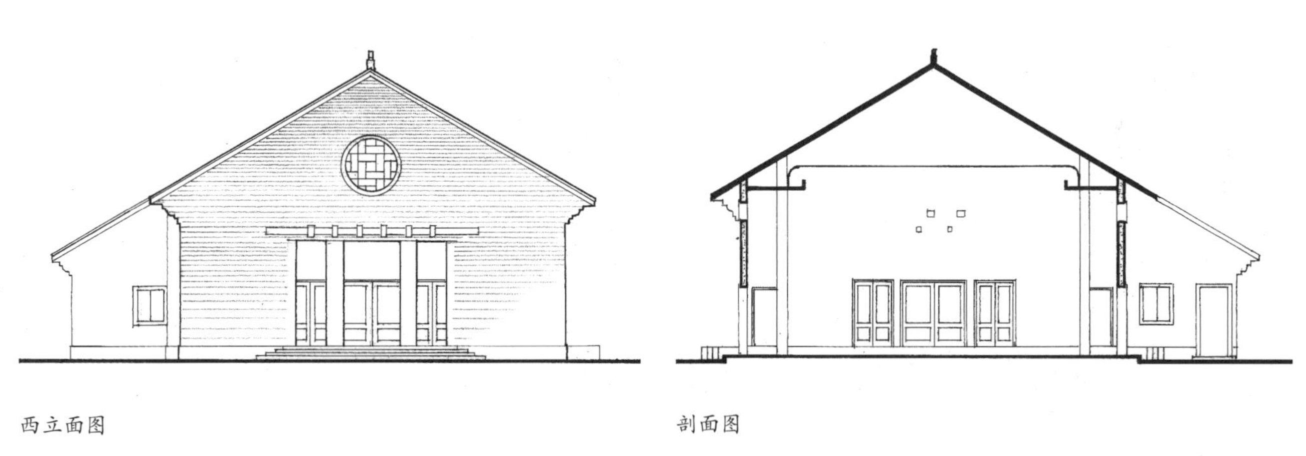

西立面图　　剖面图

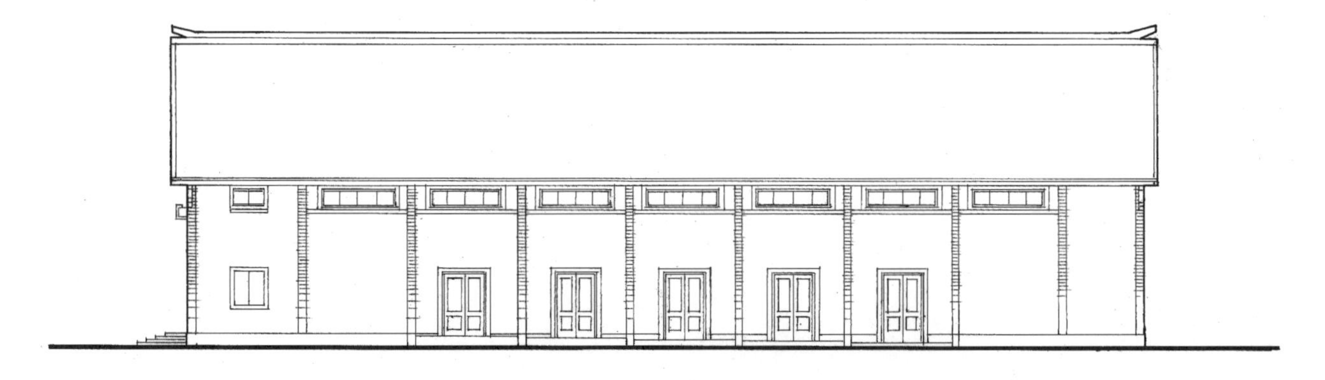

南立面图

71. 南京公教新村（1946 年）

抗战胜利后，国民政府复原南京，顿时南京公教人员骤增，住房紧张。为应急解决房荒，在市区蓝家庄、大方巷等地赶建五处新村，总建筑面积达 37 000 平方米，可供近 1000 户居住。各处新村总体布局，根据地界、地形、范围等进行单独规划，而宿舍单体设计采用甲、乙两种简易标准模式，以在一定的投资内较多地增加住户数。

甲型集体宿舍平面呈放射形，中心节点集中布置楼梯、公用厕浴间。其周边为六边形外廊，连接五栋宿舍（其中一幢底层作食堂厨房用）。宿舍共二层，每户两间房。结构为砖柱承重，内外墙用竹芭或板条抹灰。

乙型住宅为一梯两户，独用厨房、卫生间，每户居住面积分别约 27 平方米和 39.5 平方米。平面布局紧凑、功能使用合理，结构建材与甲型住宅相同。

公教新村的设计满足了投资省、用料简单、建造速度快的要求，有效地解决了当时的房荒问题。

1. 甲型住宅屋顶

2. 甲型住宅入口之一

3. 甲型住宅入口之二

4. 乙型住宅外景

5. 乙型住宅背面外景

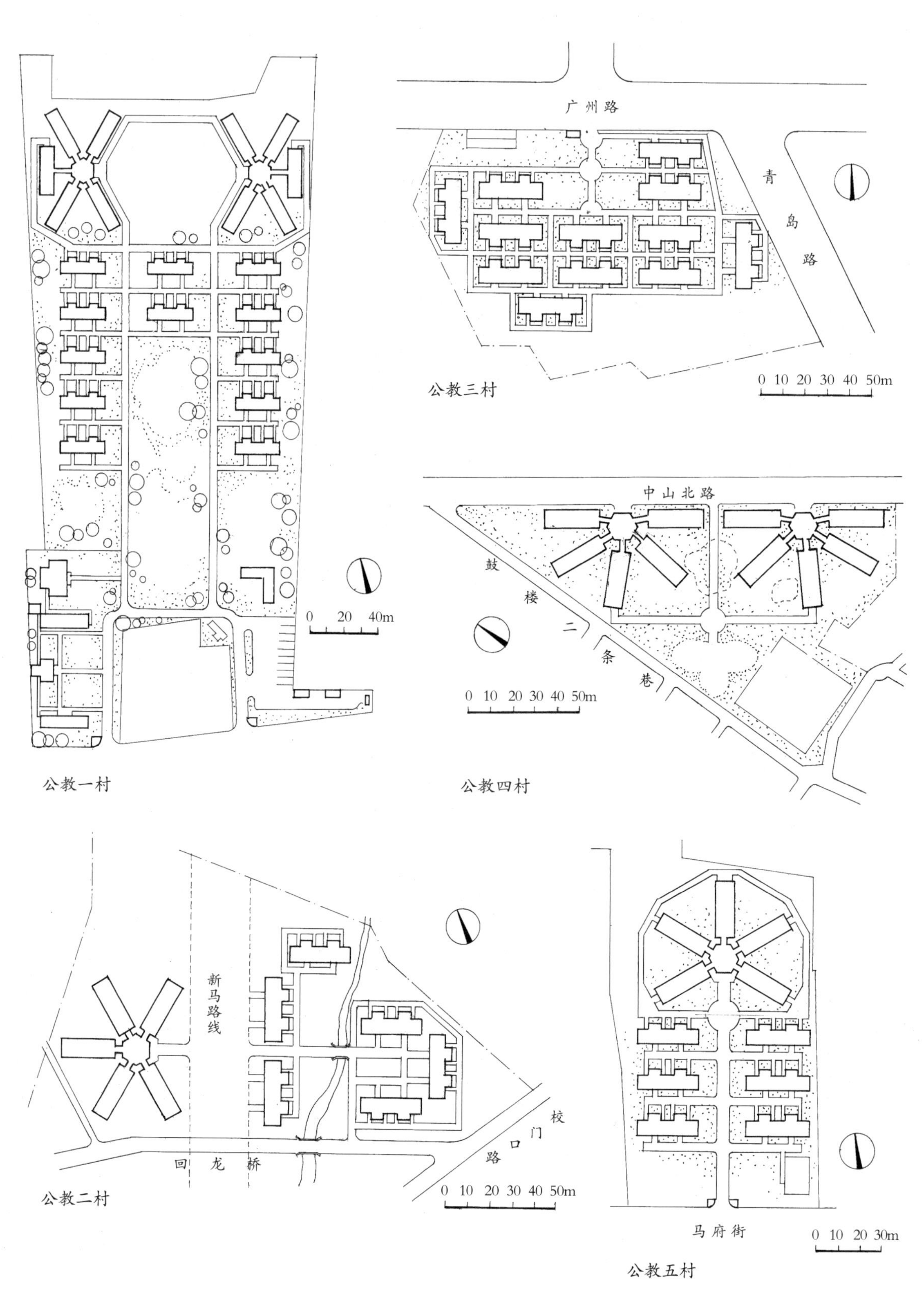
广州路
青
岛
路
0 10 20 30 40 50m
公教三村
0 20 40m
公教一村
中山北路
鼓
楼
二
条
巷
0 10 20 30 40 50m
公教四村
新
马
路
线
回 龙 桥
校
门
口
路
0 10 20 30 40 50m
公教二村
马府街
0 10 20 30m
公教五村

总平面图

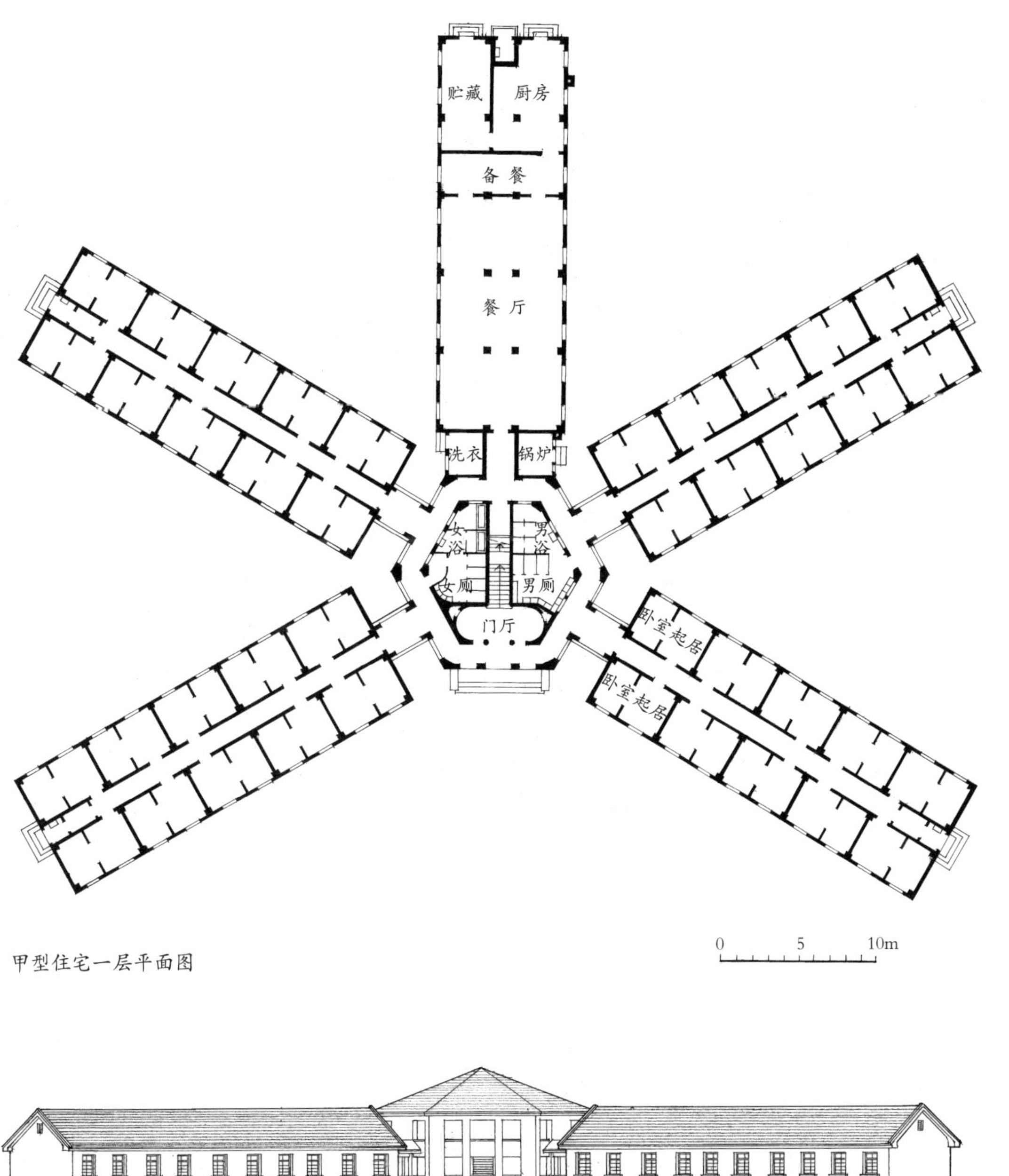

甲型住宅一层平面图

南立面图

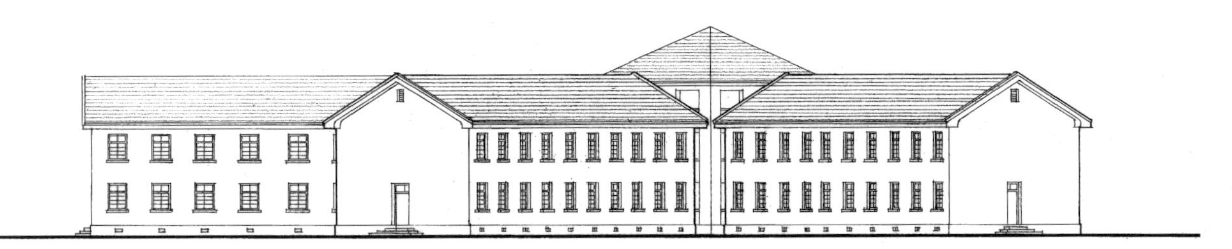

西立面图

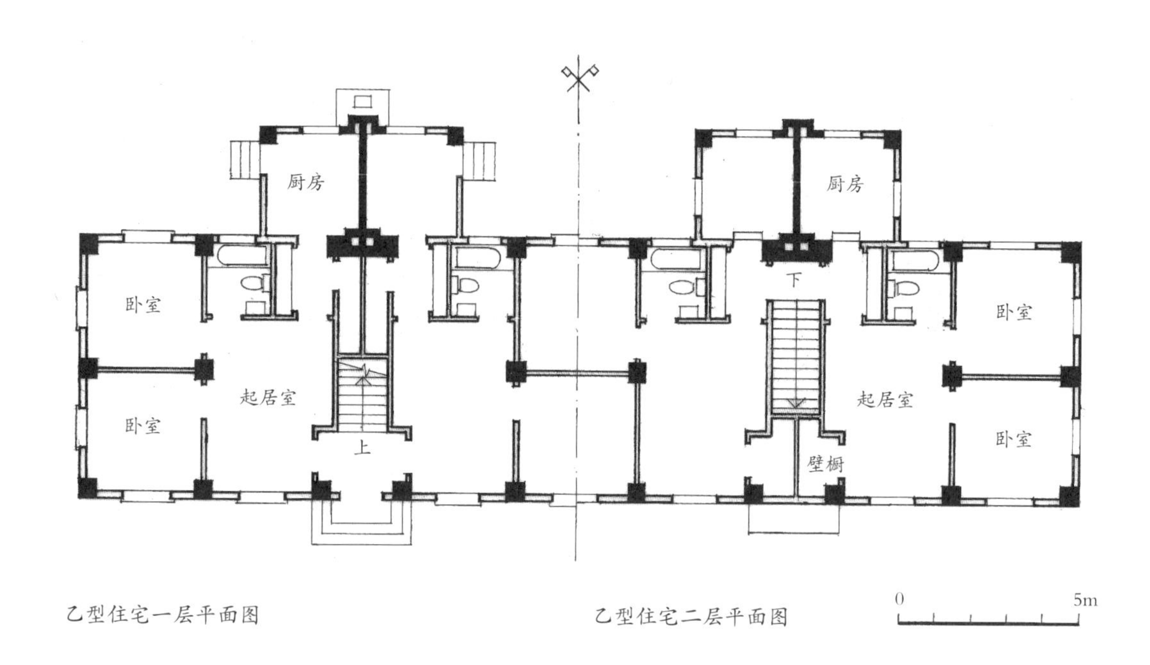

乙型住宅一层平面图　　乙型住宅二层平面图

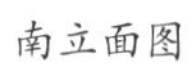

南立面图　　北立面图

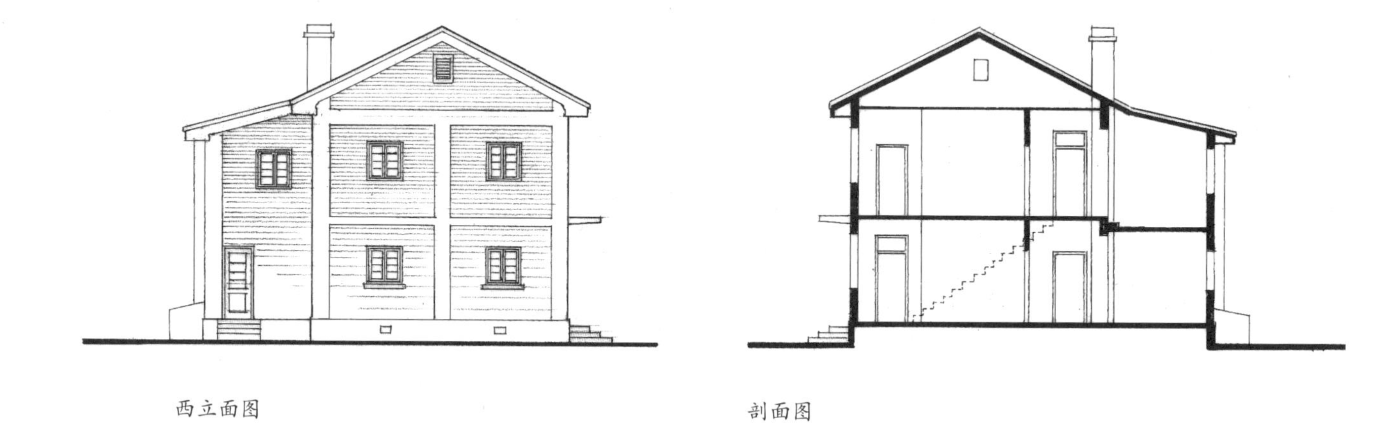

西立面图　　剖面图

72. 南京儿童福利站（1946 年）

儿童福利站位于南京市太平路东（今太平公园附近），是当时的儿童福利机构和儿童教育试验单位，1946 年 9 月建成。

儿童福利站由一幢二层办公楼和一幢一层幼儿园两部分组成，其间以连廊相接，呈“L”形布局。

办公楼主入口朝北，底层布置会议室、保健室、音乐室、康乐室，以及金工、缝纫、工具等辅助用房。二层为美术、图书、自然科学活动及办公用房，建筑面积共 1 300 平方米。幼儿园设三个活动室及相配套的幼儿使用房间，建筑面积约 600 平方米。

建筑外观为庑殿式屋顶，办公楼入口处为歇山顶门廊。外墙面除清水窗间墙外均为水泥砂浆粉刷。

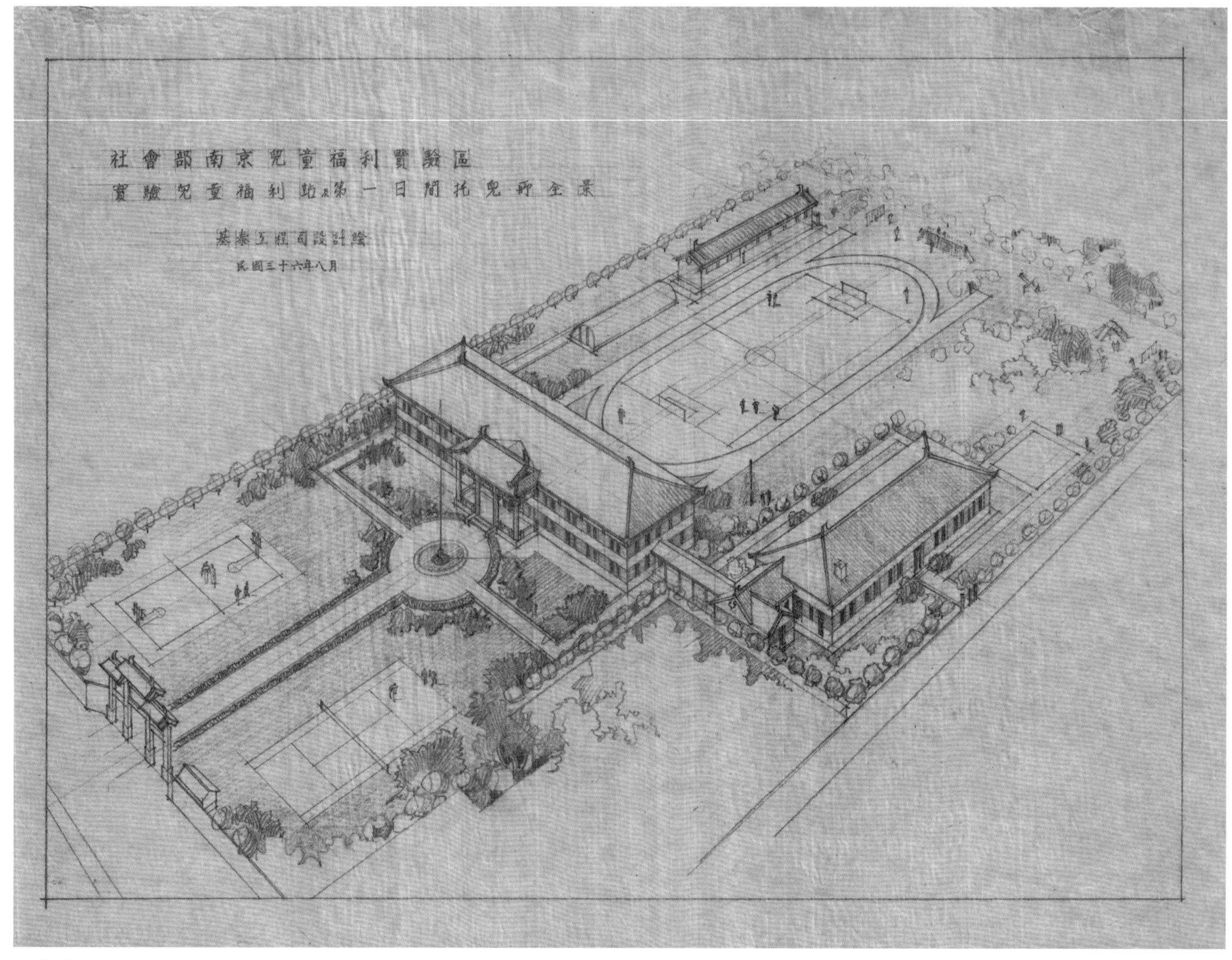

1. 鸟瞰图

2. 入口门廊外景

3. 主楼连廊一角

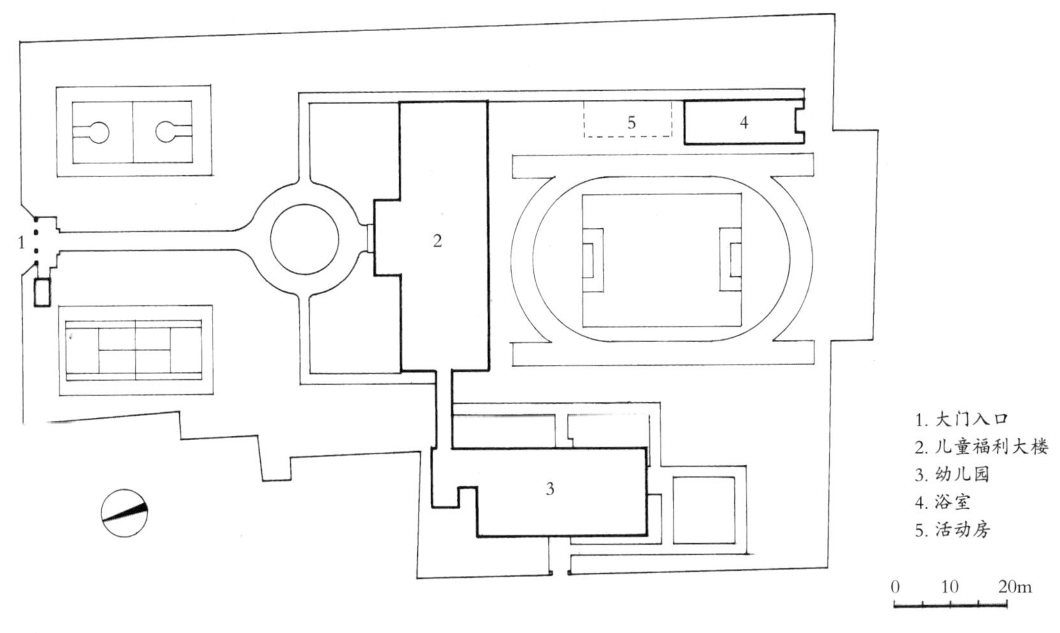

总平面图

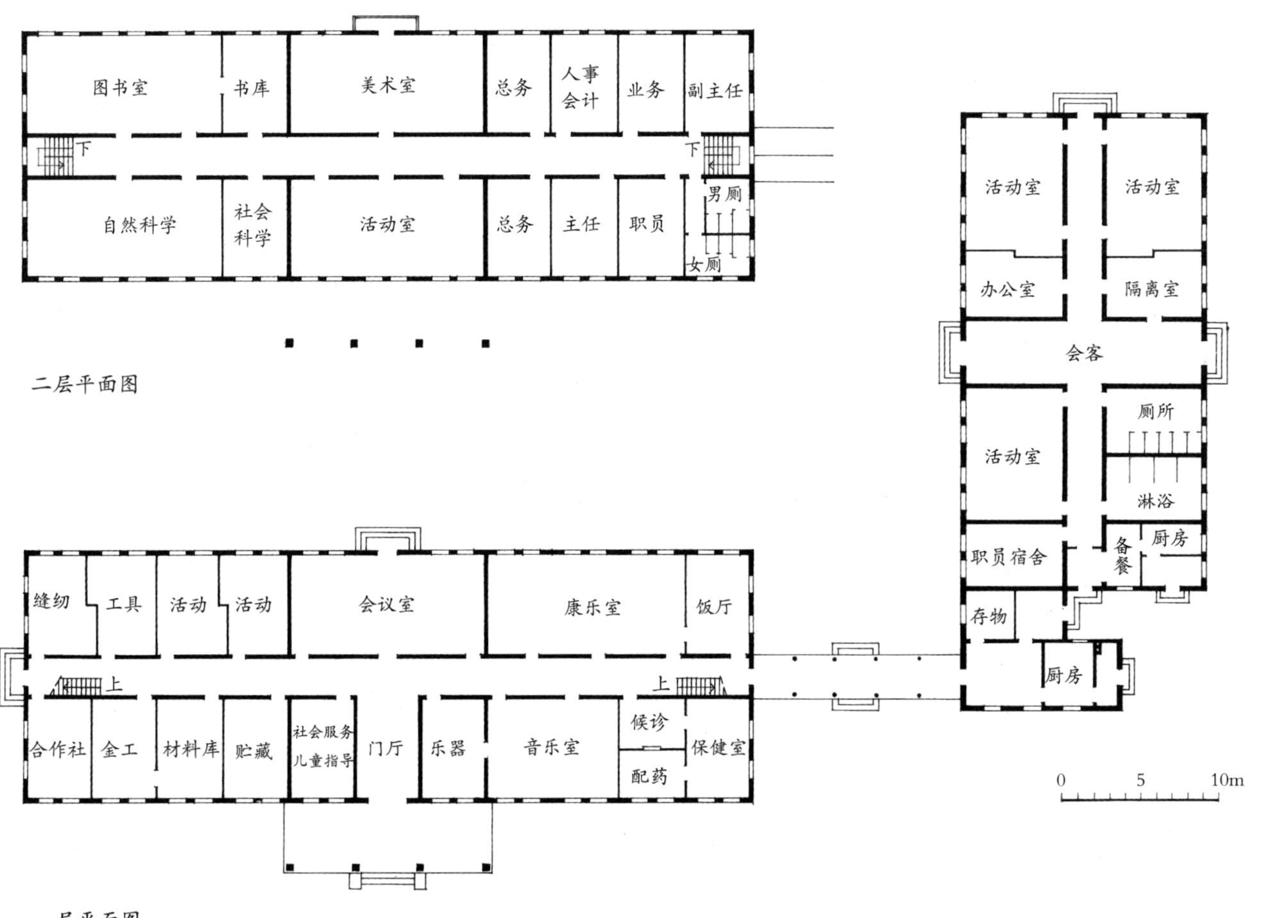

二层平面图

一层平面图

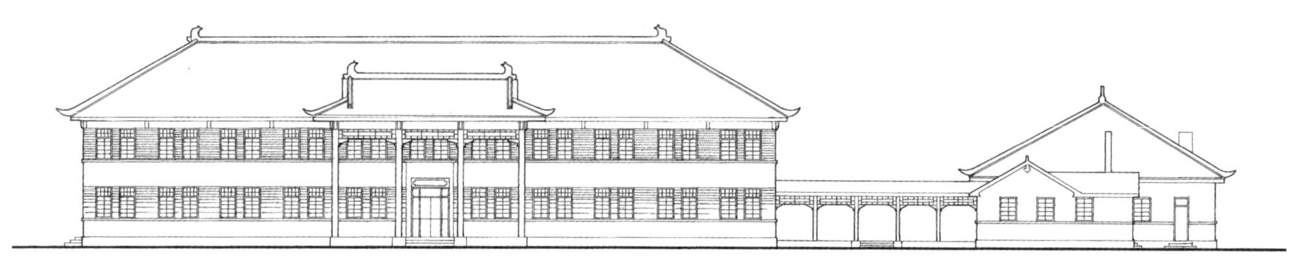
北立面图

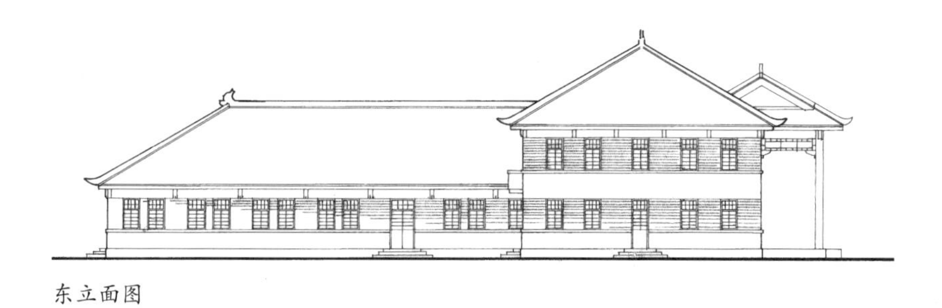
东立面图

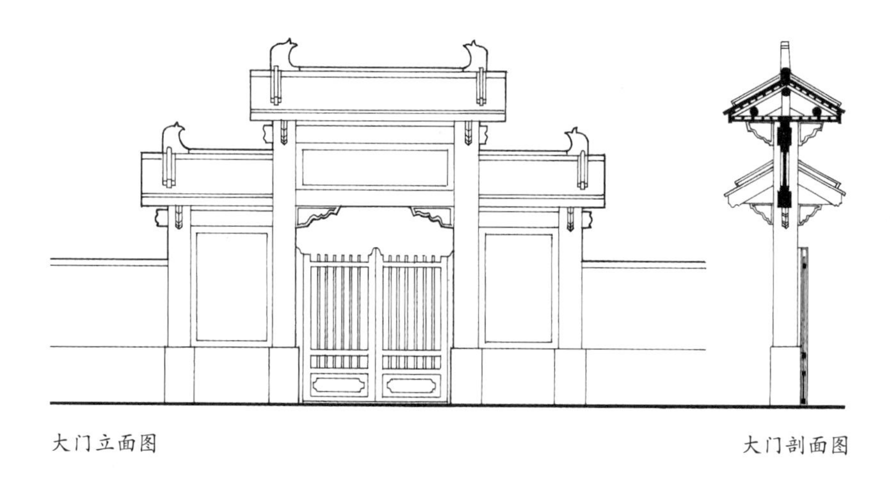
大门立面图

大门剖面图

73. 南京楼子巷职工宿舍（1946 年）

楼子巷宿舍建于 1946 年，高二层，建筑面积约 650 平方米。

平面呈“一”字形，一梯八户。底层八户在四个方向，每两户共用一个出入口和进厅，以减少各户间的相互干扰。每户设起居、卧室和独立厨房、厕所。二层为中廊式，各户户门设于走廊两侧。

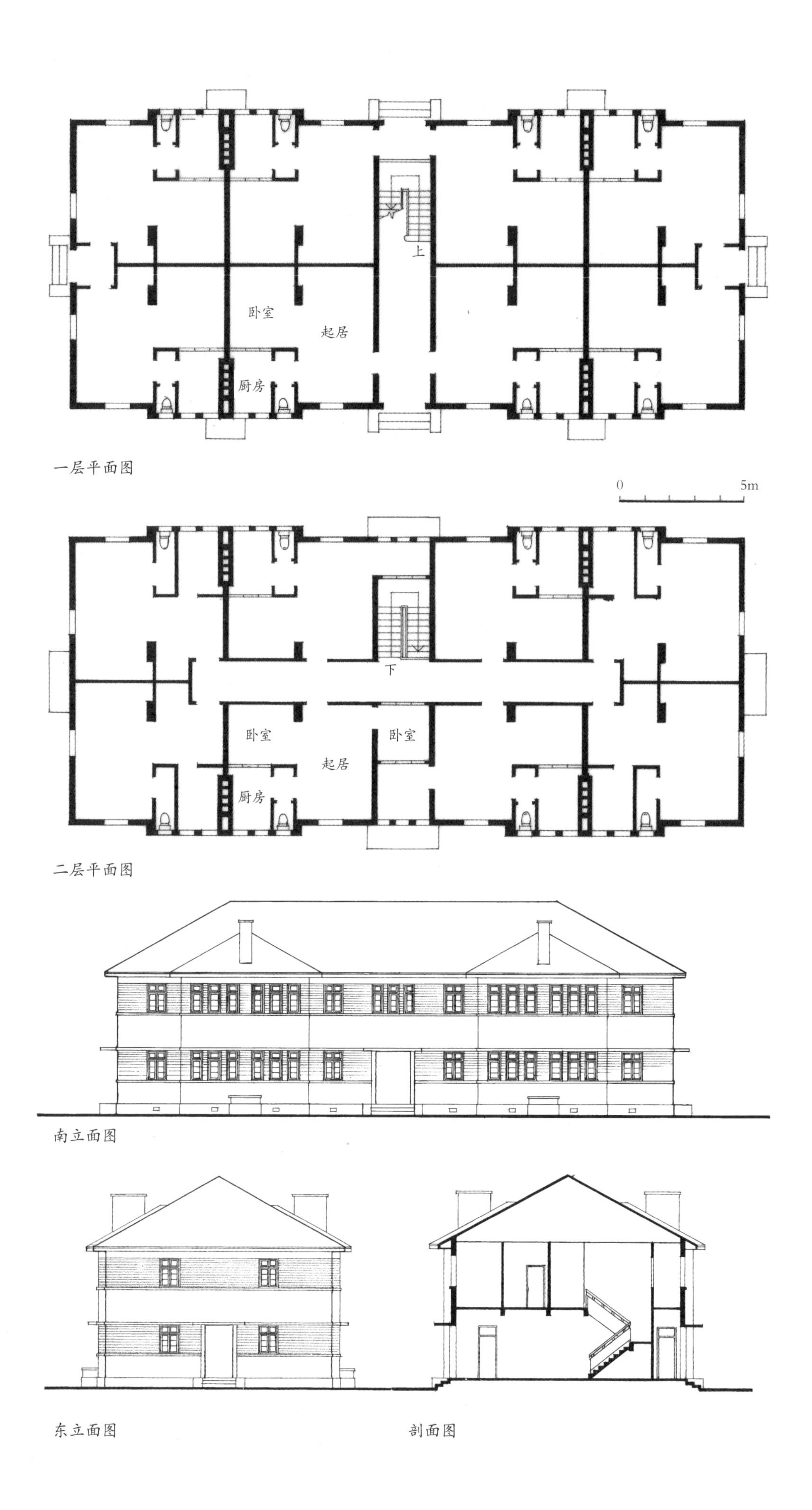

一层平面图

二层平面图

南立面图

东立面图

剖面图

74. 国民政府盐务总局办公楼（1946 年）

盐务总局办公楼位于南京市中山门附近，与半山寺相邻。1946 年设计建造。

办公楼平面呈“山”字形，中部三层，两翼两层。底层是传达和办公用房，二层中间两端为会计处和产销处，中部为中廊，其两边设正副局长办公室，秘书室、会议室、人事处、财务处、产销处等业务办公室。三层为档案及上级驻局办事机构。

办公楼采用钢筋混凝土砖石混合结构，平屋面，条形窗，造型简洁。

1. 入口外观

2. 立面外景

3. 扩建后的俯视全景

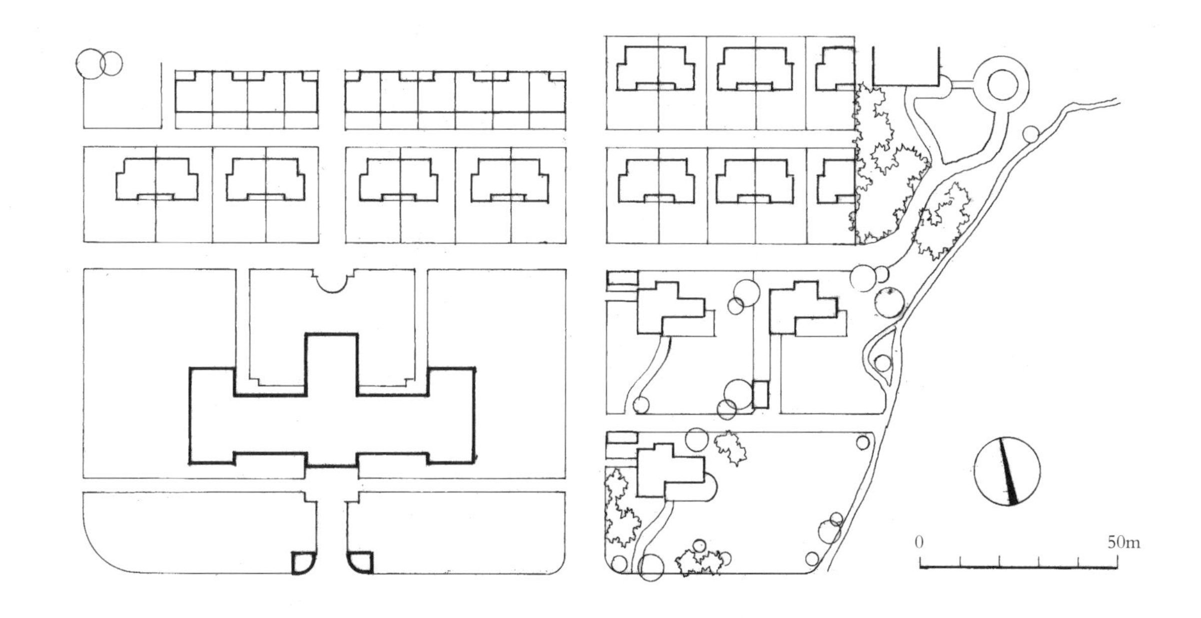

总平面图

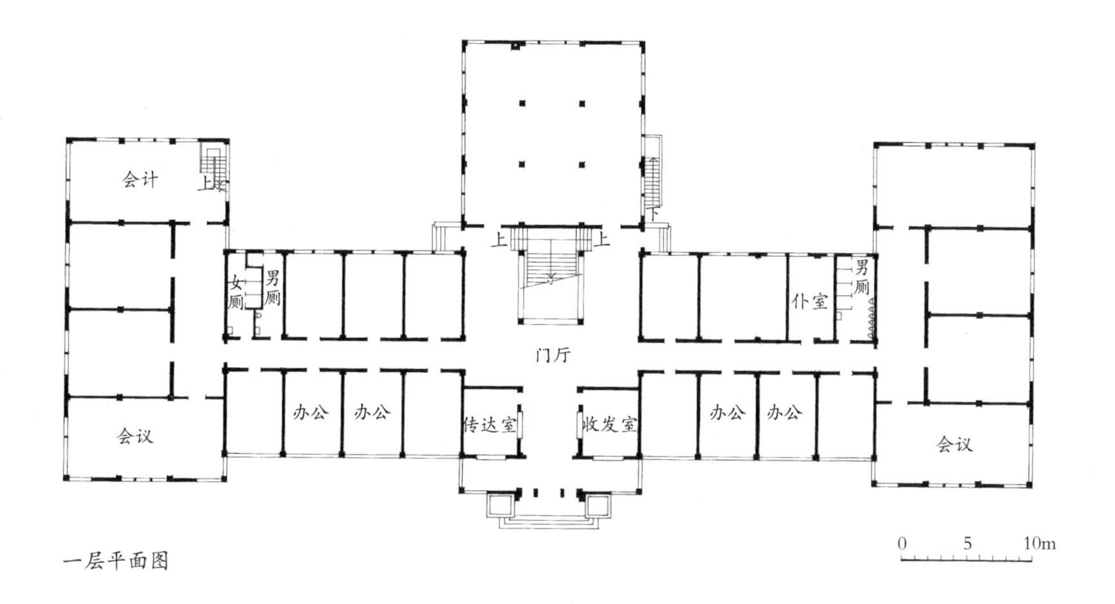

一层平面图

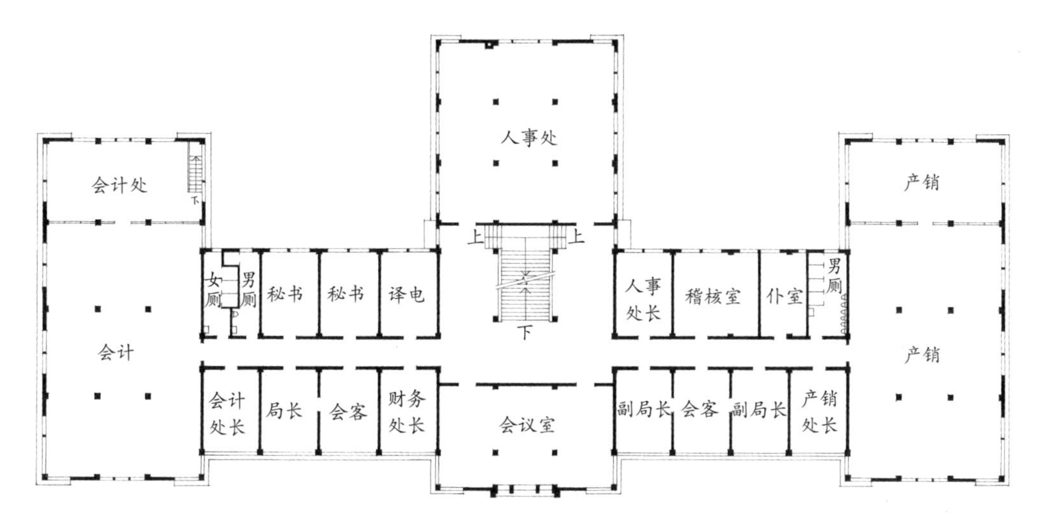

二层平面图

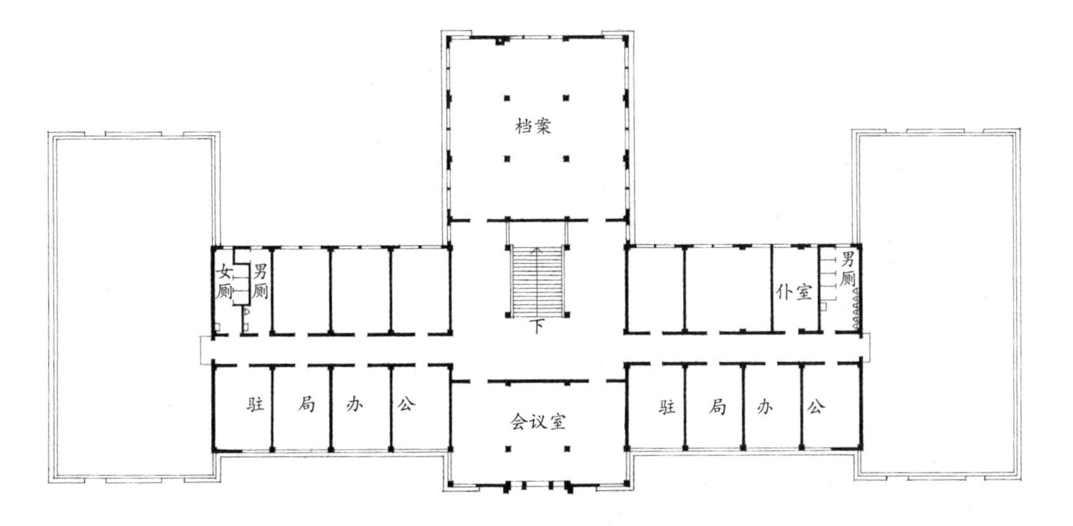

三层平面图

南立面图

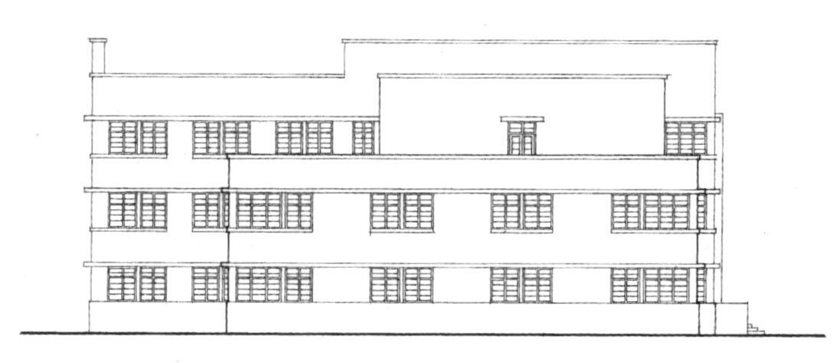

西立面图

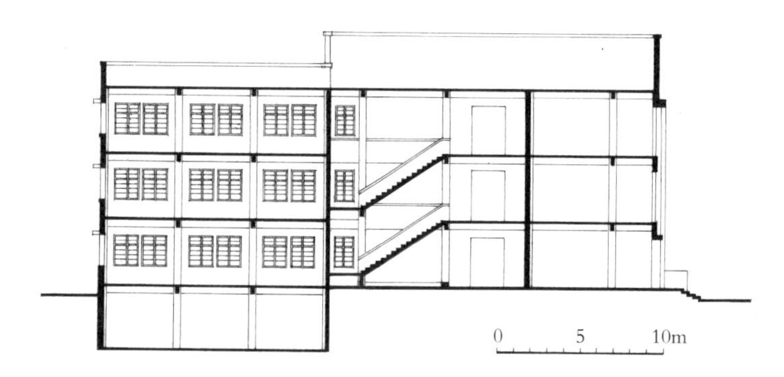

剖面图

75. 南京基泰工程司办公楼扩建工程（1946 年）

基泰工程司办公楼位于南京市新街口石鼓路口。抗战胜利后，在原有建筑前，沿街扩建三层门面楼。新老建筑利用其间的楼梯将二者结合为整体。

该楼底层门面和夹层出赁外单位，有自用楼梯供上下。基泰工程司另设入口，通过穿堂可达后面旧屋的各房间。从入口穿堂的转梯可上二层事务所各办公室，且通过二层平台与旧屋二层大绘图房有方便联系。三层为办公室和会客洽谈室。

扩建部分的建筑面积约 500 平方米，面积虽小，却通过精心设计使平面布置紧凑实用。

1. 扩建办公楼外景旧照

2. 转梯俯视

3. 转梯起步内景

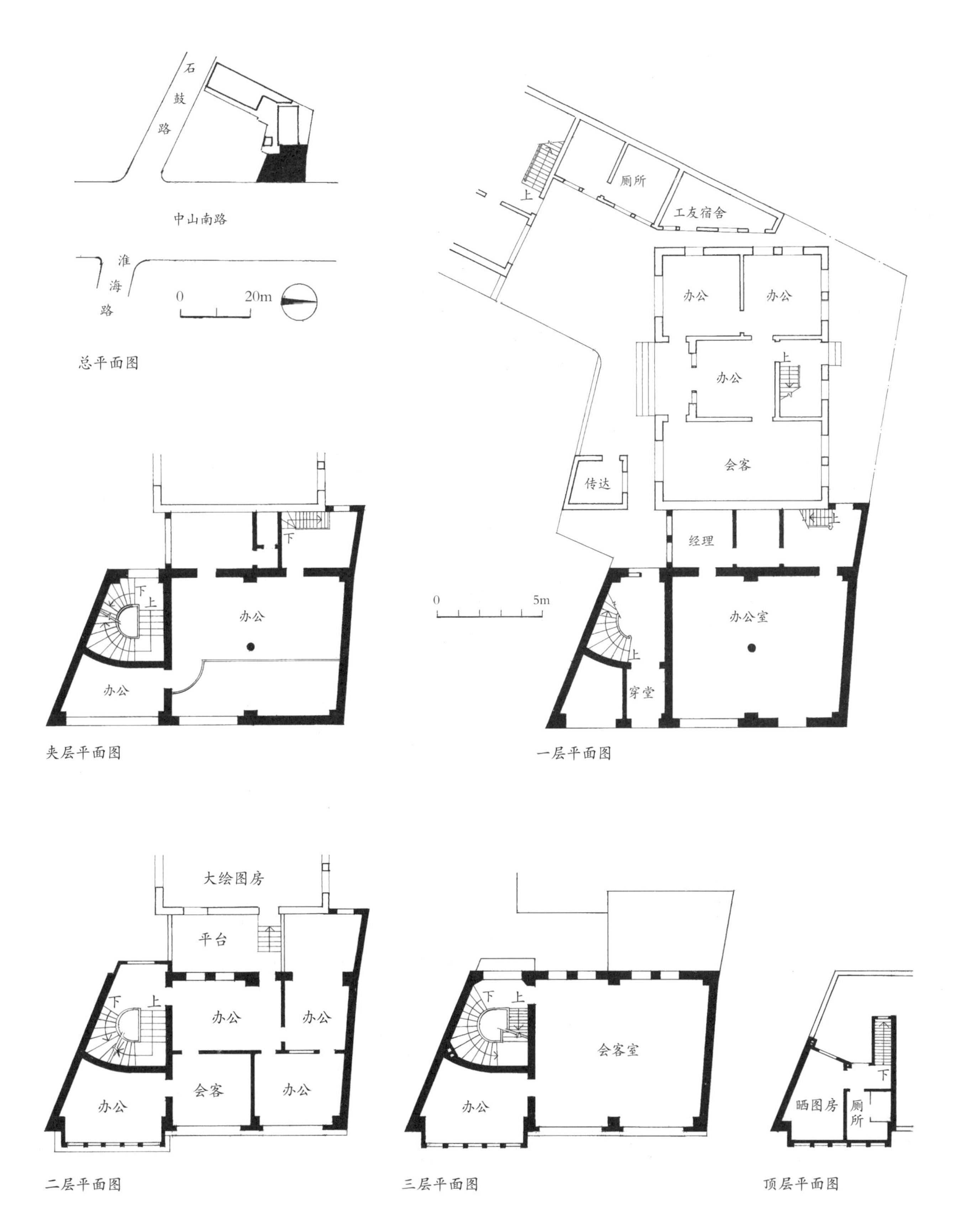
石
鼓
路
中山南路
淮
海
路
0
20m
总平面图
上
厕所
工友宿舍
办公
办公
办公
上
会客
传达
经理
上
0
5m
办公室
上
穿堂
一层平面图
下
下
上
办公
办公
夹层平面图
大绘图房
平台
下
上
办公
办公
会客
办公
办公
二层平面图
下
上
会客室
办公
三层平面图
下
晒图房
厕
所
顶层平面图

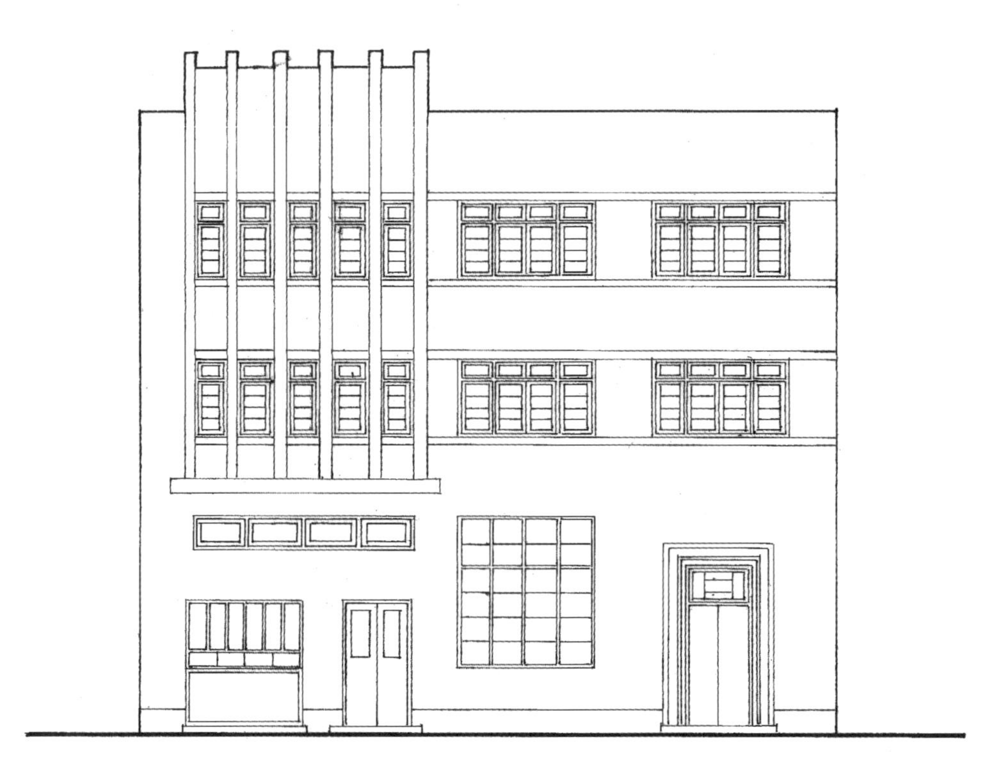

东立面图

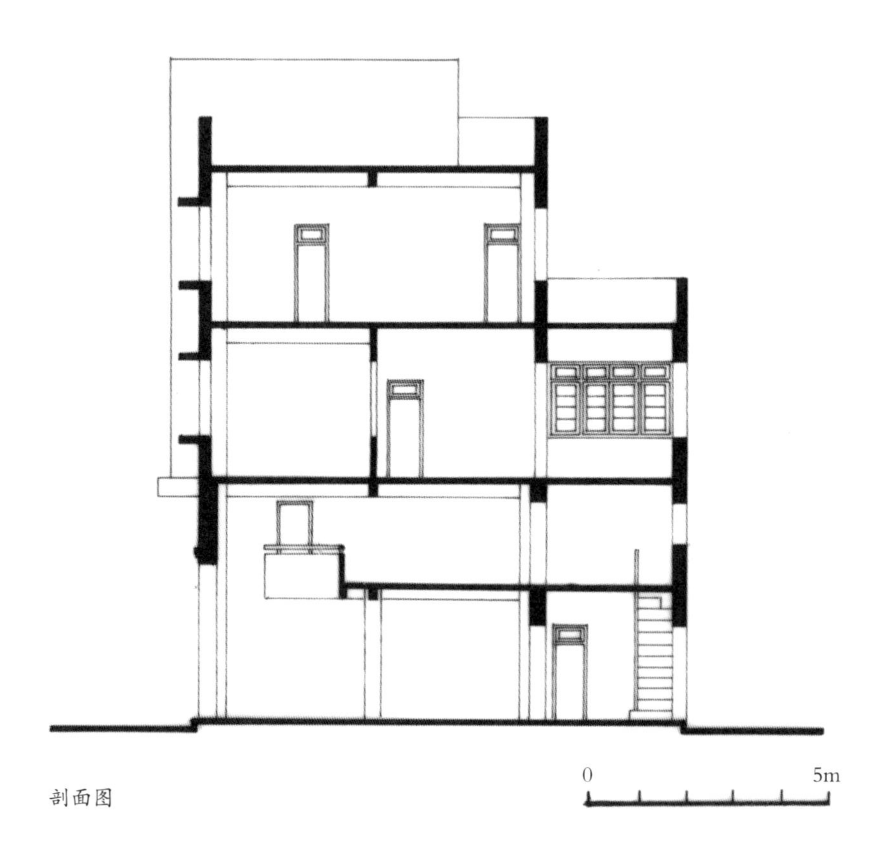

剖面图

76. 南京翁文灏公馆（1946 年）

该公馆位于南京市五台山顶百步坡 1 号，1948 年建造，与现在的五台山体育馆毗邻。

该公馆占地面积 1 884.9 平方米，南半部为庭园，公馆位于西北部。庭院入口大门朝东，介于庭园和公馆之间。

公馆平面呈“F”形，高二层，局部一层，建筑面积约 435 平方米，主入口朝南，外有三开间门廊过渡。进入穿堂（门厅）其左侧为客厅、餐厅、书房，空间彼此流通；右侧为客房、客厅。后部单层为备餐室、厨房、仆人室等辅助用房。三个功能区之间以楼梯间相隔并彼此联系。

二层以短内廊联系各卧室、起居室、卫生间等。南向以入口门廊屋顶通长平台将几间主要卧室和起居室连通起来。

建筑外观为四坡顶，覆青灰平机瓦，外墙清水勾缝，水泥粉刷窗下墙腰带、外廊柱。在庭园绿化、小品点缀映衬下，显露舒适优雅的环境氛围。

1. 市文保碑

2. 全景旧照

3. 拆除后部一层建筑的北面外景

4. 入口近景

5. 门廊

6. 东南角外景

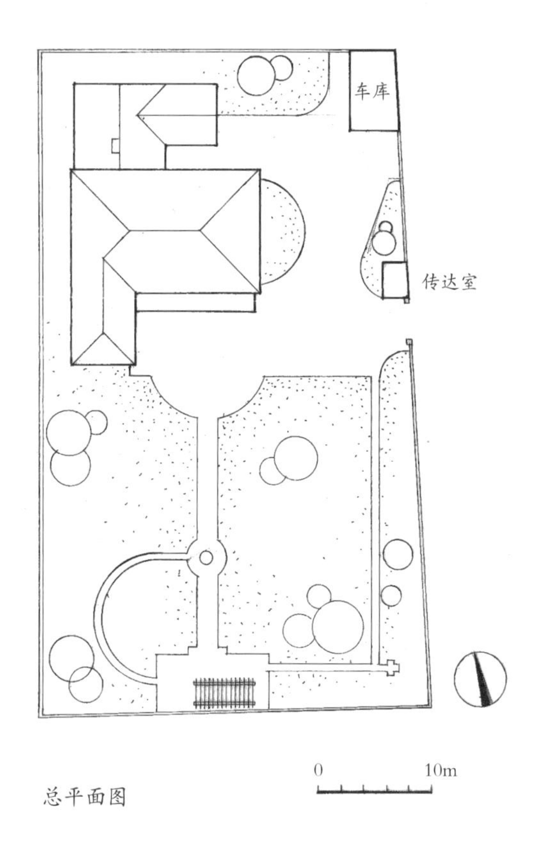

总平面图

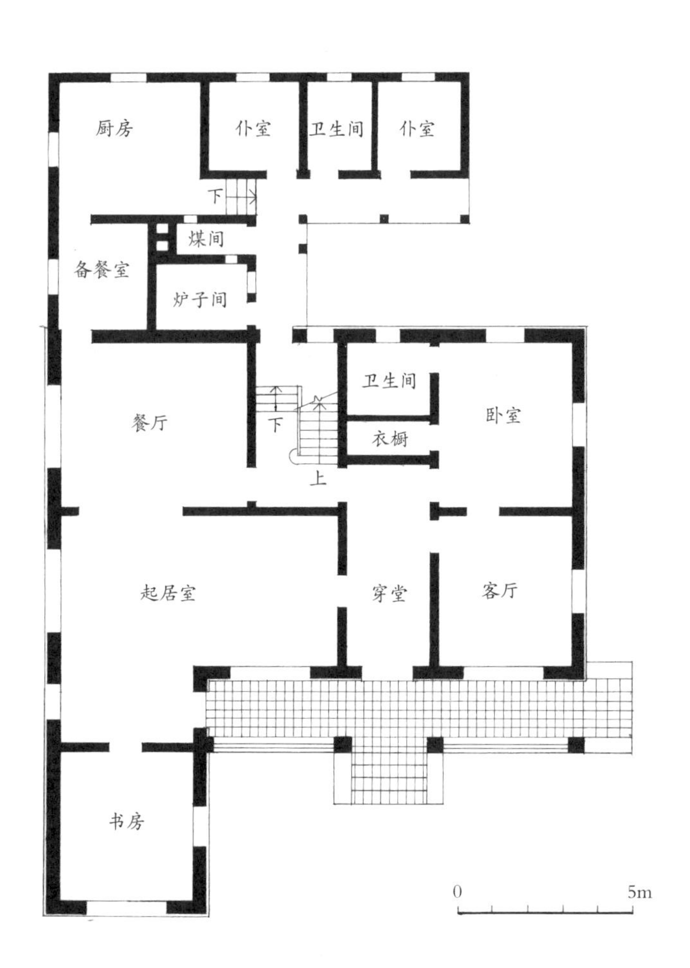

一层平面图

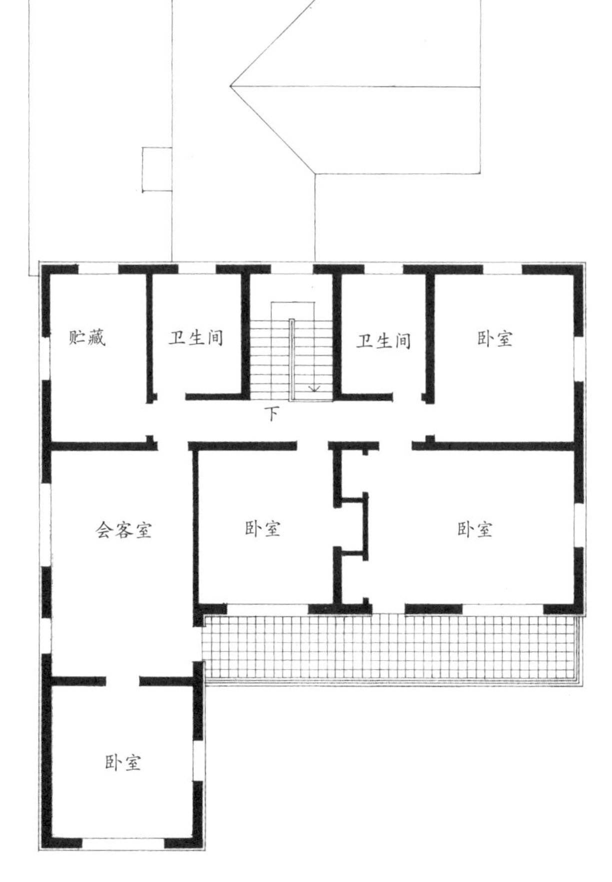

二层平面图

南立面图

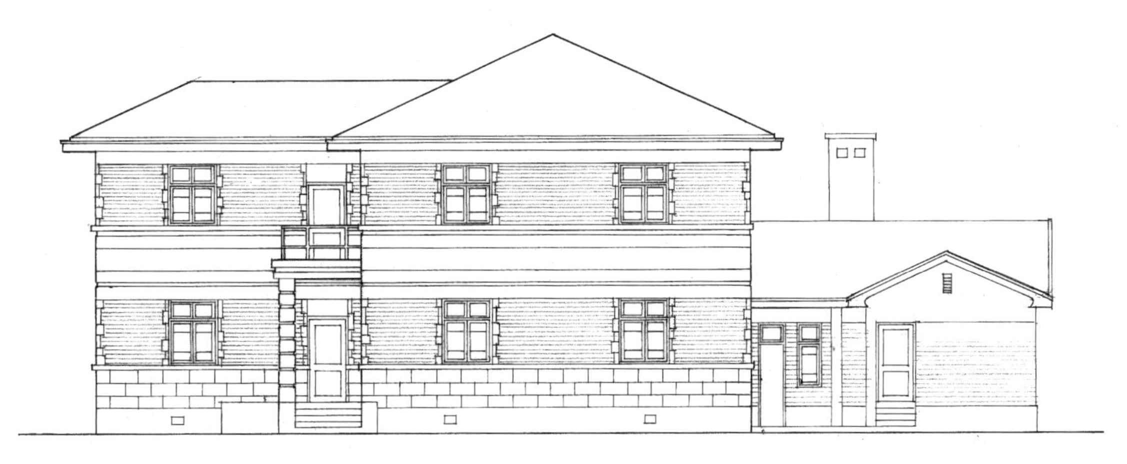

东立面图

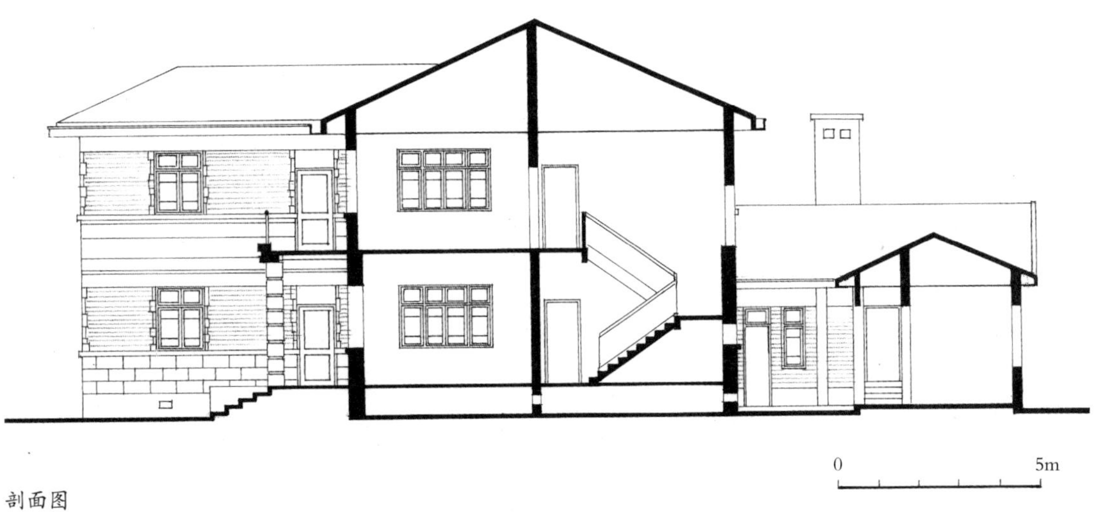

剖面图

77. 南京成贤小筑（1946 年）

成贤小筑系杨廷宝故居，位于南京市玄武区成贤街 104 号，于 1946 年 10 月设计，两月建成。

故居宅院占地面积约 1 000 平方米，院内花木扶疏，绿荫如盖，数墒菜畦，石栏水井点缀其间，一派城中田园景象。故居坐落在院东北角，坐北朝南。利用原有被日机炸毁的老屋三开间基础和旧料建起两层小楼，建筑面积 164 平方米。

一层平面入口居中，门厅周围布置客厅、餐厅、书房，东北角为备餐、贮藏及厨房。其公共空间一改传统私宅封闭模式而空间相互流通，反映主人刚考察欧美建筑一年，接受现代居住生活方式在自宅设计中的实践。二层有三间卧室及卫生间、贮藏室，布局紧凑。两间主卧室朝南，其主人卧室与入口门廊屋顶平台相通，轩敞舒适。

该住宅为砖混结构，两坡顶，外墙水泥拉毛米黄色粉刷，木门窗，施工速度快，造价低廉，造型简洁。

1. 省文保碑

2. 2012 年修缮后的故居大门

3. 入口内紫藤架

4. 故居全景

5. 南立面外景

6. 东立面外景

7. 西立面外景

8. 小院水井

9. 小院一角

10. 客厅一角

11. 客厅、餐厅内景

12. 书房

13. 主卧室

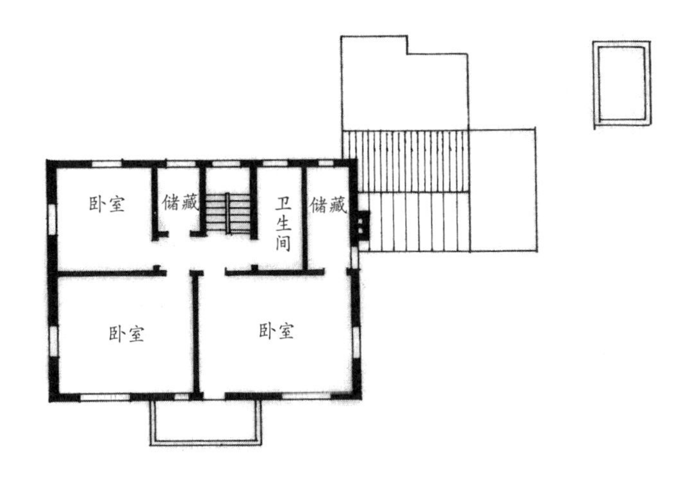
卧室
储藏
卫
生
间
储藏
卧室
卧室

二层平面图

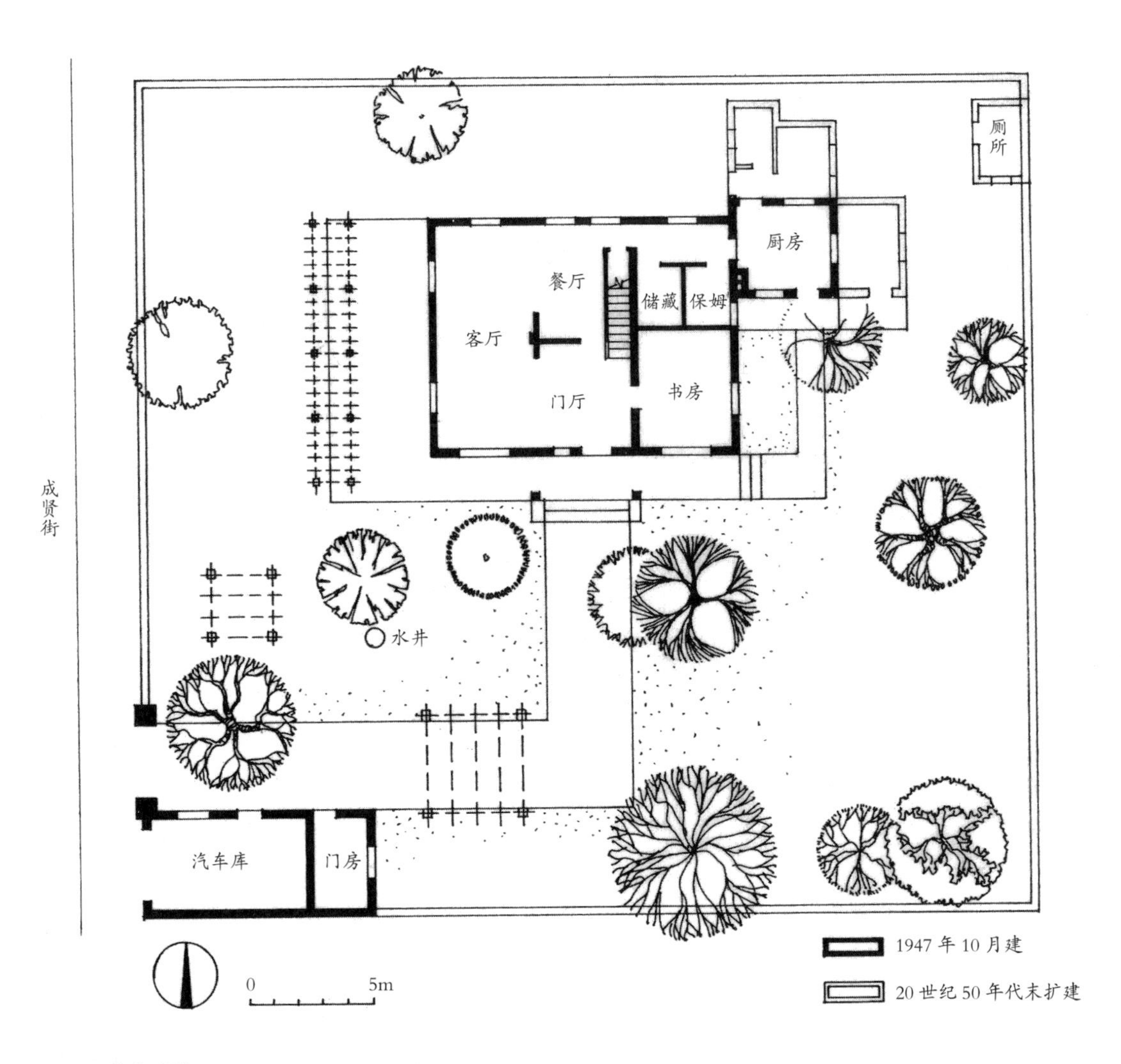
厕
所
厨房
餐厅
储藏
保姆
客厅
书房
门厅
成
贤
街
水井
汽车库
门房
0
5m
1947 年 10 月建
20 世纪 50 年代末扩建

一层平面图

南立面图

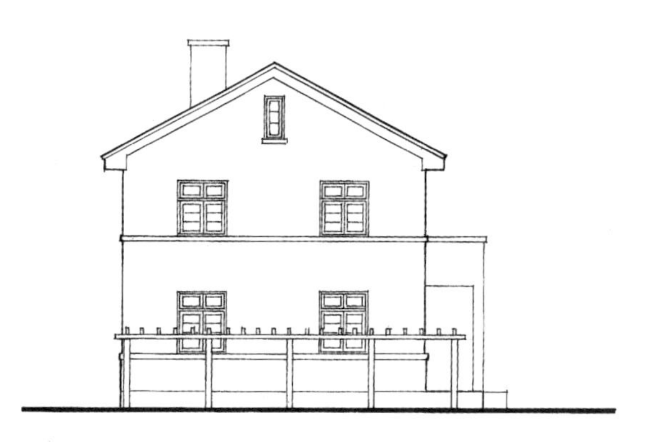

西立面图

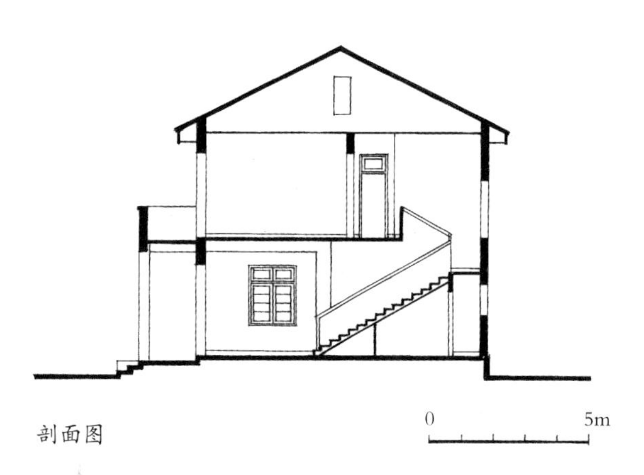

剖面图

78. 南京国际联欢社扩建工程（1946 年）

国际联欢社（今南京饭店）于 1936 年由基泰工程司梁衍设计，为供当时驻华使馆人员和中国外交界人士进行社交活动的场所，位于南京市中山北路 259 号。

抗日战争胜利后，国民政府还都南京，由于原有规模已不敷使用，国民政府外交部决定在国际联欢社原有房屋基础上增建一座餐厅、数套公寓住房及附属用房。于 1946 年由杨廷宝进行扩建设计，1947 年 8 月落成。

扩建部分主体平面为三合院形式，另向东凸出以扇形门厅平面过渡与原建筑对接，形成新老建筑有机整体，南翼高二层，北翼高三层，扩建部分面积 1 100 平方米。

一层平面南北两幢分别为大餐厅和两套公寓，各自有单独出入口，其间连接部分为大客厅，与东侧扇形独立门厅毗邻。二层为三单元五套公寓，三层为一单元两套公寓。

建筑外观在形式、细部、材料、色彩等处理上均与原建筑保持风格一致。

1. 扩建前于20世纪30年代由梁衍设计建造的国际联欢社主入口

2. 1946年扩建设计的北面及入口外景

3. 扩建餐厅外景

4. 大餐厅内景

5. 大餐厅一角

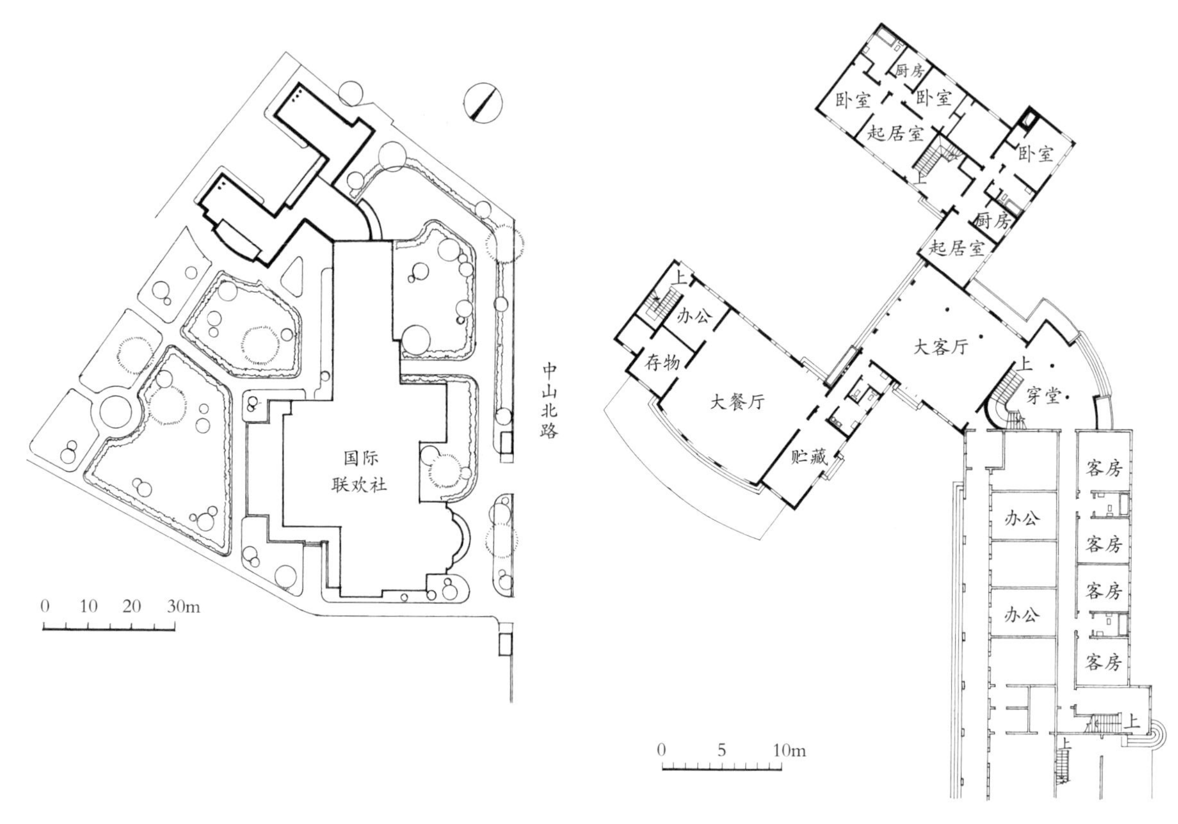

总平面图

一层平面图

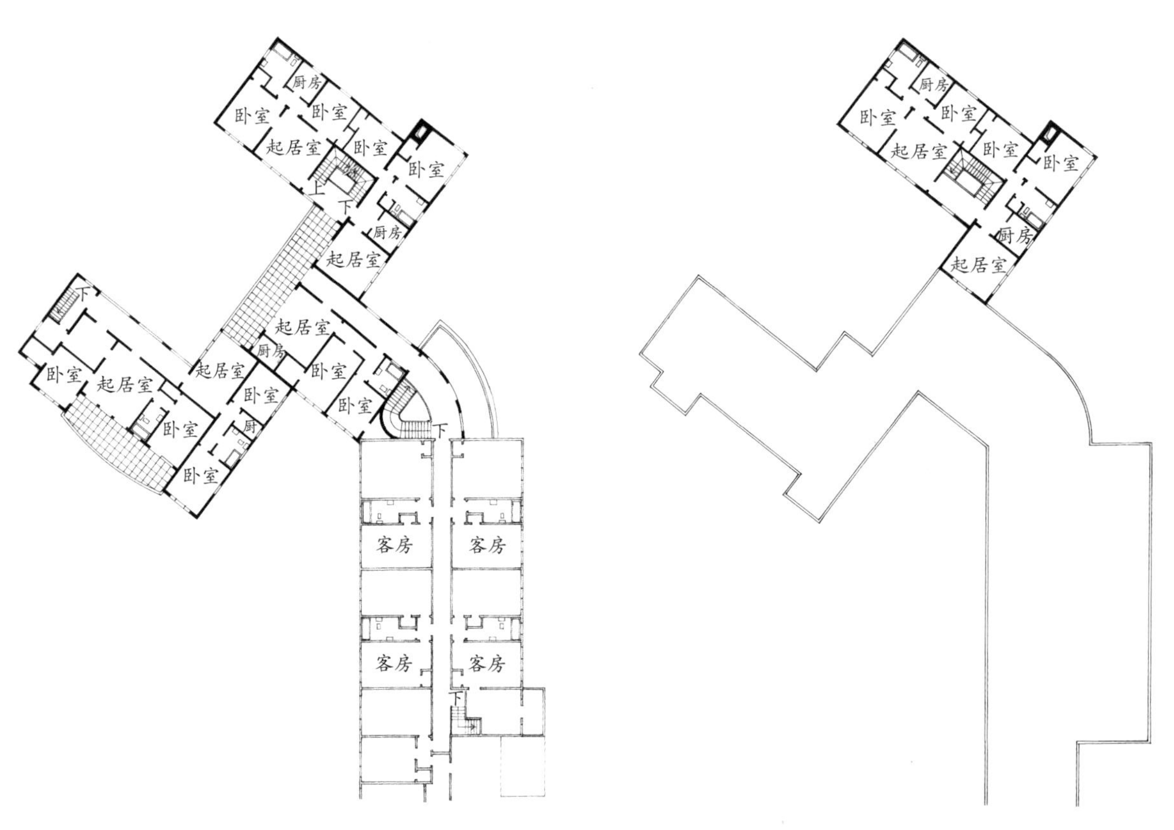

二层平面图

三层平面图

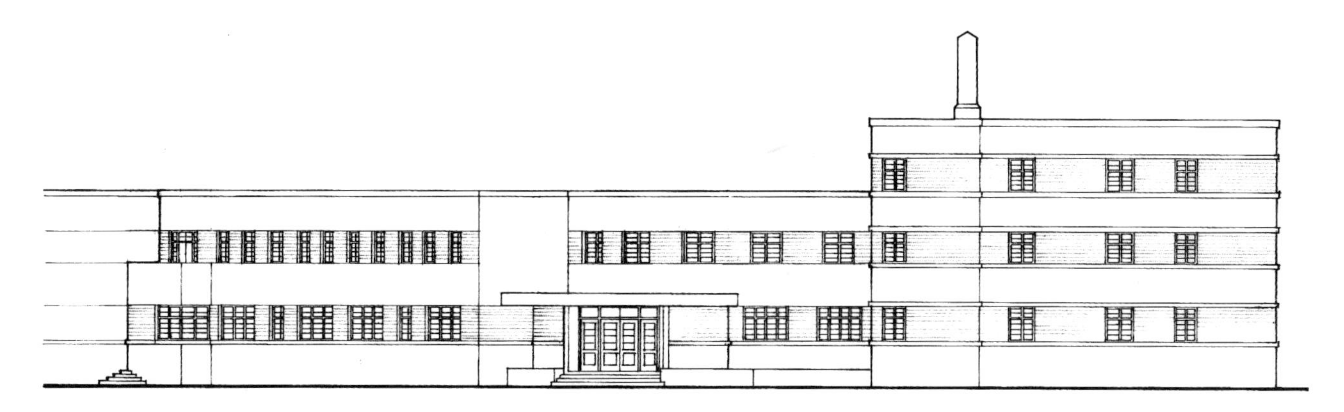

北立面图

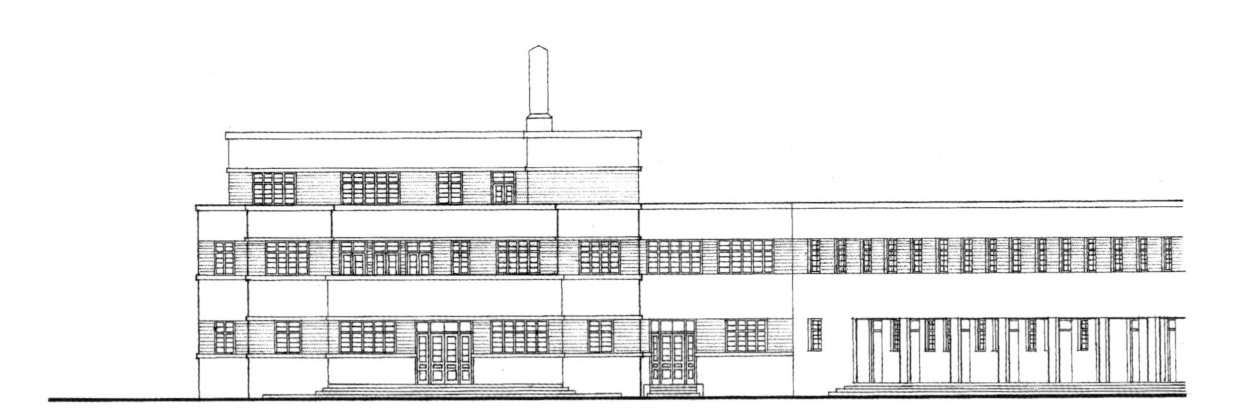

南立面图

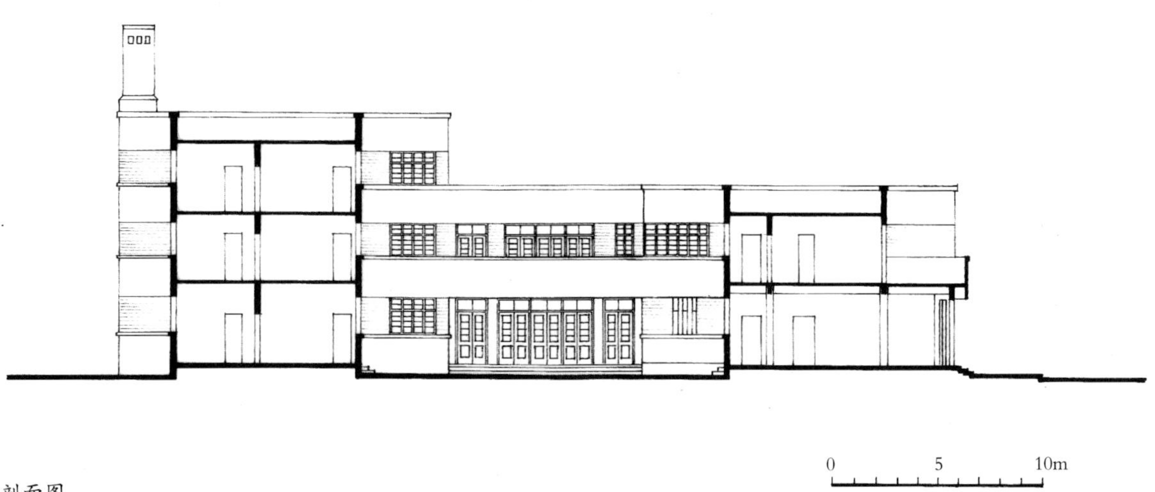

剖面图

79. 南京北极阁宋子文公馆（1946 年）

宋子文公馆位于南京市鸡笼山北极阁 1 号，原为宋子文在南京的寓所。该建筑始建于 1933 年，宋子文时任民国政府财政部部长，1946 年重建。

该公馆依山势而筑，居高临下，可俯视市区山水美景，而自身以村舍茅屋之风情掩于林木之中，潇洒飘逸，野趣油然而生。

公馆建筑面积 720 平方米，主入口设在二层西北处，从拱形门廊步入二层大客厅，其侧各为书房和餐厅。从门廊与客厅之间的穿堂处可上至三层，可充分利用坡屋顶空间作为主、次卧室。而底层为卫队住房、厨房、锅炉房、服务用房等辅助用房。

大客厅为钢筋混凝土天花板仿木结构密肋梁的木纹理清晰可见，经外刷栗壳色油漆，木质感极佳，真假难辨。室内壁炉位于客厅东墙正中，炉口周围用粗石砌筑，上部略有起拱，颇具西方传统特色。

外观采用欧洲农舍式，立面造型简洁，朴素，有高低穿插的两坡屋顶和老虎窗、大烟囱。外墙面底层为毛石砌筑，上部为米黄色弹涂工艺粉刷，坡屋面用进口的水泥拌黄沙在芦荻上盖成，三层做法，每层厚 2 厘米，最上面一层做成蜂窝状，有茅草屋错觉。此屋面做法可隔热保温，有防火防渗等功效，且使室内冬暖夏凉。

该建筑的西北，地势平缓，宅前为开敞平坦的铺地，供户外活动和停车之用。寓所东南是花园，因坡陡，利用不同标高组织高低错落的台地，空间富于变化。

1. 全景

2. 南立面外景

3. 入口外景

4. 入口门廊

5. 仿草顶屋面外景

6. 客厅内景

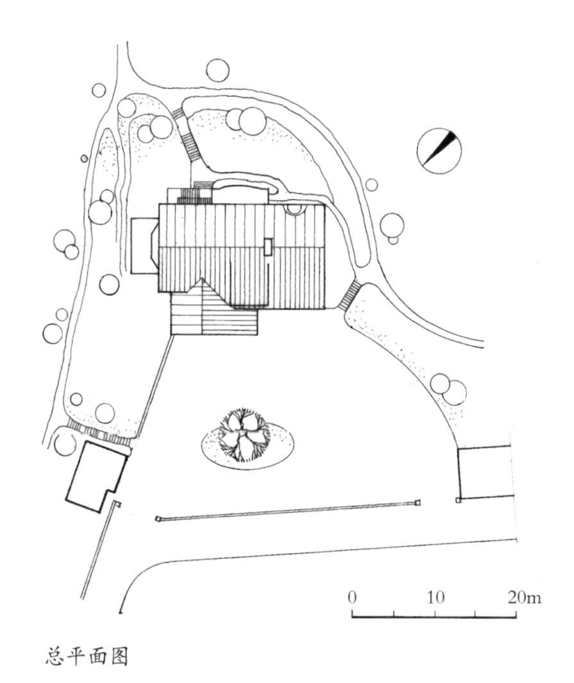

总平面图

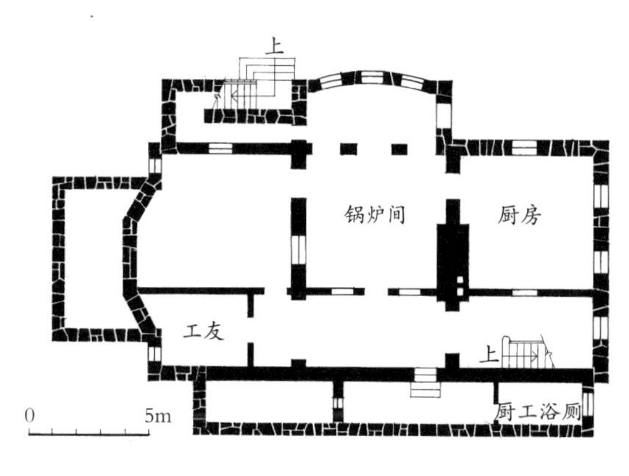

一层平面图

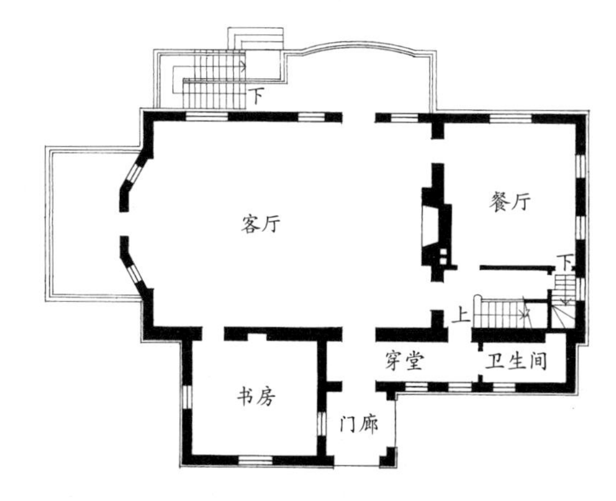

二层平面图

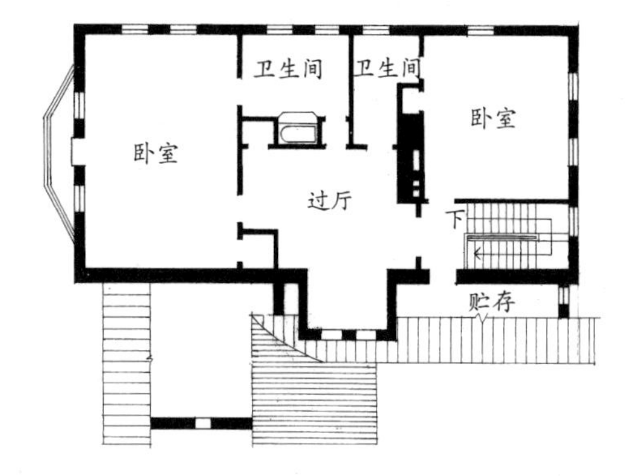

顶层平面图

西北立面图

西南立面图

剖面图

80. 南京空军新生社（1947年）

南京空军新生社为俱乐部性质建筑，位于南京市玄武区小营。1947年建造，建筑面积3 000平方米。

新生社中部为二层，南北两翼各为一层。平面中部以交谊厅、音乐厅、餐厅、冷饮4个主要公共使用房间向心围绕入口门厅布置，其间空间既可分隔，亦可相互流通。南翼为空间高大的大礼堂，与其他活动用房适当分隔，又可单独对外出入。北翼为厨房、备餐、工友室等后勤服务用房。二层为住宿区。

建筑外观简洁明快，形体组合自由。

1. 东立面外景

2. 入口雨棚

3. 礼堂入口

4. 音乐室外景

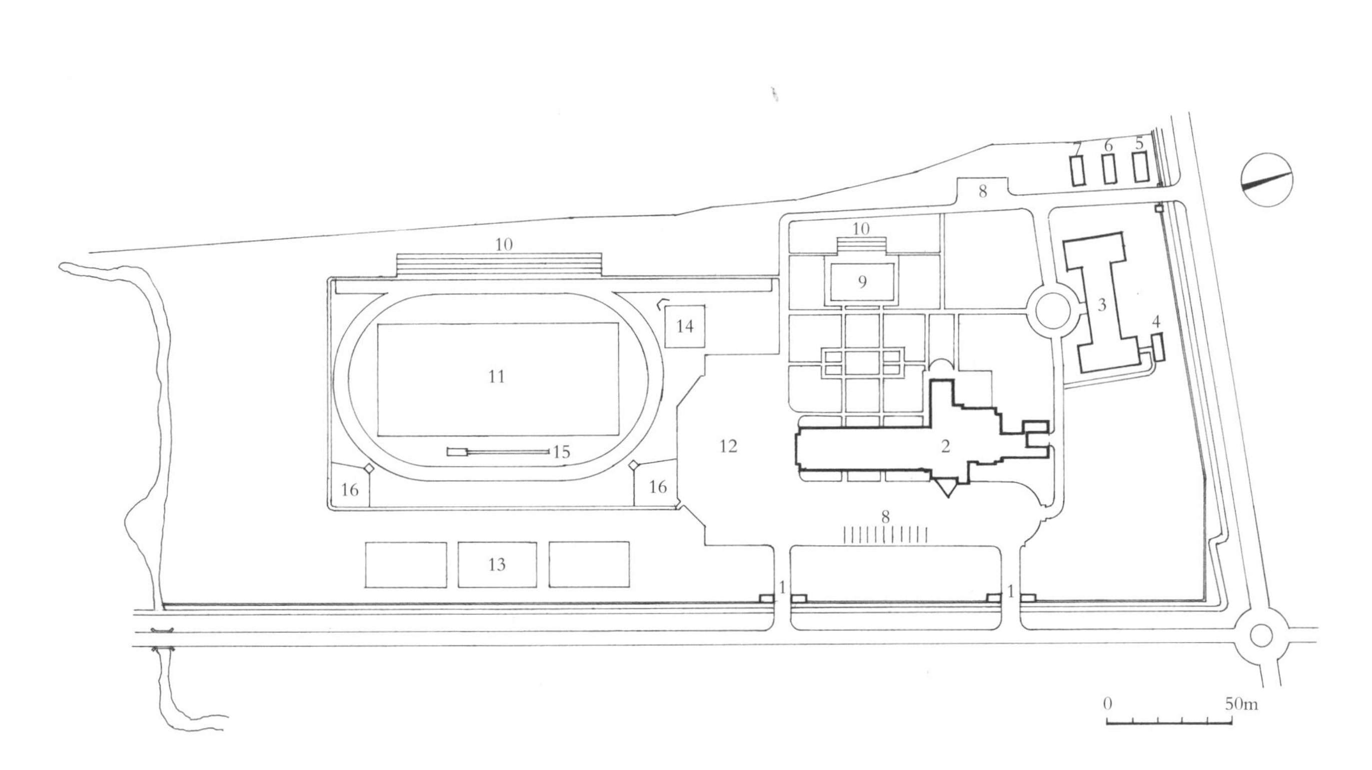

1. 大门及警卫室 2. 俱乐部 3. 宿舍大楼 4. 中餐厨房
5. 管理处 6. 工友室 7. 食堂 8. 停车场
9. 游泳池 10. 看台 11. 田径场及足球场 12. 集合场及停车场
13. 篮球场及排球场 14. 铅球铁饼场 15. 跳远场 16. 跳高场

总平面图

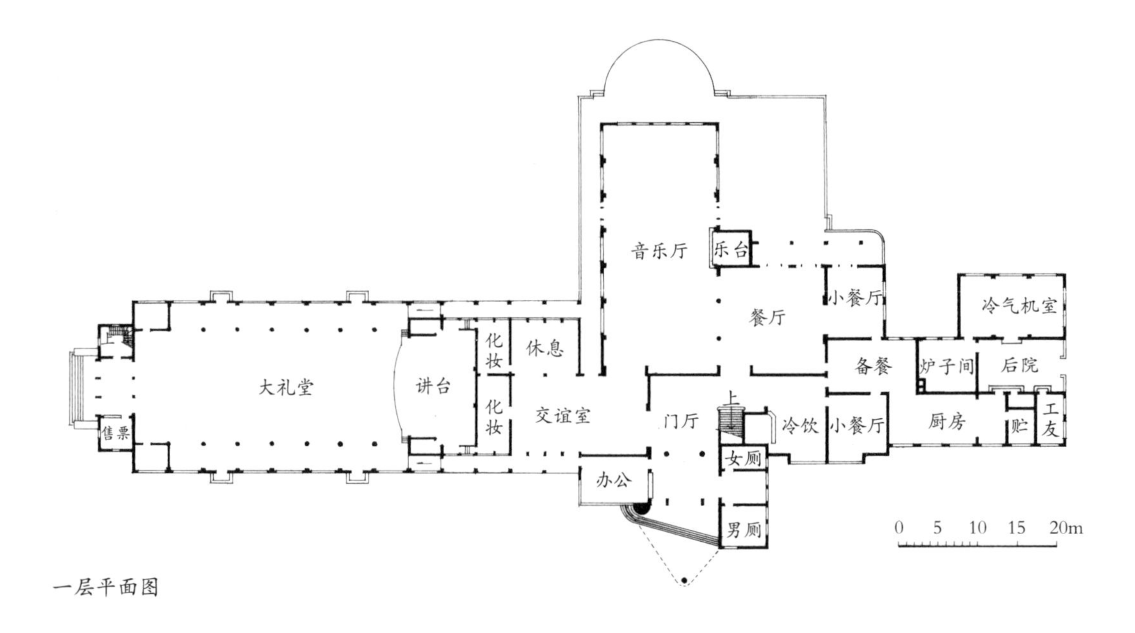

一层平面图

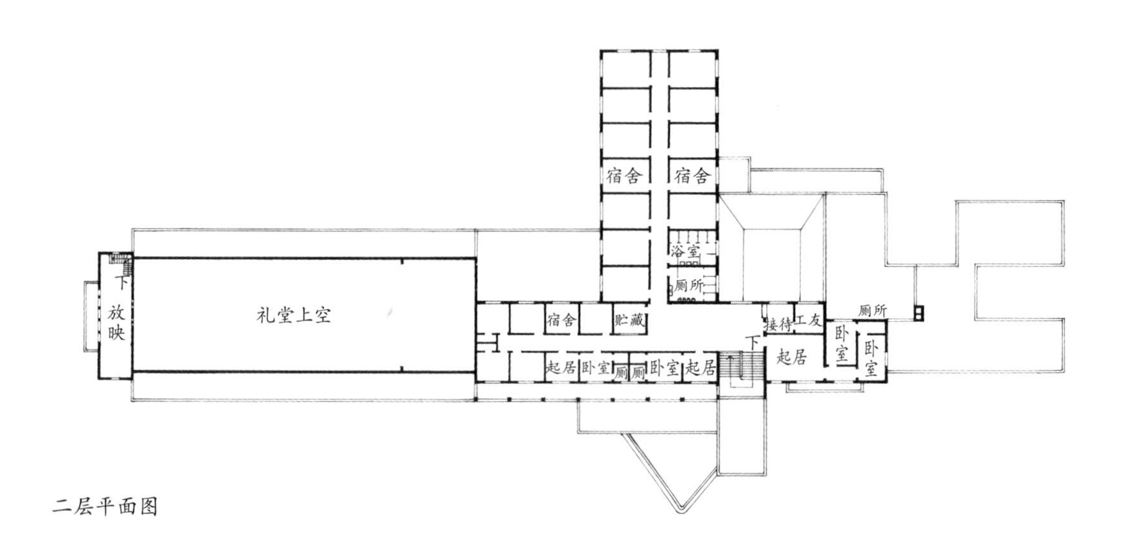

二层平面图

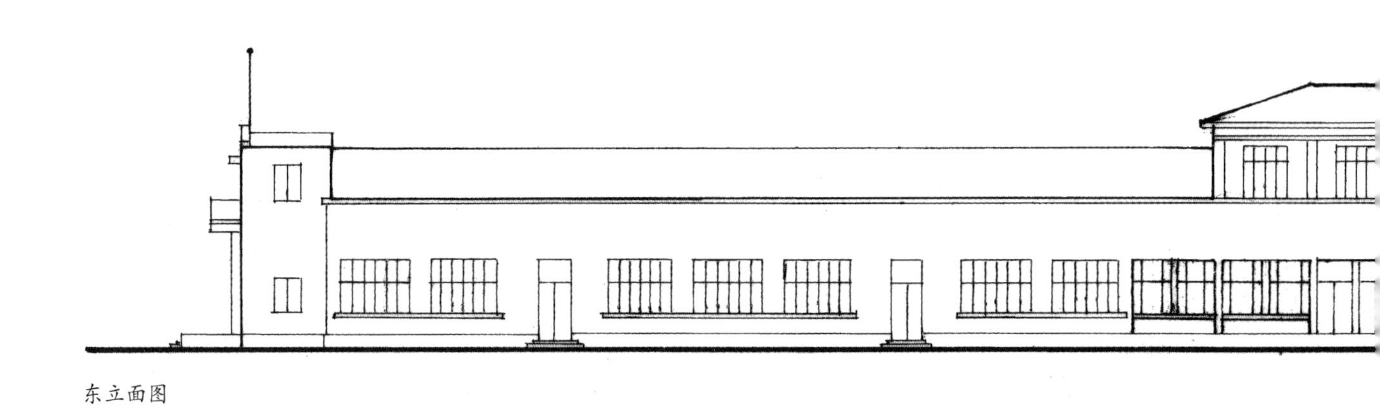

东立面图

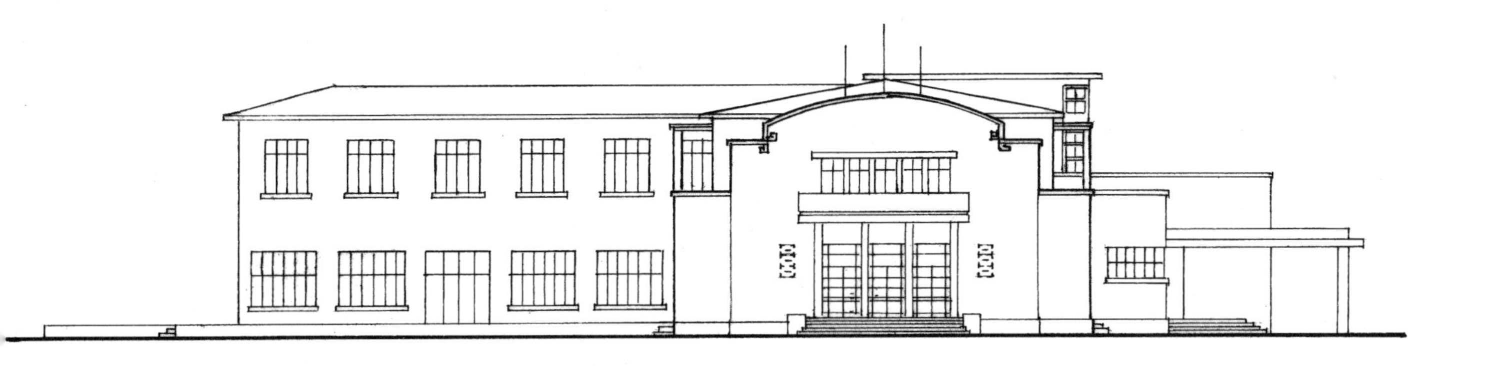

南立面图

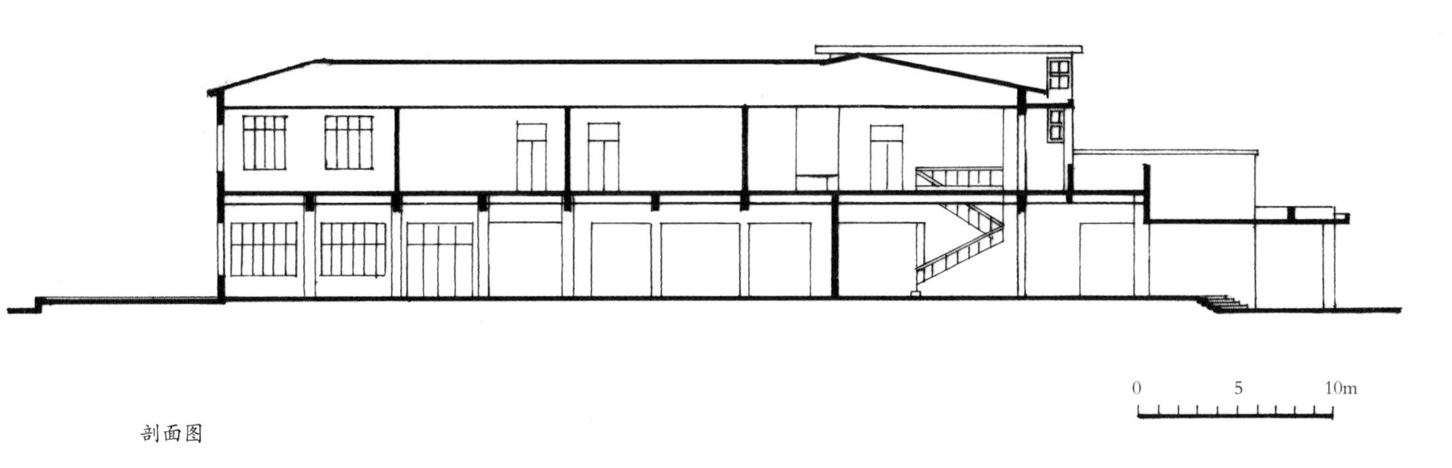

剖面图

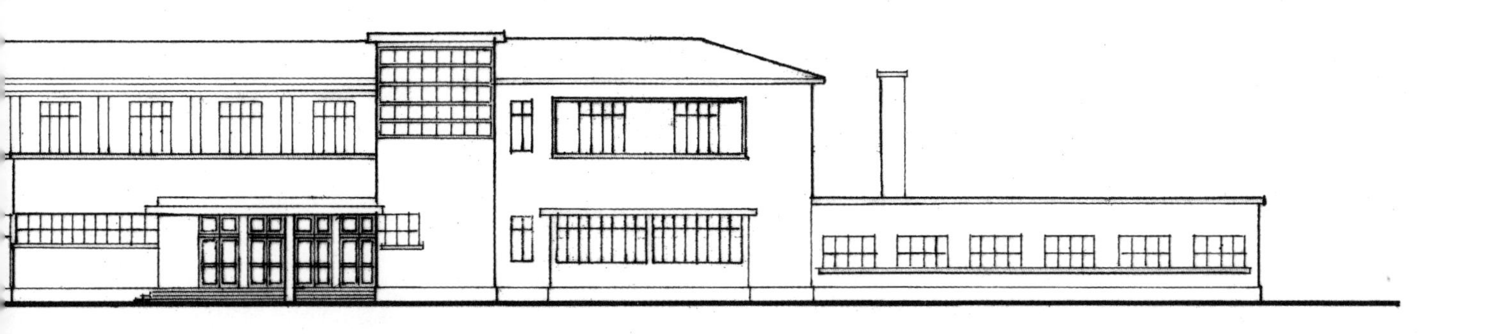

81. 南京招商局办公楼（1947 年）

招商局办公楼位于南京市鼓楼区下关江边路 24 号，中山码头与老江口码头之间，靠近下关车站，便于水陆联运。

该建筑于 1947 年建造，是一座候船和办公的综合性大楼。平面呈方形，主体建筑为三层，局部四层，层高 4 米。柱网 5.5 米 × 5.5 米，建筑面积 3 667 平方米。一层作为售票、候船及货栈，二、三层主要是业务办公用房和宿舍，四层为电报、电话及俱乐部。

建筑外观仿船形，以示水运交通建筑的特征。立面中间楼梯间实墙开圆窗，两翼为带形窗，四周环挑 1.5 米通长阳台，造型轻盈别致。

该楼现为南京市港务局分局，2013 年对该楼进行了整体加固修缮。

1. 市文保碑

2. 2013 年修缮前的办公楼外景

3. 入口外景旧照

4. 修缮后的全景

5. 迎江立面外景

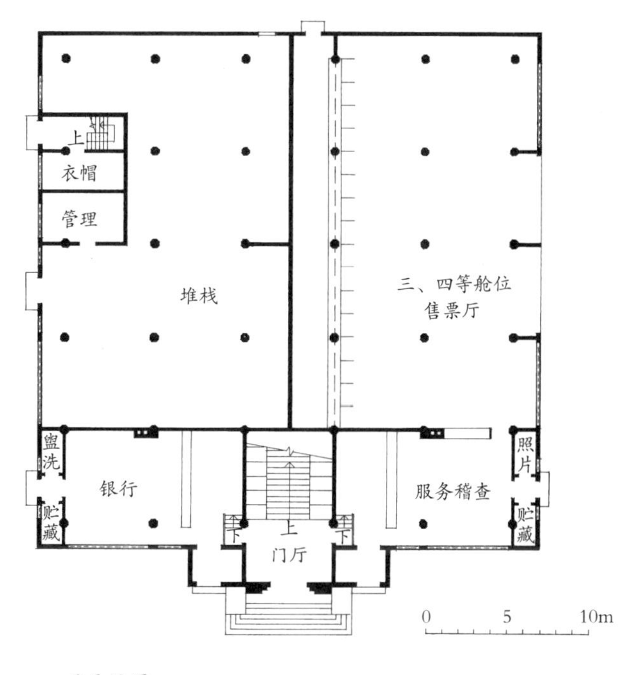

一层平面图

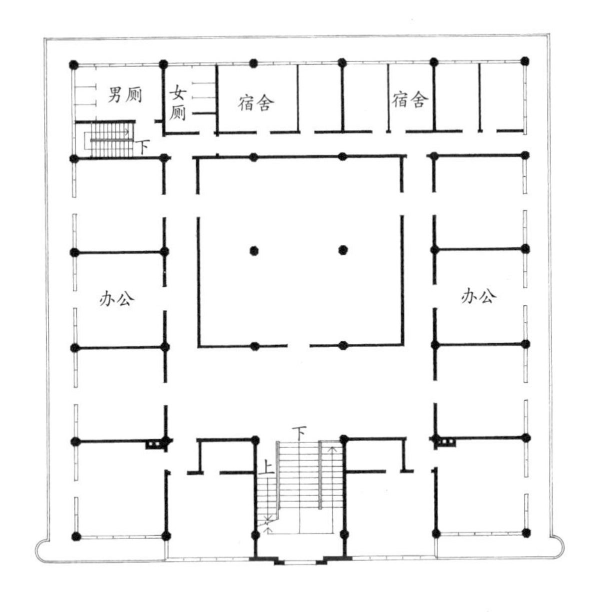

三层平面图

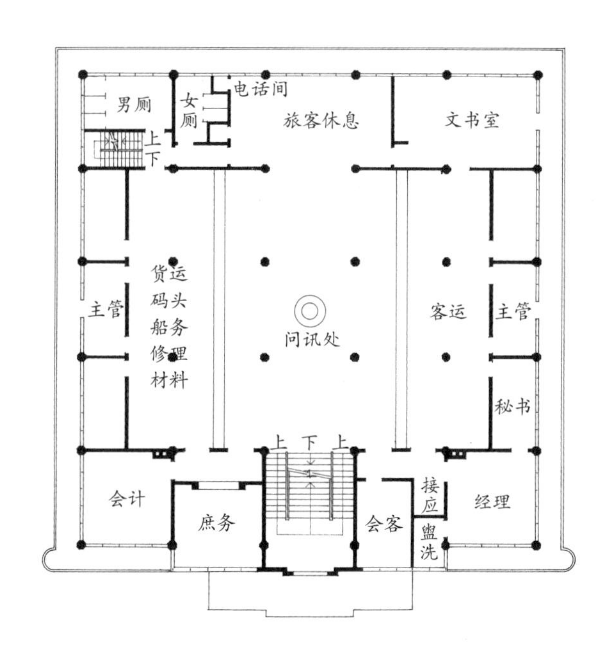

二层平面图

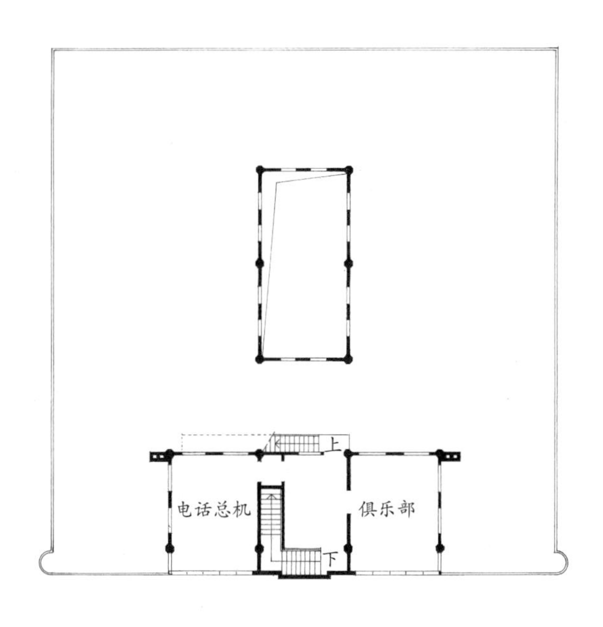

四层平面图

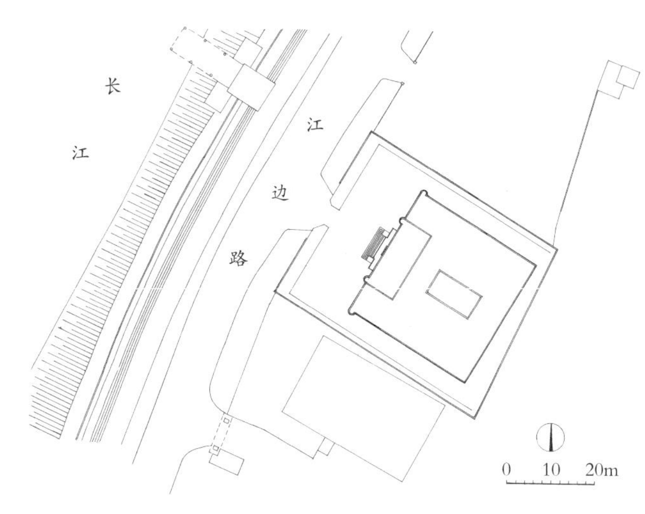

总平面图

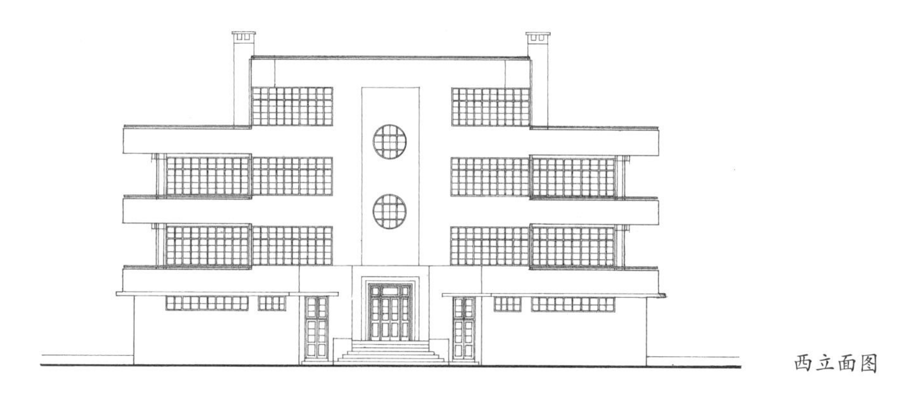

西立面图

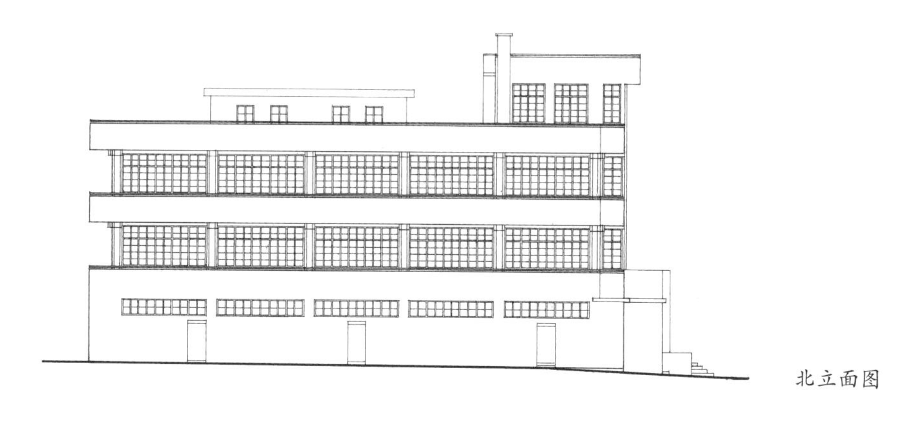

北立面图

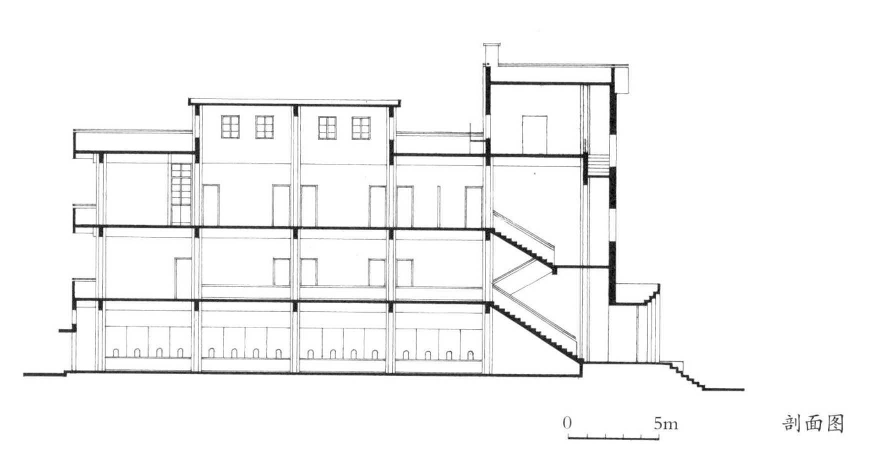

剖面图

82. 国民政府资源委员会办公楼（1947 年）

资源委员会办公楼位于南京市鼓楼区虹桥 20 号（今中山北路 200 号），现处于南京工业大学虹桥校区内。

资源委员会办公楼大门面朝西南，为单开间门楼，砖木结构，顶覆绿色琉璃瓦。门楼内左右各设有一个警卫室，为砖木结构，庑殿顶，顶覆绿色琉璃瓦，梁枋均施彩绘。今只尚存西北侧警卫室。

办公楼建于 1947 年，大楼面朝东南，高二层，平面呈“门”字形，建筑面积 2 600 平方米，砖混结构，红砖清水外墙，坡屋顶，上覆灰色水泥板瓦。室内木地板，木楼梯，造价极为低廉。今为南京市大学生创业示范园。

1. 市文保碑

2. 中部入口外景

3. 入口门廊

4. 办公楼外景

5. 院墙大门外景

6. 大门内侧警亭

7. 西北立面外景

8. 办公楼鸟瞰

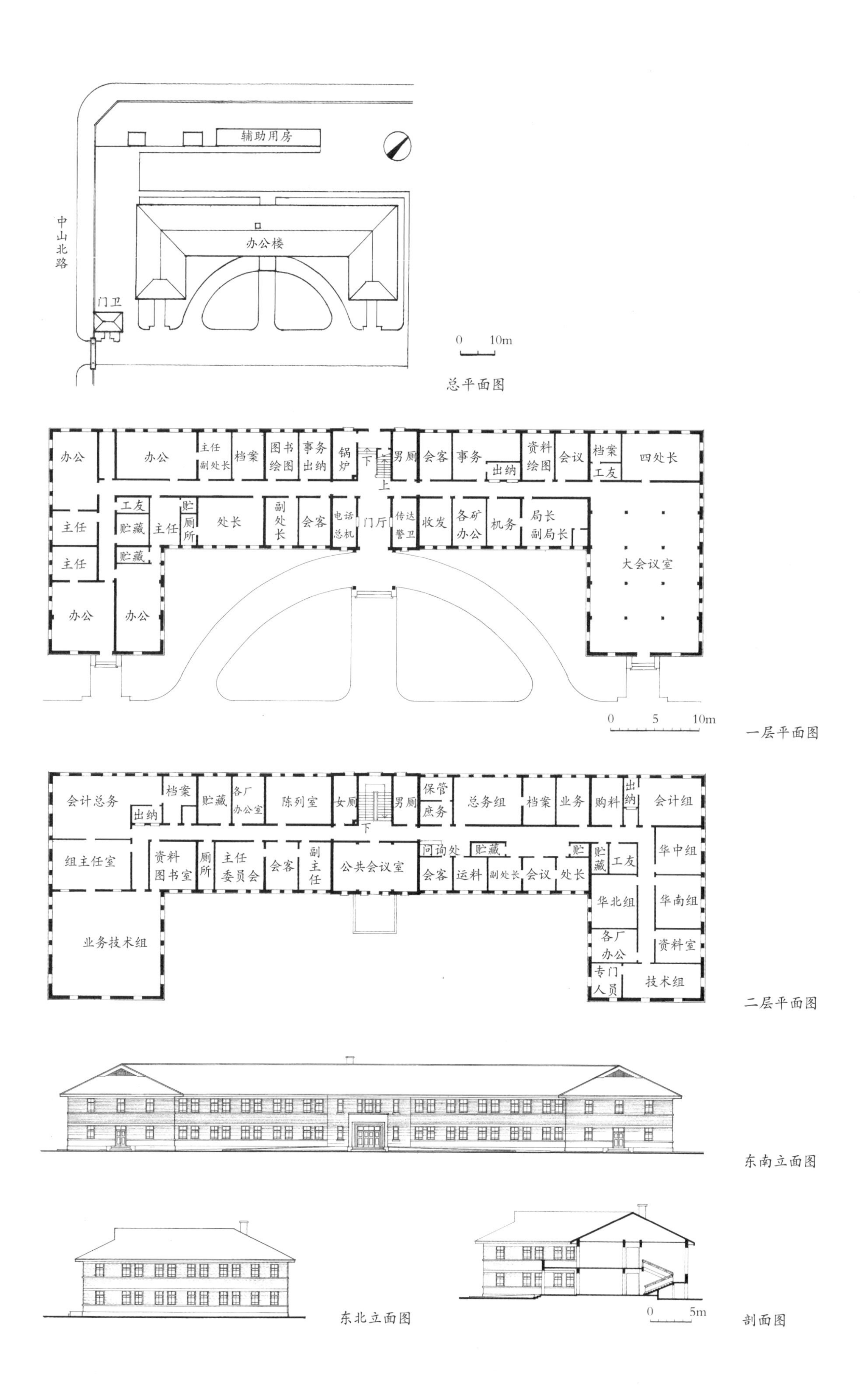

总平面图

一层平面图

二层平面图

东南立面图

东北立面图

剖面图

83. 南京下关火车站扩建工程（1947 年）

南京下关火车站（现名南京西站）位于下关区龙江路 8 号。原为“一”字形尽端式车站，因规模过小，不能满足使用需要，于 1947 年进行扩建改造，当年建成。

由于使用单位要求扩建后的站容应宏伟壮观，投资经济，又不能中断车站运营业务，因而，扩建设计时保留了原有站房和站台雨棚，增建部分呈“U”字形三面围合原站房。西向主体进站大厅的主入口设计成五孔 13 米高的大拱门，每孔底部各设三樘大门，其上方悬挑大雨棚贯通主立面全长。南北两翼为 2 层，南翼底层设置行包房、售票厅和为进站旅客服务的银行、邮电、寄存等设施，以及出站旅客检票口。北翼底层设置为进站旅客服务的餐厅、理发、贵宾室和出站旅客检票口，以及内部管理、邮件转运等用房。同时还增设了站台 1 座。

该火车站扩建后，功能布局更趋合理，不同流线组织井然有序。扩建建筑面积为 10 100 平方米，可容纳 4 000 余名旅客候车。

2012 年 3 月 25 日，该火车站终止百年客运，将改造为南京铁路博物馆。

1. 市文保碑

2. 1947 年扩建后的南京下关火车站

3. 1949 年重建被国民党军队炸毁的南京站立面外观

4. 1968 年改名南京西站时的全貌

5. 2012 年终止百年客运的南京西站

6. 扩建南翼外观

7. 旅客进站检票口

8. 从站台西望站房

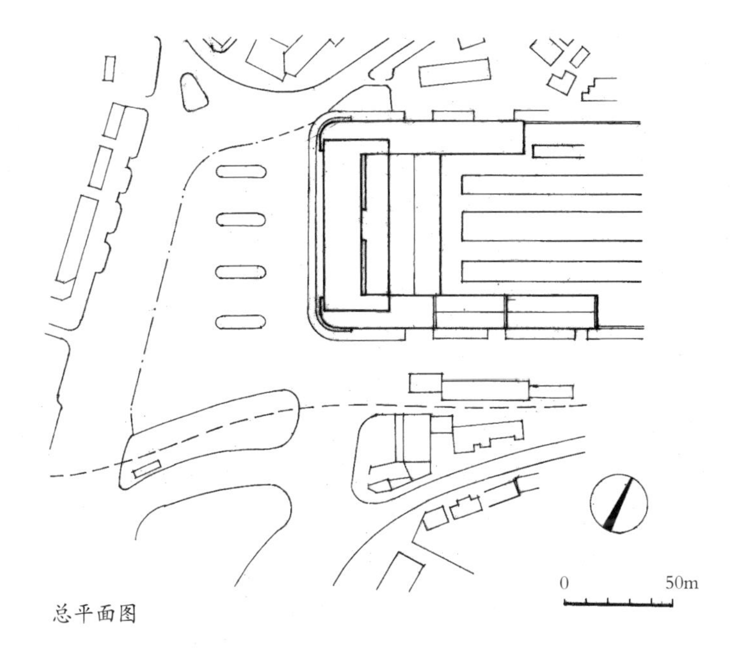
0
50m
总平面图

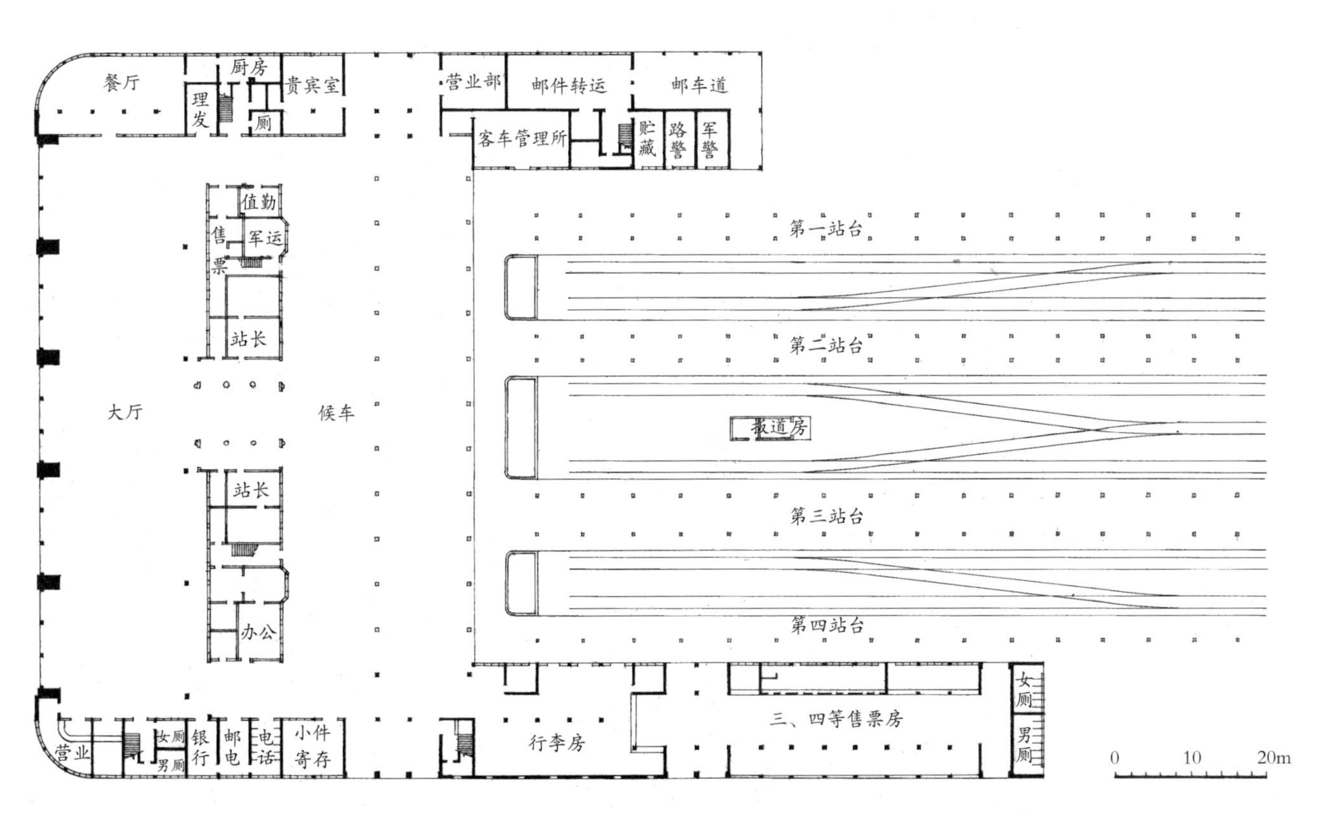
餐厅
厨房
贵宾室
理发
厕
营业部
邮件转运
邮车道
客车管理所
贮藏
路警
军警
值勤
售票
军运
站长
第一站台
第二站台
大厅
候车
道房
第三站台
站长
办公
第四站台
女厕
营业
女厕
男厕
银行
邮电
电话
小件寄存
行李房
三、四等售票房
男厕
0
10
20m
一层平面图

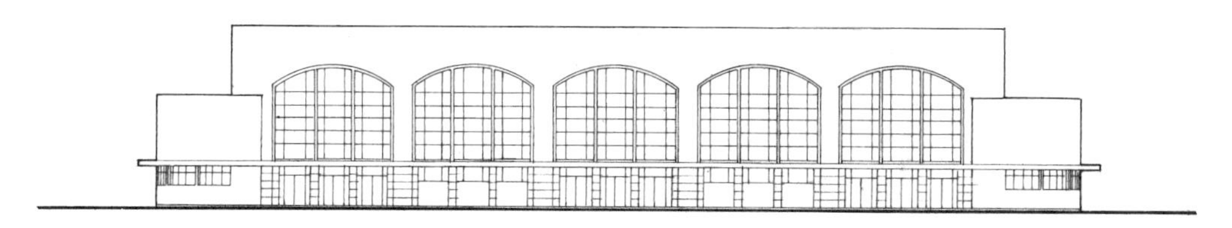

西立面图

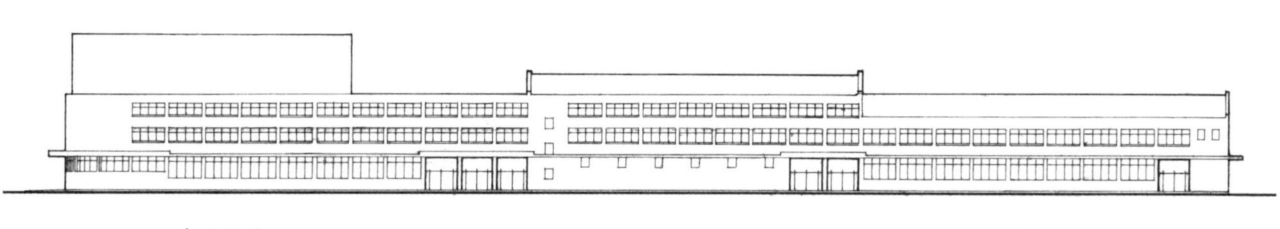

南立面图

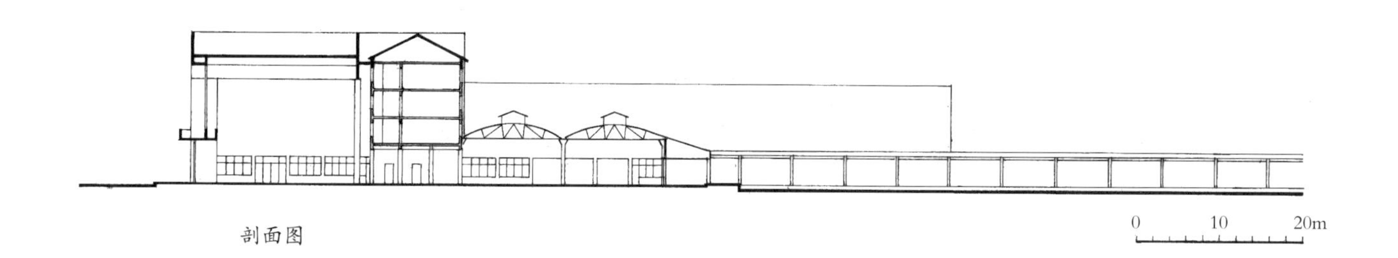

剖面图

84. 中央研究院化学研究所（1947 年）

中央研究院化学研究所位于南京市玄武区北京东路 71 号，占地 72.8 公顷，1947 年初开始整体规划设计，1948 年重新修改设计。

化学楼平面呈倒“T”字形，高三层，建筑面积 2 700 平方米。前部南北向平面底层为办公、会议、图书室等。二层为生物化学、无机化学和光谱室等。三层为分析、有机、应用以及微量分析等用房。后部东西向平面为锅炉房、工具间、药品库等辅助用房。

1. 南立面外景旧照

2. 入口立面外景

3. 北面外景

4. 外墙细部

5. 女儿墙转角装饰细部

6. 门厅楼梯

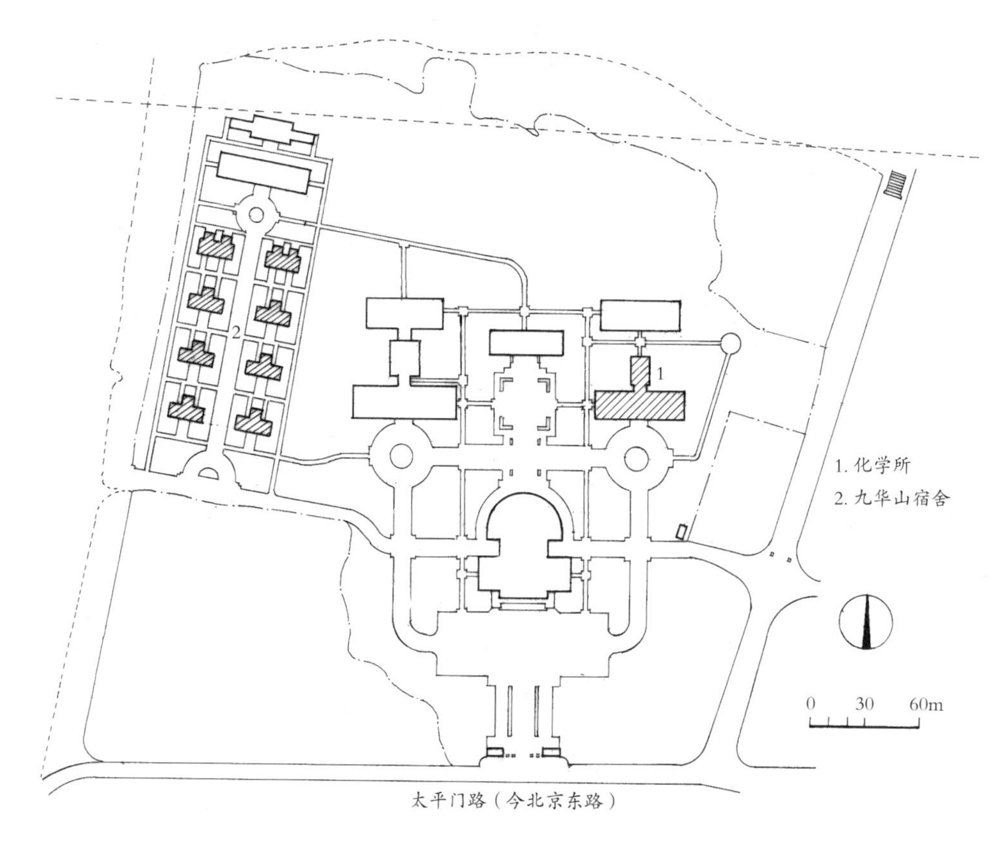
1
2
1. 化学所
2. 九华山宿舍
0 30 60m
太平门路（今北京东路）

总平面图

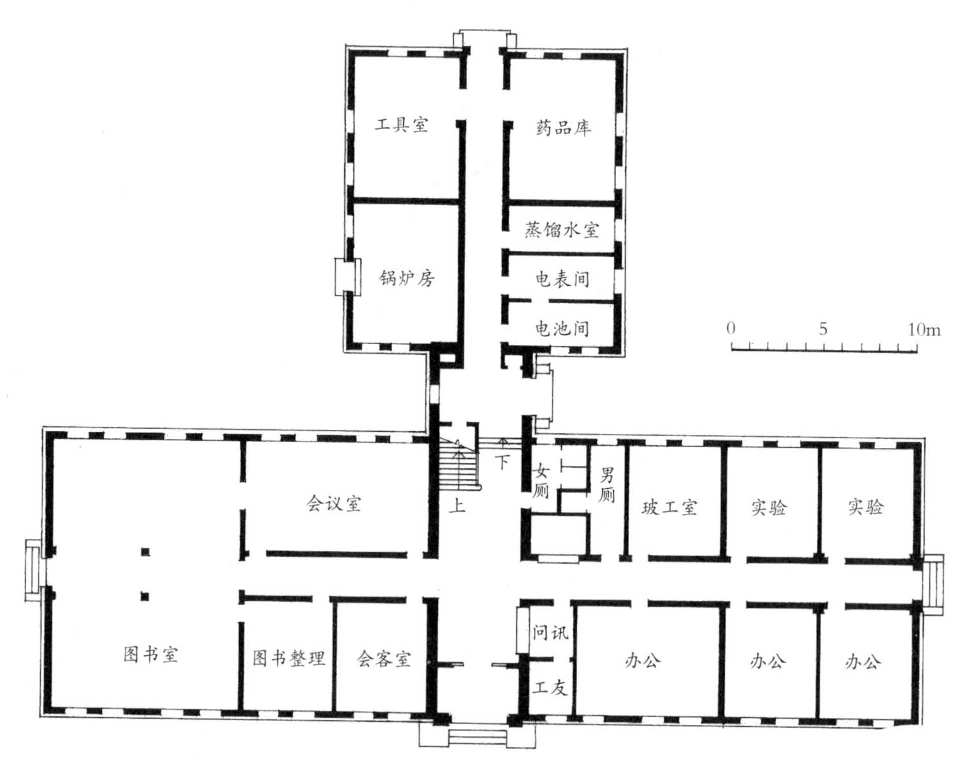
工具室
药品库
蒸馏水室
锅炉房
电表间
电池间
0 5 10m
下
女厕
男厕
会议室
上
玻工室
实验
实验
问讯
图书室
图书整理
会客室
办公
办公
办公
工友

一层平面图

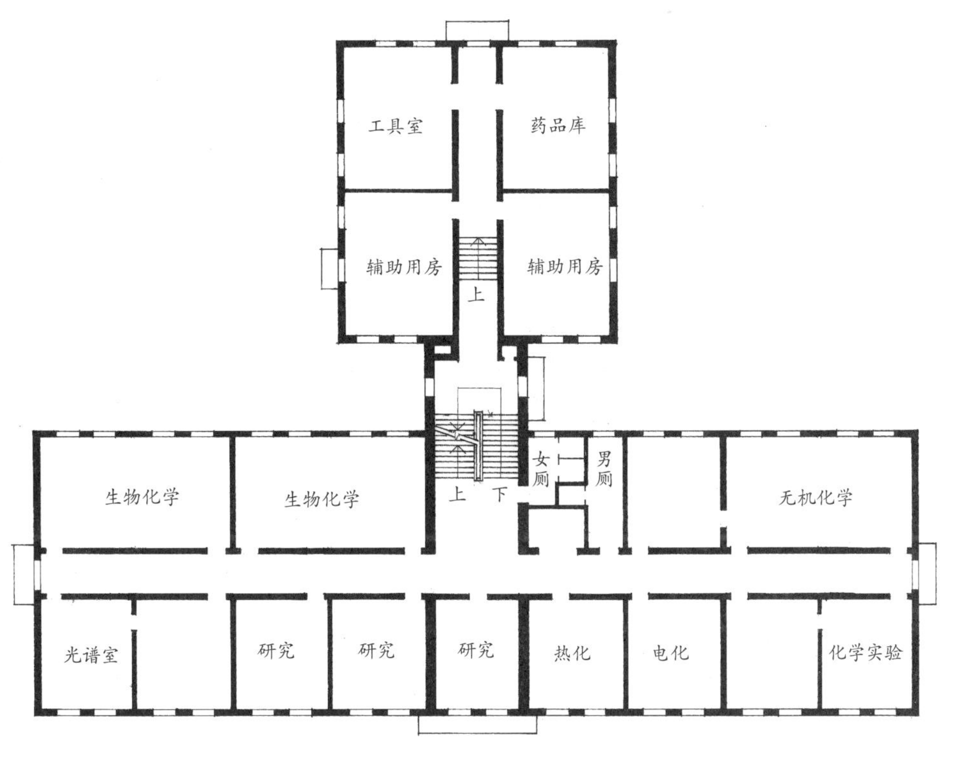
工具室
药品库
辅助用房
辅助用房
上
女厕
男厕
上
下
生物化学
生物化学
无机化学
光谱室
研究
研究
研究
热化
电化
化学实验

二层平面图

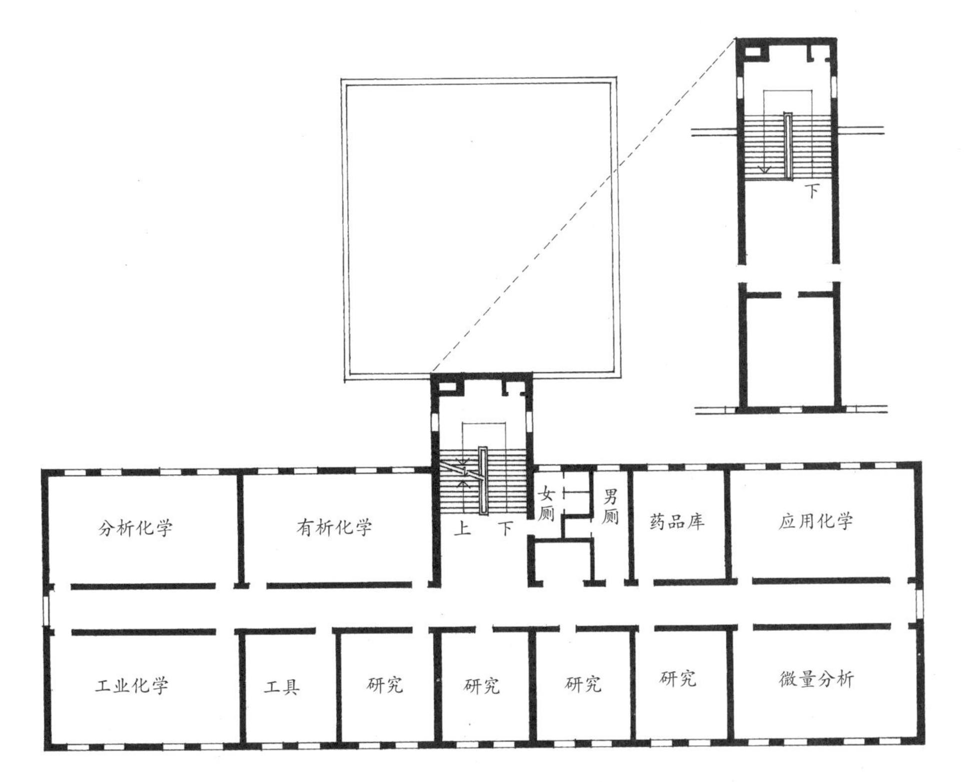
下
女厕
男厕
上
下
分析化学
有析化学
药品库
应用化学
工业化学
工具
研究
研究
研究
研究
微量分析

三层平面图

南立面图

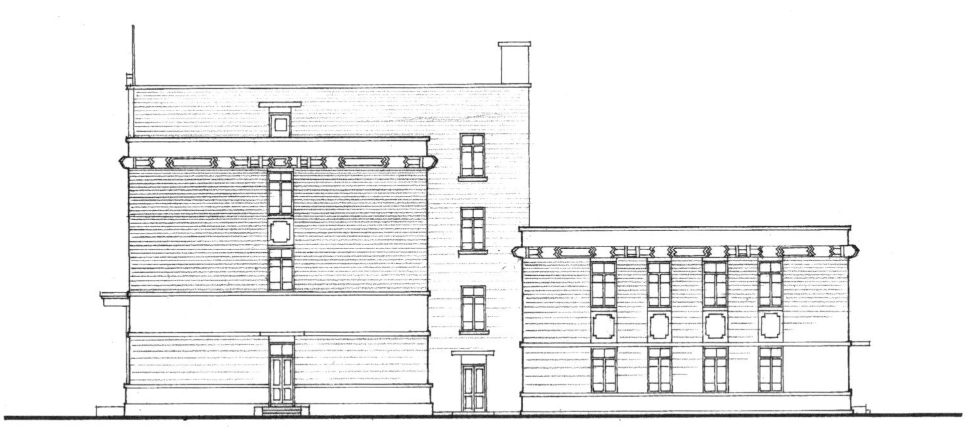
东立面图

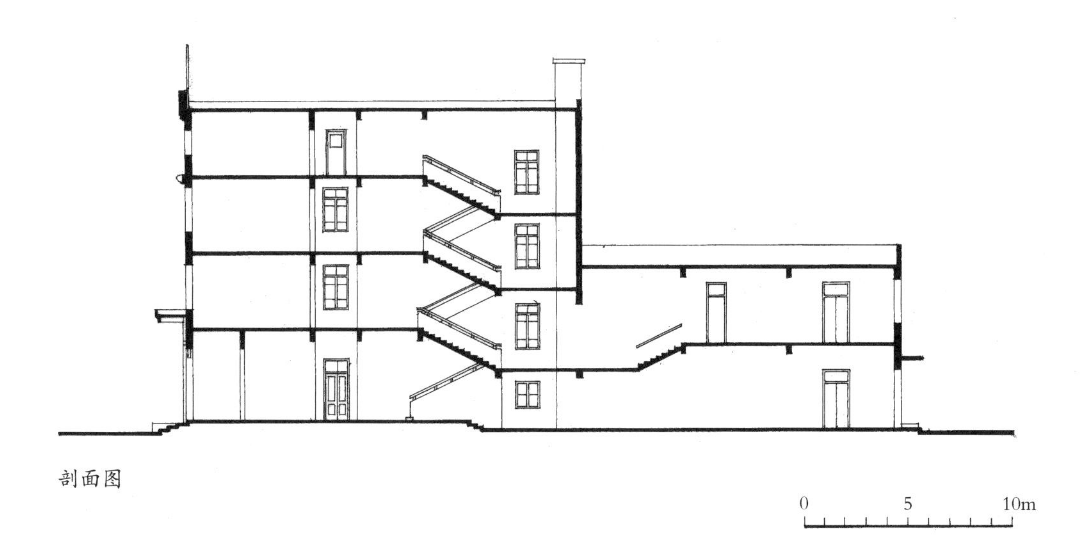
剖面图

85. 南京正气亭（1947 年）

正气亭位于南京市明孝陵东北、钟山南坡。前临清澈见底的紫霞湖，背倚巍峨钟山，右临紫霞洞，左毗观音洞，是不可多得的一块风水宝地，是当年蒋介石为自己选定的墓地。

正气亭始建于 1947 年秋，施工四个月即竣工。平面 6 米见方，三开间重檐方攒尖顶，蓝色琉璃瓦顶，斗八藻井、彩画，梁柱脊椽均采用钢筋混凝土整体浇筑。四底边在正中开间均设垂带五级踏步。整座亭子飞檐走兽、彩画浓艳、金碧辉煌、大气凛然。

亭后花岗石挡土墙中央镶嵌一块碑刻《正气亭记》，碑文为孙科撰写。

1. 市文保碑

2. 外景旧照一

3. 外景旧照二

4. 远景

5. 近景

6. 内景

7. 梁枋彩绘

8. 藻井天花彩绘

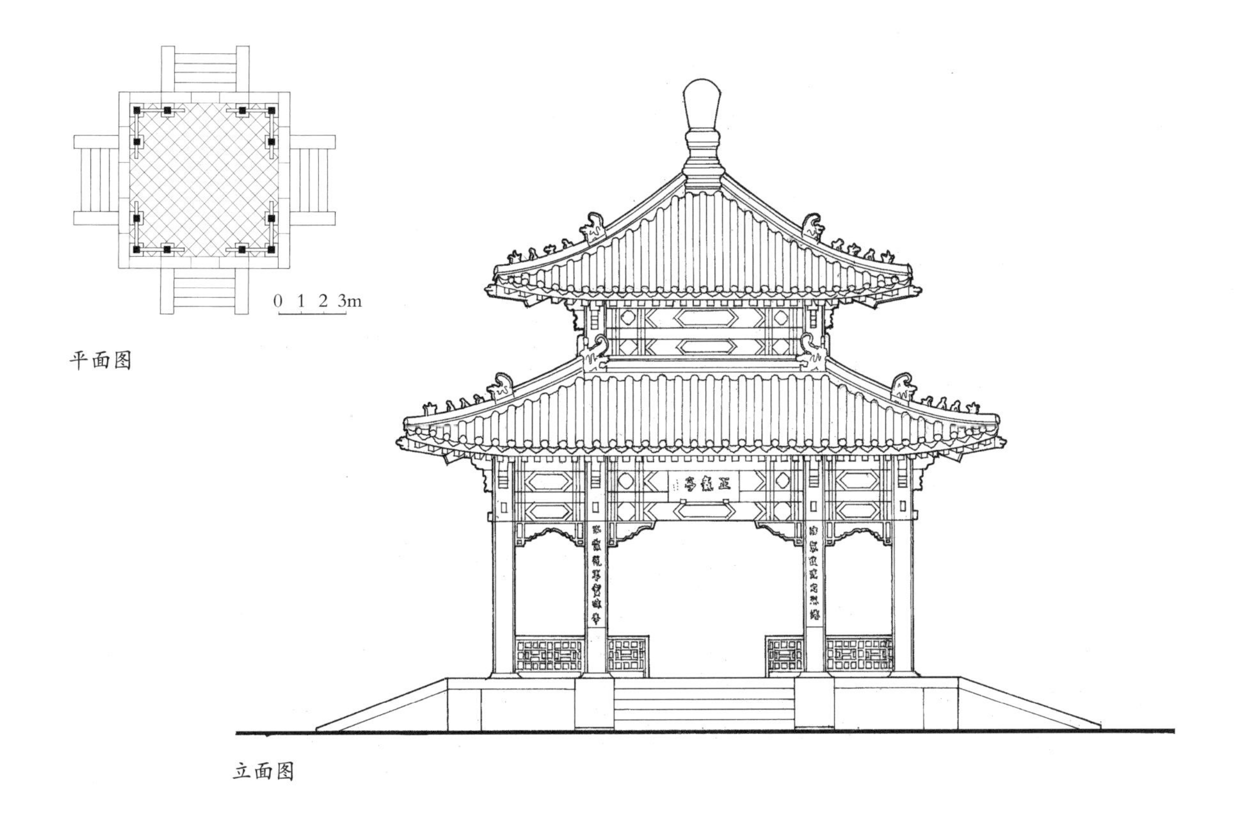

平面图

立面图

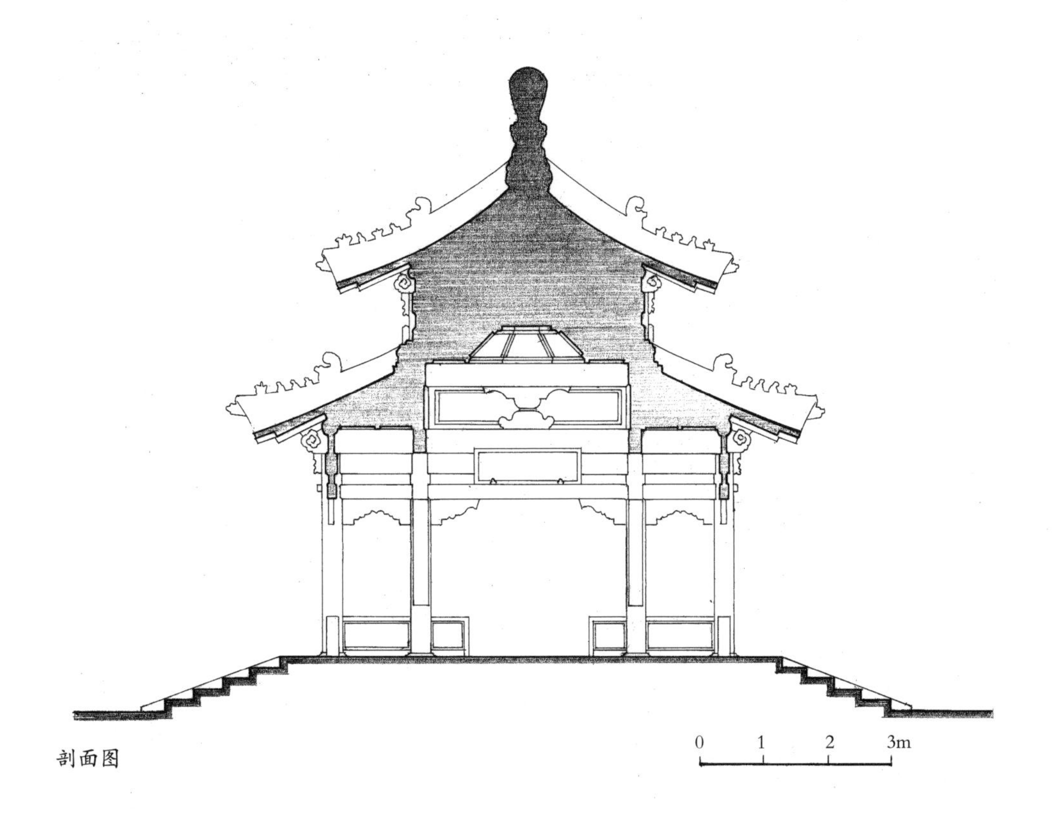

剖面图

86. 南京延晖馆（1948年）

位于南京市中山陵8号的孙科住宅又称延晖馆，建于1948年，占地约40余亩，建筑面积1 000平方米。

住宅前院开阔，设有警卫室、车房、停车场等。住宅东、南两面是大面积草坪和树丛，环境幽深恬静。

住宅入口朝西北，用玻璃砖作墙面，使门厅光线明亮而柔和。底层布置大客厅、餐厅、会客室、书房、客房、厨房等。二层主要为一间主卧室，三间次卧室及小厅、卫生间。

该住宅房间众多，但布局灵活，功能分区明确，主、辅流线互不干扰，主人使用的所有房间均有良好的朝向和景象，是现代设计风格的佳作，也符合孙科热衷于时尚现代物质生活的品位。

由于当时尚无空调设施，便在大客厅和主卧室两个屋顶上设水池，水位由大浮球阀自行控制，不但可满足室内保温隔热，而且有利于屋面的保护和防渗漏，乃是设计之首创。

1. 省文保碑

2. 东南面外景

3. 内院西南角外景

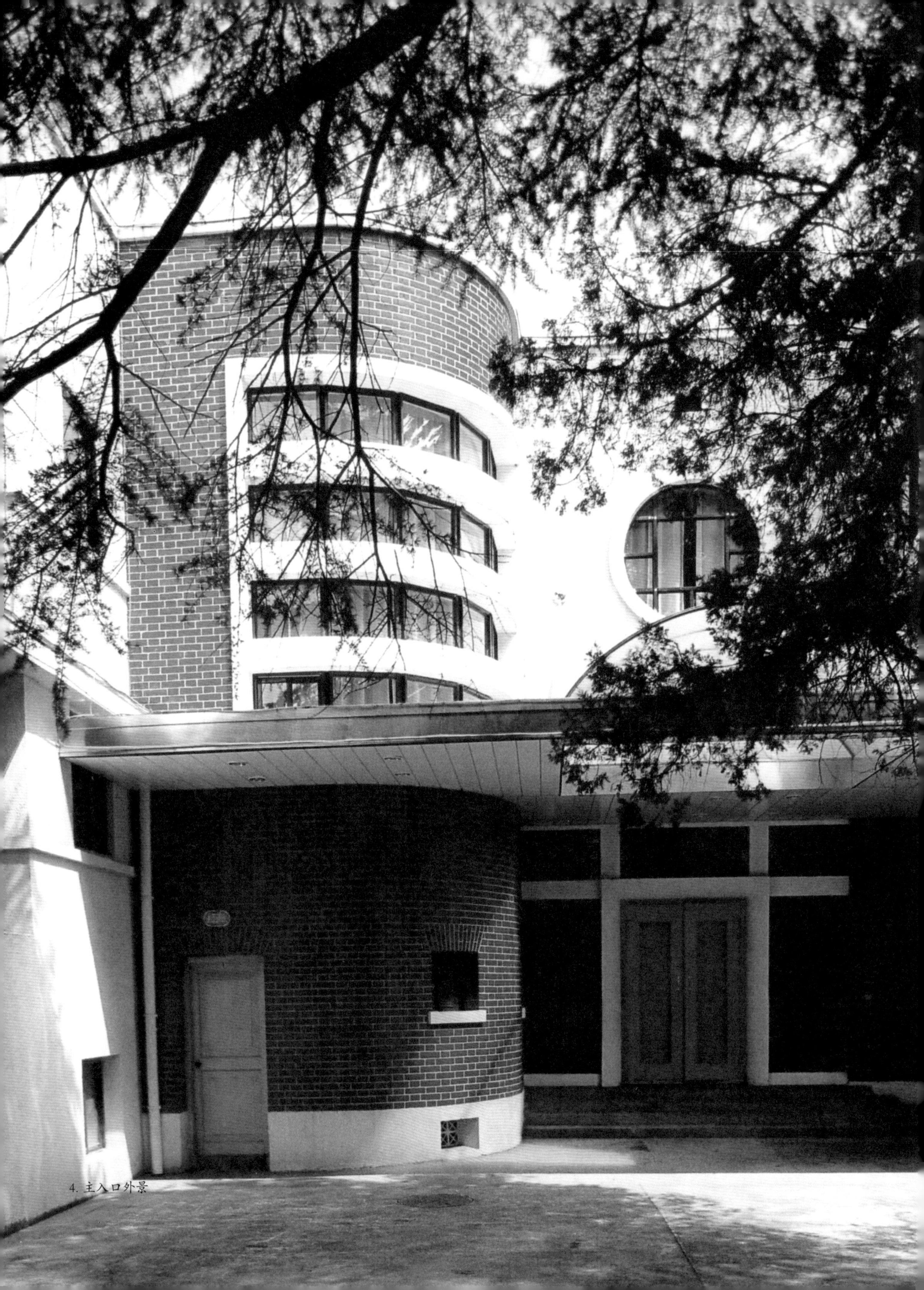

4. 主入口外景

5. 西北向外景

6. 雨篷改造后的主入口外观

7. 二层平台外景

8. 后花园

9. 一层大客厅一角

10. 二层主卧室一角

11. 二层主卧室一角，窗外为屋顶蓄水池

12. 门厅内景

13. 楼梯间内景

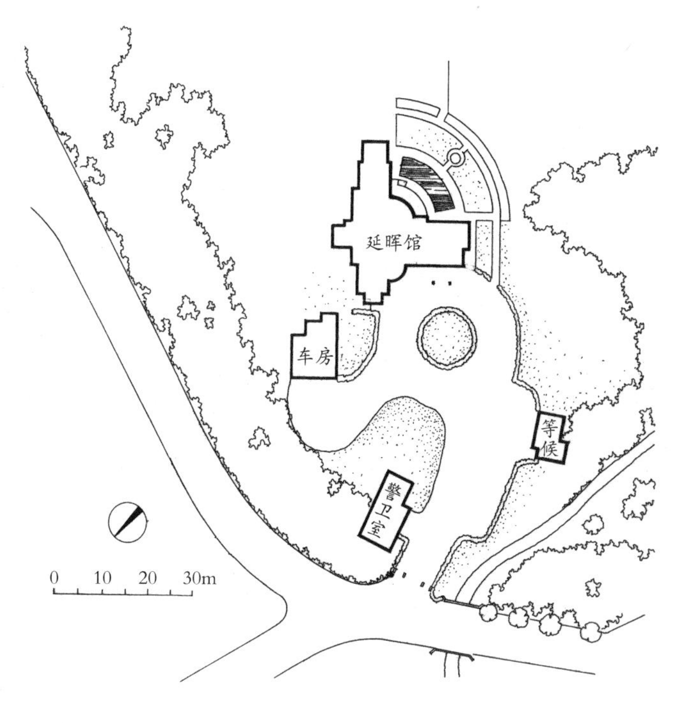

总平面图

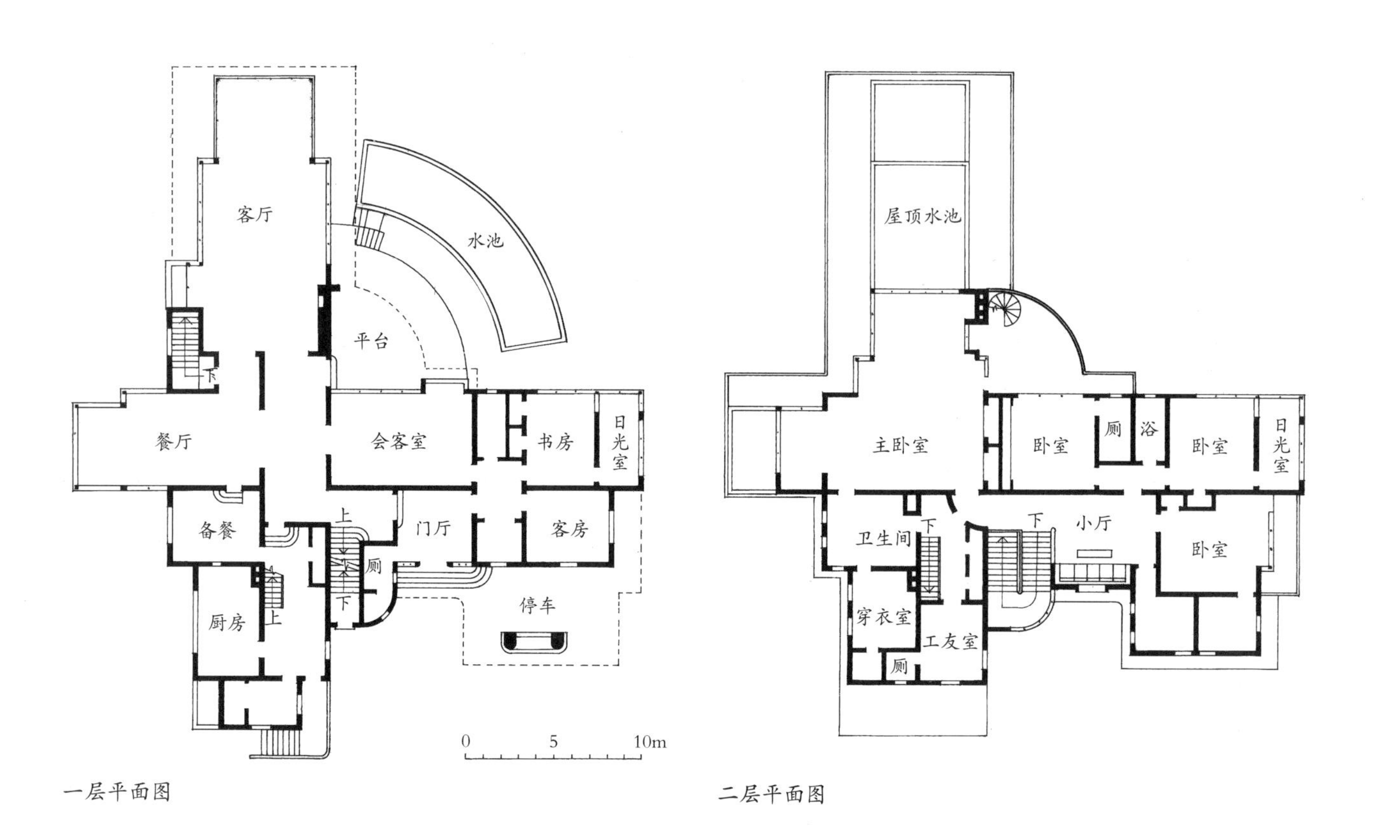

一层平面图

二层平面图

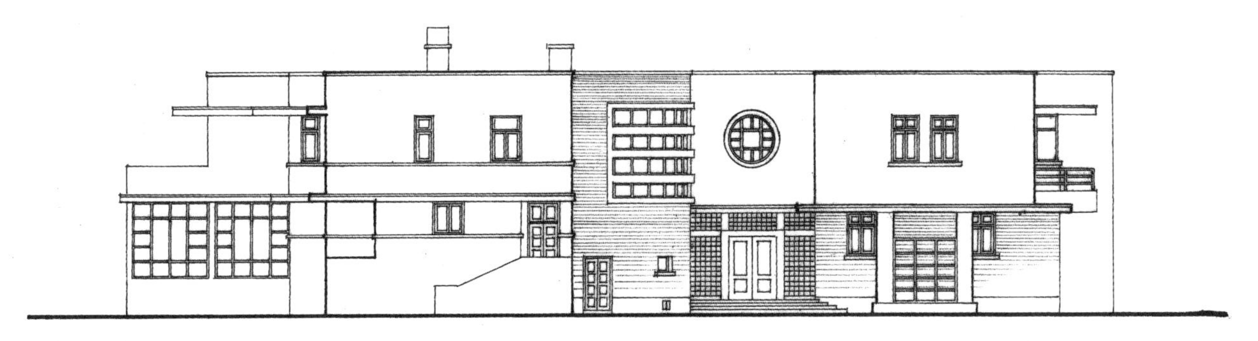

西北立面图

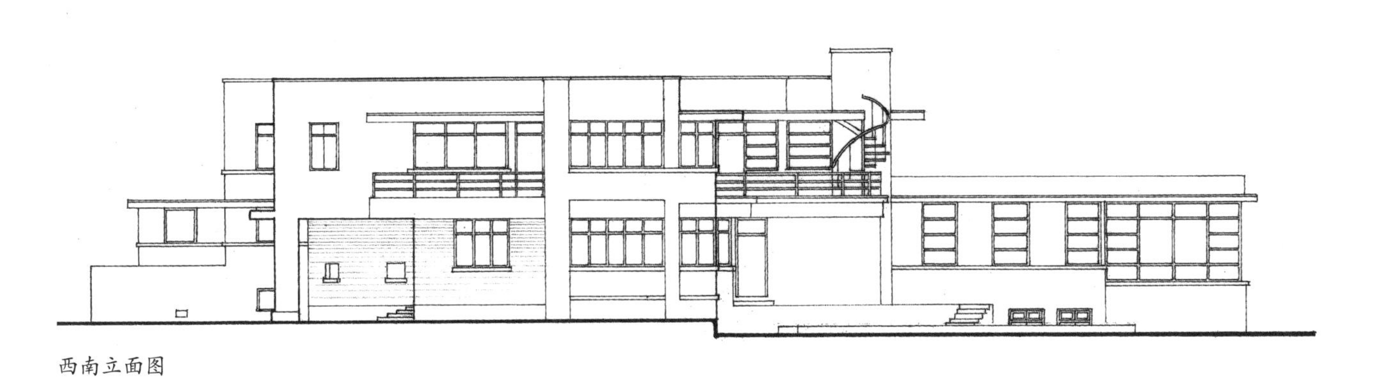

西南立面图

剖面图

0 5m

87. 中央研究院九华山职工住宅（1948 年）

中央研究院九华山职工住宅生活区位于化学研究所办公区用地西侧。规划设计中南部有八幢住宅，北部有一幢单身宿舍，生活区有单独对外出入口，又可在内部与化学所办公区连通。

住宅分甲、乙两种户型，各单元均为南入口，高二层，平面呈倒“T”字形。南部为居住用房，北部为厨卫辅助用房。只是甲户型为一梯两户独立单元，每户两开间，建筑面积每户 82.8 平方米；乙户型为双拼单元，每户一开间，建筑面积每户 46.8 平方米。

住宅外观为悬山两坡顶，清水外墙，水泥粉刷勒脚，木门窗。造型朴素，经济实用。

1. 建筑群外景

2. 南面外景

3. 北面外景

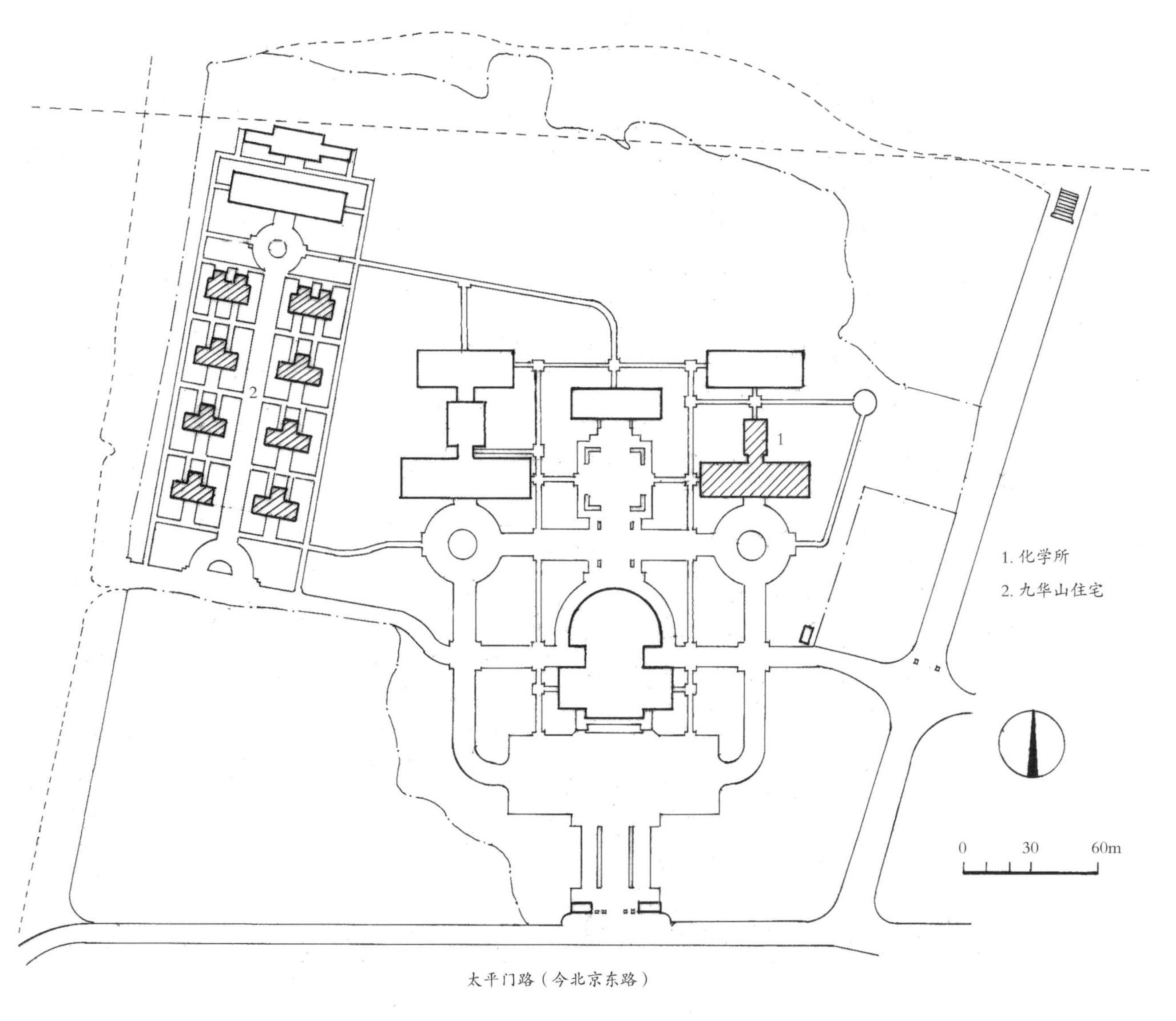

总平面图

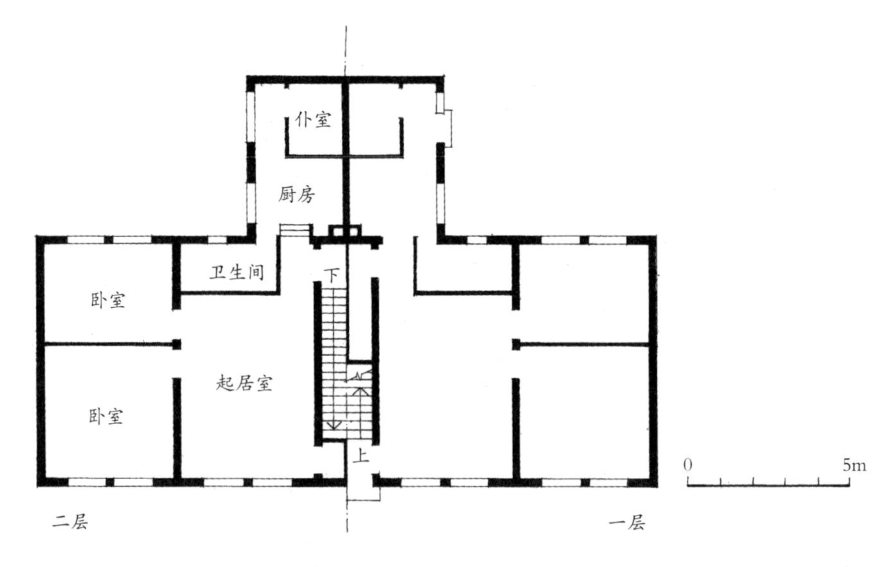

甲户型平面图

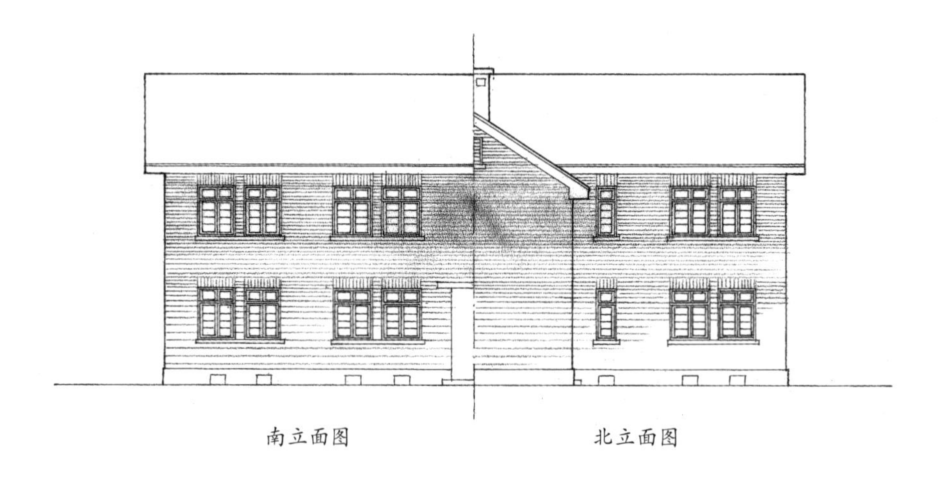

南立面图　　北立面图

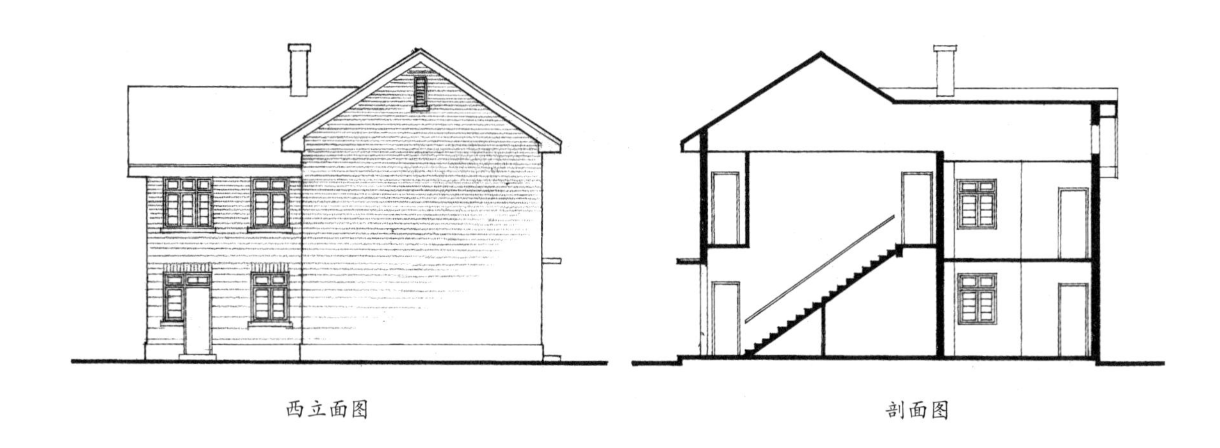

西立面图　　剖面图

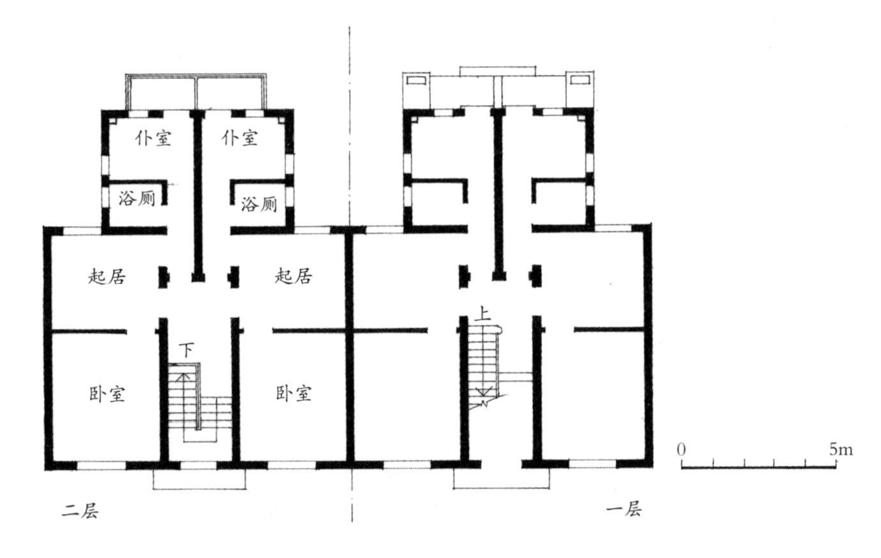

乙户型平面图

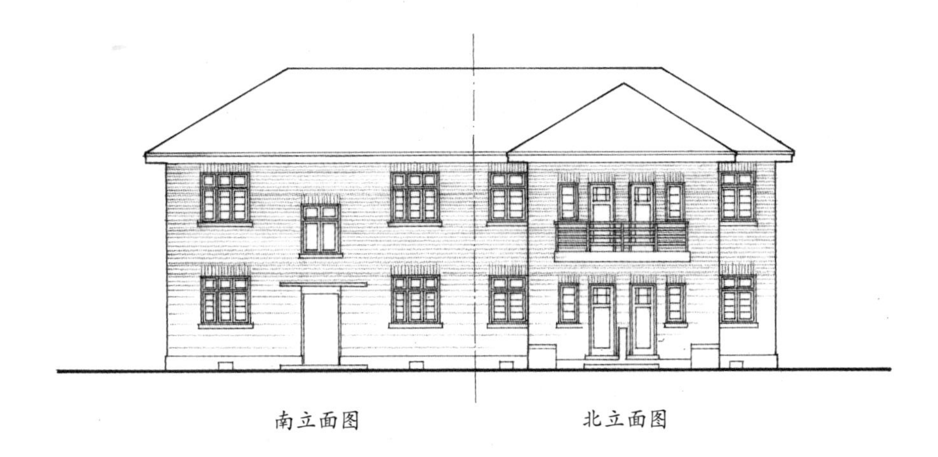

南立面图　　北立面图

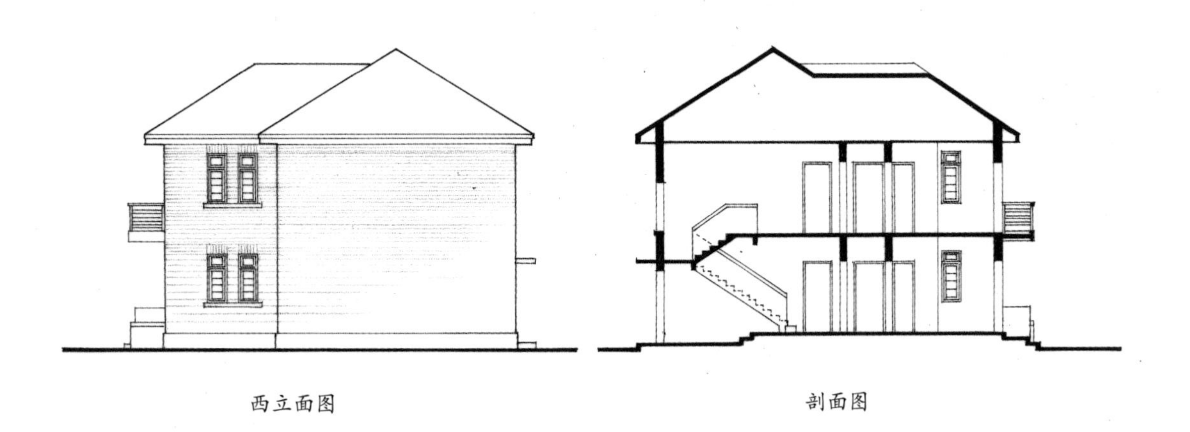

西立面图　　剖面图

88. 南京结核病医院（1948 年）

结核病医院大楼建于 1948 年，建筑面积约 3 000 平方米。大楼位于南京市鼓楼区广州路 300 号江苏省人民医院内西部半山坡，原为该医院传染病房，2000 年拆除。

结核病医院平面似呈“士”字形，由三部分组成：前楼一层为门诊，二层为医院办公区；后楼一、二层为住院部；中部以医技部相连。各功能分区皆有单独对外出入口，各类流线互不干扰，为典型医院建筑平面布局模式。

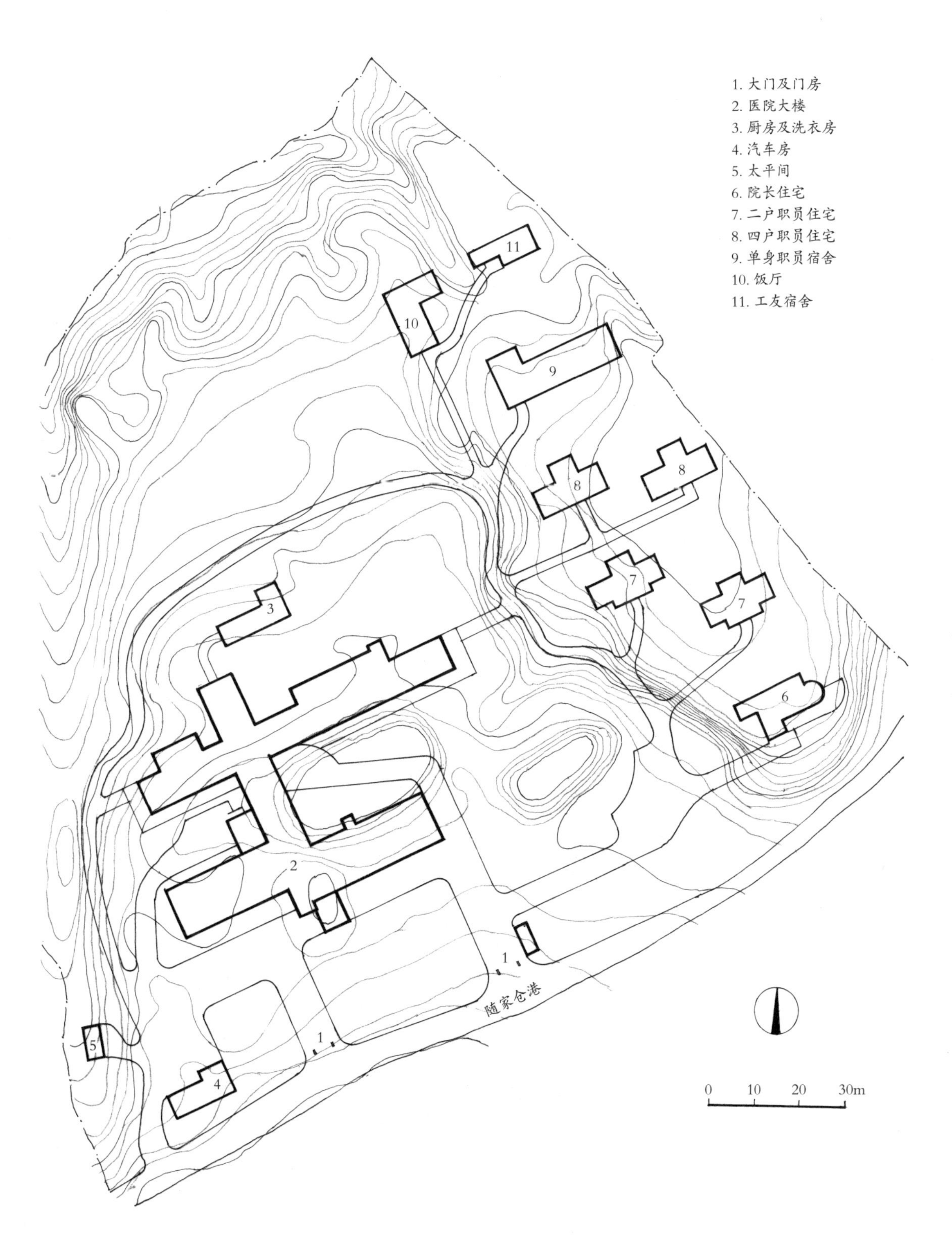
1. 大门及门房
2. 医院大楼
3. 厨房及洗衣房
4. 汽车房
5. 太平间
6. 院长住宅
7. 二户职员住宅
8. 四户职员住宅
9. 单身职员宿舍
10. 饭厅
11. 工友宿舍
随家仓港
0 10 20 30m

总平面图

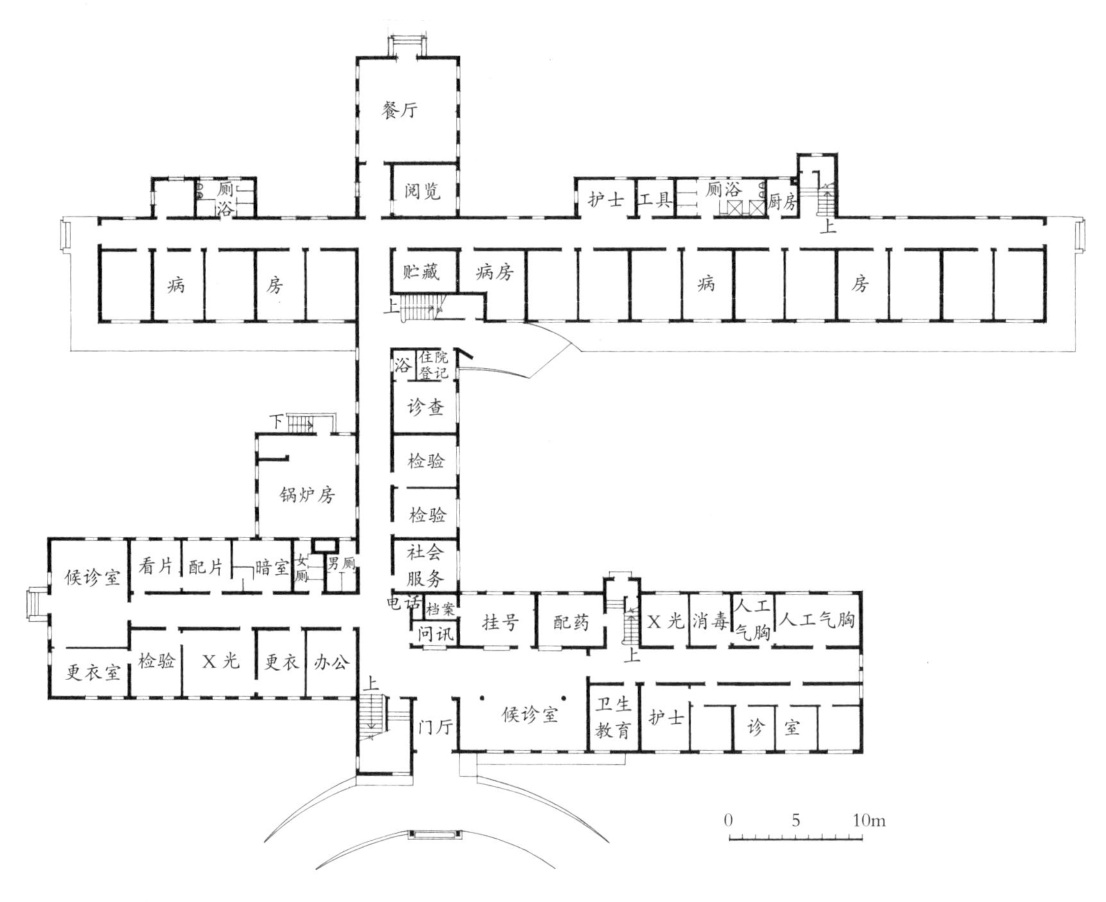
餐厅
阅览
厕浴
护士
工具
厕浴
厨房
上
病
房
贮藏
病房
病
房
上
浴
住院登记
诊查
检验
检验
社会服务
下
锅炉房
候诊室
看片
配片
暗室
女厕
男厕
电话
档案
问讯
挂号
配药
X光
消毒
人工气胸
人工气胸
上
更衣室
检验
X光
更衣
办公
上
门厅
候诊室
卫生教育
护士
诊室
0
5
10m

一层平面图

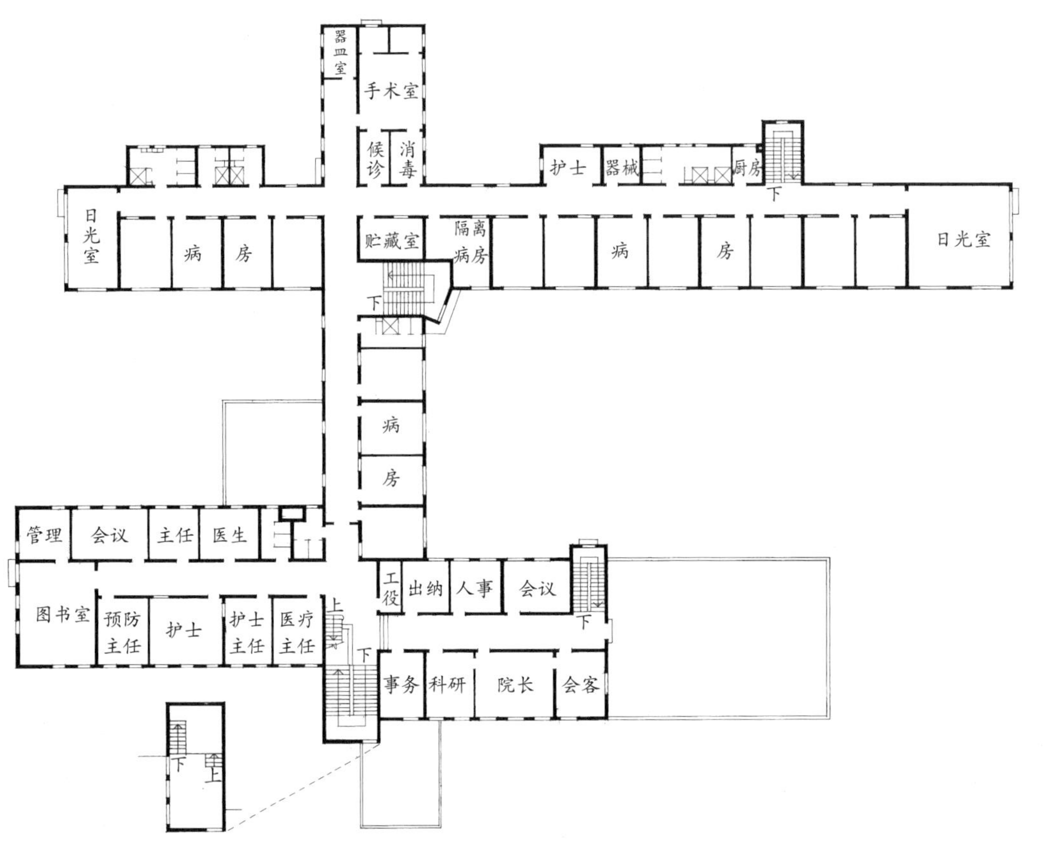
器皿室
手术室
候诊
消毒
护士
器械
厨房
下
日光室
病
房
贮藏室
隔离病房
病
房
日光室
下
病
房
管理
会议
主任
医生
工役
出纳
人事
会议
图书室
预防主任
护士
护士主任
医疗主任
上
下
下
事务
科研
院长
会客
下
上

二层平面图

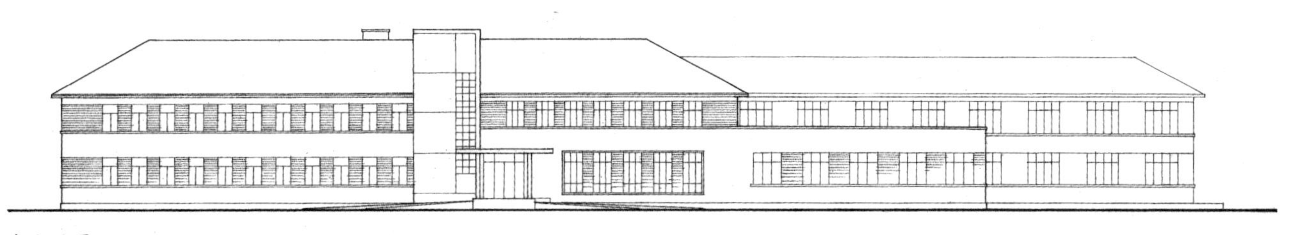

南立面图

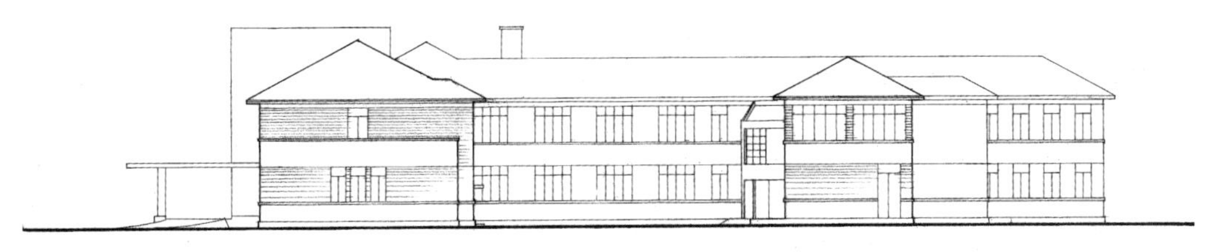

东立面图

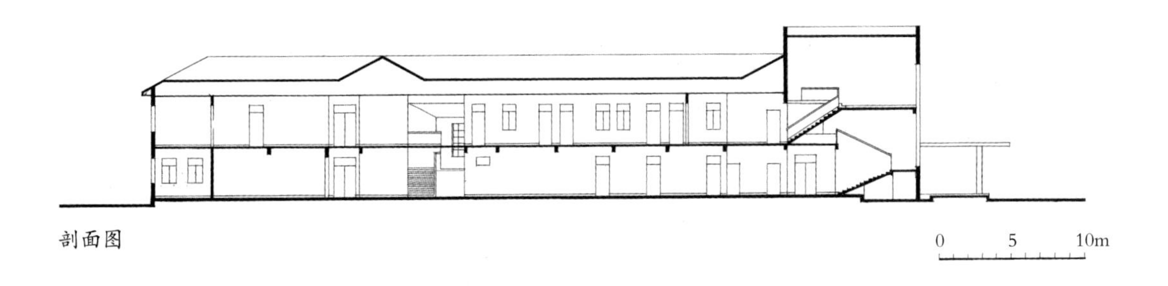

剖面图

89. 中央通讯社总社办公大楼（1948 年）

中央通讯社总社办公大楼位于南京市中山东路 75 号，1948 年 3 月设计，次年初，基础刚建完，中央通讯社便随着国民党败退台湾而停工。南京解放后，才继续施工建成。

该办公楼高七层（地下一层），建筑面积约 7 526 平方米。平面呈横卧“工”字形，主入口由室外大楼梯直上二层门廊进入门厅。二层中廊南、北两侧为对外行政办公用房，平面中部中廊北侧为垂直交通中心，设三部电梯，一部大楼梯，中廊东、西两端分设疏散楼梯。底层为职员餐厅、库房、小卖、排字印刷等用房。主要办公室设在三层，四层为业务用房，五层为摄影、暗室和报务用房，六层设外国记者招待所，顶层为大会议室。

该建筑为钢筋混凝土框架结构，为当时南京最高建筑，立面造型简洁大方。今为南京军区联勤部某局的办公楼。

1. 市文保碑

2. 鸟瞰全景

4. 南立面外景

5. 东立面外景

6. 院墙大门

3. 办公楼入口

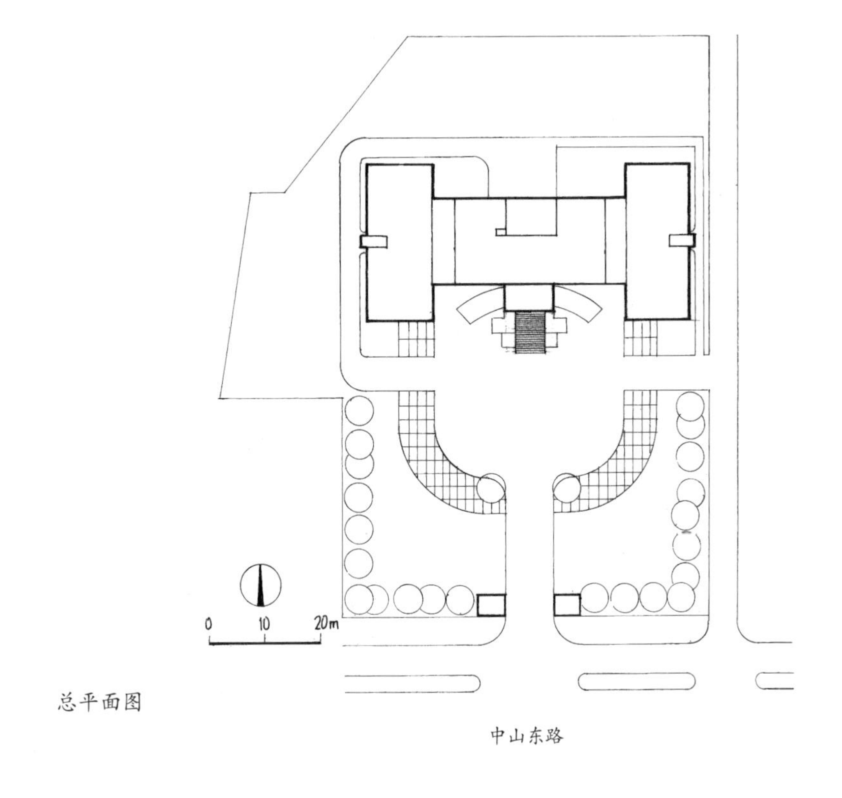
0
10
20m
中山东路

总平面图

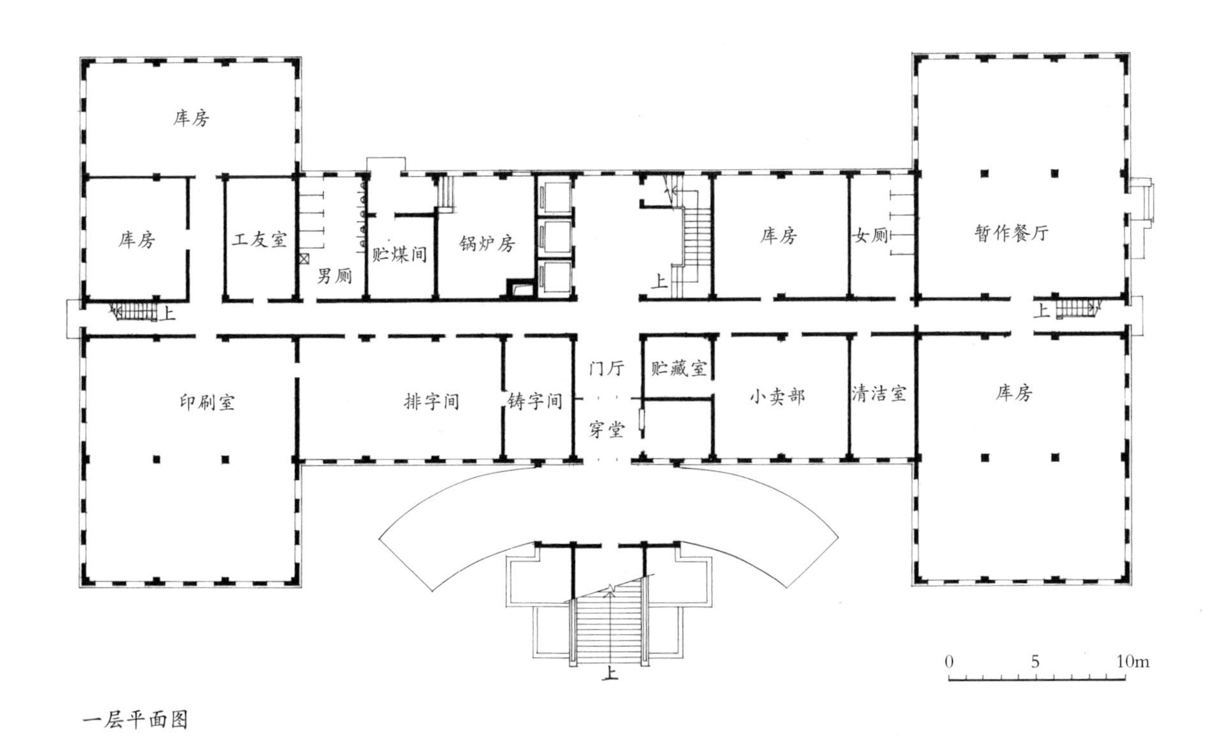
库房
库房
工友室
男厕
贮煤间
锅炉房
上
库房
女厕
暂作餐厅
上
上
印刷室
排字间
铸字间
门厅
穿堂
贮藏室
小卖部
清洁室
库房
上
0
5
10m

一层平面图

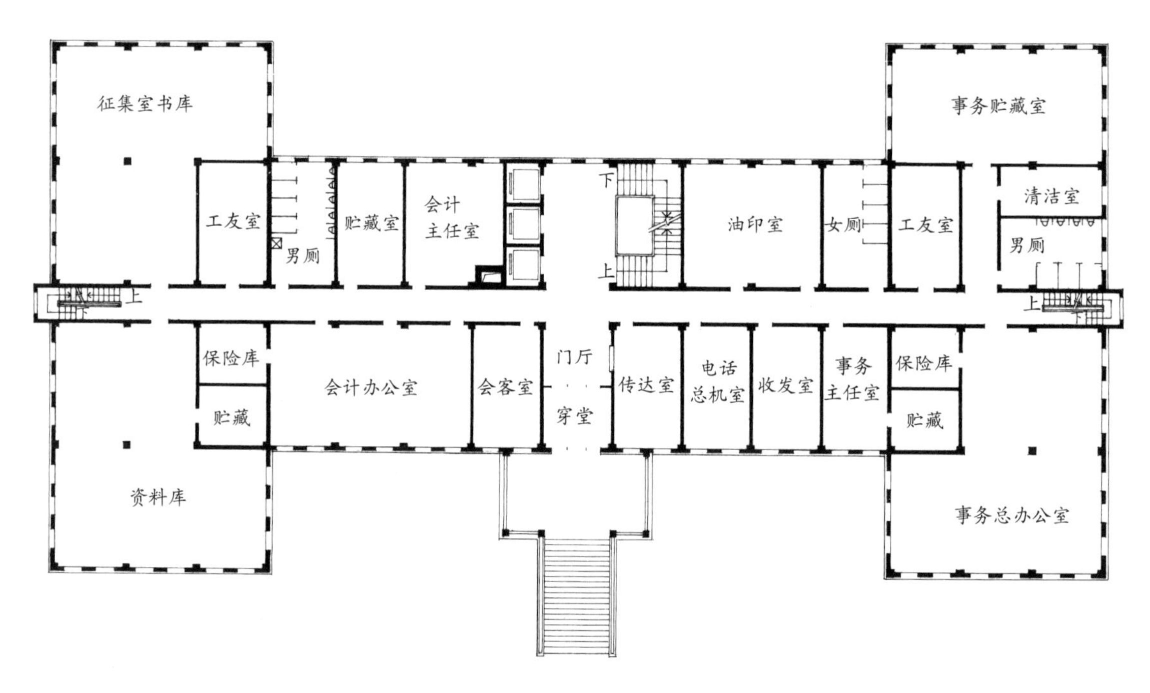
征集室书库
工友室
男厕
贮藏室
会计
主任室
下
上
油印室
女厕
工友室
事务贮藏室
清洁室
男厕
上
上
保险库
贮藏
会计办公室
会客室
门厅
穿堂
传达室
电话
总机室
收发室
事务
主任室
保险库
贮藏
资料库
事务总办公室

二层平面图

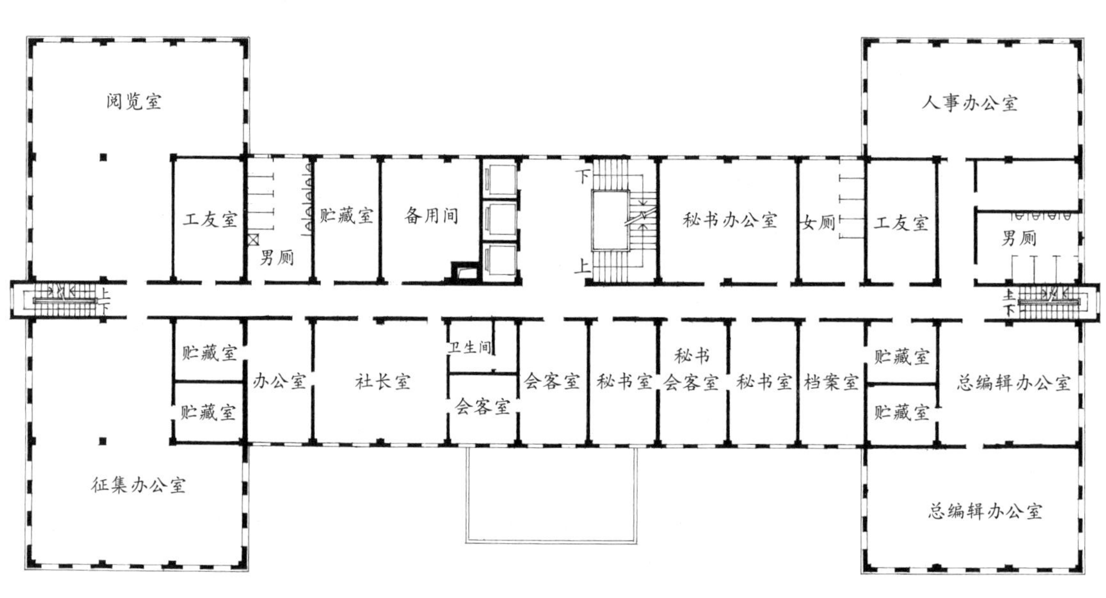
阅览室
工友室
男厕
贮藏室
备用间
下
上
秘书办公室
女厕
工友室
人事办公室
男厕
上
下
上
下
贮藏室
贮藏室
办公室
社长室
卫生间
会客室
会客室
秘书室
秘书
会客室
秘书室
档案室
贮藏室
贮藏室
总编辑办公室
征集办公室
总编辑办公室

三层平面图

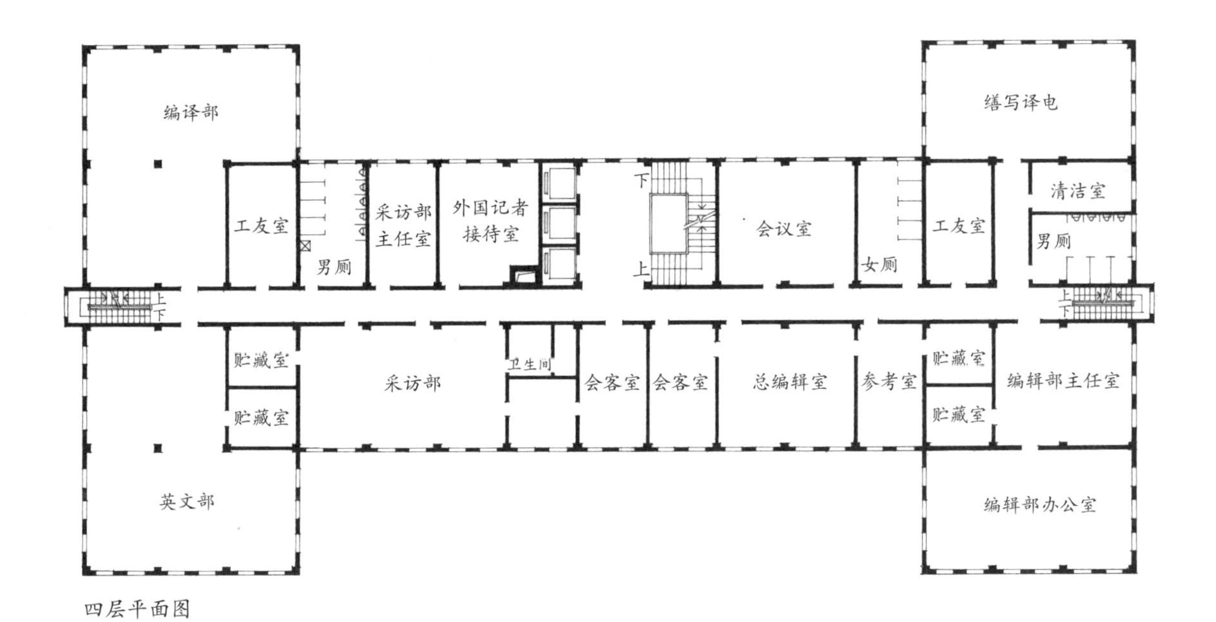

四层平面图

收报台
暗房冲晒工作间
工友室
男厕
电务部
主任室
休息室
下
上
备用
女厕
工友室
清洁室
男厕
上
下
上
下
贮藏室
贮藏室
电话部办公室
卫生间
会客室
会客室
备用
备用
备用
贮藏室
贮藏室
摄影部
收报台
影映间

五层平面图

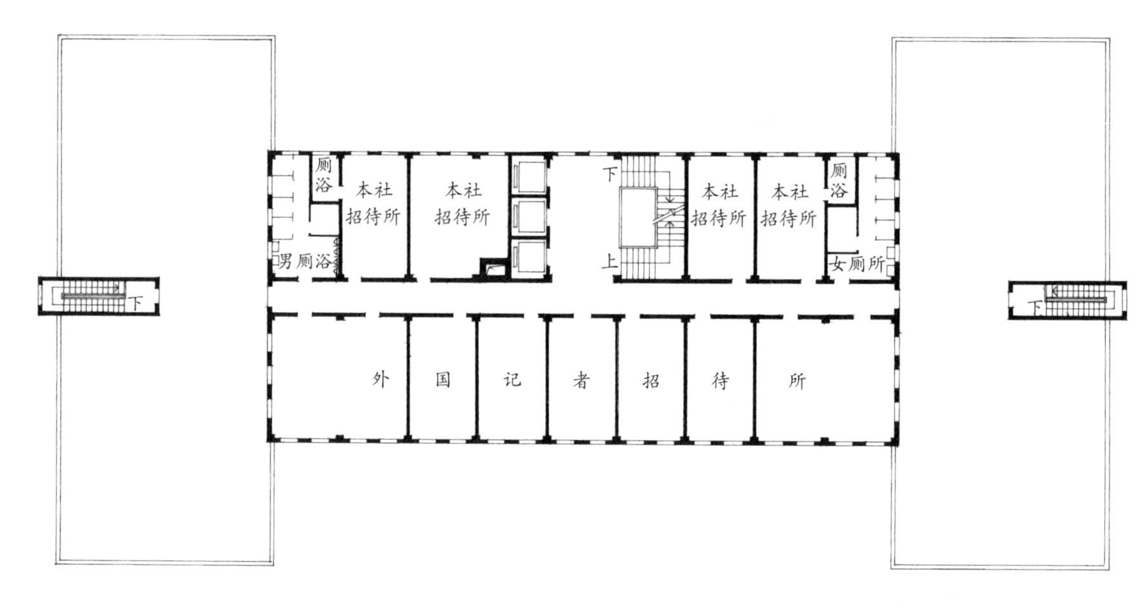

六层平面图

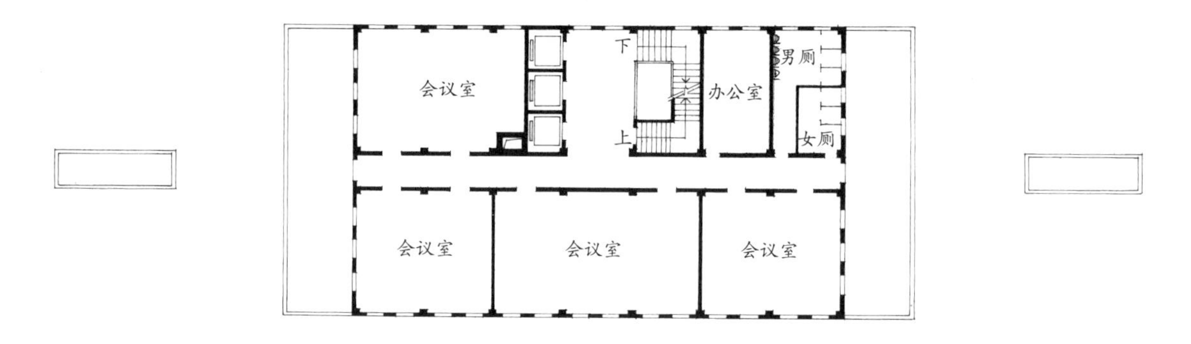

七层平面图

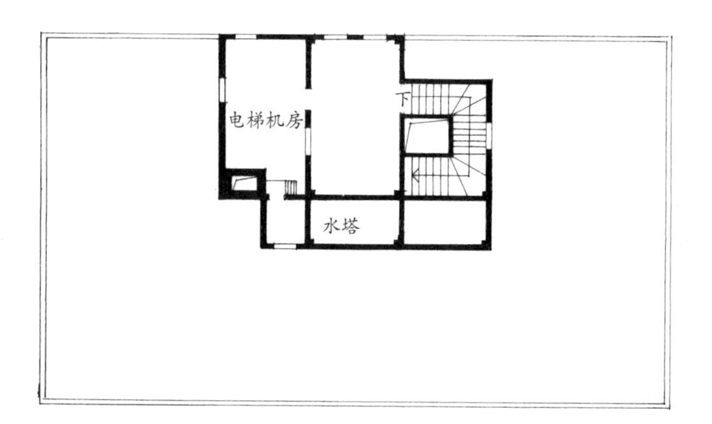

顶层平面图

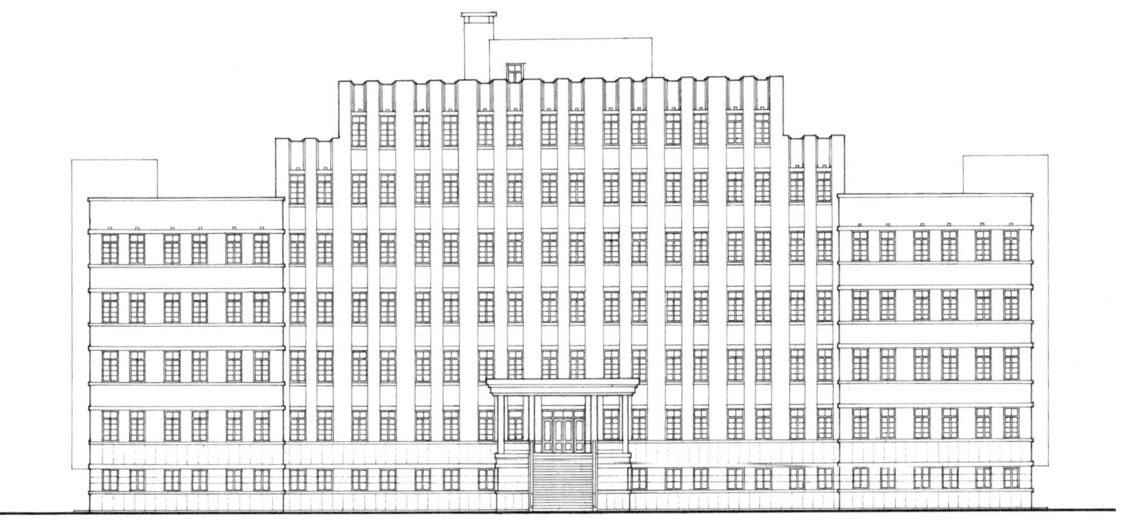

南立面图

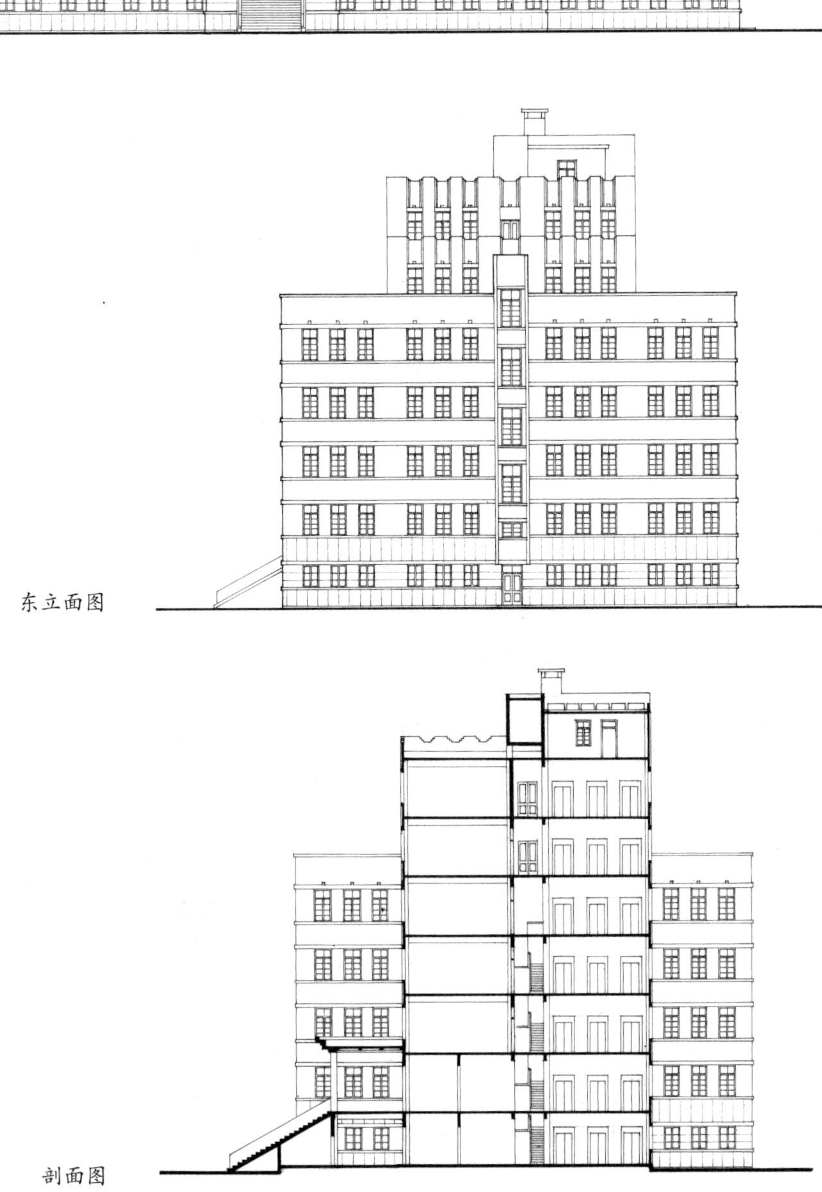

东立面图

剖面图

设计项目图片索引

项目名称	图片名称及来源	绘图来源
1. 沈阳京奉铁路辽宁总站（1927年）	1. 国文保碑（黎志涛　摄）	根据新老照片和东南大学档案馆提供的重绘图纸及主编现场考察核实绘制
	2. 立面渲染图（来源：南京工学院建筑研究所编.杨廷宝建筑设计作品集[M].北京：中国建筑工业出版社，1983：12）	
	3. 南立面外观旧照（来源：南京工学院建筑研究所编.杨廷宝建筑设计作品集[M].北京：中国建筑工业出版社，1983：11）	
	4. 候车大厅旧照（来源：南京工学院建筑研究所编.杨廷宝建筑设计作品集[M].北京：中国建筑工业出版社，1983：11）	
	5. 修缮后的主入口外景（王从司　摄）	
	6. 修缮后的鸟瞰全景（王从司　摄）	
	7. 窗下墙装饰细部一（来源：韩冬青，张彤主编.杨廷宝建筑设计作品选[M].北京：中国建筑工业出版社，2001：21）	
	8. 窗下墙装饰细部二（来源：韩冬青，张彤主编.杨廷宝建筑设计作品选[M].北京：中国建筑工业出版社，2001：21）	
	9. 修缮后的入口前厅（黎志涛　摄）	
	10. 修缮后的候车大厅一侧（黎志涛　摄）	
	11.修缮后的候车大厅（黎志涛　摄）	
	12. 办公区楼梯（黎志涛　摄）	
2. 天津中原公司（1926年）	1. 旧影之一（来源：网络）	根据学生凌海向本单位（天津市建筑设计研究院）原基泰工程司健在老人张家臣设计大师提供的原施工图纸绘制
	2. 旧影之二（来源：网络）	
3.天津基泰大楼（1927年）	1. 市文保碑（黎志涛　摄）	根据学生张含旭四次现场考察、测绘、走访及学生凌海提供的相关资料绘制
	2. 透视图 (来源：南京工学院建筑研究所编.杨廷宝建筑设计作品集[M].北京：中国建筑工业出版社，1983：13）	
	3. 沿街外景旧照（来源：南京工学院建筑研究所编.杨廷宝建筑设计作品集[M].北京：中国建筑工业出版社，1983：14）	
	4. 中部外景旧照（来源：南京工学院建筑研究所编.杨廷宝建筑设计作品集[M].北京：中国建筑工业出版社，1983：14）	
	5. 中部主入口立面旧照（来源：南京工学院建筑研究所编.杨廷宝建筑设计作品集[M].北京：中国建筑工业出版社，1983：14）	
	6. 主入口外景旧照（杨廷宝　摄）	
	7. 主入口柱廊细部旧照（杨廷宝　摄）	
	8. 楼梯栏杆细部旧照（杨廷宝　摄）	
	9. 大楼中部仰视外观（黎珊　摄）	
	10. 沿街现状全景（黎珊　摄）	
	11. 仰视入口拱门细部（黎志涛　摄）	
	12. 入口楼梯石栏遗存（黎志涛　摄）	

续表

项目名称	图片名称及来源	绘图来源
4. 天津中原里（1928年）		根据学生张含旭三次赴天津市档案馆描绘原施工图绘制
5.天津中国银行货栈（1928年）	1. 透视渲染图（来源：南京工学院建筑研究所编.杨廷宝建筑设计作品集[M].北京：中国建筑工业出版社，1983：15）	根据南京工学院建筑研究所编《杨廷宝建筑设计作品集》P15、16和老照片绘制并补立面、剖面图
	2. 转角局部外景旧照（来源：南京工学院建筑研究所编.杨廷宝建筑设计作品集[M].北京：中国建筑工业出版社，1983：16）	
	3. 入口铁门旧照（来源：南京工学院建筑研究所编.杨廷宝建筑设计作品集[M].北京：中国建筑工业出版社，1983：16）	
6.沈阳同泽女子中学教学楼（1928年）	1. 20世纪30年代的教学楼旧照（来源：南京工学院建筑研究所编.杨廷宝建筑设计作品集[M].北京：中国建筑工业出版社，1983：25）	根据老照片和沈阳建筑大学建筑学院陈伯超教授提供的学生测绘图纸绘制
	2. 入口门厅大楼梯旧照（来源：南京工学院建筑研究所编.杨廷宝建筑设计作品集[M].北京：中国建筑工业出版社，1983：28）	
	3. 礼堂旧照（来源：南京工学院建筑研究所编.杨廷宝建筑设计作品集[M].北京：中国建筑工业出版社，1983：28）	
	4. 礼堂夹层旧照（来源：南京工学院建筑研究所编.杨廷宝建筑设计作品集[M].北京：中国建筑工业出版社，1983：28)	
	5. 健身房旧照（来源：南京工学院建筑研究所编.杨廷宝建筑设计作品集[M].北京：中国建筑工业出版社，1983：27）	
	6. 主入口立面外观（来源：韩冬青，张彤主编.杨廷宝建筑设计作品选[M].北京：中国建筑工业出版社，2001：30）	
	7. 南立面端部外观（来源：韩冬青，张彤主编.杨廷宝建筑设计作品选[M].北京：中国建筑工业出版社，2001：29）	
	8. 北立面外观（来源：韩冬青，张彤主编.杨廷宝建筑设计作品选[M].北京：中国建筑工业出版社，2001：30）	
	9. 修缮后的门厅大楼梯（来源：韩冬青，张彤主编.杨廷宝建筑设计作品选[M].北京：中国建筑工业出版社，2001：31）	
	10. 修缮后的礼堂内景（来源：韩冬青，张彤主编.杨廷宝建筑设计作品选[M].北京：中国建筑工业出版社，2001：31）	
7. 东北大学汉卿体育场（1928年）	1. 国文保碑（来源：网络）	根据老照片和沈阳建筑大学建筑学院陈伯超教授提供的学生测绘图纸绘制
	2. 鸟瞰渲染图（来源：北洋画报1929年3月16日）	
	3. 外观旧照（来源：陈伯超主编.沈阳市中的历史建筑汇录[M].南京：东南大学出版社，2010：67）	
	4. 东大门旧照（来源：南京工学院建筑研究所编.杨廷宝建筑设计作品集[M].北京：中国建筑工业出版社，1983：24）	
	5. 西司令台全景旧照（来源：韩冬青，张彤主编.杨廷宝建筑设计作品选[M].北京：中国建筑工业出版社，2001：33）	
	6. 西司令台全景（王从司　摄）	
	7. 西司令台内景（王从司　摄）	
	8. 东司令台全景（来源：韩冬青，张彤主编.杨廷宝建筑设计作品选[M].北京：中国建筑工业出版社，2001：33）	

续表

项目名称	图片名称及来源	绘图来源
8.东北大学校园规划（1929年）	1. 1931年东北大学校园图（来源：东北大学档案馆提供）	根据东北大学档案馆提供的1931年校园图绘制
9.东北大学法学院教学楼（1928年）	1. 国文保碑（来源：网络）	根据老照片和南京工学院建筑研究所编《杨廷宝建筑设计作品集》P21、22绘制并补三、四层平面、立面、剖面图
	2. 立面渲染图（来源：南京工学院建筑研究所编.杨廷宝建筑设计作品集[M].北京：中国建筑工业出版社，1983：22）	
	3. 女儿墙已改动的全景旧照（来源：张复合主编.中国近代建筑研究与保护（三）[M].北京：清华大学出版社，2004：335）	
	4. 入口外景旧照（来源：南京工学院建筑研究所编.杨廷宝建筑设计作品集[M].北京：中国建筑工业出版社，1983：21）	
	5. 全景（来源：网络）	
	6. 修缮后的南立面外观（来源：网络）	
10.东北大学文学院教学楼（1928年）	1. 国文保碑（来源：网络）	根据老照片并参照法学院教学楼主编手绘图绘制
	2. 南立面旧照（来源：网络）	
	3. 修缮后的北入口外观（王从司　摄）	
11.东北大学图书馆（1929年）	1. 立面渲染图（来源：南京工学院建筑研究所编.杨廷宝建筑设计作品集[M].北京：中国建筑工业出版社，1983：18）	根据新老照片和东南大学档案馆提供的重绘图纸及主编现场考察核实绘制，纠正原图不实之处，并补三、四层平面、立面、剖面图
	2. 2015年修缮后的全景（王从司　摄）	
	3. 修缮后的北入口外观（王从司　摄）	
	4.出纳台采光天棚（黎志涛　摄）	
	5. 书库外观（黎志涛　摄）	
	6. 二层门厅内景（黎志涛　摄）	
	7. 主入口近景（王从司　摄）	
	8. 东、西两端次入口细部（黎志涛　摄）	
12.东北大学化学馆（1930年）	1.立面渲染图（来源：南京工学院建筑研究所编.杨廷宝建筑设计作品集[M].北京：中国建筑工业出版社，1983：23）	根据基泰工程司立面渲染图绘制
13.东北大学体育馆（1930年）	1.立面渲染图（来源：南京工学院建筑研究所编.杨廷宝建筑设计作品集[M].北京：中国建筑工业出版社，1983：24）	根据基泰工程司立面渲染图绘制
14.东北大学学生宿舍（1929年）	1. 立面渲染图（来源：《北洋画报》，1929年6月6日）	根据《北洋画报》1929年6月6日第2版面刊登东北大学男生宿舍立面渲染图及东北大学档案馆1931年校园全图示意绘制
15.沈阳少帅府（1930年） 15-1　群楼	1. 国文保碑（王严力　摄）	根据沈阳建筑大学建筑学院陈伯超教授和王海平教授分别提供的学生测绘图及主编现场考察核实、拍摄照片绘制
	2. 裙楼西侧鸟瞰（王鹤　航拍）	
	3. 群楼南向鸟瞰（来源:中央电视台《百年巨匠·建筑篇》剧组提供，孟德静航拍）	
	4. 3、4号楼屋顶鸟瞰（来源：中央电视台《百年巨匠·建筑篇》剧组提供，孟德静航拍）	
15-2　1号楼	1. 南立面全景（黎志涛　摄）	
	2. 东北面外观（黎志涛　摄）	
	3. 南立面主入口外观(来源：韩冬青，张彤主编.杨廷宝建筑设计作品选[M].北京：中国建筑工业出版社，2001：24）	
	4. 入口门廊（黎志涛　摄）	
	5. 主入口门廊车道（黎志涛　摄）	
	6. 门厅主楼梯正视（黎志涛　摄）	
	7. 主楼梯全貌（黎志涛　摄）	

续表

项目名称	图片名称及来源	绘图来源
15-3　2号楼	1. 南立面外观（黎志涛　摄）	根据沈阳建筑大学建筑学院陈伯超教授和王海平教授分别提供的学生测绘图及主编现场考察核实、拍摄照片绘制
	2. 南立面入口西侧外观（来源：韩冬青，张彤主编.杨廷宝建筑设计作品选[M].北京：中国建筑工业出版社，2001：23）	
	3. 南立面主入口外观（来源：韩冬青，张彤主编.杨廷宝建筑设计作品选[M].北京：中国建筑工业出版社，2001：23）	
	4. 南立面入口东侧外观(来源：韩冬青，张彤主编.杨廷宝建筑设计作品选[M].北京：中国建筑工业出版社，2001：22）	
	5. 北立面外观(黎志涛　摄）	
	6. 东北角外观（黎志涛　摄）	
	7. 与3号楼衔接的过街楼西立面外景（黎志涛　摄）	
	8. 门厅内景（黎志涛　摄）	
	9. 主楼梯全景（黎志涛　摄）	
15-4　3号楼	1. 东南面景观（黎志涛　摄）	
	2. 入口近景（王严力　摄）	
	3. 与2号楼衔接的过街楼东面景观（王严力　摄）	
15-5　4号楼	1. 东单元南立面外观（黎志涛　摄）	
	2. 东单元南入口外景（来源：韩冬青，张彤主编.杨廷宝建筑设计作品选[M].北京：中国建筑工业出版社，2001：28）	
	3. 东单元西南面外景（黎志涛　摄）	
	4. 东单元东立面外景（王严力　摄）	
	5. 中单元外景（来源：韩冬青，张彤主编.杨廷宝建筑设计作品选[M].北京：中国建筑工业出版社，2001：27)	
	6. 西单元入口外景（黎志涛　摄）	
	7. 西单元西立面外景（黎志涛　摄）	
15-6　东厢房	1. 西立面全景（黎志涛　摄）	
	2. 主入口近景（黎志涛　摄）	
	3. 西北面外观（黎志涛　摄）	
15-7　西厢房	1. 东立面外观（黎志涛　摄）	
	2. 东立面主入口外观（黎志涛　摄）	
	3. 西立面全景（黎志涛　摄）	

续表

项目名称	图片名称及来源	绘图来源
16.国立清华大学生物馆（1929年）	1. 国文保碑（邓雪娴　摄）	根据清华大学档案馆提供的基泰工程司原施工图绘制
	2. 立面渲染图（来源：王建国主编.杨廷宝建筑论述与作品选集[M].北京：中国建筑工业出版社，1997：31）	
	3. 1933年旧照（来源：清华大学档案馆）	
	4. 北立面外景（来源：南京工学院建筑研究所编.杨廷宝建筑设计作品集[M].北京：中国建筑工业出版社，1983：30）	
	5. 南向植物园（黎志涛　摄）	
	6. 环境整治后景观（黎志涛　摄）	
	7. 北立面全景（黎志涛　摄）	
	8. 南立面外景（黎志涛　摄）	
	9. 东立面外景（黎志涛　摄）	
	10. 东侧门细部（黎志涛　摄）	
	11. 门厅内景（黎志涛　摄）	
	12. 室内楼梯细部（黎志涛　摄）	
17.国立清华大学学生宿舍（明斋）（1930年）	1. 国文保碑（邓雪娴　摄）	根据清华大学档案馆提供的基泰工程司原施工图绘制
	2. 立面渲染图（来源：南京工学院建筑研究所编.杨廷宝建筑设计作品集[M].北京：中国建筑工业出版社，1983：38）	
	3. 中部过街楼墙饰旧照（来源：南京工学院建筑研究所编.杨廷宝建筑设计作品集[M].北京：中国建筑工业出版社，1983：39）	
	4. 北立面外景（黎志涛　摄）	
	5. 东南角入口外景（黎志涛　摄）	
	6. 西南角入口外景（黎志涛　摄）	
	7. 一层门厅内景（黎志涛　摄）	
	8. 二层楼梯内景（黎志涛　摄）	
	9. 三层楼梯内景（黎志涛　摄）	
18.国立清华大学气象台（1930年）	1. 国文保碑（邓雪娴　摄）	根据清华大学档案馆提供的基泰工程司原施工图绘制
	2. 20世纪30年代的气象台旧照（来源：南京工学院建筑研究所编.杨廷宝建筑设计作品集[M].北京：中国建筑工业出版社，1983：32）	
	3. 20世纪90年代气象台改建为天文台后的外景（来源：韩冬青，张彤主编.杨廷宝建筑设计作品选[M].北京：中国建筑工业出版社，2001：35）	
	4. 南入口外景（邓雪娴　摄）	
	5. 南入口近景（邓雪娴　摄）	
	6. 攀山台阶（邓雪娴　摄）	

续表

项目名称	图片名称及来源	绘图来源
19.国立清华大学图书馆扩建工程（1930年）	1. 国文保碑（邓雪娴　摄）	根据清华大学档案馆提供的基泰工程司原施工图绘制
	2. 立面渲染图（来源：南京新华报业熊晓绚提供）	
	3. 20世纪30年代扩建中部旧照（来源：清华大学档案馆）	
	4. 阅览室内景旧照（来源：王建国主编.杨廷宝建筑论述与作品选集[M].北京：中国建筑工业出版社，1997：35）	
	5. 20世纪30年代扩建西翼旧照（来源：清华大学档案馆）	
	6. 门厅内景旧照（来源：南京工学院建筑研究所编.杨廷宝建筑设计作品集[M].北京：中国建筑工业出版社，1983：36）	
	7. 中部入口外景（黎志涛摄）	
	8. 主入口外墙细部（来源：韩冬青，张彤主编.杨廷宝建筑设计作品选[M].北京：中国建筑工业出版社，2001：38）	
	9. 上至门厅的一层楼梯内景（黎志涛　摄）	
20.国立清华大学校园规划（1930年）	1. 规划中保护的历史建筑——校门（来源：清华十周年（1911-1921）回顾，杨士英提供）	根据2017年4月26日清华新闻网，校庆特辑中插图“国立清华大学总地盘图”绘制
	2. 规划中保护的历史建筑——工字厅（来源：清华十周年（1911-1921）回顾，杨士英提供）	
	3. 规划中保护的历史建筑——清华学堂（来源：清华十周年（1911-1921）回顾，杨士英提供）	
	4. 墨菲设计第一个校园规划中的图书馆（来源：清华十周年（1911-1921）回顾，杨士英提供）	
	5. 墨菲设计第一个校园规划中的体育馆（来源：清华十周年（1911-1921）回顾，杨士英提供）	
	6. 墨菲设计第一个校园规划中的大礼堂（来源：清华十周年（1911-1921）回顾，杨士英提供）	
	7. 墨菲设计第一个校园规划中的科学馆（来源：清华十周年（1911-1921）回顾，杨士英提供）	
	8. 杨廷宝设计第二个校园规划中的生物馆（来源：清华大学档案馆）	
	9. 杨廷宝设计第二个校园规划中的图书馆扩建（来源：南京工学院建筑研究所编.杨廷宝建筑作品集[M].北京：中国建筑工业出版社，1983：30）	
	10. 杨廷宝设计第二个校园规划中的气象台（来源：南京工学院建筑研究所编.杨廷宝建筑设计作品集[M].北京：中国建筑工业出版社，1983：32）	
	11. 杨廷宝设计第二个校园规划中的明斋（来源：南京工学院建筑研究所编.杨廷宝建筑设计作品集[M].北京：中国建筑工业出版社，1983：39）	
	12. 杨廷宝设计第二个校园规划中的荷花池（邓雪娴　摄）	

续表

项目名称	图片名称及来源	绘图来源
21.北平交通银行（1930年）	1. 市文保碑（黎志涛　摄）	根据东南大学档案馆提供的重绘图纸绘制
	2. 立面渲染图（来源:陈法青生前提供）	
	3. 1932年6月6日落成旧照（来源：网络）	
	4. 南立面外景旧照（童寯　摄）	
	5. 南立面全景（黎志涛　摄）	
	6. 西立面外景（黎志涛　摄）	
	7. 东立面外景（黎志涛　摄）	
	8. 北立面外景（黎志涛　摄）	
	9. 南立面外墙细部装饰纹样（黎志涛　摄）	
	10. 入口近景（黎志涛　摄）	
	11. 东立面楼梯间外墙装饰纹样（黎志涛　摄）	
	12. 围墙东大门旧照（童寯　摄）	
	13. 围墙东门外景（黎志涛　摄）	
	14. 营业厅上空内景（来源：王建国主编.杨廷宝建筑论述与作品选集[M].北京：中国建筑工业出版社，1997：37）	
	15. 围墙西大门旧照（童寯　摄）	
22.南京中山陵园邵家坡新村合作社（1930年）		根据南京工学院建筑研究所编《杨廷宝建筑设计作品集》P45绘制并补立面图
23.中央体育场总体规划（1930年）	1. 鸟瞰渲染图(来源：王建国主编.杨廷宝建筑论述与作品选集[M].北京：中国建筑工业出版社，1997：38）	根据《中国建筑》第一卷第三期P8绘制
	2. 20世纪30年代初的鸟瞰全景(杨廷宝珍藏）	
24.中央体育场田径赛场（1931年）	1. 国文保碑（黎志涛　摄）	根据《中国建筑》第一卷第三期P15、16绘制
	2. 透视渲染图（来源：陈法青生前提供）	
	3. 20世纪30年代的全景（德国 赫达·哈默尔　摄）	
	4. 20世纪30年代场景（来源：《中国建筑》第一卷第3期）	
	5. 鸟瞰现状全景（来源：中央电视台《百年巨匠·建筑篇》剧组提供，孟德静航拍）	
	6. 西入口全景（王孝成　摄）	
	7. 东入口全景（黎志涛　摄）	
	8. 主入口顶部牌坊式门楼外观（来源：中央电视台《百年巨匠·建筑篇》剧组提供，孟德静航拍）	
	9. 主入口大门局部外观（来源：韩冬青，张彤主编.杨廷宝建筑设计作品选[M].北京：中国建筑工业出版社，2001：50）	
	10.主入口立面端部外观（来源：韩冬青，张彤主编.杨廷宝建筑设计作品选[M].北京：中国建筑工业出版社，2001：52）	
	11.主入口大门细部外观（来源：韩冬青，张彤主编.杨廷宝建筑设计作品选[M].北京：中国建筑工业出版社，2001：52）	
	12. 入口两侧古铜鼎灯（黎志涛摄）	
	13. 西司令台近景（来源：王建国主编.杨廷宝建筑论述与作品选集[M].北京：中国建筑工业出版社，1997：39)	
	14. 西司令台全景（黎志涛摄）	
	15. 西司令台挑雨棚内景（黎志涛　摄）	
	16. 西司令台后墙内景（王孝成　摄）	
	17. 从西司令台看田径赛场（黎志涛　摄）	
	18. 门厅面向入口内景（黎志涛　摄)	
	19. 门厅面向赛场内景（黎志涛　摄)	

续表

项目名称	图片名称及来源	绘图来源
25.中央体育场游泳池（1931年）	1. 国文保碑（黎志涛　摄）	根据《中国建筑》第一卷第三期P22绘制
	2. 20世纪30年代的游泳池正面全景（来源：《中国建筑》第一卷第3期）	
	3. 20世纪30年代游泳池正面内景（来源：王建国主编.杨廷宝建筑论述与作品选集[M].北京：中国建筑工业出版社，1997：41）	
	4. 全景（来源：韩冬青，张彤主编.杨廷宝建筑设计作品选[M].北京：中国建筑工业出版社，2001：57）	
	5. 正面内景（来源：韩冬青，张彤主编.杨廷宝建筑设计作品选[M].北京：中国建筑工业出版社，2001：56）	
	6. 西北面外景（黎志涛　摄）	
	7. 看台东北角外景（来源：韩冬青，张彤主编.杨廷宝建筑设计作品选[M].北京：中国建筑工业出版社，2001：57）	
	8. 观众席入口牌坊外侧景观（黎志涛　摄）	
	9. 2002年改造成室内游泳馆（吴昊笛、郁如意　摄）	
	10. 入口外景（黎志涛　摄）	
	11. 2002年改造后的游泳馆外观（吴昊笛、郁如意　摄）	
26.中央体育场篮球场（1931年）	1. 国文保碑（黎志涛　摄）	根据《中国建筑》第一卷第三期P20绘制
	2. 20世纪30年代内景（来源：《中国建筑》第一卷第3期）	
	3. 20世纪30年代主入口牌坊外景（来源：韩冬青，张彤主编.杨廷宝建筑设计作品选[M].北京：中国建筑工业出版社，2001：54）	
	4. 20世纪30年代观众席入口牌坊外景（来源：南京工学院建筑研究所编.杨廷宝建筑设计作品集[M].北京：中国建筑工业出版社，1983：50）	
	5. 2003年篮球场改建为室内网球馆的外景（汤轶茹、林茜　摄）	
	6. 被保留的观众席入口牌坊（黎志涛　摄）	
	7. 被保留的石栏杆（黎志涛　摄）	
27.中央体育场国术场（1931年）	1. 国文保碑（黎志涛　摄）	根据《中国建筑》第一卷第三期P19绘制
	2. 全景俯视旧照（来源：陈法青生前提供）	
	3. 20世纪30年代内景（来源：《中国建筑》第一卷第3期）	
	4. 主入口外景（郝子宏、张亦然　摄）	
	5. 入口牌坊对望篮球场主入口牌坊（来源：韩冬青，张彤主编.杨廷宝建筑设计作品选[M].北京：中国建筑工业出版社，2001：54）	
28.中央体育场棒球场（1931年）	1. 国文保碑（黎志涛　摄）	根据东南大学档案馆提供的重绘图纸绘制
	2. 棒球场遗址内侧（杨一鸣、沈祎　摄）	
	3. 棒球场牌坊遗存（杨一鸣、沈祎　摄）	
	4. 牌坊上于右任手书（杨一鸣、沈祎　摄）	
29.中央体育场网球场（1931年）	1. 国文保碑（黎志涛　摄）	
	2. 全景俯视旧照(来源：《中国建筑》第一卷第3期）	

续表

项目名称	图片名称及来源	绘图来源
30.中央医院（1931年）	1. 省文保碑（黎志涛　摄）	根据《中国建筑》第二卷第四期P1–13绘制
	2. 鸟瞰渲染图（来源：陈法青生前提供）	
	3. 20世纪30年代鸟瞰近景（来源：王建国主编.杨廷宝建筑论述与作品选集[M].北京：中国建筑工业出版社，1997：47）	
	4. 20世纪30年代南立面全景（来源：《中国建筑》第二卷 第4期）	
	5. 20世纪30年代中部入口外景（来源：王建国主编.杨廷宝建筑论述与作品选集[M].北京：中国建筑工业出版社，1997：48）	
	6. 20世纪30年代北立面外景（来源：《中国建筑》第二卷第4期）	
	7. 20世纪30年代院门内侧景观（来源：《中国建筑》第二卷第4期）	
	8. 20世纪30年代入口前广场（来源：《中国建筑》第二卷第4期）	
	9. 主入口立面近景（黎志涛　摄）	
	10. 主入口东侧南立面外景（来源：韩冬青，张彤主编.杨廷宝建筑设计作品选[M].北京：中国建筑工业出版社，2001：68）	
	11. 大门外景（黎志涛　摄）	
31.国立紫金山天文台台本部（1931年）	1. 国文保碑（黎志涛　摄）	根据南京工学院建筑研究所编《杨廷宝建筑设计作品集》P56–57绘制，并据照片补立面、剖面图
	2. 紫金山天文台全貌，左为台本部俯视（黎志涛　摄）	
	3. 天文台本部外观（来源：王建国主编.杨廷宝建筑论述与作品选集[M].北京：中国建筑工业出版社,1997：45）	
	4. 正面入口牌坊（黎志涛　摄）	
32.国民政府外交部宾馆（1930年）	1. 甲型方案图（来源：杨廷宝绘，东南大学档案馆提供）	根据东南大学档案馆提供的原方案设计图纸绘制
	2. 乙型方案图（来源：杨廷宝绘，东南大学档案馆提供）	
33.国民政府外交部办公大楼（1931年）	1. 地下室平面图（来源：杨廷宝绘，东南大学档案馆提供）	根据《中国建筑》第二卷第十一–十二期P2–28绘制
	2. 头层平面图（来源：杨廷宝绘，东南大学档案馆提供）	
	3. 二层平面图（来源：杨廷宝绘，东南大学档案馆提供）	
	4. 正面图（来源：杨廷宝绘，东南大学档案馆提供）	
	5. 侧面图（来源：杨廷宝绘，东南大学档案馆提供）	
	6. 剖面图（来源：杨廷宝绘，东南大学档案馆提供）	
34.南京谭延闿墓（1931年）	1.国文保碑（来源：网络）	根据南京工学院建筑研究所编《杨廷宝建筑设计作品集》P67绘制
	2. 灵谷深松碑（来源：王建国主编.杨廷宝建筑论述与作品选集[M].北京：中国建筑工业出版社，1997：53）	
	3. 龙池（来源：王建国主编.杨廷宝建筑论述与作品选集[M].北京：中国建筑工业出版社，1997：53）	

项目名称	图片名称及来源	绘图来源
34.南京谭延闿墓（1931年）	4. 入口石牌坊（来源：王建国主编.杨廷宝建筑论述与作品选集[M].北京：中国建筑工业出版社，1997：54）	根据南京工学院建筑研究所编《杨廷宝建筑设计作品集》P67绘制
	5. 广场全景（来源：王建国主编.杨廷宝建筑论述与作品选集[M].北京：中国建筑工业出版社，1997：54）	
	6. 广场北面石牌坊（来源：韩冬青，张彤主编.杨廷宝建筑设计作品选[M].北京：中国建筑工业出版社，2001：73）	
	7. 水榭（来源：韩冬青，张彤主编.杨廷宝建筑设计作品选[M].北京：中国建筑工业出版社，2001：79）	
	8. 水榭正面（来源：韩冬青，张彤主编.杨廷宝建筑设计作品选[M].北京：中国建筑工业出版社，2001：79）	
	9. 祭堂外景（来源：韩冬青，张彤主编.杨廷宝建筑设计作品选[M].北京：中国建筑工业出版社，2001：75）	
	10. 祭堂内景（来源：王建国主编.杨廷宝建筑论述与作品选集[M].北京：中国建筑工业区出版社，1997：55）	
	11. 祭堂天花（来源：王建国主编.杨廷宝建筑论述与作品选集[M].北京：中国建筑工业出版社，1997：55）	
	12. 东、西墓表（来源：王建国主编.杨廷宝建筑论述与作品选集[M].北京：中国建筑工业出版社，1997：57）	
	13. 宝顶正面全景（来源：韩冬青，张彤主编.杨廷宝建筑设计作品选[M].北京：中国建筑工业出版社，2001：78）	
	14. 20世纪30年代谭墓宝顶全景（来源：王建国主编.杨廷宝建筑论述与作品选集[M].北京：中国建筑工业出版社，1997：56）	
35.国立中央研究院地质研究所（1932年）	1.国文保碑（黎志涛　摄）	根据东南大学建筑学院011991班单荣、程佳佳、张琪琳等同学测绘图绘制
	2. 入口前山坡大台阶外景（黎志涛　摄）	
	3. 入口门廊外景（黎志涛　摄）	
	4. 入口门廊内景（黎志涛　摄）	
	5. 坡下山墙外观（汪佳琪、廖伶真　摄）	
	6. 坡下仰望入口门廊（黎志涛　摄）	
	7. 修缮后的门厅（黎志涛　摄）	
	8. 入口门廊侧影（黎志涛　摄）	
	9. 楼梯间内景（汪佳琪、廖伶真　摄）	
36.南京中山陵园音乐台（1932年）	1. 20世纪30年代全景（来源：南京《新华报业》熊晓绚提供）	根据南京工学院建筑研究所编《杨廷宝建筑设计作品集》P77、78、80绘制并补立面图
	2. 舞台近景（1944年德国赫达·哈默尔　摄）	
	3. 半圆形花架廊（来源：王建国主编.杨廷宝建筑论述与作品选集[M].北京：中国建筑工业出版社，1997：59）	

续表

项目名称	图片名称及来源	绘图来源
36.南京中山陵园音乐台（1932年）	4. 从花架廊正视音乐台（来源：王建国主编.杨廷宝建筑论述与作品选集[M].北京：中国建筑工业出版社，1997：59）	根据南京工学院建筑研究所编《杨廷宝建筑设计作品集》P77、78、80绘制并补立面图
	5. 舞台之侧的紫藤架一隅（来源：韩冬青，张彤主编.杨廷宝建筑设计作品选[M].北京：中国建筑工业出版社，2001：87）	
	6. 舞台屏风顶端装饰细部（来源：韩冬青，张彤主编.杨廷宝建筑设计作品选[M].北京：中国建筑工业出版社，2001：87）	
	7. 融入大自然的音乐台鸟瞰（翁惟繁航拍）	
37.国立中央大学校门（1933年）	1. 国文保碑（黎志涛　摄）	根据东南大学档案馆提供的重绘图纸绘制
	2. 20世纪30年代国立中央大学校门外景（来源：东南大学档案馆）	
	3. 校门立柱细部（黎志涛　摄）	
38.国立中央研究院历史语言研究所（1933年）	1. 国文保碑（黎志涛　摄）	根据东南大学建筑学院011992班学生测绘图纸绘制
	2. 全景旧照（来源：南京工学院建筑研究所编.杨廷宝建筑设计作品集[M].北京：中国建筑工业出版社，1983：106）	
	3. 南立面全景（黎志涛　摄）	
	4. 西立面外观（黎志涛　摄）	
	5. 入口近景（黎志涛　摄）	
	6. 东立面外观（黎志涛　摄）	
39.国立中央大学图书馆扩建工程（1933年）	1. 国文保碑（黎志涛　摄）	根据东南大学档案馆提供的重绘图纸绘制
	2. 1933年图书馆扩建后全景（来源：东南大学档案馆）	
	3. 图书馆扩建正面西翼 外景（黎志涛　摄）	
	4. 图书馆扩建东立面外景（黎志涛　摄）	
	5. 图书馆扩建北面书库外景（黎志涛　摄）	
	6. 东翼东立面外墙细部（来源：韩冬青，张彤主编.杨廷宝建筑设计作品选[M].北京：中国建筑工业出版社，2001：89）	
	7. 阅览室内景（来源：南京工学院建筑研究所编.杨廷宝建筑设计作品集[M].北京：中国建筑工业出版社，1983：84）	
	8. 书库内景（来源：南京工学院建筑研究所编.杨廷宝建筑设计作品集[M].北京：中国建筑工业出版社，1983：85）	
40.南京管理中英庚款董事会办公楼（1934年）	1. 市文保碑（来源：网络）	根据老照片及南京工学院建筑研究所编《杨廷宝建筑设计作品集》P87、88绘制并补立面、剖面图
	2. 消失的原院墙大门全景（来源：南京工学院建筑研究所编.杨廷宝建筑设计作品集[M].北京：中国建筑工业出版社，1983：88）	
	3. 20世纪90年代的大楼外景（来源：南京工学院建筑研究所编.杨廷宝建筑设计作品集[M].北京：中国建筑工业出版社，1983：87）	
	4. 拆除实围墙的现状全景（张腾、倪钰程　摄）	
	5. 入口门套细部（黎志涛　摄）	
	6. 屋角细部（黎志涛　摄）	
	7. 北立面外景（张腾、倪钰程　摄）	

续表

项目名称	图片名称及来源	绘图来源
41.河南新乡河朔图书馆（1934年）	1. 国文保碑（周凯　摄）	根据该图书馆（现新乡市群众艺术馆）提供由河南省古代建筑保护研究所规划设计部2001年实施“新乡市河朔图书馆维修加固设计”图纸绘制
	2. 1935年落成时旧照（来源：新乡市群艺馆提供）	
	3. 修缮后的入口外景（周凯　摄）	
	4. 西翼北立面外景（周凯　摄）	
	5. 西翼山墙外景（周凯　摄）	
42.重庆美丰银行（1934年）	1. 国文保碑（重庆市文物保护志愿者杨春华摄）	根据《建筑月刊》第二卷十一－十二期P43和南京工学院建筑研究所编《杨廷宝建筑设计作品集》P124、125绘制并补立面、剖面图
	2. 美丰银行全景（来源：王建国主编.杨廷宝建筑论述与作品选集[M].北京．中国建筑工业出版社，1997：71）	
	3. 入口大门近景（来源：南京工学院建筑研究所编.杨廷宝建筑设计作品集[M].北京：中国建筑工业出版社，1983：123）	
	4. 营业厅内景（来源：南京工学院建筑研究所编.杨廷宝建筑设计作品集[M].北京：中国建筑工业出版社，1983：123）	
43.上海大新公司（1934年）	1. 市文保碑（来源：网络）	根据《建筑月刊》第三卷第6期P4-18和老照片绘制
	2. 原造型方案之一透视图（来源：华北捷报1932年）	
	3. 20世纪30年代中后期，向西鸟瞰南京路之大新公司景观（来源：伍江著.上海百年建筑史1840-1949[M].上海：同济大学出版社，2008：95）	
	4. 20世纪30年代近景（童寯摄、童明提供）	
	5. 经出新后的南京路与六合路岔路口景观（黎志涛　摄）	
	6. 顶部传统装饰构件（杜平、葛正东　摄）	
44.国立西北农林专科学校教学楼（1934年）	1. 省文保碑（权亚玲　摄）	根据霍保东等.西北农林科技大学3号教学楼的鉴定与加固.《工程抗震与加固改造》，2010年06期P85一层平面布置图及老照片和东南大学建筑学院权亚玲老师现场测绘草图绘制
	2. 1934年的教学大楼旧照（来源：陕西西北农林科技大学档案馆）	
	3. 中部入口外景（权亚玲　摄）	
	4. 北立面外景（权亚玲　摄）	
	5. 修缮后的门厅（权亚玲　摄）	
	6. 楼梯间（权亚玲　摄）	
45.南京大华大戏院（1934年）	1. 省文保碑(来源：南京大华大戏院）	根据南京市电影公司提供的1950年12月描绘原1935年施工图蓝图绘制
	2. 1936年的南京大华大戏院近景（来源：南京大华大戏院陈列室）	
	3. 从二层回廊俯视门厅（来源：韩冬青，张彤主编.杨廷宝建筑设计作品选[M].北京：中国建筑工业出版社，2001：103）	
	4. 观众厅内景（来源：韩冬青，张彤主编.杨廷宝建筑设计作品选[M].北京：中国建筑工业出版社，2001：103）	
	5. 2015年修缮后的正立面景观（黎志涛　摄）	
	6. 入口大雨棚（黎志涛　摄）	

续表

项目名称	图片名称及来源	绘图来源
45.南京大华大戏院（1934年）	7. 2015年修缮后的门厅全景（周琦　摄）	根据南京市电影公司提供的1950年12月描绘原1935年施工图蓝图绘制
	8. 从二层回廊看门厅柱头装饰（周琦　摄）	
	9. 俯视门厅（黎志涛　摄）	
	10. 二层回廊（黎志涛　摄）	
	11. 二层回廊外墙一侧内景（黎志涛　摄）	
46.国民党中央党史史料陈列馆（1934年）	1. 国文保碑（黎志涛　摄）	根据《建筑月刊》第四卷第十一期P17-22绘制，一层平面根据该刊文字介绍绘制
	2. 鸟瞰图（来源：南京工学院建筑研究所编.杨廷宝建筑设计作品集[M].北京：中国建筑工业出版社，1983：90）	
	3. 1936年全景旧照（来源：韩冬青，张彤主编.杨廷宝建筑设计作品选[M].北京：中国建筑工业出版社，2001：95）	
	4. 二层大厅一角（来源：曹必宏.国民党党史史料陈列馆的筹建与初期展览.《上海档案》，2012（8）：34）	
	5. 三层陈列大厅（来源：曹必宏.国民党党史史料陈列馆的筹建与初期展览.《上海档案》，2012（8）：32）	
	6. 一层档案库内景(来源：曹必宏.国民党党史史料陈列馆的筹建与初期展览.《上海档案》，2012(8)：31)	
	7.正面外景（来源：韩冬青，张彤主编.杨廷宝建筑设计作品选[M].北京：中国建筑工业出版社，2001：100）	
	8.入口室外大台阶（来源：韩冬青，张彤主编.杨廷宝建筑设计作品选[M].北京：中国建筑工业出版社，2001：100）	
	9. 大门牌坊（黎志涛　摄）	
	10. 大门一侧警亭（黎志涛　摄）	
	11. 檐廊（黎志涛　摄）	
47.国民党中央监察委员会办公楼（1935年）	1. 国文保碑（黎志涛　摄）	根据《建筑月刊》第四卷第十一期P17-22绘制，一层平面根据该刊文字介绍绘制，立面斜脊走兽数量据照片更正
	2. 1944年南京国民党中央监察委员会大门牌坊旧照（德国 赫达·哈默尔　摄）	
	3. 入口牌坊近景（黎志涛　摄）	
	4. 正面近景（黎志涛　摄）	
48.国立中央博物院设计竞赛方案（1935年）	1. 总平面图（来源：南京博物院）	
	2. 鸟瞰图（来源：南京博物院）	
	3. 立面图（来源：南京博物院）	
49.北平先农坛体育场（1935年）	1. 鸟瞰全景旧照（来源：北京建筑设计研究院马国馨、陈晓明提供）	根据体育场设计规范和老照片绘制
	2. 田径赛场北入口场内远景旧照（来源：北京建筑设计研究院马国馨、陈晓明提供）	

项目名称	图片名称及来源	绘图来源
50.国立中央大学新校址规划设计竞赛方案（1936年）	1. 总平面图（来源：东南大学档案馆）	根据东南大学档案馆提供的原招投标设计竞赛图纸绘制
	2. 鸟瞰渲染图（来源：东南大学档案馆）	
	3. 大礼堂立面图（来源：东南大学档案馆）	
51.南京金陵大学图书馆（1936年）	1. 国文保碑（郝钢　摄）	根据南京大学档案馆提供的原施工图绘制
	2. 图书馆北入口旧照（来源：南京工学院建筑研究所编.杨廷宝建筑设计作品集[M].北京：中国建筑工业出版社，1983：99）	
	3. 北面东翼一角（来源：南京工学院建筑研究所编.杨廷宝建筑设计作品集[M].北京：中国建筑工业出版社，1983：99）	
	4. 南向屋顶鸟瞰（来源：南京工学院建筑研究所编.杨廷宝建筑设计作品集[M].北京：中国建筑工业出版社，1983：100）	
	5. 东向屋顶鸟瞰（黎志涛　摄）	
	6. 门厅主楼梯内景（黎志涛　摄）	
	7. 图书馆北入口外景（黎志涛　摄）	
	8. 东翼东北角外景（黎志涛　摄）	
	9. 西翼北立面外景（黎志涛　摄）	
52.国立中央大学医学院附属牙科医院（1936年）	1. 国文保碑（黎志涛　摄）	根据东南大学档案馆提供的原施工图绘制
	2. 东立面入口景观（黎志涛　摄）	
53.南京李士伟医生住宅（1936年）	1. 市文保碑（黎志涛　摄）	根据老照片和南京工学院建筑研究所编《杨廷宝建筑设计作品集》P105绘制并补立面、剖面图
	2. 外景（来源：南京工学院建筑研究所编.杨廷宝建筑设计作品集[M].北京：中国建筑工业出版社，1983：105）	
	3. 入口外观（来源：南京工学院建筑研究所编.杨廷宝建筑设计作品集[M].北京：中国建筑工业出版社，1983：105）	
	4. 南立面一角（黎志涛　摄）	
	5. 西北角外景（黎志涛　摄）	
	6. 南立面阳台（汪晓茜　摄）	
	7. 室内一角（汪晓茜　摄）	
54.国立中央研究院总办事处（1936年）	1. 国文保碑（黎志涛　摄）	根据东南大学建筑学院011992班学生周乾、胡净、赵思伟测绘图和照片绘制
	2. 1938旧照（来源：沈旻，沈岚著.图说老南京.南京：东南大学出版社，2020：126）	
	3. 院墙大门及大楼中部外观旧照（来源：韩冬青，张彤主编.杨廷宝建筑设计作品选[M].北京：中国建筑工业出版社，2001：125）	
	4. 主入口外景（来源：韩冬青，张彤主编.杨廷宝建筑设计作品选[M].北京：中国建筑工业出版社，2001：124）	
	5. 入口近景（黎志涛　摄）	
	6. 东北向全景（黎志涛　摄）	
	7. 北立面外景（黎志涛　摄）	
	8. 大楼一角（来源：韩冬青，张彤主编.杨廷宝建筑设计作品选[M].北京：中国建筑工业出版社，2001：126）	

续表

项目名称	图片名称及来源	绘图来源
54.中央研究院总办事处（1936年）	9. 院墙大门（赖雨诗、周星宇　摄）	根据东南大学建筑学院011992班学生周乾、胡诤、赵思伟测绘图和照片绘制
	10.门卫亭（来源：韩冬青，张彤主编.杨廷宝建筑设计作品选[M].北京：中国建筑工业出版社，2001：127）	
	11. 门厅外望（黎志涛　摄）	
55.南京祁家桥俱乐部（1937年）	1.东南角外景（来源：刘先觉，张复合，村松伸，寺原让治主编.中国近代建筑总览（南京篇）[M].北京：中国建筑工业出版社，1992：54）	根据东南大学档案馆提供的全套重绘图纸绘制
56.国立四川大学校园规划（1936年）	1. 国立四川大学校园规划全景鸟瞰图（来源：四川大学校史展览馆，黎志涛翻拍）	根据南京工学院建筑研究所编《杨廷宝建筑设计作品集》P107绘制
57.首都电厂办公大楼（1937年）		
58.重庆陪都国民政府办公楼改造（1937年）	1. 扩建抱厦近景（来源：重庆渝中区政协提供）	
	2. 全景（来源：重庆渝中区政协提供）	
	3. 门柱灯座（来源：南京工学院建筑研究所编.杨廷宝建筑设计作品集[M].北京：中国建筑工业出版社，1983：125）	
59.国立四川大学图书馆（1937年）	1. 20世纪40年代的图书馆全景旧照（来源：四川大学校史馆）	根据四川大学档案馆提供的原施工图和老照片绘制，并补立面、剖面图
	2. 20世纪40年代的图书馆远望旧照（来源：四川大学档案馆）	
	3.　主入口外景旧照（来源：南京工学院建筑研究所编.杨廷宝建筑设计作品集[M].北京：中国建筑工业出版社，1983：109）	
	4. 从门厅回望入口大门（周凯　摄）	
	5. 一层办公区（周凯　摄）	
	6. 1964年改造后的图书馆主入口外观（黎志涛　摄）	
	7. 二层主楼梯（黎志涛　摄）	
60.国立四川大学理化楼（1937年）	1. 1938年的理化楼南立面外景旧照（来源：四川大学校史陈列馆，黎志涛翻拍）	根据南京工学院建筑研究所编《杨廷宝建筑设计作品集》P111、112绘制，并补立面、剖面图
	2.1938年的理化楼远景旧照（来源：南京工学院建筑研究所编.杨廷宝建筑设计作品集[M].北京：中国建筑工业出版社，1983：111）	
	3. 1938年的理化楼北立面外景旧照（来源：四川大学校史陈列馆，黎志涛翻拍）	
	4. 1960年改造后的理化楼全景（黎志涛　摄）	
	5. 改造后的理化楼北立面外景（李进　摄）	
61.国立四川大学学生宿舍（1937年）		根据南京工学院建筑研究所编《杨廷宝建筑设计作品集》P112绘制并补立面、剖面图

项目名称	图片名称及来源	绘图来源
62.南京寄梅堂（1937年）		根据南京工学院建筑研究所编《杨廷宝建筑设计作品集》P108绘制并补立面、剖面图
63.成都励志社大楼（1937年）	1. 沿街西南立面外景（黎志涛　摄）	
	2. 南立面景观（来源：成都市建筑志编纂委员会编.成都市建筑志[M].北京：中国建筑工业出版社，1994：50）	
	3. 东翼外景（来源：成都市建筑志编纂委员会编.成都市建筑志[M].北京：中国建筑工业出版社，1994：50）	
64.成都刘湘墓园（1938年）	1. 市文保碑（吴艺兵　摄）	根据南京工学院建筑研究所编《杨廷宝建筑设计作品集》P118绘制并补总图“荐馨亭”（已毁）
	2. 大门牌坊（黎志涛　摄）	
	3. 陵门（吴艺兵　摄）	
	4. 碑亭（吴艺兵　摄）	
	5. 荐馨亭旧照（已毁）（来源：网络）	
	6. 东配殿（周凯　摄）	
	7. 西配殿（黎志涛　摄）	
	8. 荐馨殿（祭堂）（吴艺兵　摄）	
	9. 墓圹全景（黎志涛　摄）	
	10. 墓圹近景（黎志涛　摄）	
	11. 墓圹照壁（黎志涛　摄）	
65.重庆嘉陵新村国际联欢社（1939年）	1. 俯视景观之一（来源：南京工学院建筑研究所编.杨廷宝建筑设计作品集[M].北京：中国建筑工业出版社，1983：114）	根据南京工学院建筑研究所编《杨廷宝建筑设计作品集》P113-115绘制并补立面、剖面图
	2. 俯视景观之二（来源：南京工学院建筑研究所编.杨廷宝建筑设计作品集[M].北京：中国建筑工业出版社，1983：115）	
	3. 入口鸟瞰（来源：南京工学院建筑研究所编.杨廷宝建筑设计作品集[M].北京：中国建筑工业出版社，1983：113）	
	4. 入口近景（来源：重庆市社科院研究院邓平提供）	
66.重庆嘉陵新村圆庐（1939年）	1. 鸟瞰屋顶全景（舒莺　摄）	根据南京工学院建筑研究所编《杨廷宝建筑设计作品集》P116绘制并补立面、剖面图
	2. 坡下西立面外景（舒莺　摄）	
	3. 通风气楼外景（舒莺　摄）	
	4. 外景一角（舒莺　摄）	
	5. 入口过厅（舒莺　摄）	
	6. 室内拔风口（舒莺　摄）	
67.重庆农民银行（1941年）	1. 外观旧照（来源：南京工学院建筑研究所编.杨廷宝建筑设计作品集[M].北京：中国建筑工业出版社，1983：126）	根据南京工学院建筑研究所编《杨廷宝建筑设计作品集》P126绘制并补立面、剖面图

续表

项目名称	图片名称及来源	绘图来源
68.重庆中国滑翔总会跳伞塔（1941年）	1. 市文保碑（来源：重庆市文物保护志愿者杨春华摄）	根据南京工学院建筑研究所编《杨廷宝建筑设计作品集》P127绘制，并根据丁剑.中国第一座跳伞塔.《中国滑翔》1942年第3期文中插图补画平面图和立面图
	2. 跳伞塔近景[来源：美国记者哈里森·福尔曼（Harrison Forman）摄　龙灏提供]	
69.重庆林森墓园（1943年）	1. 国文保碑（王瑜　摄）	根据南京工学院建筑研究所编《杨廷宝建筑设计作品集》P129、130绘制
	2. 墓圹旧照（来源：南京工学院建筑研究所编.杨廷宝建筑设计作品集[M].北京：中国建筑工业出版社，1983：128）	
	3. 修复后的墓圹外景（舒莺　摄）	
	4. 三级墓道（来源：网络）	
70.重庆青年会电影院（1944年）		根据南京工学院建筑研究所编《杨廷宝建筑设计作品集》P131绘制，并补剖面图
71.南京公教新村（1946年）	1.甲型住宅屋顶（来源：南京工学院建筑研究所编.杨廷宝建筑设计作品集[M].北京：中国建筑工业出版社，1983：137）	根据南京工学院建筑研究所编《杨廷宝建筑设计作品集》P135-138绘制并补立面、剖面图
	2. 甲型住宅入口之一（来源：南京工学院建筑研究所编.杨廷宝建筑设计作品集[M].北京：中国建筑工业出版社，1983：137）	
	3. 甲型住宅入口之二（来源：南京工学院建筑研究所编.杨廷宝建筑设计作品集[M].北京：中国建筑工业出版社，1983：137）	
	4.乙型住宅外景（来源：南京工学院建筑研究所编.杨廷宝建筑设计作品集[M].北京：中国建筑工业出版社，1983：136）	
	5. 乙型住宅背面外景（来源：南京工学院建筑研究所编.杨廷宝建筑设计作品集[M].北京：中国建筑工业出版社，1983：137）	
72.南京儿童福利站（1946年）	1. 鸟瞰图（来源：东南大学档案馆）	根据南京工学院建筑研究所编《杨廷宝建筑设计作品集》P143、144绘制
	2. 入口门廊外景（来源：南京工学院建筑研究所编.杨廷宝建筑设计作品集[M].北京：中国建筑工业出版社，1983：143）	
	3. 主楼连廊一角（来源：南京工学院建筑研究所编.杨廷宝建筑设计作品集[M].北京：中国建筑工业出版社，1983：144）	
73.南京楼子巷职工宿舍（1946年）		根据南京工学院建筑研究所编《杨廷宝建筑设计作品集》P145绘制并补立面、剖面图
74.国民政府盐务总局办公楼（1946年）	1. 入口外观（来源：南京工学院建筑研究所编.杨廷宝建筑设计作品集[M].北京：中国建筑工业出版社，1983：147）	根据东南大学档案馆提供的图纸及老照片绘制
	2. 立面外景（来源：赵倩提供）	
	3. 扩建后的俯视全景（来源：赵倩提供）	

项目名称	图片名称及来源	绘图来源
75.南京基泰工程司办公楼扩建工程（1946年）	1. 扩建办公楼外景旧照（来源：南京工学院建筑研究所编.杨廷宝建筑设计作品集[M].北京：中国建筑工业出版社，1983：148）	根据南京工学院建筑研究所编《杨廷宝建筑设计作品集》P149、150绘制并补剖面图
	2. 转梯俯视（来源：南京工学院建筑研究所编.杨廷宝建筑设计作品集[M].北京：中国建筑工业出版社，1983：150）	
	3. 转梯起步内景（来源：南京工学院建筑研究所编.杨廷宝建筑设计作品集[M].北京：中国建筑工业出版社，1983：150）	
76.南京翁文灏公馆（1946年）	1. 市文保碑（黎志涛　摄）	根据南京工学院建筑研究所编《杨廷宝建筑设计作品集》P151和照片绘制并补立面、剖面图
	2. 全景旧照（来源：南京工学院建筑研究所编.杨廷宝建筑设计作品集[M].北京：中国建筑工业出版社，1983：151）	
	3. 拆除后部一层建筑的北面外景（黎志涛　摄）	
	4. 入口近景（徐文婷、夏晓喻　摄）	
	5. 门廊（徐文婷、夏晓喻　摄）	
	6. 东南角外景（黎志涛　摄）	
77.南京成贤小筑（1946年）	1. 省文保碑（黎志涛　摄）	根据南京工学院建筑研究所编《杨廷宝建筑设计作品集》P140和照片绘制并补立面、剖面图
	2. 2012年修缮后的故居大门（黎志涛　摄）	
	3. 入口内紫藤架（黎志涛　摄）	
	4. 故居全景（黎志涛　摄）	
	5. 南立面外景（黎志涛　摄）	
	6. 东立面外景（黎志涛　摄）	
	7. 西立面外景（黎志涛　摄）	
	8. 小院水井（黎志涛　摄）	
	9. 小院一角（黎志涛　摄）	
	10.　客厅一角（来源：南京工学院建筑研究所编.杨廷宝建筑设计作品集[M].北京：中国建筑工业出版社，1983：142）	
	11. 客厅、餐厅内景（来源：韩冬青，张彤主编.杨廷宝建筑设计作品选[M].北京：中国建筑工业出版社，2001：111）	
	12. 书房（赖自力　摄）	
	13. 主卧室（赖自力　摄）	
78.南京国际联欢社扩建工程（1946年）	1. 扩建前于20世纪30年代由梁衍设计建造的国际联欢社主入口（来源：韩冬青，张彤主编.杨廷宝建筑设计作品选[M].北京：中国建筑工业出版社，2001：112）	根据照片和东南大学档案馆提供的重绘图纸绘制
	2. 1946年扩建设计的北面及入口外景（黎志涛　摄）	
	3. 扩建餐厅外景（来源：南京工学院建筑研究所编.杨廷宝建筑设计作品集[M].北京：中国建筑工业出版社，1983：152）	
	4. 大餐厅内景（来源：南京工学院建筑研究所编.杨廷宝建筑设计作品集[M].北京：中国建筑工业出版社，1983：154）	
	5. 大餐厅一角（来源：南京工学院建筑研究所编.杨廷宝建筑设计作品集[M].北京：中国建筑工业出版社，1983：154）	

续表

项目名称	图片名称及来源	绘图来源
79.南京北极阁宋子文公馆（1946年）	1. 全景（来源：韩冬青，张彤主编.杨廷宝建筑设计作品选[M].北京：中国建筑工业出版社，2001：121）	根据南京工学院建筑研究所编《杨廷宝建筑设计作品集》P155、156绘制并补立面、剖面图
	2. 南立面外景（来源：韩冬青，张彤主编.杨廷宝建筑设计作品选[M].北京：中国建筑工业出版社，2001：121）	
	3. 入口外景（来源：韩冬青，张彤主编.杨廷宝建筑设计作品选[M].北京：中国建筑工业出版社，2001：117）	
	4. 入口门廊（来源：韩冬青，张彤主编.杨廷宝建筑设计作品选[M].北京：中国建筑工业出版社，2001：116）	
	5. 仿草顶屋面外景（来源：韩冬青，张彤主编.杨廷宝建筑设计作品选[M].北京：中国建筑工业出版社，2001：118）	
	6. 客厅内景（来源：韩冬青，张彤主编.杨廷宝建筑设计作品选[M].北京：中国建筑工业出版社，2001：120）	
80.南京空军新生社（1947年）	1. 东立面外景（来源：韩冬青，张彤主编.杨廷宝建筑设计作品选[M].北京：中国建筑工业出版社，2001：123）	根据东南大学档案馆提供的全套重绘图纸绘制
	2. 入口雨棚（来源：韩冬青，张彤主编.杨廷宝建筑设计作品选[M].北京：中国建筑工业出版社，2001：122）	
	3. 礼堂入口（来源：南京工学院建筑研究所编.杨廷宝建筑设计作品集[M].北京：中国建筑工业出版社，1983：161）	
	4. 音乐厅外景（来源：南京工学院建筑研究所编.杨廷宝建筑设计作品集[M].北京：中国建筑工业出版社，1983：161）	
81.南京招商局办公楼（1947年）	1. 市文保碑（黎志涛　摄）	根据南京工学院建筑研究所编《杨廷宝建筑设计作品集》P162绘制，立面、剖面根据照片和东南大学建筑设计研究院对南京招商局旧址初步修缮设计图绘制
	2. 2013年修缮前的办公楼外景（来源：网络）	
	3. 入口外景旧照（来源：南京工学院建筑研究所编.杨廷宝建筑设计作品集[M].北京：中国建筑工业出版社，1983：162）	
	4. 修缮后的全景（黎志涛　摄）	
	5. 迎江立面外景（黎志涛　摄）	
82.国民政府资源委员会办公楼（1947年）	1. 市文保碑（黎志涛　摄）	根据南京工学院建筑研究所编《杨廷宝建筑设计作品集》P165绘制并补立面、剖面图
	2. 中部入口外景（来源：南京工学院建筑研究所编.杨廷宝建筑设计作品集[M].北京：中国建筑工业出版社，1983：165）	
	3. 入口门廊（来源：南京工学院建筑研究所编.杨廷宝建筑设计作品集[M].北京：中国建筑工业出版社，1983：165）	
	4. 办公楼外景（来源：刘先觉，王昕编著.江苏近代建筑[M].南京：江苏科学技术出版社，王虹军摄）	
	5. 院墙大门外景（黎志涛　摄）	
	6. 大门内侧警亭（黎志涛　摄）	
	7. 西北立面外景（黎志涛　摄）	
	8. 办公楼鸟瞰（陆娟、曹慧　摄）	

项目名称	图片名称及来源	绘图来源
83.南京下关火车站扩建工程（1947年）	1. 市文保碑（来源：网络）	根据照片和南京工学院建筑研究所编《杨廷宝建筑设计作品集》P132、133绘制并补立面、剖面图
	2. 1947年扩建后的南京下关火车站（来源：网络）	
	3. 1949年重建被国民党军队炸毁的南京站立面外观（来源：韩冬青，张彤主编.杨廷宝建筑设计作品选[M].北京：中国建筑工业出版社，2001：108）	
	4. 1968年改名南京西站时的全貌（来源：刘先觉，王昕编著.江苏近代建筑[M].南京：江苏科学技术出版社，2008：104）	
	5. 2012年终止百年客运的南京西站（黎志涛摄）	
	6. 扩建南翼外观（黎志涛　摄）	
	7. 旅客进站检票口（黎志涛　摄）	
	8. 从站台西望站房（黎志涛　摄）	
84.中央研究院化学研究所（1947年）	1. 南立面外景旧照（来源：南京工学院建筑研究所编.杨廷宝建筑设计作品集[M].北京：中国建筑工业出版社，1983：174）	根据照片和东南大学建筑学院011123班学生杨硕、冷先强测绘图绘制
	2. 入口立面外景（杨硕、冷先强　摄）	
	3. 北面外景（黎志涛　摄）	
	4. 外墙细部（黎志涛　摄）	
	5. 女儿墙转角装饰细部（杨硕、冷先强　摄）	
	6. 门厅楼梯（黎志涛　摄）	
85.南京正气亭（1947年）	1. 市文保碑（邱维级　摄）	根据南京工学院建筑研究所编《杨廷宝建筑设计作品集》P138、139绘制并补剖面图
	2. 外景旧照一（来源：南京工学院建筑研究所编.杨廷宝建筑设计作品集[M].北京：中国建筑工业出版社，1983：139）	
	3. 外景旧照二（来源：南京工学院建筑研究所编.杨廷宝建筑设计作品集[M].北京：中国建筑工业出版社，1983：139）	
	4. 远景（邱维级　摄）	
	5. 近景（邱维级　摄）	
	6. 内景（邱维级　摄）	
	7. 梁枋彩绘（邱维级　摄）	
	8. 藻井天花彩绘（邱维级　摄）	
86.南京延晖馆（1948年）	1. 省文保碑（顾大庆　摄）	根据照片和南京工学院建筑研究所编《杨廷宝建筑设计作品集》P170、171绘制并补立面、剖面图
	2. 东南面外景（来源：韩冬青，张彤主编.杨廷宝建筑设计作品选[M].北京：中国建筑工业出版社，2001：131）	
	3. 内院西南角外景（来源：韩冬青，张彤主编.杨廷宝建筑设计作品选[M].北京：中国建筑工业出版社，2001：134）	
	4. 主入口外景（来源：韩冬青，张彤主编.杨廷宝建筑设计作品选[M].北京：中国建筑工业出版社，2001：130）	
	5. 西北向外景（来源：韩冬青，张彤主编.杨廷宝建筑设计作品选[M].北京：中国建筑工业出版社，2001：131）	

续表

项目名称	图片名称及来源	绘图来源
86.南京延晖馆（1948年）	6. 雨篷改造后的主入口外观（唐浩铭、沈略　摄）	根据照片和南京工学院建筑研究所编《杨廷宝建筑设计作品集》P170、171绘制并补立面、剖面图
	7. 二层平台外景（唐浩铭、沈略　摄）	
	8. 后花园（唐浩铭、沈略　摄）	
	9. 一层大客厅一角（来源：韩冬青，张彤主编.杨廷宝建筑设计作品选[M].北京：中国建筑工业出版社，2001：133）	
	10.二层主卧室一角（来源：韩冬青，张彤主编.杨廷宝建筑设计作品选[M].北京：中国建筑工业出版社，2001：133）	
	11. 二层主卧室一角，窗外为屋顶蓄水池（汪晓茜　摄）	
	12. 门厅内景（唐浩铭、沈略　摄）	
	13. 楼梯间内景（唐浩铭、沈略　摄）	
87.中央研究院九华山职工住宅（1948年）	1.建筑群外景（来源：南京工学院建筑研究所编.杨廷宝建筑设计作品集[M].北京：中国建筑工业出版社，1983：176）	根据东南大学建筑学院011123班学生陈欣涛、严青洲测绘图绘制
	2. 南面外景（严青洲、陈欣涛　摄）	
	3. 北面外景（严青洲、陈欣涛　摄）	
88.南京结核病医院（1948年）		根据东南大学档案馆提供的重绘图纸绘制
89.中央通讯社总社办公大楼（1948年）	1. 市文保碑（冯海辉、王一帆　摄）	根据东南大学档案馆提供的重绘图纸绘制
	2. 鸟瞰全景（冯海辉、王一帆　摄）	
	3. 办公楼入口（冯海辉、王一帆　摄）	
	4. 南立面外景（来源：南京工学院建筑研究所编.杨廷宝建筑设计作品集[M].北京：中国建筑工业出版社，1983：177）	
	5. 东立面外景（冯海辉、王一帆　摄）	
	6. 院墙大门（冯海辉、王一帆　摄）